邂逅达·芬奇

与鸟类飞行手稿的第一类接触

从鸟类飞行研究到飞行器

The Book of the Codex on Flight

From the Study of Bird Flight to the Airplane

【意】爱德华多·扎农（Edoardo Zanon） 著
王大风 等译
贾亦飞 审校

机械工业出版社
CHINA MACHINE PRESS

莱昂纳多·达·芬奇于16世纪初期编写完成的《鸟类飞行手稿》，是19世纪前人类有关飞行的最重要的研究成果。

《邂逅达·芬奇：与鸟类飞行手稿的第一类接触》聚焦于达·芬奇在《鸟类飞行手稿》中设计的仿生飞行器“巨鸢”，以梳理达·芬奇之前的人类飞天尝试开篇。首先，全面讲述了《鸟类飞行手稿》的流转历史，剖析了它的装订和编码方式，并史无前例地以等比例的方式展示了全部手稿页面。然后，以古意大利文原文与中文对照的方式，对《鸟类飞行手稿》的每一页文字和插图进行了全面且深入的分析和解读。接着，以证据链条的形式，完整讲述了仿生飞行器“巨鸢”的复原过程，以及达·芬奇所开展的以赤鸢为基础的鸟类飞行研究工作。最后，以梳理达·芬奇之后的人类飞天尝试结尾。

本书由来自意大利权威达·芬奇研究机构Leonardo3的机械考据与复原专家爱德华多·扎农主笔。扎农团队基于《鸟类飞行手稿》中的图文线索，并参考相关手稿内容，历史上首次完整复原了达·芬奇设计的仿生飞行器“巨鸢”。

本书将为普罗大众打开一扇前所未有的走近伟大天才达·芬奇的大门，引领读者“穿越时空”，身临其境地领略达·芬奇手稿的魅力，在了解达·芬奇所开展的鸟类飞行研究与仿生飞行器设计工作的同时，感受一个拥有人类最庞杂知识体系与创造力的灵魂所独有的摄人魅力。

图书在版编目（CIP）数据

邂逅达·芬奇：与鸟类飞行手稿的第一类接触 /（意）爱德华多·扎农（Edoardo Zanon）著；王大风等译. —北京：机械工业出版社，2019.6

书名原文：The Book of the Codex on Flight

ISBN 978-7-111-62834-7

Ⅰ. ①邂… Ⅱ. ①爱… ②王… Ⅲ. ①鸟类－飞行原理－普及读物 Ⅳ. ① Q959.7-49

中国版本图书馆CIP数据核字（2019）第101192号

机械工业出版社（北京市百万庄大街22号 邮政编码100037）
策划编辑：孟 阳 责任编辑：孟 阳
责任校对：刘志文 郑 捷 封面设计：邵文驰
责任印制：孙 炜
北京利丰雅高长城印刷有限公司印刷
2019年7月第1版第1次印刷
169mm × 239mm · 26印张 · 417千字
0 001—4 000册
标准书号：ISBN 978-7-111-62834-7
定价：148.00元

电话服务	网络服务
客服电话：010-88361066	机 工 官 网：www.cmpbook.com
010-88379833	机 工 官 博：weibo.com/cmp1952
010-68326294	金 书 网：www.golden-book.com
封底无防伪标均为盗版	机工教育服务网：www.cmpedu.com

出版者的话

2018年初夏，我有幸参加了由意大利驻华大使馆文化处与意大利著名达·芬奇研究机构Leonardo3合作举办的“探索达·芬奇之旅——未曾公布的研究、揭示秘密、失败的经历：从飞翔的梦想到最后的晚餐”主题讲座，聆听了马西米利亚诺·利萨先生（Massimiliano Lisa）领衔的Leonardo3团队专家的精彩演讲。

毫不夸张地说，演讲内容几乎颠覆了我对达·芬奇这位举世闻名的天才学者的既有认知。以往，无论学术界还是媒体界，在涉及达·芬奇的议题上，总会习惯性地聚焦于他在艺术领域的成就，例如我们耳熟能详的《最后的晚餐》和《蒙娜丽莎》，而对他在科学和工程技术领域的成就抑或漫不经心，抑或轻描淡写。实际上，仅就现今已经发现的6000余张手稿真迹而言，也许我们“自作聪明”地赋予达·芬奇“艺术家”的称谓，或觉得“他在科学上也小有成就”，都是非常不客观，甚至是有失尊重的，因为这位天才为艺术领域分配的精力恐怕只有不到10%，除了寥寥几个或流传至今，或至少有据可查的绘画和雕塑作品外，达·芬奇留给我们的所有文字和图像信息中，有超过90%是有关科学和工程技术课题的。如此看来，也许我们更应该坚定地称他为“科学艺术家”。

讲座过后，我依然沉浸在达·芬奇发明的众多天马行空的机械中，感慨于一个不知疲倦的头脑，到底能迸发出多少令世人折服的新奇创意。出于职业敏感性，我忽然意识到，如果能将Leonardo3公司创作的有关达·芬奇机械的研究性著作引进国内出版，使广大中国科学爱好者和青少年有机会深入了解这位天才的诸多手稿作品和伟大机械发明，以及众多来自意大利的达·芬奇研究者为解读手稿和复原机械所做出的卓绝努力，将是我作为一名图书编辑的莫大荣幸。因此，经由意大利驻华大使馆的王馨仪女士引荐，我与Leonardo3公司的马西米利亚诺·利萨先生建立了联系。通过电子邮件，我与利萨先生进行了多次富有成效的坦诚交流，向他表达了引进出版达·芬奇研究著作的强烈意愿，利萨先生最终欣然应允。

2019年适逢达·芬奇逝世500周年，在我看来，“邂逅达·芬奇”系列图书此时上市意义非凡。一方面，这一系列图书将使大多数中国科学爱好者和青少年首次全面而深入地了解达·芬奇的《鸟类飞行手稿》（Codex of Flight）和众多机械发明手稿，并深刻感受达·芬奇飞行器和机器人复原工作的艰辛与价值；另一方面，达·芬奇无疑是中意两国人民文化交流的最好桥梁，在这一富有纪念意义的年份，这一系列图书将有机会扮演促进中意两国文化交流使者的角色，增进中国人民对意大利历史文化和科学技术成就的了解，创造良好的文化交流氛围。

在“邂逅达·芬奇”系列图书即将付梓之时，我有幸与到京参加系列讲座活动的《邂逅达·芬奇：破解手稿中的机器人密码》一书的原作者马里奥·塔代伊先生（Mario Taddei）进行了面对面交流。塔代伊先生兴奋地向我介绍了他有关达·芬奇的最新研究课题，包括对一些尚未公开或鲜有文献提及的达·芬奇机械及工程设计手稿的解析和相关实物复原工作，以及利用工程技术手段对《最后的晚餐》等绘画作品进行的全新视角的研究。我有幸成为第一批了解这些尚未正式公开发表的学术成果的“听众”。待相关成果集结成书时，我非常期待能将它们引进出版。

达·芬奇必然不是一个乏味无趣的人，即使他生命中的大多数时光都沉浸在近乎隔绝于世的研究与创作中，但在他的书稿和艺术作品中，你总能感受到他对生活的热情，对自然万物的尊重和好奇，对真理与事实的崇敬和执着。也许他确实拥有不同于平常人的头脑与智慧，甚至有关他的很多传说都使我们近乎忘记他是一个有血有肉、真实的人，但我更愿意相信，正是人类最本真的探索与求知欲，以及为不负这份情怀而付出的汗水，加之总能自得其乐的工作态度，成就了这位有史以来最具传奇色彩的伟大的科学艺术家。

我相信，如果你对有关达·芬奇在科学及工程技术领域的研究成果抱有与我相似的猎奇感与探索欲，通过这本书，你将领略到全新的考证线索和研究观点，构建起对达·芬奇这个伟大灵魂的全新认知体系。

开启一次穿越时空之旅，去邂逅你心中那个独一无二的达·芬奇吧！

最后，我要特别感谢意大利驻华大使馆的王馨仪女士，没有她的无私帮助与鼎力协调，就不可能使“邂逅达·芬奇”系列图书顺利引进出版。我还要感谢好友贾亦飞和曲上，他们共同完成了本书的审校工作，使与鸟类学相关的文字表达更为准确和严谨。

本书编辑

画家乔尔乔·瓦萨里（Giorgio Vasari）对工作之外的事几乎一无所知。在瓦萨里看来，达·芬奇开展的很多空想性研究反而“玷污”了其在绘画方面的天赋。他认为达·芬奇的痛苦大多源于未能完成的艺术作品。在克鲁城堡（Cloux Castle）的一间静谧小屋里，更大的悲剧不可避免地发生了——人类有史以来试图破译自然界密码的最伟大努力，遗憾地与一个不屈的灵魂一同消散。人类头脑中所能蕴藏的最庞杂的知识体系即将灰飞烟灭，难以薪火相传。人们将不得不从零开始学习达·芬奇早已掌握的知识，在达·芬奇走过的老路上披荆斩棘，抑或幸运地如达·芬奇一般翻越重重险阻，抑或不幸地走进达·芬奇曾极力回避的死胡同。临终前，床榻上的达·芬奇似乎也想到了这一点，无奈的泪水滑过他冰冷扭曲的面庞，显然，此时他已无能为力。

摘自安东尼亚·瓦伦丁（Antonia Vallentin）的著作，
《达·芬奇和他的时代》（Leonardo e il suo tempo），米兰，
卡瓦洛蒂（Cavallotti）出版社，1949年

朱塞佩·施奈德(Giuseppe Schneider),根据拉法埃莱·贾科梅利(Raffaele Giacomelli)的研究复原的达·芬奇于1505年设计的飞行器,水彩画,1929年,地点未知

以下文字摘自拉法埃莱·贾科梅利撰写于1929年的宣传册：

“1505年时，达·芬奇是如何构想着利用飞行器在佛罗伦萨的切切里山(Mount Ceceri)一探天际的呢？起初，达·芬奇认为可以让飞行器通过扇动‘翅膀’来获得升力，但随后他便恍然大悟，人类必须借助风的力量才可能实现飞天梦，这显然是受到了大型猛禽翱翔天际的启示。四个世纪后，李林塔尔(Lilienthal)和莱特兄弟(Wright Brothers)踏上了同一条道路，他们的努力最终催生了现代航空业。尽管达·芬奇众多的‘扑翼机’设计稿得以流传至今，但那部借助风力飞天的飞行器没有留下任何实证线索。值得庆幸的是，在达·芬奇的《鸟类飞行手稿》中，有关鸟类飞行的研究已经为我们提供了足够多的信息。那部传说中的飞行器应该采用了上单翼构型，且体格巨大（翼展达18米，即59英尺），它拥有强壮且足够轻巧的可动‘翅膀’。更重要的是，载人‘飞行’时，它拥有足够低的重心。”

前　言

当我写下这段文字时，米兰城正在举办2015年世界博览会（International Exhibition of Milan）。这次盛会不仅吸引了全球媒体的目光，还因一个前所未有的元素而显得独具特色且意味深远：作为展览地之一的达·芬奇科技博物馆（Leonardo da Vinci Museum of Science and Technology），以众多电动复原模型惟妙惟肖地展示了达·芬奇的机械发明，同时展出了大量设计图稿。过去几年中，为谋求最完美的呈现和出版方式，位于米兰的Leonardo3公司将达·芬奇手稿交予多位充满学术智慧和热情的学者，委托他们进行分析研究，其中的佼佼者当属马里奥·塔代伊（Mario Tadei）和爱德华多·扎农（Edoardo Zanon）。即使面对达·芬奇最复杂、最天马行空的技术概念，这些学者仍能为我们带来可靠且权威的阐释。

达·芬奇有关科技构想的手绘及原始概念草图，绝不仅仅源自闻名于世的《大西洋古抄本》（Codex Atlanticus，达·芬奇手稿中最重要的部分，共12卷，1119张，年代分布为1478—1519年，记载了达·芬奇的各种理论和构想，包括飞行器和武器，译者注），还有与它一起珍藏在米兰市安布罗西亚纳图书馆（Ambrosiana Library）的11卷手稿。这些传世手稿于1795年被拿破仑当作战利品征用并带到巴黎（其中，《大西洋古抄本》在1815年拿破仑战败后归还米兰，译者注）。纪念《大西洋古抄本》回归米兰200周年顺理成章地成为2015年米兰世博会的主题项目之一。但遗憾的是，这次展会并没涵盖达·芬奇传世的所有手稿。尽管那11卷手稿一直保存在法兰西学院的图书馆（Library of Institut de France）里，但随着时间的推移以及保管上的疏失，尤其是经历了1840年的盗窃事件后，这些手稿遭到了严重破坏。

其中，包含在巴黎B手稿（Ms. B）中的《鸟类飞行手稿》（Codex on the Flight of Birds）曾不幸遗失。在经历了戏剧性的转折后，这卷手稿最终回归意大利，在都灵皇家图书馆得到精心保存。1893年，俄国艺术资助人特奥多尔·萨巴克尼科夫（Theodore Sabachnikoff）在巴黎出版了这卷手稿的精美摹本，经由著名的达·芬奇研究者乔瓦尼·皮乌马蒂（Giovanni Piumatti）誊写后，献给了意大利的玛格丽塔皇后（Queen Magherita）。1895年，萨巴克尼科夫将《鸟类飞行手稿》原本赠予了翁贝托一世（King Umberto，萨伏依公爵和意大利王国国王）。

那些“米兰男孩”（Milan Boy，对达·芬奇手稿研究者的亲切称呼）似乎能意识到达·芬奇之于2015年米兰世博会的重要性。在研究了《大西洋古抄本》后，他们全身心投入到巴黎B手稿的研究中，因为这些手稿中同样包含了达·芬奇众多有关机械的奇思妙想。这其中，既有他旅居米兰时期（1487—1490年）就开始进行的有关扑翼机的研究，也有吉尔贝托·戈维（Gilberto Govi）于1873年确认的最早的直升机理论模型。

因此，“米兰男孩”们在研究了巴黎B手稿后，随即将注意力转至1505年的一卷有关飞行的手稿上（创作时间比巴黎B手稿中的《鸟类飞行手稿》晚了15年），并对其进行了系统研究。1505年，达·芬奇有关飞行器的构想发生了重大转变。他开始研究一些鸟类（特别是赤鸢）是如何滑翔的（后来成为弗洛伊德心理分析的一个著名案例）。除此之外，他还开始系统研究风和气流对鸟类飞行的影响。这项研究持续了数十年，同时伴随着他对水流的研究。基于这些研究成果，达·芬奇制造了一架相对早期作品结构更简洁但操纵更复杂的飞行器（尽管此处原文为aircraft，但基于现代认知体系，达·芬奇发明的这一机械并不能称为飞机，在莱特兄弟于1903年12月制造的真正的飞机之前出现的所谓“aircraft”和“airplane”，如无特别说明，本书中一律译为“飞行器”，而非“飞机”，译者注），这架飞行器并不是一般意义上的滑翔机或悬挂式滑翔机，且设计构型上与伯努利的流体力学理论毫不相干。在达·芬奇的构想中，飞行员需要通过操纵机械机构，使这架飞行器的“翅膀”缓慢地上下扇动，意在模拟猛禽准备向猎物俯冲前在空中缓慢盘旋的动作。

爱德华多·扎农（Edoardo Zanon）在对《鸟类飞行手稿》的研究中，细致入微地重现了达·芬奇的研究过程。他仔细阅读了《鸟类飞行手稿》中的每一幅插图和每一段文字，以不放过任何一个细节的态度进行研究。功夫不负有心人，扎农最终绘制出还原度极高的达·芬奇飞行器复原图。当年，达·芬奇在《鸟类飞行手稿》的最后一页写下了一段举世闻名的话，他预言自己的飞行器有朝一日会从佛罗伦萨附近菲耶索莱（Fiesole）的切切里山巅（Mount Ceceri）展翅翱翔。

这架在达·芬奇手稿中“封印”了数百年的飞行器在利沃诺的Leonardo3博物馆中重现人间。仅仅是复原品便已展现出摄人的魅力，人们不禁感叹于其操控机构所迸发出的天才灵感，以及其结构设计中浓郁的达·芬奇风格。当然，它绝不是完美无瑕的，杰罗拉莫·卡尔瓦尼（Gerolamo Calvani）曾评价达·芬奇早期的手稿——看上去有点混乱。

与此同时，达·芬奇在手稿中留下的细微线索表明，这架飞行器如果真要飞起来，就要使用轻质且富有弹性的材料，而扎农对这些细节已经了如指掌。此外，在扎农之前，许多学者也对达·芬奇漫长且充满周折的飞行器设计历程进行了研究。这其中，拉法埃莱·贾科梅利在1919—1954年间开展的工作尤为突出。1935年，贾科梅利在其著作《莱昂纳多·达·芬奇的飞行器》（Leonardo da Vinci on Flight）中，首次按时间顺序对达·芬奇的设计方案进行了编排整理。

关于这些研究，我也有所了解，而贾科梅利亦秉承着分享精神将自己的多数成果公之于众。尽管贾科梅利的研究卷轶浩繁，涉猎甚广，但对现身于1505

年手稿中的这架飞行器（现在看来几乎是真实的），他却没能给出任何阐释。贾科梅利甚至考虑通过制造实体模型（现在已经成为一种非常流行的研究方式）来验证达·芬奇的构想。这一过程中，他遇到了与扎农类似的问题，因此不得不在《鸟类飞行手稿》之外的文献中寻求答案。

有一件事是可以确定的——卢卡·贝尔特拉米（Luca Beltrami）于1910年首次提出了用模型重现达·芬奇飞行器的设想。但直到1929年，人们才第一次看到根据达·芬奇手稿制作的飞行器模型（这些模型同时在佛罗伦萨的国家科学历史博览会和伦敦的国际航空展两个场合展示）。这些成就要归功于贾科梅利，他依靠自己在罗马航空部的合作者——朱塞佩·施奈德（Giuseppe Schneider）提供的技术支持，以及位于佛罗伦萨的“达·芬奇工艺品厂”的模型制作者们的帮助，最终制成了这些模型。1934年，贾科梅利将这些模型的技术参数公之于众——有些参数是达·芬奇手稿中真实记录的，而有些参数是他推理计算得出的。就这样，一度淹没于历史长河中的达·芬奇飞行器，在众多研究者的不懈努力下，终于在佛罗伦萨的科学历史博物馆中涅槃重生。

尽管如此，复原等比例飞行器（滑翔机）的工作仍然没有头绪。因为这样的等比例复原工作抑或需要利用计算机进行庞杂的计算（这不是个人和一般的组织机构所能胜任的），抑或如贾科梅利所言：“我们无法制作这样的模型，因为这牵涉到许多原稿作者（即达·芬奇）没有提供说明材料。即使真的做了，那也意味着我们只能自制许多部件，这样做出来的模型必然与历史原貌存在诸多出入。”

作为补偿，贾科梅利寄给我一张署名R.G（贾科梅利名字的缩写）的明信片，仅此一张，并无复制品。关于那架飞行器的等比例模型，有一幅水彩画描绘了贾科梅利如何听取朱塞佩·施奈德的意见，根据达·芬奇手稿中的些许线索开展复原工作。但很可惜，这幅水彩画如今已经遗失了。时至2015年，回顾一下人们复原达·芬奇飞行器（他众多科技构想中最令人着迷的部分）的早期努力，是非常有意义的。这些手稿于1893年公布后，显然对奥托·李林塔尔和莱特兄弟最早开展的飞行尝试产生了重要影响。

卡洛·佩德雷蒂（Carlo Pedretti），
加州大学洛杉矶分校（University of California in Los Angeles）致力于达·芬奇研究的阿曼德·哈默中心（Armand Hammer）以及位于欧洲的乌尔比诺大学（University of Urbino）分部院长

目　录

出版者的话
前言

引言…… 1

第 1 章
达·芬奇之前的人类飞天尝试…… 9

第 2 章
鸟类飞行手稿的历史…… 23

第 3 章
鸟类飞行手稿的装订和编码…… 35

第 4 章
鸟类飞行手稿的摹本…… 51

第 5 章
解读鸟类飞行手稿…… 95

第 6 章
达·芬奇飞行器：从证据到复原…… 285

第 7 章
赤鸢与鸟类飞行研究…… 327

第 8 章
鸟类飞行手稿中的红色插图…… 349

第 9 章
达·芬奇之后的人类飞天尝试…… 369

致谢…… 391

达·芬奇生平大事年表…… 395

参考文献…… 399

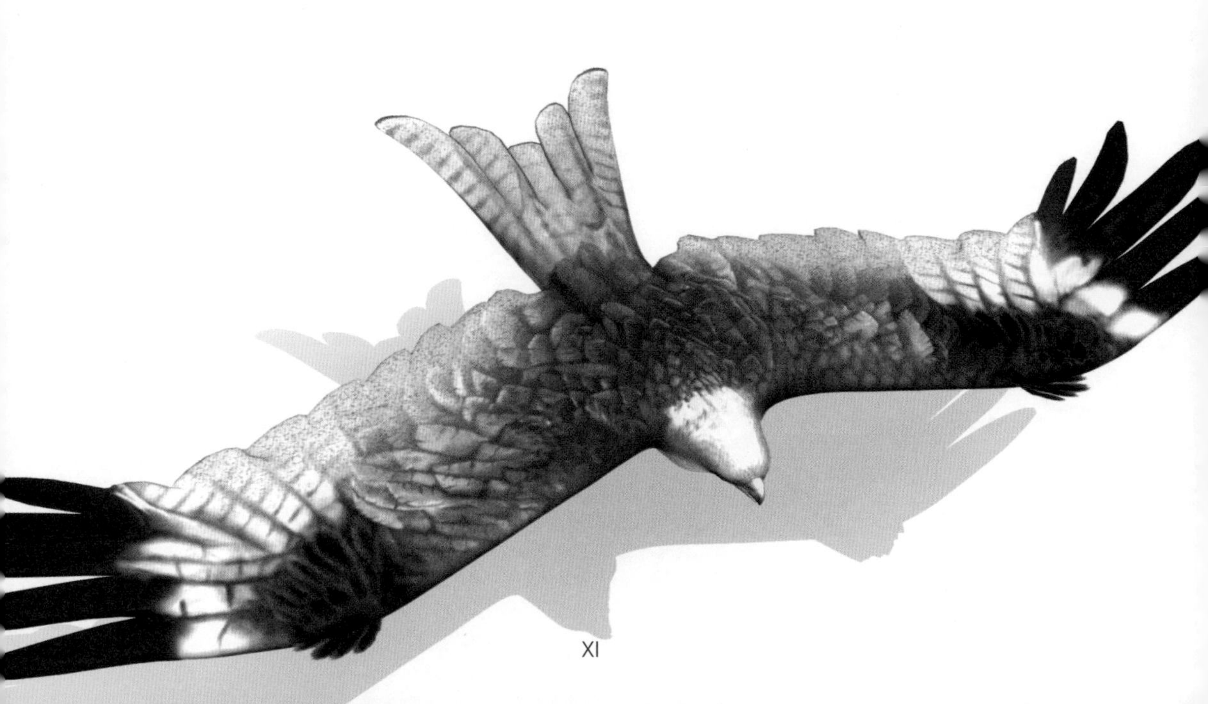

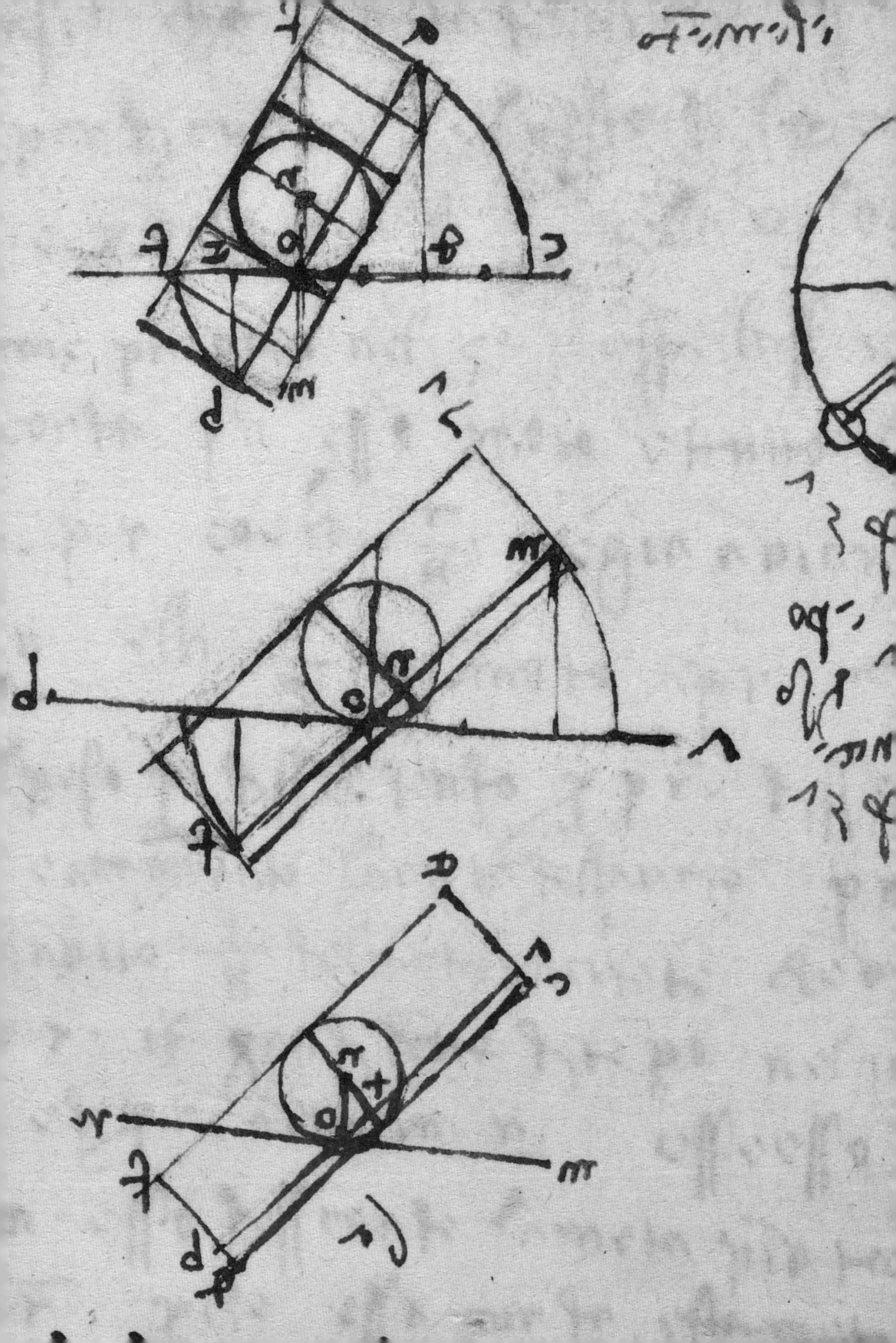

引 言

《邂逅达·芬奇：与鸟类飞行手稿的第一类接触》绝非一本肤浅的书。事实上，这本历时两年才完成的书旨在澄清众多研究者曾对达·芬奇飞行器作出的种种解释，并帮助读者理解达·芬奇飞行器的运行原理。在此之前，如果想了解达·芬奇的这些奇思妙想，人们需要借助昂贵的凸版印刷技术㊀，或去都灵的皇家图书馆查阅原稿。直到近些年，借助数字化技术㊁，普罗大众才有机会欣赏这些不可思议的手稿。显然，本书并非简单的参考资料，抑或对达·芬奇设计思想的简单复述——我们的目标远不止于此。创作伊始，我们便致力于对《鸟类飞行手稿》（此后如无特别说明，均简称为《飞行手稿》）进行最为严谨且深刻的阐释。值得庆幸的是，在我们去都灵分析和复制这卷手稿之前（在达·芬奇手稿的装订中，recto，简写为 r，代表一张完整手稿的“右页”，或称“正面”；verto，简写为 v，代表一张完整手稿的“左页”，或称“反面”。如无特别说明，本书统一用“右页”指代 r，“左页”指代 v，译者注），前人的辛勤工作已经为我们提供了一些基本的工具和方法，使我们得以立足于一个可靠的根基并开展工作。但需要指出的是，包括本书在内的所有关于达·芬奇飞行器的著作，都无法为达·芬奇的设计提供一个精确无误的解释或复原模型，因为随着时间的推移，达·芬奇的这些设计也会经历一些不可思议的“进化”。倘若这项研究任务简单易行，那么也就不会牵涉到如此众多且不可预知的问题，而我们的研究对象也不会是人们所熟知的天才达·芬奇。

自 2004 年以来，我们同佛罗伦萨科学史博物馆的同仁一起研究达·芬奇手稿中的“汽车”，这一过程可谓是上述观点的绝佳例证。学界围绕达·芬奇“汽车”设计的争论已经持续了一百余年。1905 年，吉罗拉莫·加尔瓦尼（Girolamo Galvani）在翻阅《大西洋古抄本》第 812 张右页时，首次揭示了这一设计的重要价值。1928 年，圭多·塞门扎（Guido Semenza）根据加尔瓦尼的研究，在学界第一次提出达·芬奇这一设计实际上是现代汽车㊂雏形的观点。此后，

㊀ 1.《鸟类飞行手稿》（Il Codice sul Volo uccelli），阿尔皮亚诺（Alpignano），阿尔贝托·塔洛内（Alberto Tallone）编辑，1991 年。

2.《鸟类飞行手稿》（Il Codice sul Volo uccelli），佛罗伦萨，吉乌提·巴贝拉（Giuti-Babrera）版，1995 年。

3. 莱昂纳多·达·芬奇，《鸟类飞行手稿》（Il Codice sul Volo uccelli），慕尼黑，舍末尔 / 莫塞尔（Shirmer/Morsel），2000 年。

4.《鸟类飞行手稿》（Il Codice sul Volo uccelli），罗马，绘图版，1988 年。

㊁ 《鸟类飞行手稿》，米兰，达·芬奇博物馆，2007 年。

㊂ G·塞门扎，《达·芬奇的汽车》（L’automobile di Leonardo），卷 9，第 96~103 页。想要了解更多，请查阅网站 http://brunelleschii.imss.fi.it/automobile。

有关达·芬奇的“汽车”设计，直到2004年塔代伊和扎农发表相关论述为止，共出现了大约10种不同的假说，有些甚至还造出了实体模型（这些实体模型后因相关假说的“破灭”而被博物馆撤展）。就像塞门扎受加尔瓦尼的启发开展研究一样，我们的研究基于卡洛·佩德雷蒂（Carlo Pedretti）的工作。佩德雷蒂指出，达·芬奇手稿中的“汽车”应该有两个未被绘出的弹簧装置（达·芬奇只绘出了“汽车”的上半部分）。根据M·E·罗塞姆（M.E.Rosheim）于2001年发表的研究成果[㊀]，这两个弹簧装置恰恰是解释达·芬奇设计意图的关键——事实上，这是一个在剧院舞台上使用的复杂装置，而非供人搭乘的汽车。这件事无疑证明了对达·芬奇设计作品的分析是不可能有“精确”结论的。马里奥·塔代伊近期又针对达·芬奇的“汽车”设计提出了一个更好的解释[㊁]，在他的语境中，我们称这台“汽车”为“机器人”似乎更加合理。

让我们回到达·芬奇的《飞行手稿》。达·芬奇博物馆的研究中心致力于利用现有资源去解释并复原达·芬奇手稿中的设计作品。这项工作始于2007年。当时，研究中心制作了达·芬奇《飞行手稿》的数字化多媒体版，意在以更生动直观的方式展现《飞行手稿》中的文字、插图和其他要素。参观者可以在显示器上“翻开”《飞行手稿》中的任何一页，畅读《飞行手稿》的原文和释义，即使最小的图画都能以3D形式展现。数字化手稿图像拥有极高的像素，甚至比肉眼所见的原件还要“精致”——高解析度的摄影装置能捕捉到人类肉眼看不到的细节。当然，纵使数字化图像能为观者提供更“酣畅淋漓”的观感，却仍然无法取代手稿原件——当你站在手稿原件前，想象着数百年前达·芬奇创作这卷手稿时的情景，那种时空交错的共情感所带来的激动与震撼，是任何数字化图像都不可能提供的。《飞行手稿》的拍摄工作由摄影师罗伯托·比亚诺（Roberto Bigano）利用精密的哈苏相机（Hasselblad）完成，他摄制了一批无与伦比的照片，而这正是一项宏大工程的开端。达·芬奇博物馆的同仁们所付出的卓绝努力也激励着我们去完成复原达·芬奇飞行器的工作，我们甚至希望自己的付出能使后辈们不必再为此绞尽脑汁。这或许有些过分乐观，因为5~10年后，一定会有更好的设备问世，推动着研究工作走向新的阶段。

不过，如果仅从数码照片等现有图

㊀《达·芬奇的汽车设计》（L’automa programmabile di Leonardo），2000年4月15日在威尼斯达·芬奇图书馆（Biblioteca Leonardina）的演讲，出版于2001年，佛罗伦萨。

㊁ M·塔代伊，《邂逅达·芬奇：破解手稿中的机器人密码》（I Robot di Leonardo da Vinci），米兰，达·芬奇博物馆，2007年。

像资料的角度来看，更好的设备所采集的图像资料恐怕并不能提供相比它们更详尽的信息㊀。进一步提高像素（我们的研究基于800万像素的图像）意味着研究将超出文字和图片信息的范畴，深入到纸张的微观结构中（显然，在这种情况下达·芬奇笔下的文字和图画已经没有意义了）。研究墨迹和笔迹的方法与我们进行的研究是完全不同的，这需要从原稿上提取材料送到实验室进行分析。从这个意义上讲，这样的研究已经超出了照片翻拍研究的范畴㊁。当然，这类研究的目的本就与我们的研究有天壤之别，它既不着眼于手稿内容，也不会服务于普罗大众。更重要的是，《飞行手稿》的保存状况非常好，因此并不需要破坏性分析手段。《飞行手稿》第10张右页的照片就是一个例证，这张照片（印刷尺寸是170毫米×240毫米，6.7英寸×9.5英寸）的实际尺寸其实只有红框框起来的部分那么大（50毫米×70毫米）。

然而，即使我们拥有如此高质量的影印复制品，即使我们能解释达·芬奇的图画和文字所要表达的基本含义，即使我们首次揭示了达·芬奇的全部设计作品（例如在达·芬奇博物馆进行3D展示的《飞行手稿》），仍然与完全领会这些设计的内涵相距甚远。实际上，对我们来说，达·芬奇的《飞行手稿》依旧处于“若隐若现”的状态，更进一步的研究是非常必要的，这也是我们创作本书的目的。

达·芬奇撰写这卷手稿时的独特方式可以证明这一点。他热切地支持用绘画（原文是意大利文，disegno，译者注）才能有效交流这一观点。对此，节选自达·芬奇文章（温莎城堡皇家图书馆收藏，W19071r-1513）中的一段话也许可以佐证：

O scrittore, con quali lettere scriverrai tu con tal perfezione la intera figurazione, qual fa qui il disegno Il quale tu, per non avere notizia, scrivi confuso e lasci poca cognizione delle vere figure delle cose, la quale tu, ingannandoti ti fai credere potere sadisfare appieno all'ulditore, avendo a parlare di figurazione di qualunche cosa corporea, circundata da superfizie; ma io ti ricordo che non ti impacci colle parole, se non di parlare con orbi; o se pur tu voi dimostrar con parole alli orecchi e non all'occhi delli omini, parla di cose di sustanzie o di nature, e non t'impacciare di cose appartenenti alli occhi col farle passare per li orecchi, perché sarai superato di gran lungo dall'opera del pittore.

“哦，作者呀，你们用什么样的文字去描述，才可能做到像绘画那般完美呢？你们缺乏见识，困惑不已，只能让事物本体的很少信息流露出来。你们欺骗自己，对自己说通过言语描述实物外形就

㊀ 我们在这种情况下进行的是实地摄影，而非X光摄影、热成像、光谱分析等破坏性拍摄手段。这些手段需要专门的分析仪器，并且违背我们“零破坏”复制达·芬奇手稿的初衷。

㊁ 类似的手段也应用在分析达·芬奇的自画像上（此画保存在都灵皇家图书馆）。这幅画被霉菌侵蚀，完整性受到一定影响。

照片

《飞行手稿》第10张右页的实物图像（红框内）和放大后的图像（整个页面）。

能满足听众。但我要告诉你们，不要让词汇拖累自己，除非你在同一个盲人说话，或者用言语描述给人的耳朵听，而不是让人的眼睛看，去谈论事物的存在或事物的本质，不要让讲给人听的行为妨碍了你的表达，因为你的努力终将被画家超越。”

由此可见，达·芬奇雄心勃勃的飞行研究和飞行器设计过程显然包含了非常复杂的论证工作。在这一过程中，即使拥有一双非同寻常的巧手，他也要为在图画与文字间达成平衡而不断纠结和妥协。描绘一台机器如何运作，显然比描绘鸟类的行为或描述飞行器的设计历程（这一点还不能完全确认）要简单得多。当然，更复杂的文字是写给飞行员的培训教程。我们认为，达·芬奇关于飞行问题的手稿作品（并未完成）可以梳理为四部分，它们皆洋溢着足以令人啧啧称奇的插图和文字。

尽管我们用尽了最现代化的三维建模手段（倘若达·芬奇今天还活着，也可能会用这样的技术）去重建整卷《飞行手稿》，以便完全领会它的涵义，但读者必然会与达·芬奇一样面临如何准确解释文字与图画内容的问题——事实上，达·芬奇写下如此多的有关飞行的内容，正是公众至今仍对其充满探究热忱的原因。

若要通过准确描述来使人们理解一个机械装置（例如起重机）的结构和功能，只凭言语而没有图画辅助是不可能做到的。这就如同仅仅用言语描述人类手臂上的肌肉和骨骼是如何连接在一起并协同工作的一样困难。插图，特别是达·芬奇本人绘制的工程插图，恰恰是表达这些内容的绝佳“语言”。如今，借助CAD㊀软件，我们能制造出达·芬奇梦寐以求的飞行器。达·芬奇提出的（关于绘画和文字的）论点可以帮助我们窥探他性格中的某一面，这在不止一篇关于《飞行手稿》的文章中都有提及。对于那些只想用简单言语描述而不愿付出努力绘图的人，那些既不知道如何观察也不知道如何描绘自然现象的人，那些只愿夸夸其谈毫无意义之物，而对虽非实际存在但显然能够解释的事物视而不见的人（《飞行手稿》第11张右页），达·芬奇表达出嗤之以鼻的态度：

Ma tu che vivi di sogni, ti piace più le ragion soffistiche e barerie de' palari nelle cose grandi e incerte, che delle certe, naturali, e non di tanta altura.

“但你们还活在梦中啊——你们更容易被虚假的推理和欺骗所愉悦吗？你们还愿意继续谈论那些浮夸的，不确定的事物，而非关注那些确定的，自然发生的，且触手可及的事物吗？”

㊀ 计算机辅助设计（Computer Aided Design，CAD）是用于工程制图的工具，基于计算机技术和三维软件实现。

而对于机械科学，他极尽溢美之辞，因为这是他涓涓不绝的灵感源泉——当然还有对自然现象的直接观察：

La scienza strumentale, over machinale, è nobilissima, e sopra (p) tutte l'altre utilissima, conciosia che, mediante quella, tutti li corpi animati, che ànno moto, fanno tutte loro operazioni.

“机械科学，或者说关于机械原理的科学，是一门高贵的学问，比其他任何科学都有用，因为当所有可动部件按照这个学科的规律有序排布时，一部机器就真的能运作起来。”

如果我们有幸在这个时代与达·芬奇一起生活（当我持久地专注于他的作品时，这一梦想会持续萦绕在我的脑海中），他大概会强烈反对一种如今司空见惯的表达方式——用模棱两可的语气和有意为之的模糊性“辞藻”来描述确定无疑的事实。这是一种非常容易遮掩虚假的方式。面对谎言，达·芬奇的态度也非常明确（《飞行手稿》第11张右页）：

Senza dubbio, tal proporzione è dalla verità alla bugia, quale da la (ll) luce alle tenebre; ed è essa verità in sé di tan(c)ta eccellenzia, che ancora ch'ella s'astenda sopra umili e basse materie, sanza conparazinoe ell'ccede le incerteze e bugie estese sopra (le altissime) li magni e altissimi discorsi; [...] Ed è di tanto vilipendio la bugia che s'ella dicessi be gran cose di Dio, ella t'ho di grazia a sua deità; ed è di tanta eccelenzia la verità che s'ella laldassi cose minime, che si fanno nobili.

“毫无疑问，真相与谎言的关系就如同光明与黑暗。真相本身是如此完美，即使它被隐藏在毫不起眼的卑微的地方，它的地位仍然远远超过居于“高位”并被浮夸掩盖的谎言……说谎是如此可鄙的行为，就算它是为了宣扬上帝的伟大，这种行为也会让上帝蒙羞。与之相反，真相是如此完美，即使微不足道之物，当其真相得以阐释，也会变得高贵起来。”

我们秉承着这样的精神去研究达·芬奇的手稿，时而审慎，时而热情，但始终保持真诚。任何试图解读达·芬奇作品的人都应该以诚实的态度工作。即使有时犯错，我们也会试图维持一个颇为困难的微妙平衡——我们经常被一些重要的发现牵着鼻子走，任凭自己的思想偏离正轨，不再脚踏实“地”（这里用“地”指代达·芬奇手稿，译者注）。

面对达·芬奇手稿研究这样的“神圣”课题时，人们非常容易坠入“提出惊人阐释”的欲望深渊中，从而犯下难以挽回的错误。

以下，我们将忠实地再现达·芬奇设计飞行器时的所思所想，只在极少数且完全必要的情况下，才会基于达·芬奇其他手稿中他本人的真实想法，将一些附加内容合理地融入复原作品。我们认为对此作出澄清是非常必要的，因为很多人都会带着在社会媒体上“制造”大新闻的目的去研究达·芬奇手稿，而非本着探求真相的精神。如果“心怀不轨”，便极易忽视达·芬奇设计手稿中真正的奇迹，以及诸多不可思议的工程方案和天才设计——它们是真实的，或许只是隐藏在某一行注释文字和某一幅小插图中。最后，我们希望自己的研究永远不会背离达·芬奇所倡导的真实原则。

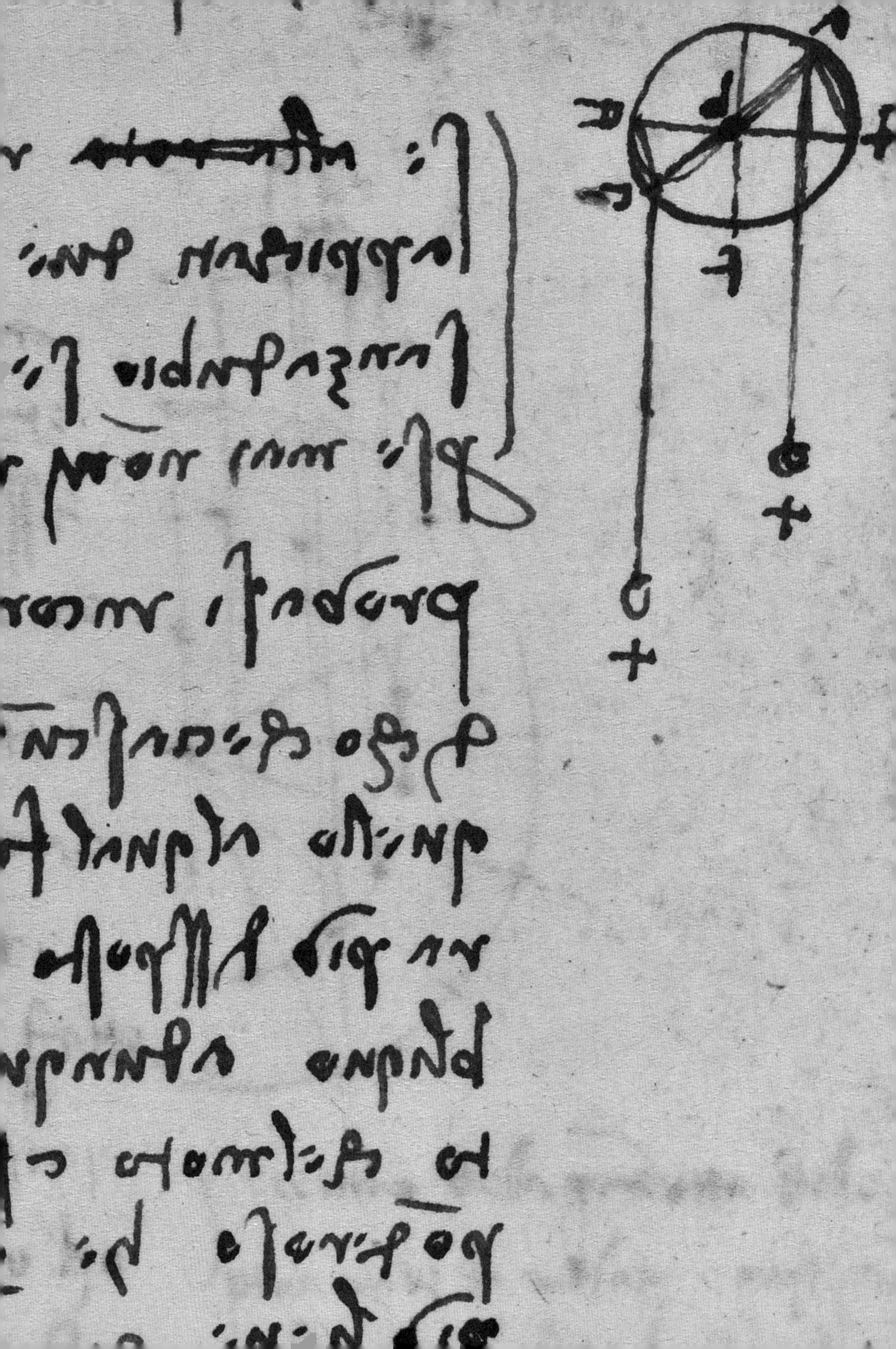

第 1 章
达·芬奇之前的人类飞天尝试

以往，有关航空史的书总是以达·芬奇的飞行器设计手稿和并不那么可靠的复原品开篇。虽然这些书突出了达·芬奇在航空领域的贡献，但并未对他的设计进行更深一步的研究。相较于更早的航空先驱，达·芬奇在飞行器研究上倾注了更多的热情，且治学方法更为严谨。经历了初期的失败后，达·芬奇并未放弃，反而以持续一生的毅力深耕于航空领域，这也是他有别于早期研究者的关键所在。达·芬奇在机械领域取得的成果令我们痴迷，但这里所说的机械（原文是machine，译者注），指的是那些在陆地上运作，为满足军用或民用需求而设计，由水力驱动的机械，这与达·芬奇研究的飞行器迥然不同。事实上，达·芬奇对机械的研究在很大程度上继承了前人的成果，他将自己的天才构思融入其中，再加以改进。而他在飞行器领域的研究与此大相径庭，我们几乎可以肯定，他在飞行器领域所进行的开创性研究是前无古人的。尽管在达·芬奇之前，已经有无数先驱投身飞行器研究领域，并设计了众多原始飞行器，却没有人如达·芬奇一般，为得到最为可靠的结果而付出持之以恒的卓绝努力。我们甚至有理由相信，达·芬奇在开展飞行器研究前甚至对前人的成果一无所知。这种情况下，我们可以认为达·芬奇的研究工作是毋庸置疑的创新，因为他根本无法从前人那里获得有关“如何研究飞行”和“如何制造飞行器”的任何知识。达·芬奇几乎凭一己之力开创了一个全新的学科，并为这一学科的发展做出了不可磨灭的贡献。彼时，人类对载人飞行领域的探索几乎是一片空白，而达·芬奇的研究成果堪称这一领域的里程碑，他甚至超越了自己生活的时代。

必须指出的是，达·芬奇的飞行器研究成果从未正式发表，也就是说，活跃于19世纪末20世纪初的现代航空先驱们实际上并未从中获得任何有价值的启示[㊀]。达·芬奇面对的是全然未知的领域，怀揣着对未来的宏伟构想，他坚信，有朝一日可以驾驭着自己的飞行器，如碧海泛舟一般，自由地翱翔天际。

然而，人类的飞天梦绝非发端于达·芬奇的研究。实际上，从肉体和精神上无限接近“上帝”的渴望，早已激发着人们通过各种方式去践行飞天梦。在航空技术尚未成熟的岁月中，神话故事填补着人们对飞越云巅的憧憬。在懵懵懂懂中，人类飞天的故事逐渐从白日梦般的幻想阶段走向了实践阶段，此时距达·芬奇生活的年代已经不远。虽然达·芬奇的飞行研究面对的不过是一张白纸，但这并不意味着他是第一个走进航空领域的人。我们目前确切了解的只有一点，那就是在达·芬奇之前的人，

㊀ 在达·芬奇将自己的作品赠予弗朗切斯科·梅尔齐（Francesco Melzi）后，他的学生们一直带着嫉妒之心守护着这些作品，直到19世纪末期。那时，科学研究的全面进步已经使达·芬奇的许多观点落后于时代。

以及与他同时代的人，所做的一切有关飞行的尝试，均以失败告终（当然也包括达·芬奇）。

那么，在达·芬奇之前，尝试飞行的到底是些什么人，他们的动机又是什么呢？许多学者，甚至达·芬奇本人，为了争当“飞天第一人”，大都会对自己的研究成果守口如瓶。这样做显然会导致一些重大事件和细节淹没于历史长河，使后人难觅其宗，甚至再也无缘相见。事实上，达·芬奇的飞行器设计手稿中本就隐藏着许多我们尚未触及的秘密。当然，从另一个角度看，我们必须考虑到，倘若历史上果真有人成功实践了飞天梦，那必然是人类编年史上最浓墨重彩的一笔。

这一事实对达·芬奇同样适用，他本人只是进行了几次谨慎的且不太可能成功的飞行实验，且这些实验的真实性都难以考证㊀。一些年代久远且在证据上存在一定疑点的中国发明，其实也面临着相似的研究困境。鲁道夫·真蒂莱（Rodolfo Gentile）在关于航空史的著作中写道：

“如今，我们将很多发明归功于那些年代久远的中国人，那些中国人……也总能为一些技术性发明找到令人满意的起源。然而，对飞行的研究显然需要持续几代人的不懈努力，这些技术一旦被突破，就会如数学方程和工艺流程一般永载史册”㊁。

将如载人飞行器一般重要且独特的创新技术作为“秘密”保存下来是很自然的想法，这就意味着可能还有些神秘的载人飞行器设计方案（可能是达·芬奇设计的，也可能是别人的）仍旧隐藏在浩瀚的历史文献中，有待我们进一步考证。然而，要确保重大技术创新完全“隔绝于世”是极其困难的。能如此穷尽一切地保守秘密，似乎只有一个合理的解释，那就是“只有发明者本人知晓问题的解决方案”。在飞行器设计领域，这种解决方案可能意味着一个理论上的概念，或一幅完整的设计图稿。但对身处文艺复兴时期的达·芬奇而言，我认为一个更大的可能是这种载人飞行器很可能演化为战争机器，一旦被恶人所用，它所蕴藏的巨大威力将给全人类带来毁灭性的灾难。达·芬奇在自己的《绘画论》（Treatise on Painting）一书中将此形

㊀ 所幸，达·芬奇进行的飞行实验被他的朋友，数学家杰罗拉莫·卡达诺（Gerolamo Cardano，1501—1576）记录下来。在卡达诺的记录中，达·芬奇的实验结果称得上非常糟糕。担任试飞员的可能是托马索·马西尼（Tommaso Masini），他亦被称作“皮雷托拉的拜火教者”（Zoroaster of Peretola）。此人在达·芬奇的记录中常以辅助机械师的身份出现，他曾在达·芬奇创作《安吉亚里之战》（Battle of Anghiari，一幅画作）时帮助达·芬奇研磨颜料。依照达·芬奇自己的记录，我们可以得到一个不确切的推论：这位拜火教者为帮助达·芬奇完成飞行器实验，自己从切切里山（Mount Ceceri）的山顶跳了下去，并摔断了腿。显然，倘若达·芬奇的飞行器真的研制成功，那么相关记载一定会更加丰富且详实。

㊁ R·真蒂莱，storia dell’ aeronautica, dalle origini ai giorni nostril（Roma: Ali Nuove Editrice,1954）。

容为“最疯狂的兽性”（The Most Bestial Madness）。

事实上，达·芬奇的确将众多这样的机械设计方案“隐藏”在自己的手稿中。而这其中最著名的案例当属潜水艇设计方案（巴黎B手稿，第11张右页）。与之类似，达·芬奇当然也有足够的理由“隐藏”自己的飞行器设计方案㊀，同时要指出的是，这种处事态度绝非是达·芬奇独有的。这里有一个故事可以佐证上述推论。亨利·W·L·海姆（Henry W L Hime）在《炮兵的起源》㊁（The Origin of Artillery）一书中，声称自己破译了13世纪的罗杰·培根（Roger Bacon）有关火药配方的密码（培根自己的火药配方可能也是从阿拉伯人那里得到的）。如果培根果真拥有这样的“秘密”，我们大可质疑他为何不将其公之于众。而培根本人曾不厌其烦地解释说，他坚信科学知识对大众是有害的。

关于庸众，培根写道：

“他们无法真正吸收自己并不信任的科学知识，他们会不明智地使用这些知识，从而损害到真正的智慧。有鉴于此，让珍珠远离这些蠢猪吧。庸人对每一个伟大的科学原理的解释和使用都是错误的。所以，本应该让每个人都受益的东西（科学）却伤害了他们。写作时如果不注意保密，而让愚昧的众人随意解读，简直是发疯，这些东西只应对最富有学识的人开放。”

然而，即使发明者（发现者）拥有“隐藏发明（发现）”的强烈意愿，是否就足以让那些重要的发明（发现）“永不见天日”呢？假如达·芬奇，或他之前的人，能够借助某种机器飞上天空的话，一定需要与其他人通力协作才可能实现。他们至少需要一些人在飞行器坠毁时救助飞行员，或把飞行器搬运到实验地点（能够载人的飞行器通常不会很轻巧，因此几乎不可能由单人运输）。如果飞行实验果真成功了，就还需要人力将飞行器搬运到所谓的“藏匿所”。

即使在一个荒芜的环境中，我们也

㊀ “科学”与“科学技术的应用”之间的矛盾是一个直到今天仍令我们争论不休的议题。我最近在安东尼奥尼·齐基基（Antonioni Zichichi）所著的《科学和地球的危机》（Scienza et emergenze Planetarie, Milano, Rizzoli, 1993）中也看到了这样的争论。当代主流文化制造了一种总体上的幻觉，在这个幻觉的基础上，医生负责治病，工程师负责建造桥梁、摩天大楼和高速公路，而科学家负责制造核弹。第一颗裂变核弹降生的“罪孽”被人们归咎于费米（Enrico Fermi，意大利籍核物理学家，译者注）……对于科学与技术间的差异，现代社会的主流文化并没有明确区分。“科学”意味着为我们打开新的视野，去精确认知我们所处的世界是如何运作的。“技术”意味着在充分理解了世界如何构成的基础上，去研究实际应用。“科学的应用”实际上并不在“科学”的范畴内。诚如伽利略（Galileo Galilei）所说：做实验，取得发现，就像去破译自然之书中的句子一样。懂得阅读自然之书的人并不会把精力投入到如何应用这些发现中——这是一个非常“达·芬奇化”（原词是Leonardesque，译者注）的推理过程。

㊁ 亨利·W·L·海姆：炮兵的起源（The Origin of Artillery, London：Longmans, Green and Co.1915）。

很难想象这样的行动没有“目击证人”。此外，考虑到当时的条件，夜间飞行更是不可能的。就算将如此重要的任务“藏匿”得天衣无缝不是完全不可能的，也会是极其困难的。但很遗憾，关于这些所谓的飞行活动，我们目前找不到任何留存下来的目击证据。

探寻“飞行史的史前时期”是一件很“危险”的事，因为很容易在研究过程中误入歧途。这样的研究很容易被界定为创作“科幻小说”或“历史幻想小说”。但在阅读历史学家和考古学家留下的资料时，我们一定会为其中的一些发现感到惊讶。

通常，最不同寻常的解释往往是最简单的，也是最接近事实的㊀。描述“飞行器史前时期”涉及的知识范畴非常广泛，这显然已经超越了本书（主要致力于研究达·芬奇的飞行器设计手稿）的研究范畴。因此，我只选取了与实际飞行相关性最强的事实加以陈述。但这些“史前飞行器”往往拥有摄人的魅力，以至于很难单纯地将研究集中在预设的目标上。这种情况下，真正实现飞行的“主体”到底是人类还是外星人？这通常很难有定论。在“历史幻想”的前提下，我们很容易想象古代文明是如何将会飞的东西视作天外来客的。当然，通过某些特别的事件，他们可以“复原”那些地外飞行器和外星人的外貌，并将“他们”当作天神来崇拜——我个人并不认为这样的案例对于研究“人类飞行史”有什么帮助。其他目击者只是叙述事实，并没有对飞行器的细节进行有见地的描述，这种情况下，想象力似乎就是不可或缺的了。很多类似的故事都荒诞不经。例如，一份可能现存最久远的关于“航空”的文献来自古巴比伦的哈卡莎法典（Halkatha），其中记述道：

“操作飞行器是极大的荣耀。关于飞行的知识最为古老，这是天神赐予的礼物，用以拯救生命。”

在简略回顾史前飞行器的过程中，必然要涉及波哥大的史前“飞机”。这些“飞机”如今保存在哥伦比亚的国家银行中。

这些小巧的人工制品只有几厘米长，却拥有与现代飞机，甚至宇宙飞船高度相似的外形。毛若·保莱蒂（Maoro Paoletti）㊁对此有过一段精彩的论述：

㊀ 这一方法学上的原理如今被称为“奥卡姆剃刀原理”（Ockham's Razor）。根据这一原理，在其他条件都相同的情况下，最简单的解释是最有可能正确的。奥卡姆的威廉（William of Ockham）是 14 世纪英国圣方济各会的修士，他提出的这一原理是当今众多科学思想的基础。威廉提出，与其徒劳地构思过多的假说，不如直截了当地解释已有的现象。他认为在若干可能的解释中，最简单的那个就是最接近真相的。这一原理如果运用到考古学中，就会得到一个有关数千年前人类所描绘的“飞行器”的最简单解释：在某些遥远的文明中，人们看到的会飞的物体不仅仅是动物。

㊁ 提到这一发现，想要“扑灭”读者强烈的求知欲似乎是不可能的。关于这些人工制品，保莱蒂的文章本身就是很好的线索（Il Volo nell' antichita, www. Edicolaweb.net）。

“确认一架两千年前，甚至更早年代的飞机意味着部分重写我们的历史。”

然而，也许是为“息事宁人”，发现者将这些人工制品定义为“动物形挂饰”（原文是 colgante zoomorfo，译者注）。对此，保莱蒂写道：

“这些人工制品与动物毫不相干。很明显，我们并不想承认自己亲眼看到的是什么。”

史前飞行器的故事复杂而迷人，但超出了本书的讨论范畴。利用手头的材料和头脑中的理论制造飞行器的初衷，与崇拜并制造一个外星人或神的护身符或雕像截然不同（且不论这样的飞行器是否能飞）。因此，达·芬奇在飞行器研究领域的伟大之处就在于其现实性，这是人类可以理解的事物，而非一些神秘的讳莫如深的事物。

接下来将对达·芬奇之前的人所开展的飞天尝试进行简略回顾。这些记载于古老文献中的事物，有些是科学的，而有些只是神话。

舜（Shun，公元前 21 世纪）

一些源自中国古代故事和古本《竹书纪年》中的线索，似乎表明中国上古时期的帝王舜发明了飞车和降落伞。从科学的视角出发，这些令人称奇的“发明”是经不起推敲的，因为后世的文献对这些“发明”再无记载（舜发明的所谓“降落伞”，源自很多中国古代传说中提到的故事，舜为躲避兄弟的陷害，用斗笠当“降落伞”从屋顶跳下，译者注）。

奇肱氏（Li Kung Shi，公元前 18 世纪）

成汤命令奇肱氏制造飞车，飞车制成后，为保守秘密，成汤又将其销毁（这个故事很多中国古籍都有记载，例如西晋张华的《博物志外传》：汤破其车，不以视民。十年东风至，乃复作车遣返。其国去玉门关四万里，译者注）。

卡乌斯王（Kai Kawus，公元前 16 世纪）

这位波斯帝王制造了一个能“飞”的宝座，由四只鹰牵引着宝座飞天。四只鹰奋力地扇动翅膀，想吃到挂在宝座四根柱子上的肉，却永远吃不到（注意，宝座本身是不会飞的）。有证据表明，亚

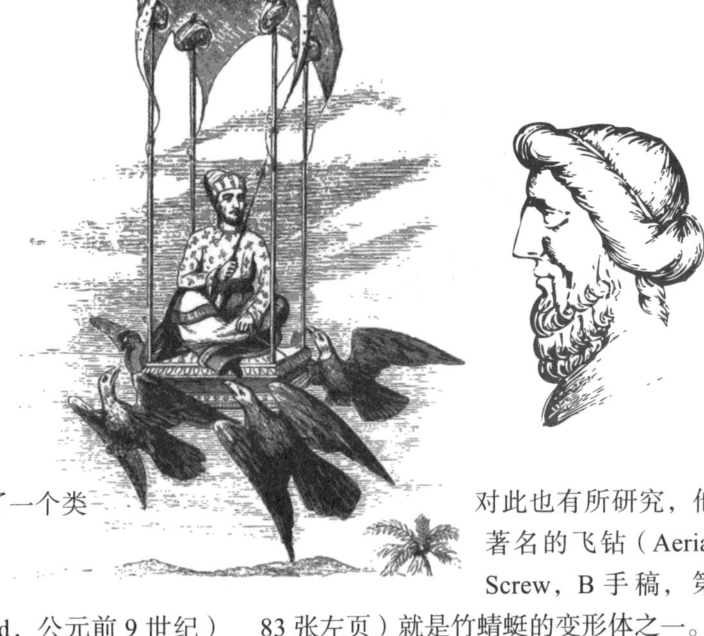

历山大大帝也制造了一个类似的物件。

布拉都德王（Bladud，公元前 9 世纪）

布拉都德王是英国传说中的一个古代国王。据说，他在如今的伦敦附近制作了一些人造翅膀。

珀伽索斯（Pegasus，有翅膀的飞马，公元前 8 世纪）

珀伽索斯是英雄珀尔修斯（Persius）杀死女妖美杜莎（Medusa）时，从美杜莎的鲜血中跳出的一匹长翅膀的马。贝勒罗丰（Bellerophon）杀死怪物奇美拉（Chimera）时骑的就是这匹马。

竹蜻蜓（Flying tops，公元前 4 世纪）

在中国的相关记载中，竹蜻蜓有很多形态，大都是孩子们的玩具。同时，竹蜻蜓也是很好的实验器材，达·芬奇对此也有所研究，他著名的飞钻（Aerial Screw，B 手稿，第 83 张左页）就是竹蜻蜓的变形体之一。

塔伦特姆的阿奇塔斯（Archytas of Tarentum，公元前 3 世纪）

阿奇塔斯不仅是出色的哲学家和毕达哥拉斯学派数学家，还是一名充满智慧的工程师。许多重要的工程机械都是他发明的，包括螺旋和滑轮。他被视为机械科学领域的开山鼻祖。在公元 170 年成书的《阿提卡之夜》（Attic Night）中，作者奥卢斯·盖琉乌斯（Aulus Gellius）提到了阿奇塔斯发明的能飞的木质鸽子，这种机械内部藏着一盏灯笼或其他热源，用以加热封闭在内部的空气。在人类践行飞天梦的历程中，阿奇塔斯制造机械鸽子无疑是一次分水岭式的事件，原因并不在于其是否

能飞，而是从此之后，人类对飞行的渴望从诗意的想象进入了理性研究飞行原理的阶段。

无名氏（Unknown，公元前 3 世纪）

中国人制造风筝的历史源远流长，有些文献甚至称他们的风筝能执行军事任务。公元 1000 年左右（北宋初期，译者注），中国人已经能制造足以承载一个人飞天的风筝。这种风筝在军事上的用途显而易见：“飞天侦察兵”能鸟瞰敌人的阵地，观察敌步兵和其他兵种的部署情况等。尽管这意义非凡，但风筝终归是人力线控的，不能算作真正的飞行器，而其“飞行”过程显然也称不上“自由”。达·芬奇很可能接触过这样的概念。在已经破解的《飞行手稿》第 16 张右页中，就描绘了一架由绳索操纵的飞行器。当然，关于这件事，一个更合理的解释是，达·芬奇想在真正的，能在空中自主操控的飞行器正式翱翔之前，用“线控”的方式对“原型机”进行测试。只有“无人试飞”任务成功后，他才会允许飞行员执行“载人试飞”任务[㊀]。

荀况（Ko Hung，公元前 3 世纪）

中国史学家荀况记载了用木头制作的飞车，这些飞车用牛皮包裹在旋转的桨叶上，看起来像直升机。

萨卡拉木鸟（The Saqqara Glider，公元前 3 世纪）

1898 年，莱特兄弟实现首次动力飞行前不久，考古学家在埃及萨卡拉的一处坟墓中发现了一个带“翅膀”的工艺品。起初，位于开罗的埃及博物馆称其为“萨卡拉木鸟”，直到 1969 年，研究人员发现它可能代表了一些更为复杂的事物。

“萨卡拉木鸟”的“翅膀”是一次成型的，嵌装在主体上，可能为满足随时更换之需，其整体外形经过精心设计，如同光滑的现代飞机机身一般，是接近完美的流线型。它的尾部，准确些说或许应该叫水平安定面，安装角度与通常的鸟尾巴相比扭转了 90 度。“萨卡拉木鸟”的翼展是 18 厘米（7.1 英寸），主体长 14 厘米（5.5 英寸），全重 40 克（1.4 盎司）。它非常轻，拥有符合空气动力学设计的平直翼型。但由于没有动力装置，同时考虑到制作年代，它可能更像一架滑翔机。多位考古学家和航空专家经研究得出的推论是，“萨卡拉木鸟”很可能是一架飞行器的缩比模型[㊁]。

当然，“萨卡拉木鸟”也可能只是一个玩具而已，只不过能飞。也有观点认为，“萨卡拉木鸟”纯粹就是一只鸟的模型，但这是值得商榷的。如果当时

㊀ 这种可能性不应该被排除。事实上，今天我们复原达·芬奇飞行器设计方案的过程中，仍然要遵从这样的实验步骤。

㊁ 第二次世界大战期间，滑翔机曾用于批量运送作战人员。直到今天，以无动力飞行方式运送人员和物资仍是一种可靠的运输手段。有效运用滑翔机的难点在于如何将它送到足以完成滑翔飞行的高度。

的匠人只想复制出一只鸟的外形，那么用一整块木头雕刻出一只鸟的形态显然更容易实现。为什么要刻意将“翅膀”与主体分离呢？为什么主体造型拥有如此鲜明的空气动力学元素呢？为什么要把正常的鸟尾巴扭转一个角度呢？与其说“萨卡拉木鸟”像鸟，不如说它是在如“飞机”一般的物件头部画了一双“鸟眼睛”，这双“鸟眼睛”更应该被看作装饰物，或表达着某种祝福之意。现在，我们也许很容易想象彼时的孩子们拿着“萨卡拉木鸟”玩耍时的情景。

亚里士多德（Aristotle，公元前 2 世纪）

这位著名的古希腊哲学家通过研究鸟翅膀的结构来探究飞行原理。

代达罗斯和伊卡洛斯（Daedalus and Icarus，公元前 1 世纪）

奥维德（Ovid）在《变形记》（Metamorphoses）中描绘的故事可谓是人类有关飞行最著名的神话。伊卡洛斯是发明家代达罗斯的儿子。米诺斯王（King Minos）命令代达罗斯为他建造迷宫。事后把代达罗斯关了起来，因为他知道这个迷宫的结构和秘密。代达罗斯的名字（Daedalus）在古希腊语里与动词“匠作”（原文是“The work of Art”，daidallo，译者注）同源。

事实上，身为发明家的代达罗斯精通工程技术，他发明的许多装置都具有神奇的功能。为了越狱，代达罗斯用羽毛制作了翅膀，并用蜡来封固。尽管代达罗斯警告儿子伊卡洛斯不要飞得太高，但伊卡洛斯因为飞行感到异常兴奋，飞得离太阳过近，阳光的热量融化了翅膀的封蜡，导致他坠海而死。在传统文学作品中，这个故事用来隐喻那些自不量力的人。

施邪术的西门（Simon Magus，公元1世纪）

基督教文学和《圣经·新约》中都有关于此人的记载。西门试图从圣彼得那里购买权力和精神的力量，他的故事也是“买卖圣职”（Simony）一词的来源㊀。在克劳狄乌斯统治罗马帝国时期，西门宣称放弃了基督教信仰，来到罗马，并企图以表演飞行术来打动皇帝。根据《彼得传》（The Acts of Peter）的记载，当时的场景如下：

“某日，西门想要说服皇帝，让他相信自己是具有神力的，于是就允诺在众人面前使自己悬空。许多人都来围观这一空前的盛况，而西门也确实借助魔鬼的力量使自己飘浮在空中。但此时圣彼得开始祈祷，使魔鬼的力量消散。西门因此从空中跌落，摔断了腿。”

㊀ 中世纪时，“买卖圣职”（Simony）多指买卖“赎罪券”（indulgenc，也称赦罪符），用于宽恕那些沉溺于欲望和权力的人，使他们免遭教廷处罚。

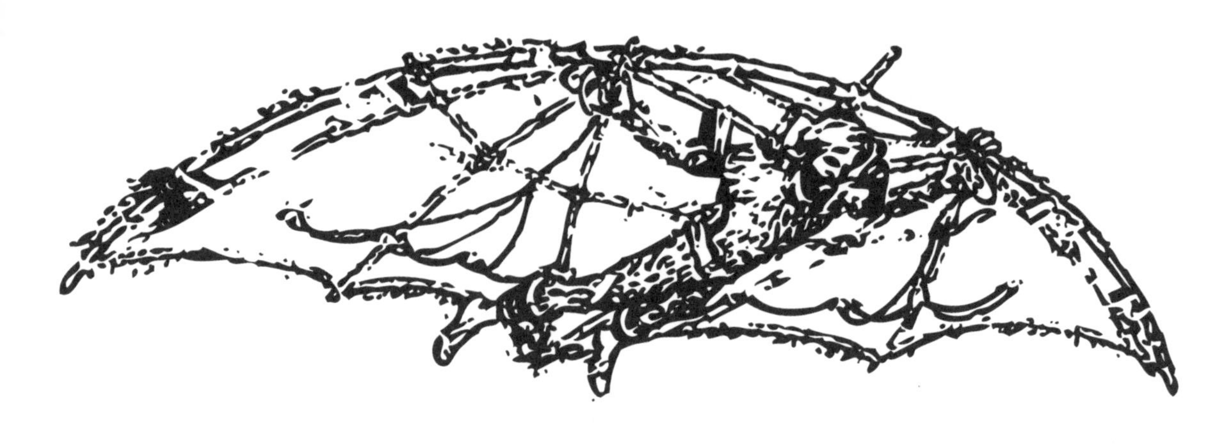

尽管这个故事寓意积极，但我们不能把故事细节和圣彼得“不要飘浮”的祈祷当真。至少圣彼得的祈祷确实没能阻止后来者的仿效，反而激发着许多人前赴后继地投入飞天尝试中。

阿巴斯·伊本·费尔纳斯（Abbas Ibn Firnas，公元4世纪）

拥有诗人、科学家和发明家多重身份的费尔纳斯居住在科尔多瓦（Cordova）。65岁时，他自制飞行器进行了一次试飞，从科尔多瓦的高塔上跳了下来。这次实验只能算部分成功，他在空中滑翔了几分钟，最后重重地摔在地上，身受重伤。失败的着陆可能缘于他错误计算了飞行器的尾翼参数。如今，巴格达的一座机场及月球的一座环形山均以费尔纳斯命名。

无名氏（Unknown，公元6世纪）

火药是中国人的重大发明之一。据一些编年史的记载，火药初期主要用于驱动火箭。阿奇塔斯的鸽子（公元前4世纪）以类似的原理“飞行”，但它利用的是蒸汽，而非火药。

马尔姆斯伯里的奥利弗（Oliver of Malmesbury，公元 11 世纪）

公元 1050 年，这位名为奥利弗的僧人、占星学家兼工程师制作了一对翅膀，并利用这对翅膀从一座钟塔上跳下来飞行了 200 米（656 英尺）。为制作这对翅膀，他参考了奥维德《变形记》中的记载。奥利弗在着陆时摔断了腿，所幸活了下来。从严格意义上讲，尽管他这次“飞行”更应被看作是一次“有控制坠落”——就如同使用降落伞，但我们仍然可以将他视为“飞行第一人”。相关文献记载，他对这次飞行失败感到非常懊恼，并表示最大的失误是没有制作“尾巴”，不然他能飞得更远。

一名萨拉森人（“The Sarasen”，公元 12 世纪）

公元 1161 年，东罗马帝国皇帝科穆宁（Emperor Comnenus）宣布在一个欢庆仪式上将安排一场特殊的表演。一名萨拉森人将从高塔上跳下，飞越欢庆仪式的场地，在场地另一端的狭窄街道上降落。表演开始后，兴奋的民众“催促”着萨拉森人跳下高塔，但这个可怜的家伙犹豫了，可能是因为当时的风力不够强。不过他最终还是跳了下去，相关文献记载道：

“他身体的重力远远大于翅膀所能提供的升力，他全身多处骨折，处境堪忧，没过多久就去世了。”

很明显，这个不幸的萨拉森人想要做的是与奥利弗相同的“有控制坠落”。但一切都不如预期顺利，或许是塔的高度超乎想象才导致了这次惨剧。

阿尔伯特大帝（Albert the Great，公元 13 世纪）

阿尔伯特大帝制造了一种气球，球身由羽毛制成，靠人吹气，我们可以将它看作现代气球的“鼻祖”。

罗杰 · 培根（Roger Bacon，公元 13 世纪）

在《关于自然和艺术的秘密》（De secretis operibus artis et naturae）一书中，这名圣方济各会修士写道：

“我们将要制造了不起的机器，这些机器可以让大船跑得比一整列桨手划船都快，而且只需要一人操纵。将来我们可以不依靠畜力就让车子跑得很快。我们也会制造出带翅膀的机器，像鸟儿一样在天上飞。”

与此同时，他得出一个令人吃惊的结论：

“古人早就造出飞行器了，如今也有人在造。”

吉安·巴蒂斯塔·丹提（Gian Battista Danti，公元15世纪）

1494年，这名出生在佩鲁贾（Perugia）的工程师在特拉西门诺湖畔（Lake Trasimeno）制造了一架飞行器，并进行了飞行实验，但细节无从考证。这架飞行器的两个翅膀靠一个特殊装置驱动。1503年，巴格莱奥尼家族（Baglioni）的一位女性成员嫁给了巴托罗密欧·德阿维亚诺（Bartolomeo d’Aviano）。在佩鲁贾的圣洛伦佐广场（Piazza San Lorenzo）举行的婚礼上，前来助兴的丹提准备上演一出好戏——从大学里的一座旧建筑上（原文是Sapienza Vecchia）起飞。正是这一年，达·芬奇开始编写《飞行手稿》。由于机械故障，丹提不得不提前终止了飞行，所幸他成功着陆了。这次勇敢的表演为丹提赢得了巨大的声望和“代达罗斯”的绰号。此后不久，丹提前往米兰公国，以军事学家和建筑师的身份在那里工作。他很有可能在那里见到了达·芬奇。巴格莱奥尼家族将丹提视为“让人类飞行”的天才。

几个世纪后的相关记载中，人们将丹提这次飞行的失败归咎于一根坏掉的钢质细杆。值得注意的是，《飞行手稿》中，达·芬奇在第7张左页中强烈表达了自己对“在飞行器上使用金属部件”的反对意见。达·芬奇写道：

“在制作飞行器时，一片金属材料都不要用。这种材料在压力作用下会折断，此外还会锈蚀。这种情况下没必要把事情复杂化。”

雷吉奥蒙塔努斯（Regiomontanus，公元15世纪）

雷吉奥蒙塔努斯年轻时便已在数学、天文学和占星学方面造诣颇深。作为科学学士，他教授光学和古典文学，并为国王和主教们制作星盘。公元1465年，他为教皇保罗二世（Pope Paul Ⅱ）制作了一个便携式日晷。有传言说他在自己的工作室里制作了一只铁苍蝇。这只“铁苍蝇”能振翅飞离他的手掌，绕屋子飞一圈后再回到他的手掌上休息。此外，还有传言说他为国王莅临纽伦堡城的仪式制作了一只机械鹰。这只机械鹰飞行了1英里（1.6千米）多来到国王面前，扑动翅膀行礼之后又返回了城区。

约翰·达米安（John Damian，公元 16 世纪）

达米安是苏格兰国王詹姆士一世（King James I）的意大利籍宫廷医生。在约翰·莱斯利（John Lesley）的著作《苏格兰史》（History of Scotland）中记载了如下情节：

“他（达米安）用羽毛制作了一对翅膀，并把翅膀粘在自己的背上。他飞过了斯图维灵（Struveling）城堡的围墙，但不久后就摔到了地上，把自己的腿摔断了。”（原文是苏格兰古英语，译者注）

达米安本人将这次飞行的失败归咎于用鸡毛制作的翅膀。

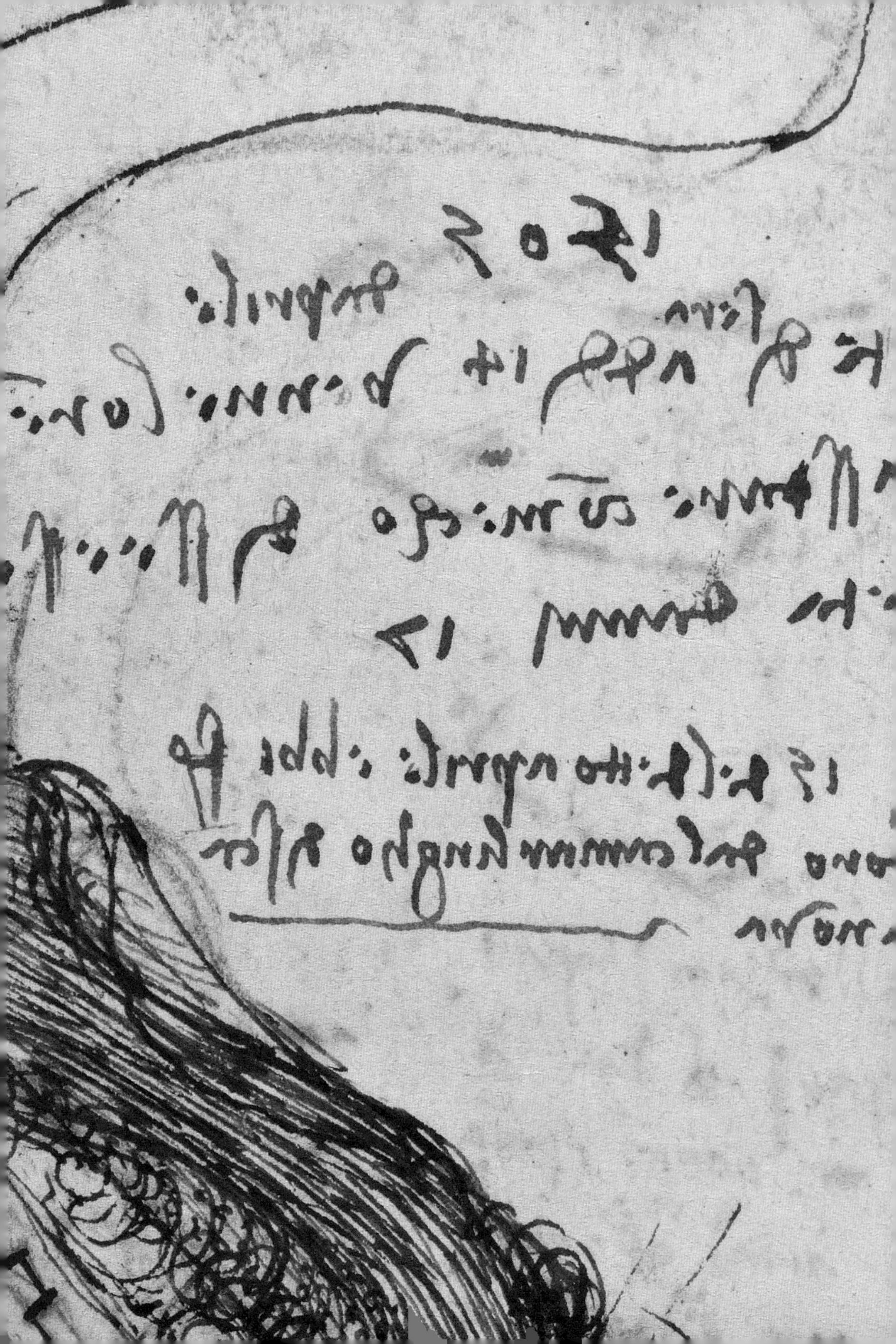

第 2 章
鸟类飞行手稿的历史

与达·芬奇其他知名手稿一样，《飞行手稿》在数个世纪的岁月里也几经易手（方式包括拍卖、转让、捐赠甚至盗窃），其曲折经历引人入胜，足能写成畅销小说。我们梳理这一经过，也有助于读者理解自达·芬奇去世到今天，他的众多手稿到底遭受了怎样的磨难。总的来看，我们仍然是幸运的，因为相当一部分达·芬奇手稿和画作都得以流传至今，其中包括：保存在米兰的《大西洋古抄本》（Codex Atlanticus）和《提福兹欧手稿》（Codex Trivulzianus）；保存在威尼斯美术馆的画作（Venice Drawings）；保存在佛罗伦萨乌菲奇美术馆的画作（Uffizi Drawings in Florence）；保存在都灵的《飞行手稿》（Codex on Flight）；藏于法国的手稿（France Manuscripts）；藏于英国的手稿（English Collections）。当然，还有落入私人藏家之手的手稿，例如 1994 年，比尔·盖茨（Bill Gates）以将近 3100 万美元的价格购入的《哈默手稿》（Codex Hammer，现称《莱斯特手稿》，Codex Leicester）。在离开达·芬奇之手几个世纪后，《飞行手稿》经历了好一段非同寻常的时空旅程，终于“安眠”在都灵皇家图书馆。2006 年，我们对这卷手稿进行了数字化处理。当时，我们卑躬于图书馆的穹顶之下，与这些珍贵文献朝夕相伴数日之久。我们沉浸在扫描、浏览达·芬奇手稿真迹的兴奋与愉悦中，不禁好奇，世间尚留存有多少不为人知的如此珍贵的宝藏呢？事实上，在研究达·芬奇手稿的过程中取得新发现并非全无可能。在此，我想以著名的《马德里手稿》（Codex Madrid）为例来说明这一点。静息在马德里国家图书馆书架上的《马德里手稿》直到 1966 年才被人们发现。图书馆归档时的一个失误，使这卷 300 多页的达·芬奇真迹尘封了数百年之久。类似的情况很难不令我们“想入非非”——在某个图书馆的书架上或不为人知的私人藏品库中，也许仍然尘封着众多达·芬奇的手稿和画作。

当然，倘若这些宝藏有朝一日得以重见天日，必将增进我们对现有的众多达·芬奇设计方案的了解。既然如此，学者们为什么不能指望自己就是那个“发现一页新手稿，甚至更简单一些，发现被波姆皮奥·莱奥尼（Pompeo Leoni）㊀撕碎，用以包裹《大西洋古抄本》和英国收藏手抄本碎片”的幸运儿呢？当然，我们的推论是否成立很大程度上取决于发现者本人的良心，他可能把自己发现的真迹秘密赠予某个机构。类似的事情（原文是restitution，意指“失而复得的补偿”，译者注）屡次发生，而《飞行手稿》的经历正是其中的典型。

㊀ 为了更好地保管达·芬奇手稿，波姆皮奥·莱奥尼（Pompeo Leoni，1533—1608）根据题材对这些手稿进行了分类（包括机械类、艺术类等）。然而，莱奥尼在分类过程中特意将自己认为最有趣的画作“筛”了出来，这使我们不得不怀疑他所做的工作到底是出于公德心还是私心。

某些极端情况下，那些遗失或被故意藏匿的手稿也许正是帮助我们打开达·芬奇密室之门的钥匙。恰恰因为缺少了它们，极大妨碍了我们对达·芬奇本意的领悟。不完整的手稿和遭到损毁的页面对我们来说可能也是毫无帮助的。例如，我最近在研究达·芬奇手稿中一个奇特的乐器，暂且称其为“羽管键琴和中提琴的复合体”（原文是 Harpsichord Viola，译者注）。这件乐器出现在《大西洋古抄本》中（第93张右页），但有一半的页面（当然还有一半的设计图稿）不幸遗失。这种情况下，我必须绞尽脑汁地猜测达·芬奇设计图稿的本来样貌，而非单纯地去解释一幅客观存在的图像。当然，研究过程中我也时常会产生一个疑问：那另一半页面倘若没有损毁，如今会在哪里呢？

达·芬奇《飞行手稿》颠沛流离的“生命历程”曲折而引人入胜。在这段长达五个世纪的历程中，它的“足迹”遍布整个欧洲。流浪故事从法国的昂布瓦斯（Amboise）开始，以都灵的皇家图书馆（Royal Library in Turin）为终点。达·芬奇将《飞行手稿》遗赠予自己的学生弗朗切斯科·梅尔齐（Francesco Melzi）时，它并非是如今我们看到的模样（18张，213毫米 ×154毫米，8.4英寸 ×6英寸，有厚厚的纸质封面）。首先，人们发现《飞行手稿》时，它与存于法国的B手稿（Manuscript B）装订在一起，作为B手稿的附录存在。其次，《飞行手稿》如今的编排方式必然与原始状态有较大出入，毕竟经历了五个世纪的辗转，有些页面很可能已经遗失。在将《飞行手稿》赠予安布罗西亚纳图书馆（Ambrosiana Library）时，加莱亚佐·阿科纳提（Galeazzo Arconati）如此描述道：

“在这卷手稿（指B手稿）的最后还有另一卷（指《飞行手稿》），共18张，记录了一些数学运算过程和鸟类图画，它们装订在同一个羊皮纸封皮中。”

显然，《飞行手稿》与B手稿间存在密切的逻辑关系。B手稿中也记录有大量关于飞行的研究成果和飞行器设计方案，这其中就包括著名的飞钻（Flying Screw）。

弗朗切斯科·梅尔齐继承了包括《飞行手稿》在内的达·芬奇的所有遗产。昂布瓦斯法庭公证人乔瓦尼·古列尔莫·布罗（Giovanni Guglielmo Boureau）所起草的达·芬奇遗嘱可以证明这一事实。这份遗嘱的签订日期是1518年4月23日，距离达·芬奇去世（1519年5月2日）尚有一年多的时间，因此从时间上看逻辑是合理的。

到目前为止，有关这份重要遗嘱的原始信息，存世的只有米兰城安布罗西亚纳图书馆（Ambrosiana Library）的图书管理员，致力于研究达·芬奇的卡洛·阿莫蕾蒂（Carlo Amoretti）遗留下来的手抄本，其中包含的主要内容如下：

《飞行手稿》的流传历程

我们以地图的形式来呈现达·芬奇《飞行手稿》颠沛流离的“生命历程”，细线表示单独流传的手稿页面。

莱昂纳多·达·芬奇（Leonardo Da Vinci）	**1519 年 1 月**	弗朗切斯科·梅尔齐（Francesco Melzi）
弗朗切斯科·梅尔齐（Francesco Melzi）	**1637 年 2 月**	马赞塔（Mazenta）,
L·加瓦尔迪（L. Gavardi）		G·阿科纳提（G. Arconati）
O·梅尔齐（O.Melzi）		安布罗西亚纳图书馆（Ambrosiana Library）
安布罗西亚纳图书馆（Ambrosiana Library）	**1796 年 3 月**	法兰西学院（Institut de France）
法兰西学院（Institut de France）	**1844 年 4 月**	古列尔莫·利布里（Guglielmo Libri）
古列尔莫·利布里（Guglielmo Libri）	**1864 年 5 月 a**	查理·费尔法克斯·穆拉伊（Charles Fairfax Murray），手稿第 1、2、12、17 和 18 张
古列尔莫·利布里（Guglielmo Libri）	**1864 年 5 月 b**	贾科莫·曼佐尼（Giacomo Manzoni），13 张手稿
曼佐尼的继承人（Heirs of Manzoni）	**1892 年 6 月**	特奥多罗·萨巴克尼科夫（Theodore Sabachnikoff）
C·F·穆拉伊（C.F. Murray）	**1892 年 7 月**	特奥多罗·萨巴克尼科夫（Theodore Sabachnikoff），手稿第 18 张
特奥多罗·萨巴克尼科夫（Theodore Sabachnikoff）	**1893 年 8 月**	玛格丽塔王后（Regina Margherita），13 张手稿和手稿的第 18 张
C·F·穆拉伊（C.F. Murray）	**1903 年 9 月**	维托里奥·埃马努埃莱三世（Vittorio Emanuele Ⅲ），手稿第 17 张
C·F·穆拉伊（C.F. Murray）		维托里奥·埃马努埃莱三世（Vittorio Emanuele Ⅲ），手稿第 1、2 和 10 张
恩里科·法蒂奥（Enrico Fatio）		

06.1892
07.1892
05a.1864
04.1844
昂布瓦斯
10.1903
02.1637
03.1796
都灵
08.1893
09.1903
05b.1868

第一段旅程：1519 年，居于昂布瓦斯（Amboise）的莱昂纳多 · 达 · 芬奇（Leonardo Da Vinci）> 居于瓦普廖达达（Vaprio d' Adda）的弗朗切斯科 · 梅尔齐（Francesco Melzi）

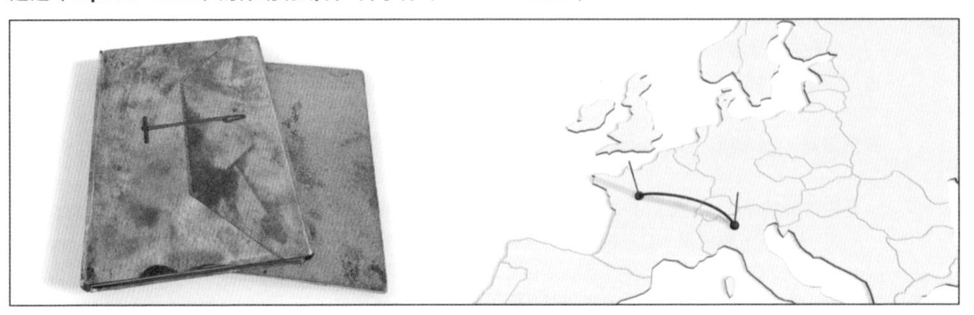

“之前提到的立遗嘱者（达·芬奇）将自己的遗作作为酬金赠予米兰城的贵族，梅尔齐家族的梅塞尔·弗朗切斯科，以此作为他过去多年来为立遗嘱者服务的报偿。这些遗作中包含了立遗嘱者的每一本书，以及作为画家所绘制的每一个机械装置的插图和画作。”

达·芬奇去世后，他的众多手稿便“踏”上了持续数个世纪的流浪生涯。经手过这些手稿的收藏家超过 10 位，且曾在至少三个国家间辗转（甚至远至俄国），直到最后回归都灵皇家图书馆。

弗朗切斯科·梅尔齐将从老师（达·芬奇）那里继承而来的遗产全部存放在自己位于米兰郊区瓦普廖达达的乡间别墅中。他在那里极尽精心地守护着所有手稿，不希望任何一张，哪怕源自手稿的只言片语流传于世。甚至连阿尔贝托·本迪迪奥（Alberto Bendidio）代表费拉拉公爵阿方索一世（Alfonso I of Ferrara）来讨要手稿时都遭到了他的拒绝。

梅尔齐对老师满怀感恩之情，师生相处时的点点滴滴都是他最美好的回忆。因此，他倾尽所能，希望将达·芬奇的《绘画论》——一本达·芬奇已经撰写多时却尚未完成的书编辑成集。1570 年，梅尔齐去世，他名下的所有达·芬奇遗作都被转交给家族继承人。然而遗憾的是，继承人并没有如梅尔齐般用心地守护这些手稿。几年之后，存放手稿的书架上摆满了杂物，甚至相当一部分手稿都已经“遭遇不幸”——或被偷，或被当作废品丢弃，或被拆散重装。此后，达·芬奇的手稿便以诸如此类“不人道”的方式几经辗转。通过梳理达·芬奇手稿的“兴衰史”，我们完全能够客观地审视生活在他那个年代的人们，以及他去世数十年后的人们，是如何看待这位天才的。我们可以确定的是，达·芬奇的手稿很早就已经受到收藏家们的追捧。恐怕也正因如此，我们肯定已经永远错过了与一些天才作品的邂逅机会。早在 19 世纪，学者吉尔贝托·戈维（Gilberto Govi）就有如下的希望：

“通过搜寻图书馆的馆藏，我们就有可能找到原本认为已经遗失的达·芬奇手稿，或者被忽略的页面。”

1570—1637 年，没有任何文献记载达·芬奇《飞行手稿》的去向。1637 年，这卷手稿“忽然”在米兰安布罗西亚纳图书馆重现。尽管没有明文记载，但我们几乎可以确信这卷手稿也经历了与《大西洋古抄本》一样的艰辛。

乔瓦尼·马赞塔（Giovani Mazenta）在回忆录中提到，他在梅尔齐去世 17 年后亲眼见过达·芬奇的 13 卷手稿。这些手稿来自莱里奥·加瓦尔迪（Lelio Gavardi），他几乎是轻而易举地盗走了它们，而梅尔齐的继承人对此毫不知情（可见继承人的保管工作做得有多么糟糕）。加瓦尔迪曾找到马赞塔密谈，说他可以为这些“宝贝”找到很多买家，例如托斯卡纳大公国的弗朗切斯科·德·梅迪奇大公（Grand Duke of Tuscany Francesco de' Medici，即弗朗切斯科一世）。不幸的是这位大公在交易完成前（1587 年）就去世了。

加瓦尔迪此后还找到住在比萨的亲戚——阿尔多·马努齐奥（Aldo Manuzio）。在了解上述情况后，马赞塔成功说服了加瓦尔迪，让他将这些手稿归还给了梅尔齐的继承人。梅尔齐家族的奥拉齐奥·梅尔齐（Orazio Melzi，老梅尔齐的侄子）被这份“诚意”所感动，将 13 卷达·芬奇手稿悉数赠予了马赞塔。当然，我们也可以这样推测，这位继承人或许只是感觉达·芬奇的陈年旧物严重侵占了自己家的空间，于是便顺水推舟地将它们转手给马赞塔。这样的好消息传开之后，瓦普廖达达别墅的书架便成了收藏家和投机者们的“朝圣之地”，他们淘宝的热情空前高涨，如果是一整卷手稿那再好不过，再不济哪怕一张碎片也行——《飞行手稿》这种在艺术鉴赏家和商人们眼中如圣经一般存在的宝贝几乎不会有逃过一劫的可能。马赞塔在回忆录中就提到，许多淘宝成功的人都发了财：

第二段旅程：1637 年，居于瓦普廖达达（Vaprio d'Adda）的弗朗切斯科·梅尔齐（Francesco Melzi）> 米兰，安布罗西亚纳图书馆（Biblioteca Ambrosiana，Milano）

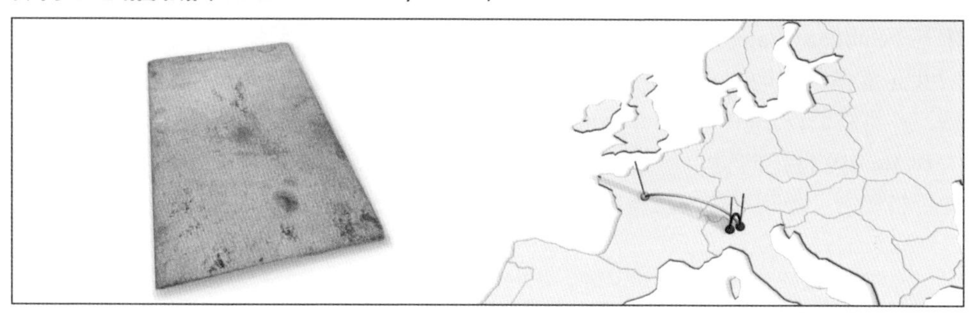

“(他们)带走了达·芬奇的画作、模型、陶土雕塑和解剖作品，一切达·芬奇的遗物。”

在众多觊觎达·芬奇珍宝的“捕鱼人”中，有一位名为蓬佩奥·莱奥尼(Pompeo Leoni)，他是西班牙国王腓力二世(King Philip Ⅱ)最喜爱的雕塑家莱奥尼(Leoni)的儿子。蓬佩奥·莱奥尼说服了梅尔齐家族的人，从马赞塔那里得到了13卷手稿中的7卷。在马赞塔家族尚存的6卷手稿中，其中一卷在1603年赠予红衣主教费代里科·博罗梅奥(Cardinal Federico Borromeo)，后者将这卷手稿收藏在自己于1609年建立的安布罗西亚纳图书馆中。另有一卷由画家安布罗焦·菲吉诺(Ambrogio Figino)收藏，随后又被交予他的继承人埃尔科莱·比安基(Ercole Bianchi)。还有一卷被萨伏伊公国的卡洛·埃马努埃莱大公(Duke Carlo Emanuele of Savoy)收藏。马赞塔的兄弟们去世后，余下三卷手稿又被莱奥尼收入囊中，他将这些手稿拆开保存——这就是米兰安布罗西亚纳图书馆收藏的，各类内容混杂的《大西洋古抄本》的来源。1610年，波利多罗·卡尔基(Polidoro Calchi，蓬佩奥·莱奥尼的女儿维多利亚的丈夫)得到了这些手稿，并将它们以300斯库多(Scudo，意大利16—19世纪的货币单位，译者注)的价格卖给了加莱亚佐·阿科纳提(Galeazzo Arconati)。阿科纳提正是让达·芬奇手稿重现于世的关键人物，他于1637年1月21日将这些手稿捐赠给安布罗西亚纳图书馆。

马赞塔在回忆录中只是泛泛地谈到了达·芬奇的手稿，并没有特别强调《飞行手稿》。研究达·芬奇手稿历史的学者们大多认为《飞行手稿》经历了与《大西洋古抄本》相似的流转过程，尽管1637年前的文献中对此并没有任何记载。直到阿科纳提将自己保存的手稿捐赠给安布罗西亚纳图书馆，《飞行手稿》才首次在历史文献中留下了无可争议的印记。

《飞行手稿》在安布罗西亚纳图书馆中保存了一个多世纪，直到1796年11月25日。这一天，遵照拿破仑·波拿巴(Napoleon Ponaparte)的旨意，《飞行手稿》随其他手稿一起被带到巴黎，先是存放在国家图书馆(National Library)，随后又转移到法兰西学院的图书馆中(Library of Institut de France)。学者G·B·文图里(G.B.Venturi)对这些手稿进行了仔细整理[㊀]。他并没有赋予《飞行手稿》特殊的编码或命名，只是将它当作B手稿的一部分，并记录了数量——18张，外加封面。法国人将这些手稿看作战利品，并给自己的掠夺行径找了一个冠冕堂皇的解释：

“为了保卫在军队征服的城市中的科学艺术瑰宝。”

㊀ 文图里整理手稿的初衷其实很简单，因为至少从法律意义上讲，这些手稿将来总是要物归原主的。

第三段旅程：1796 年，米兰，安布罗西亚纳图书馆（Biblioteca Ambrosiana，Milano）> 巴黎，法兰西学院（Institut de France，Paris）

直到 1815 年（这一年，拿破仑在滑铁卢战役中全面溃败，他对法国和其他占领区的统治也随之结束，译者注），一部分手稿幸运地从颠沛流离的状态中解脱。多亏几位监督战争赔偿事宜的教皇代理人的特殊关照，《大西洋古抄本》才最终归还给安布罗西亚纳图书馆。这些代理人中就包括安东尼奥·卡诺瓦（Antonio Canova）。由于达·芬奇采用了一种独特的书写方式，《大西洋古抄本》一度被误认为出自中国人之手，险些在巴黎"终其一生"。鉴定上的失误最终还是波及到 12 卷手稿，这其中就包括 B 手稿和《飞行手稿》，它们都因此"滞留"在法国。所幸这一失误没过多久就被纠正了。奥腾菲尔斯男爵（Baron Ottenfels）作为战争赔偿事宜监督员于 1815 年 10 月 5 日签署了一份接收函，内容包括归还物品的情况：

"除 9 卷保存在法兰西学院的达·芬奇手稿外，其他均已悉数归还。"

事实上，法兰西学院图书馆的下级管理员法洛（Fallot）在 1836 年的一份记录中几乎重述了阿科纳提和文图里的话，他写道：

"所谓的 12 卷达·芬奇手稿其实应该是 13 卷。这当中，B 手稿包含一个 18 张的附录，它完全可以被视为单独的一卷。"

1841—1844 年，数学家古列尔莫·利布里（Guglielmo Libris）对留在巴黎的达·芬奇手稿（如今被称为法国手稿，France Manuscripts）进行了全面整理。他将 A 手稿和 B 手稿中的几张单独抽了出来，准备将它们偷偷卖掉，这其中就包括整卷《飞行手稿》。购买者之一的英国阿什伯纳姆勋爵（Lord Ashburnham）于 1888 年将所购手稿送还了法国。

古列尔莫·利布里在倒卖前将《飞行手稿》"大卸八块"，并刻意抽出了其中的 5 张（第 1、2、10、17 和 18 张）。几经波折后，这 5 张手稿于 1859—1864 年间被

第四段旅程：1841—1844 年，位于巴黎的法兰西学院（Institut de France，Paris）> 居于巴黎的古列尔莫·利布里（Guglielmo Libri，Paris）

第五段旅程 a：1859 年，居于巴黎的古列尔莫·利布里（Guglielmo Libri，Paris）> 居于伦敦的查理·费尔法克斯·穆拉伊（Charles Fairfax Murray，London）

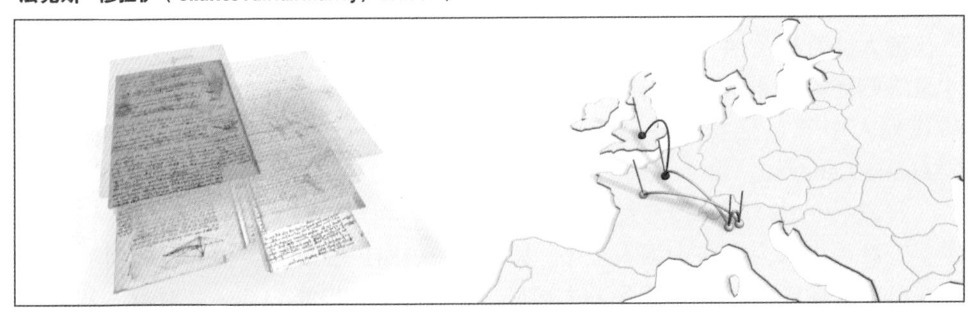

第五段旅程 b：1868 年，居于巴黎的古列尔莫·利布里（Guglielmo Libri，Paris）> 居于艾米利亚·罗马涅大区卢戈镇的贾科莫·曼佐尼（Giacomo Manzoni，Lugo di Romagna）

卖到英国伦敦，买主是画家查理·费尔法克斯·穆拉伊（Charles Fairfax Murray）。

除卖给穆拉伊的5张外，剩余的《飞行手稿》（13张）被卖给贾科莫·曼佐尼，他是意大利艾米利亚·罗马涅大区的一位伯爵。曼佐尼的儿子留下了一段记录：

“1867年12月，在去佛罗伦萨时，一些朋友向我展示了几张达·芬奇手稿，它们属于G·利布里教授。这些手稿中，有13张是达·芬奇亲笔书写的，还有两张厚纸（封面），其背面角落里有文字和图案。这些手稿被命名为《论鸟类飞行》，因为其中很多张上都画着鸟类飞行的姿态和人造翅膀的骨架。”

贾科莫·曼佐尼则在另一份笔记中写道：

“1868年12月20日，我同利布里教授的代理人罗斯科尼·卡洛（Rosconi Carlo）初步接洽，商讨购买达·芬奇手稿和书籍的事宜。多次沟通中，我都向对方展现了极大的诚意，价格最终得以谈妥。”

贾科莫·曼佐尼伯爵于1889年去世，他的继承人得到了一大批珍贵的藏品，当然也包括达·芬奇的手稿。1892年4月，俄国艺术赞助家特奥多罗·萨巴克尼科夫，一位曾认真研究过意大利文艺复兴时期艺术成就的学者，从曼佐尼家族成员那里获得了《飞行手稿》，并打算出版一卷摹本即复制版。尽管仍有几张散落在伦敦，但这一设想本身便足以称得上意义非凡，因为普罗大众将第一次有机会了解《飞行手稿》的内容。

第六段旅程：1892年，居于艾米利亚·罗马涅大区卢戈镇的埃雷迪·迪·G·曼佐尼（Eredi di G. Manzoni, Lugo di Romagna）> 居于俄国的特奥多罗·萨巴克尼科夫（Theodore Sabachnikoff, Russia）

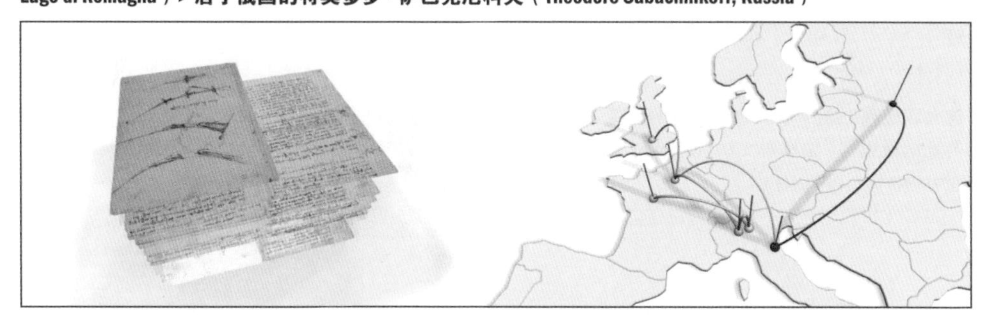

查理·费尔法克斯·穆拉伊听说萨巴克尼科夫要出版《飞行手稿》摹本的消息后，将自己收藏的部分《飞行手稿》中的一张（第18张）赠予了他，作为摹本的附录。穆拉伊可能并不知道，他手中的其余4张手稿（第1张、第2张、第10张和第17张）其实同属于《飞行手稿》，因此并没有将它们一并捐出。

第七段旅程：1893 年，居于伦敦的查理 · 费尔法克斯 · 穆拉伊（Charles Fairfax Murray，London）> 居于俄国的特奥多罗 · 萨巴克尼科夫（Theodore Sabachnikoff, Russia）

出版《飞行手稿》摹本后，萨巴克尼科夫非常绅士地将自己珍藏的《飞行手稿》原件（包含原有的 13 张完整手稿和穆拉伊捐赠的第 18 张手稿）赠予了萨伏伊公国的玛格丽塔王后，而后者又于 1893 年 12 月 31 日慷慨地将这些手稿装在一个褐色的盒子中，赠予了都灵的皇家图书馆。

第八段旅程：1893 年，居于俄国的特奥多罗 · 萨巴克尼科夫（Theodore Sabachnikoff, Russia）> 意大利的玛格丽塔王后（Regina Margherita，Italia）

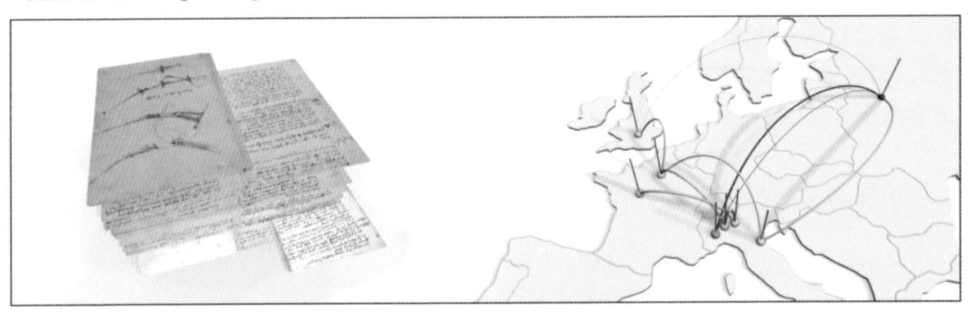

十年后，即 1903 年，穆拉伊将《飞行手稿》的第 17 张带到都灵赠予意大利国王。余下的三张手稿（第 1 张、第 2 张和第 10 张）被交给日内瓦的恩里科 · 法蒂奥，后者几年后将这些手稿又赠予维托里奥 · 埃马努埃莱三世。

第九段旅程：1903 年，居于伦敦的查理 · 费尔法克斯 · 穆拉伊（Charles Fairfax Murray，London）> 居于日内瓦的恩里科 · 法蒂奥（Enrico Fatio，Geneva）> 居于意大利都灵的维托里奥 · 埃马努埃莱三世（Vittorio Emanuele III，Turin, Italy）

达·芬奇《飞行手稿》的“流浪”生涯至此便告一段落。这个故事的结局可谓出人意料，而尤其值得欣慰的是，曾经流落四方的单张手稿最终都落叶归根。如今，经过重新装订的它们，静静地安睡在都灵皇家图书馆的藏品库中，只偶尔在一些重要展览中向公众开放展示。整卷手稿外包裹着纸质保护层和皮质护套，而原始封面外还粘贴有一层与纸质保护层尺寸相同的硬质封皮，这是1893年时加上去的。总之，《飞行手稿》目前一切安好。

达·芬奇《飞行手稿》现存于意大利都灵的皇家图书馆穹顶中，手稿外包裹着厚厚的纸质保护层和皮质护套。

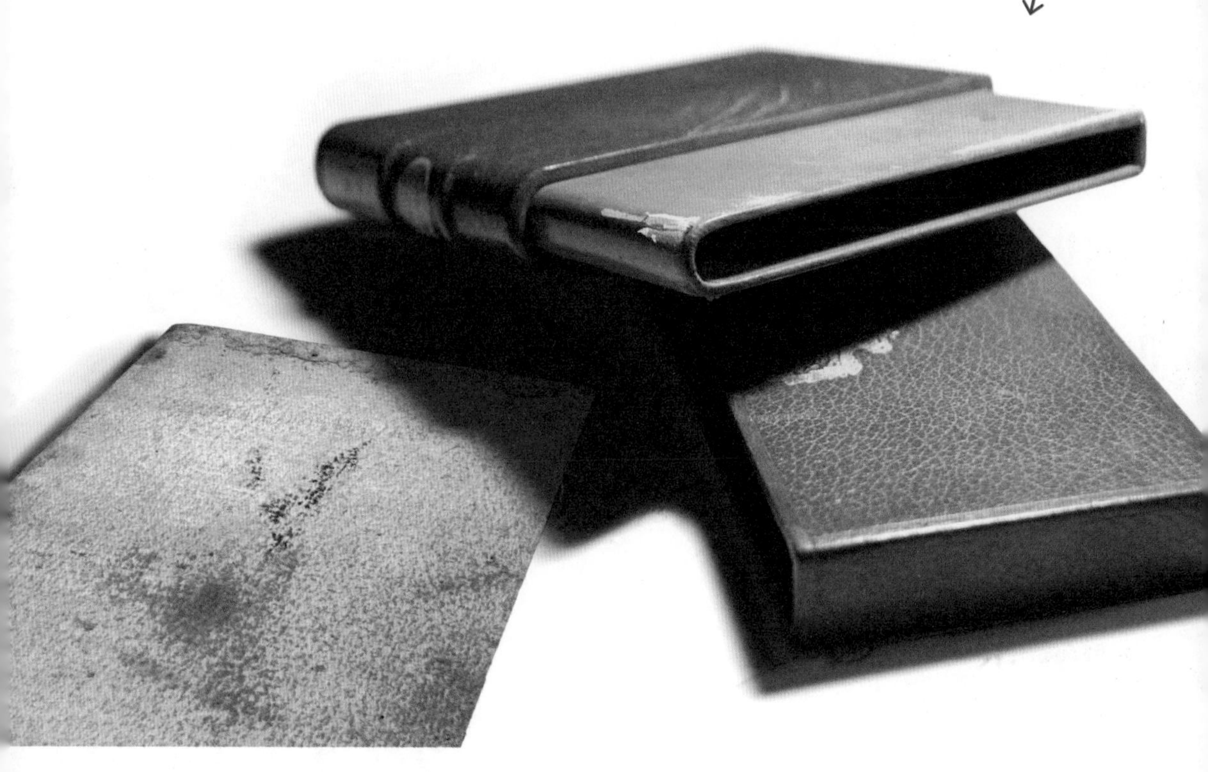

第 3 章
鸟类飞行手稿的装订和编码

针对达·芬奇手稿装订方式进行的研究工作显得过于专业和学术化，因此通常是远离大众视野的。但这项工作对我们梳理达·芬奇手稿的流转历史，以及还原其真实样貌是非常重要的，它甚至可以揭示达·芬奇的写作意图和逻辑。因此，研究《飞行手稿》本初的装订方式，以及它是如何在几个世纪中演变的，将是一项极具价值的工作——事实上，这项工作也是理解手稿内容的前提。总之，通过研究《飞行手稿》的装订方式，可以在很大程度上帮助我们领悟达·芬奇对“飞行”这一课题抱以何种态度。

根据目前最可靠的一个推论，达·芬奇在创作《飞行手稿》时是反向书写的，即从第 18 张开始写到第 1 张。这一推论基于如下事实：在某些页面上（第 10 张右页和第 9 张左页，第 12 张左页和第 12 张右页，第 14 张左页和第 13 张右页），文字从页面右侧底部开始书写，一直写到页面左侧顶部。另外，众所周知，达·芬奇是“左撇子”，用左手从右向左书写，因此整卷手稿很可能都是用这种“如阿拉伯文一般的字母”写成的。然而，更进一步的分析催生了另一个推论：达·芬奇想要将这卷手稿编辑成一个杂糅多个话题的合集，也就是说，他试图在一个页面上完成对单个话题的论述。有一个事实可以作为佐证，即在单张手稿页面的下部，字体变得越来越小。我们可以肯定的是，达·芬奇在需要用两个页面书写时，总是从左侧的页面开始，而不是像我们一样从右侧的页面开始。

即使如此，我们也不能断言《飞行手稿》是从第 18 张开始书写的。这一方面缘于达·芬奇编排页面的方式较为传统，另一方面缘于他所论述的内容存在严谨的逻辑顺序。《飞行手稿》首先论述了偏重理论性的自然科学，例如重力和力的平衡。接着论述了与鸟类飞行相关的问题。最后是达·芬奇绘制的一些机械结构，包括某架飞行器的机械结构。

与达·芬奇的多数手稿（包括存于法国的手稿）不同，《飞行手稿》绝不是一个简单的“随笔集”，它聚焦于一个主题，且内容更具系统性。更重要的是，达·芬奇的确曾打算写一部有关飞行的专著，因此他原本很可能计划将《飞行手稿》作为完整的一章收入这部专著中。而这恰好能解释《飞行手稿》为什么会在页面编排上显得异乎寻常的严谨——事实上，作为图集，这种页面编排形式是非常罕见的。《飞行手稿》的每个页面几乎都保持着一样的版式：版心是文字，切口（切口指书页的外边，订口指书页的内边，译者注）留白处布满小幅插图。有关“飞行手稿不是一个随笔集”的推论，还有其他事实可以佐证。例如，在达·芬奇的 K 手稿（Manuscript K）中，很多字迹看起来极为潦草，显然是仓促中书写的，而有些潦草的字迹已经被他自己用线划掉。此外，K 手稿中的配图旁都有“×”形标记，似乎表明这些图已经被誊绘到另一卷手稿上，即《飞行手稿》。因此，我们不能仅仅将 K 手

请注意：

我们特意在这一页保留了原始的排版边距线，达·芬奇的手稿上也有这种边距线。

稿当作“草稿”来对待，它实际上是达·芬奇耐心且严谨的野外观察记录。这份记录后来又被达·芬奇誊写到“最终版”或“接近最终版”的草稿上。

在《飞行手稿》中，达·芬奇常常情不自禁地记下一些即兴想法，例如第3张右页上的加农炮架，第11张右页上对真理的优美赞颂，以及封面背面（封二，译者注）和封底背面（封三，译者注）的很多文字和图画。总的来看，《飞行手稿》的“严谨程度”是由前向后逐渐递减的。

《飞行手稿》另一个不同寻常之处在于其大段的叙述性文字，与之相对，其插图尺寸都很小，且局限于页面边角处。这与我们所熟知的达·芬奇手稿创作风格截然不同。众所周知，在研究机械装置时，达·芬奇很少做文字描述，甚至对文字描述的方式表现出一种“尖酸刻薄”的态度，因为他认为图画已经足够表达自己的观点了。而在《飞行手稿》中，达·芬奇却异乎寻常地试图在“井井有条”的页面上通过文字叙述来表达自己的观点。当然，我们必须承认，有关飞行的问题大都相当复杂，仅用图画几乎是无法解释清楚的。以达·芬奇的绘画功底，他当然能驾驭那些细致入微的复杂工程图，可问题是，他的读者们能看懂吗？

综上所述，达·芬奇确实有必要在创作《飞行手稿》时采用多种表达形式（以绘图的形式表达现象和原理，以文字的形式表达观点和理论），以应对涉及众多领域的复杂问题。考虑到《飞行手稿》的流转历史，我们也应该想到，现在看到的页面编排方式很可能与最初的状态差异甚大。我们可以做出一个假设，那就是达·芬奇在创作《飞行手稿》时非常清楚未来将如何装订。这样，我们很容易想象他将8张对开的纸（与现在的A4纸一样大）放在一起，中间对折，加上封面，最终以线装方式整合的场景。然而，有些本应连在一起的对开页（属于一张纸）在流转中被裁开了，因为后人在进行重装工作时根本没有考虑那些对开纸的顺序。1967年，在查理·穆拉伊（Charles Murray）和恩里科·法蒂奥（Enrico Fatio）将《飞行手稿》赠予维托里奥·埃马努埃莱三世（Vittorio Emanuele Ⅲ）后，散落的手稿才被重新装订到一起。但这项整合工作并不彻底，缺少的第10张手稿直到恩里科·卡鲁西（Enrico Carusi）对整卷手稿重新编码时才归于原位。

《飞行手稿》中至少有4页的数字页码与其他页面是不统一的，这就在某种程度上为我们提供了正确梳理手稿页码顺序的可能，即使有关这些数字本身的问题也存在争论。达·芬奇用右手在每张手稿的右页都标上了数字，但这些数字的含义到底是什么？这仍有待我们破解。这些数字从3、4开始，跳过了5，然后从6开始直到10，跳过

附注：

达·芬奇的K手稿尺寸只有9.6厘米×6.5厘米（3.8英寸×2.6英寸），其内容与《飞行手稿》多有重复。

了11，接着从12开始，最终以17结束。

目前，对于这种不寻常的编码方式有若干解释。学者马里诺尼（Marinoni）[1]认为，这其实是达·芬奇在编页码时自己搞错了，甚至直到完成后都没能意识到这一点。例如，在手稿的第17张上，达·芬奇就写道：

Alle 19 carte di questo...
"在手稿的第19张……"

这显然是不正确的。因此，达·芬奇很可能在给《飞行手稿》编页码时，将第5张错误地编成了第6张。当然，我们也不能排除第5张手稿在达·芬奇去世后，甚至尚在世时就已经遗失的可能。事实上，很久以来，《飞行手稿》都只有18张，写在封底上的一小段文字可以证明这点（很可能是弗朗切斯科·梅尔齐所写）：手稿共有18张。有关这个数字，文图里（Venturi）可能也做了记录。达·芬奇很少将手稿的封面也编进页码中。从第5张开始，达·芬奇本人编写的数字页码显然经过另一位书写者的校正。这个人很可能是达·芬奇手稿的拥有者或保管者，这一点从新字迹并非镜像便可判断。根据历史学家德·托尼（De Toni）的观点，对达·芬奇原始页码的校正工作是文图里在巴黎进行的[2]。利布里在1841—1848年间盗走了5张手稿（第1、2、7、10和18张），而这5张手稿上刚好没有用铅笔书写的经过校正的页码，这似乎能说明用铅笔书写的校正页码是在部分手稿被盗后才加上去的。当然，也有可能是盗稿者将原始页码都擦除了。

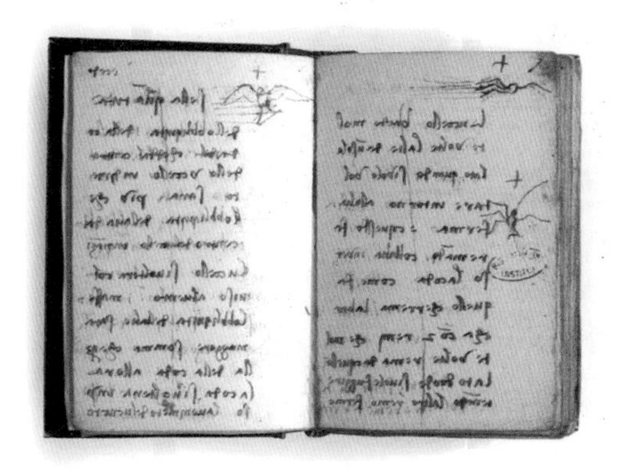

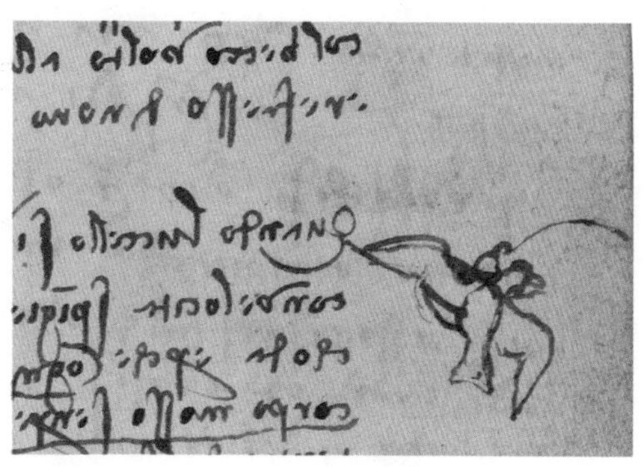

[1] 马里诺尼同时认为，《飞行手稿》中有关重力和数学运算的内容是某卷手稿（或某本书稿）的附录（Il Codice sul volo degli ucceli，Edizione Nazionale dei manoscritti e dei Disengi，Firenze：Giunti Editore，1976）。

[2] 关于南多·德·托尼提出的这一推论，可以参见下列材料：Frammenti Vinciani XXXII，Trascrizioni inedite del Manoscritto E2176 dell' Instituto di Francia（Firenze：Giunti Marzocco Editorie，1975）。

21，15：
这两个数字显然遵循不同的逻辑关系，而且我们可以肯定，这是1844年之后古列尔莫·利布里（Guglielmo Libris）在整理手稿时加上去的。第一个数字（21）没有在被盗的5页手稿上出现，而第二个数字（15）还出现在手稿第18张右页上。

皇家图书馆卡洛·阿尔贝托（Carlo Alberto）的图章，这枚图章的历史可以追溯到19世纪。

15.14：
这是达·芬奇用墨水笔做的标记。从手稿第6张开始，这类标记被用不同质地的墨水重写（描）过，而且重写的字体并非镜像的，因此几乎可以肯定这不是达·芬奇所为。

14：
用铅笔书写的数字。这类数字出现在除第1张、第2张和封面外的所有手稿右页上。

的确，手稿的某些页面上有明显的删改痕迹，甚至是破损。那些心怀不轨的人这样做的目的也是显而易见的：将手稿的编排顺序打乱有助于提高其售卖价值。当然，我们也不能排除一种可能，那就是《飞行手稿》原本就是由松散的纸张装订而成，每个页面都很容易被替换掉或遗失。倘若果真如此，那么手稿的第5张就有可能是存在的㊀。

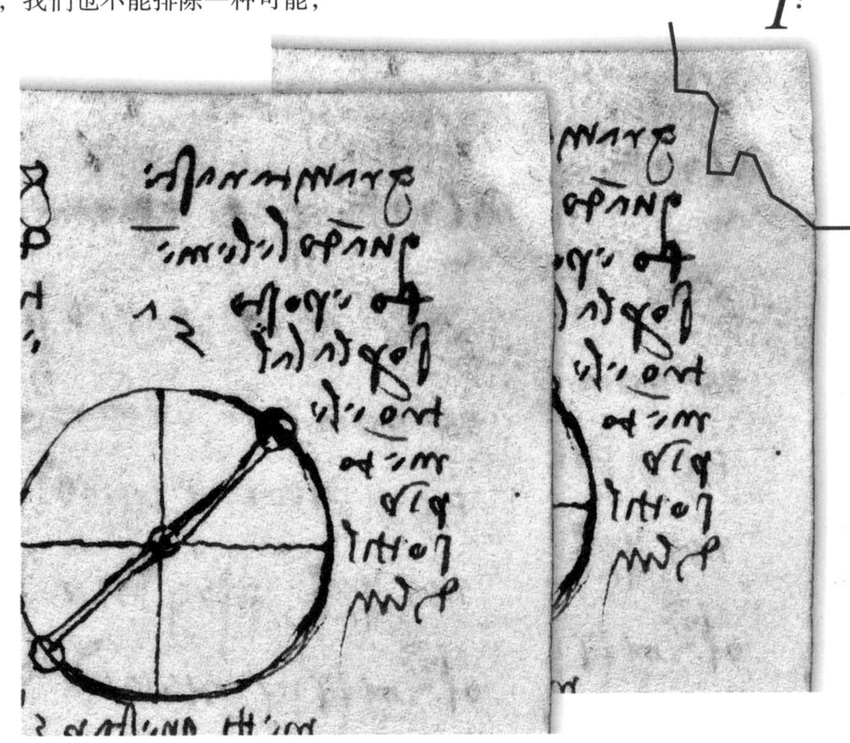

㊀ 出自朱塞佩·唐迪（Giuseppe Dondi，都灵皇家图书馆前馆长）所著的《Il Codice sul Volo》（Alpignano：Alberto Tallone Editorie，1991）一书。

21

15

14

15

14

《飞行手稿》页面上的编码和图章：

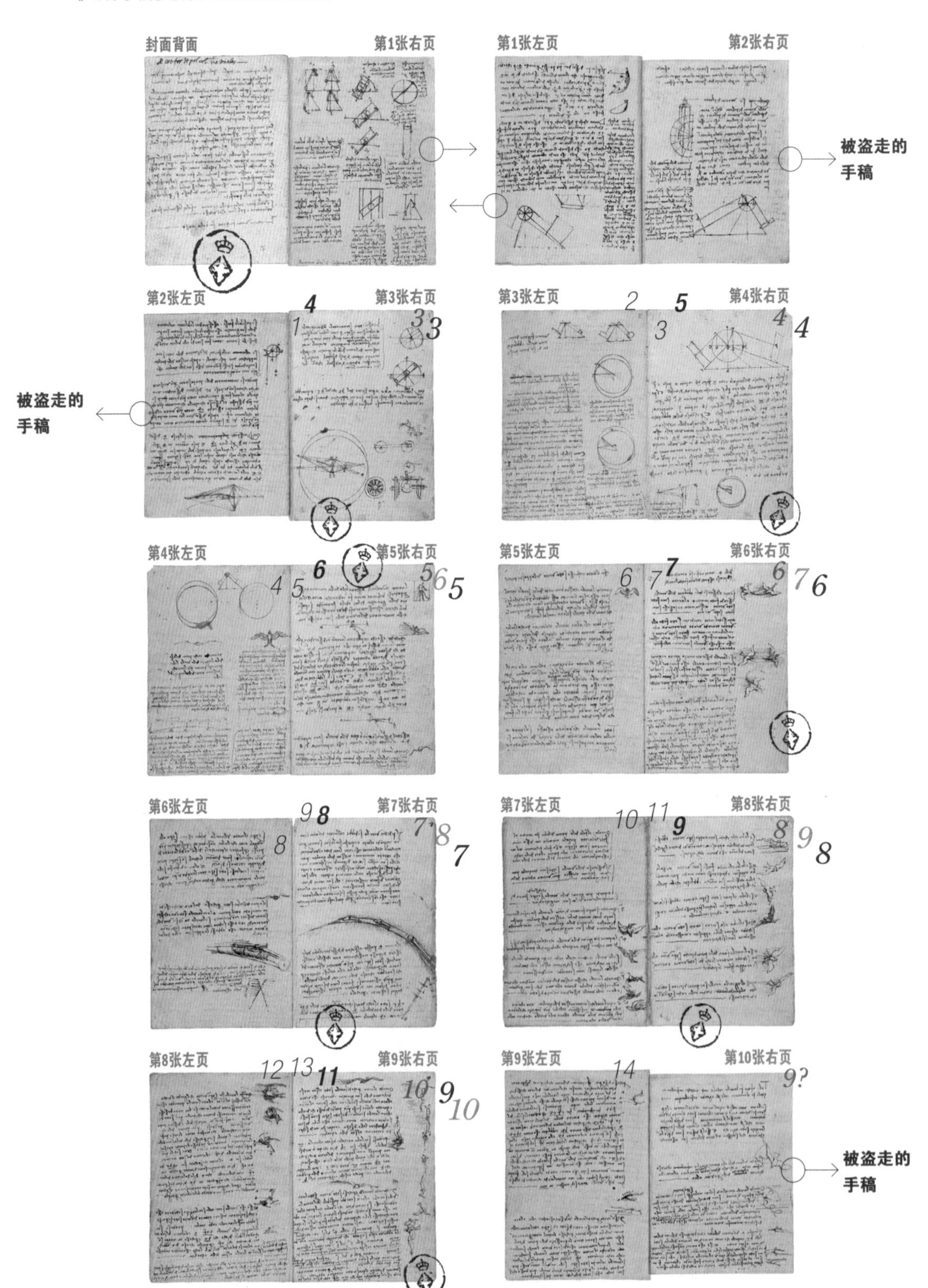

封面背面
第1张右页
第1张左页
第2张右页
被盗走的手稿
第2张左页
第3张右页
第3张左页
第4张右页
被盗走的手稿
第4张左页
第5张右页
第5张左页
第6张右页
第6张左页
第7张右页
第7张左页
第8张右页
第8张左页
第9张右页
第9张左页
第10张右页
被盗走的手稿

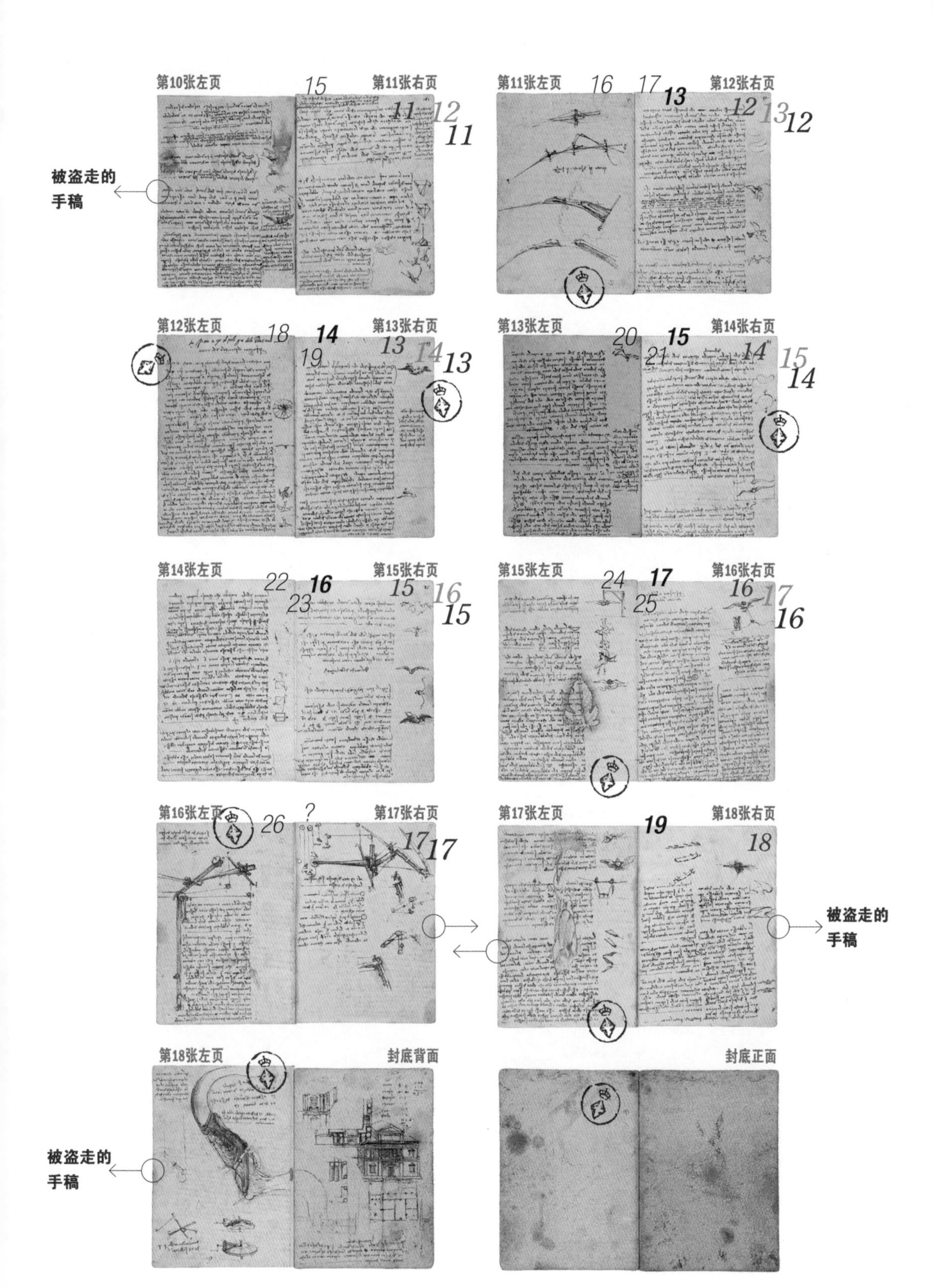
第10张左页
15
第11张右页
11
12
11
被盗走的
手稿
第11张左页
16
17
13
第12张右页
12
13
12
第12张左页
18
14
第13张右页
19
13
14
13
第13张左页
20
15
第14张右页
21
14
15
14
第14张左页
22
16
第15张右页
23
15
16
15
第15张左页
24
17
第16张右页
25
16
17
16
第16张左页
26
?
第17张右页
17
17
第17张左页
19
第18张右页
18
被盗走的
手稿
第18张左页
封底背面
封底正面
被盗走的
手稿

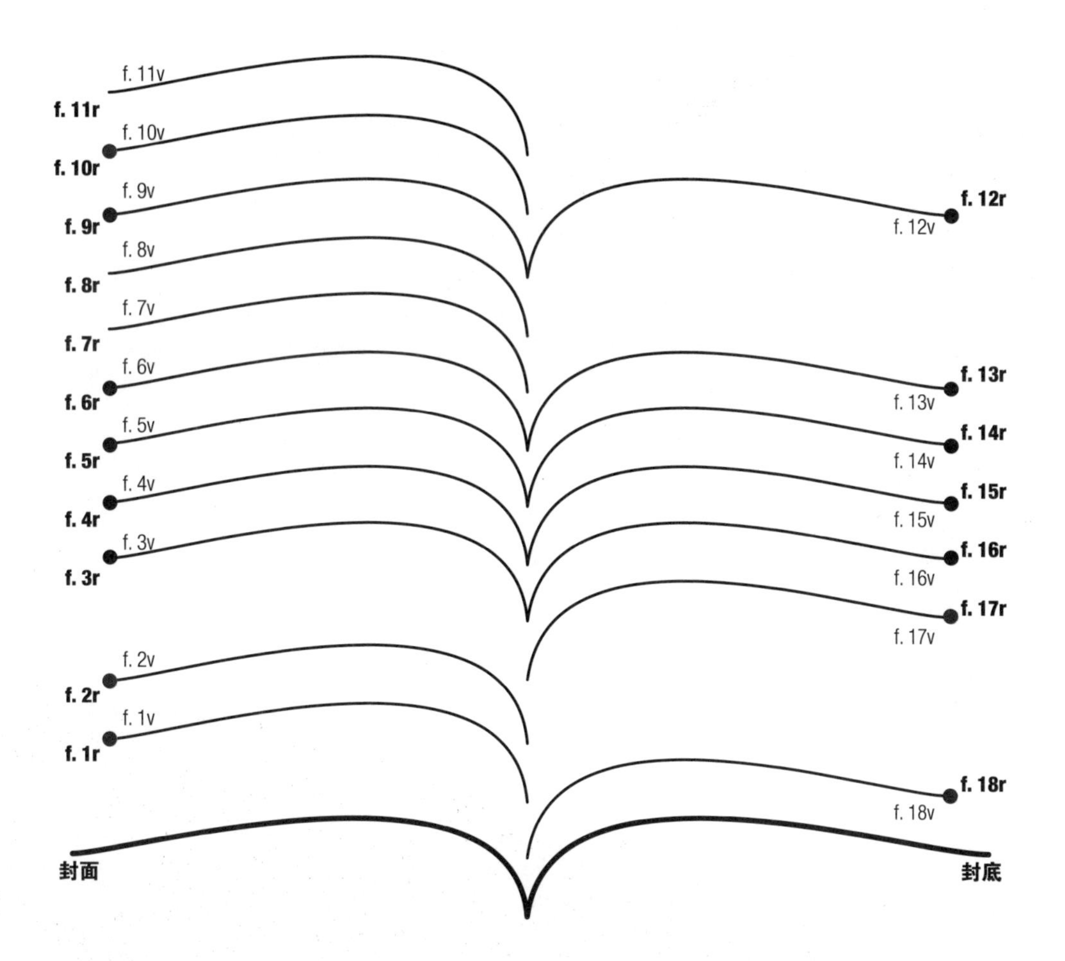

《飞行手稿》的装订问题：

这幅示意图展现了《飞行手稿》目前的装订方式。这一装订方式基于“手稿页面完好无缺”的前提。《飞行手稿》的尺寸是154毫米 ×213毫米，由18张纸（即36页）和封面/封底构成。示意图中的红点代表失而复得的页面，黑点代表一直存在的页面。对《飞行手稿》的最后一次装订工作于1967年完成。

上一页的两幅分解图展现了从正面和背面看到的《飞行手稿》装订效果。

第 2 张右页
第 1 张左页
这张手稿原本是单独存在的，重新装订前
通过一个纸条粘在封面与下一页之间。
封面背面
书封
《飞行手稿》的硬质封面 / 封底由皮革包裹。

第 9 张右页

第 8 张左页

这是《飞行手稿》第 8 张的订口，将它与第 7 张粘接到一起的纸条清晰可见。

第 13 张右页

第 7 张和第 8 张

《飞行手稿》第 7 张和第 8 张的装订方式与第 1 张和第 2 张相同，都是先用纸条粘接到一起，再整体粘接到下一张上，最后锁线。

第 12 张左页

第4章

鸟类飞行手稿的摹本

本章将为你展示达·芬奇《飞行手稿》的摹本。你所看到的图像与实物大小一致，且编排顺序与实物的装订顺序一致（只是为方便阅读添加了黑色背景）。手稿的序号和内容简介在页面下方。

这份摹本的质量足以与实物媲美，代表了目前最高的复制水平。市面上那些采用凸版印刷工艺的复制品动辄数千欧元，但没有一个能达到这份摹本的质量和精度。欣赏过这份摹本后，你可以在随后的章节中看到对《飞行手稿》中所有插图和文字的分析，这其中包括每张手稿内容的古意大利文版（达·芬奇所写原文，只在必要的地方用现代标点和辅音标注）和中文释义版。对你而言，如果打算酣畅淋漓地探寻达·芬奇的思想世界，最好在摹本、古意大利文版和中文释义版间不断“穿梭”，对比阅读。当然，如果将两本《邂逅达·芬奇：与鸟类飞行手稿的第一类接触》放在一起对比阅读的话，那会是再好不过的方法。在第6章、第7章和第8章中，你将看到我们对达·芬奇飞行器、鸟类飞行研究成果和红色铅笔素描插图的解读。

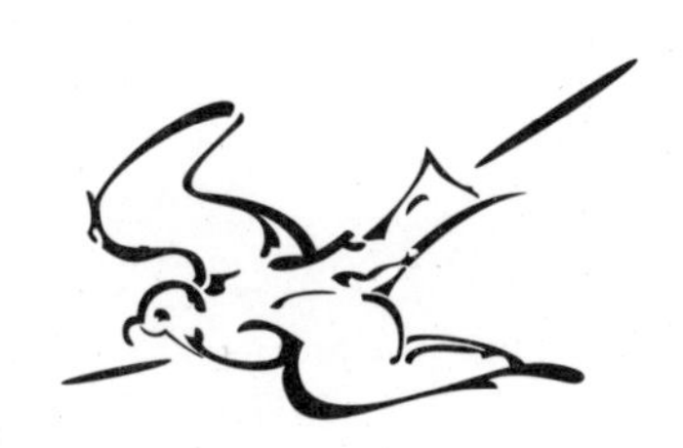

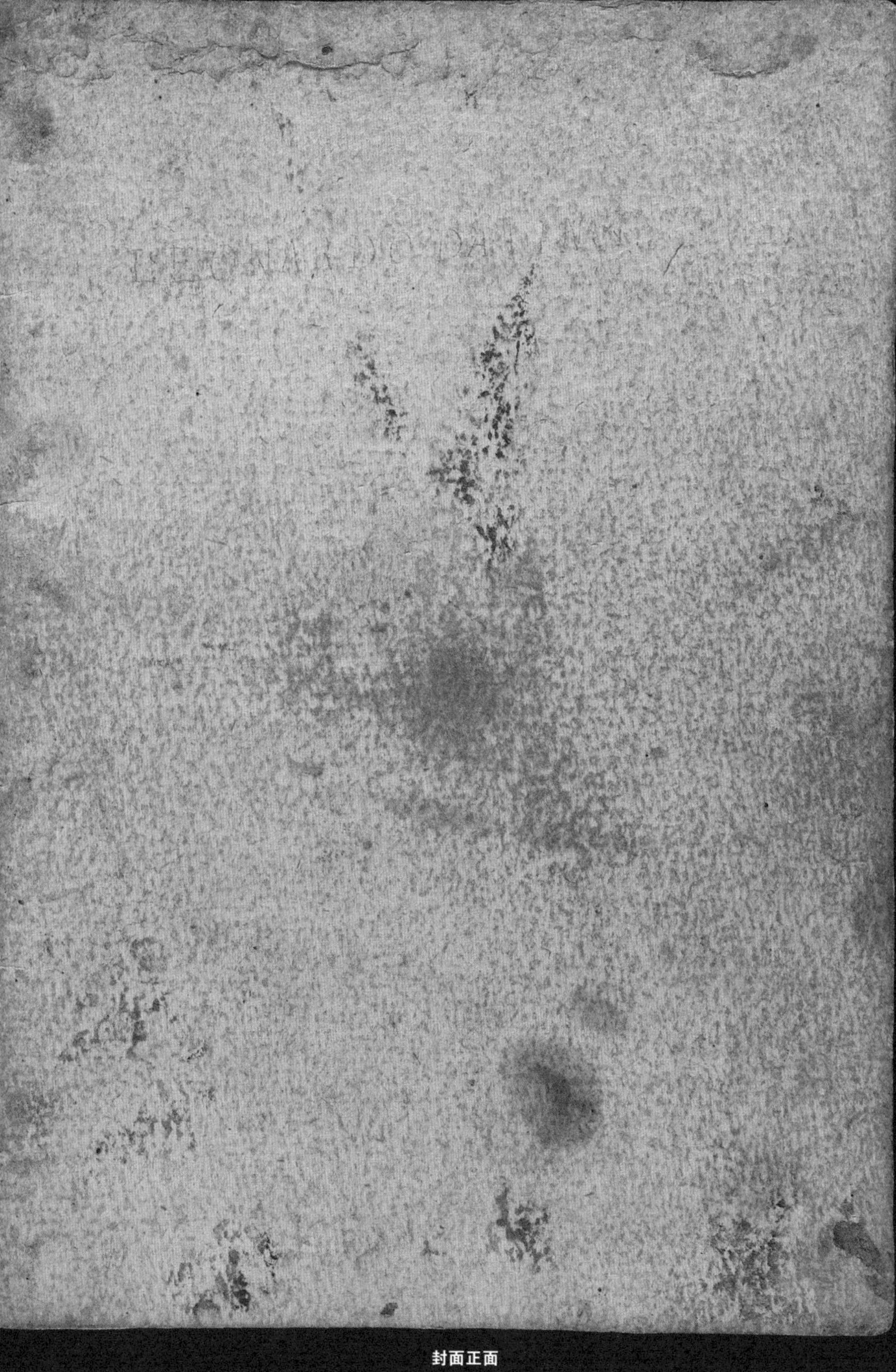

de cetor de pol uol materiales —

封面背面

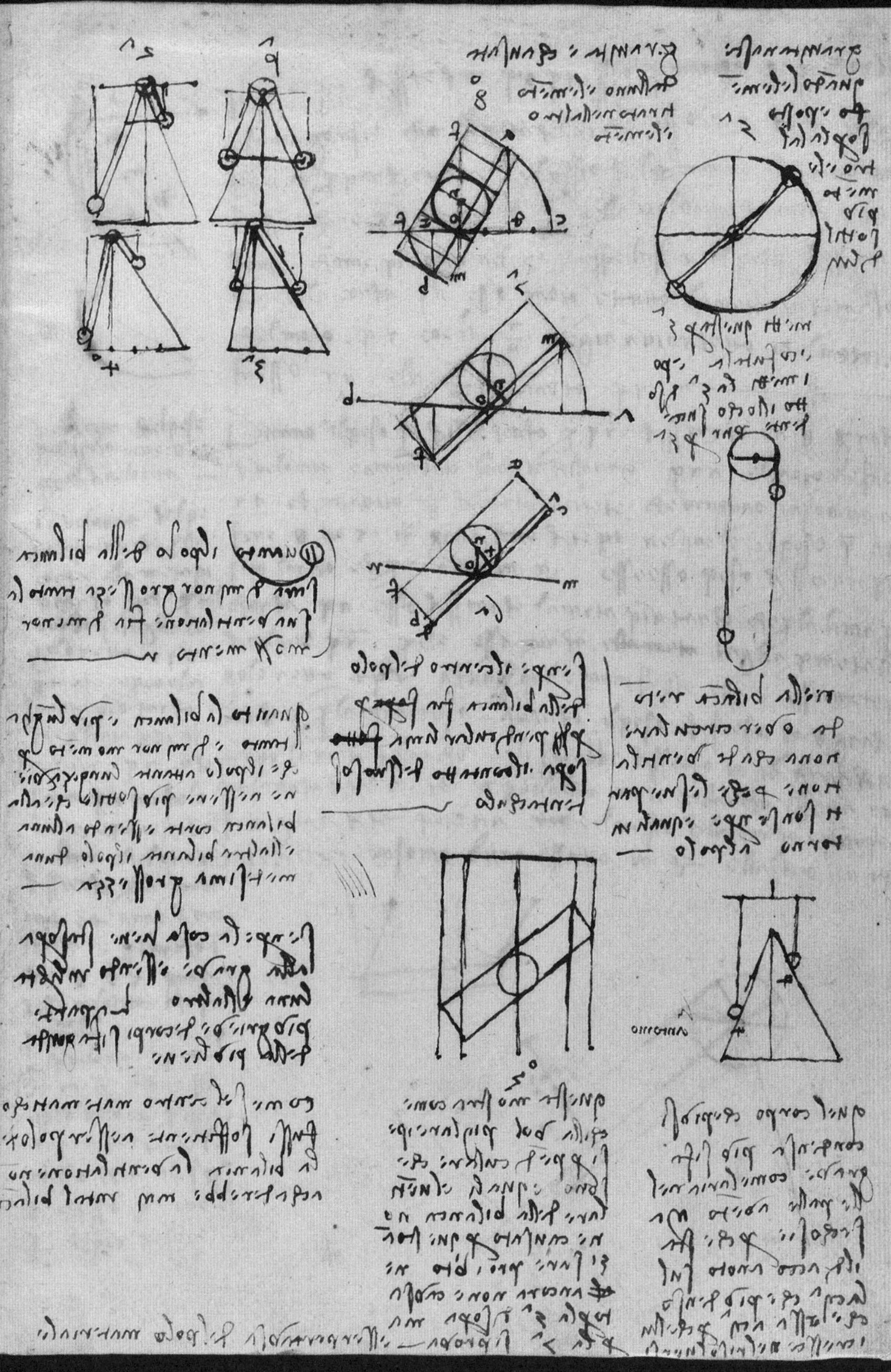

第 1 张右页， 静力学和动力学

第 1 张左页，静力学和动力学，重物的下落

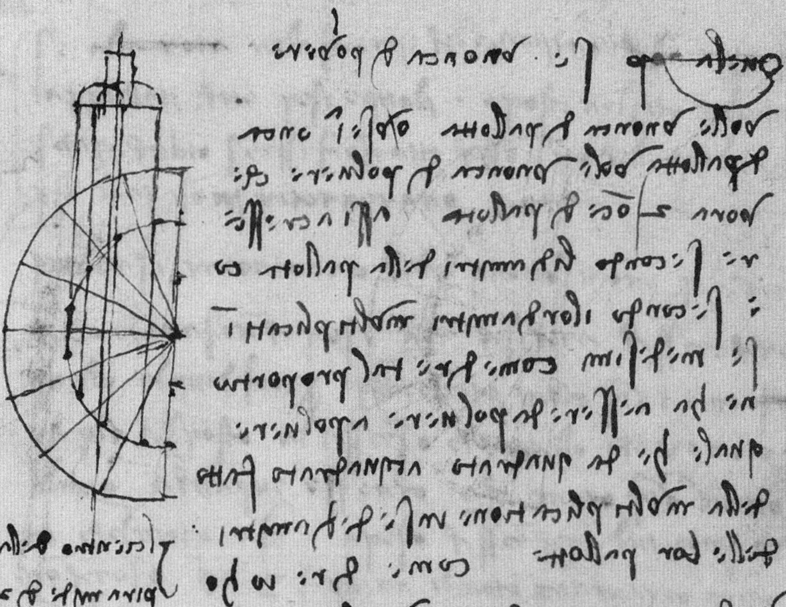

第 2 张右页，静力学和动力学，圆弧结构的重心

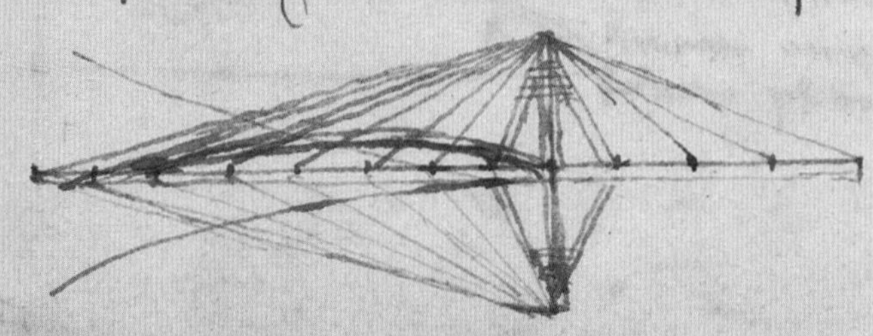

第 2 张左页，圆规，一个奇特的结构插图

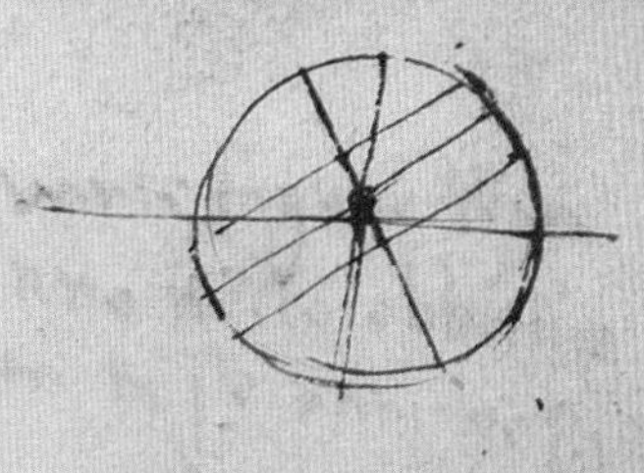

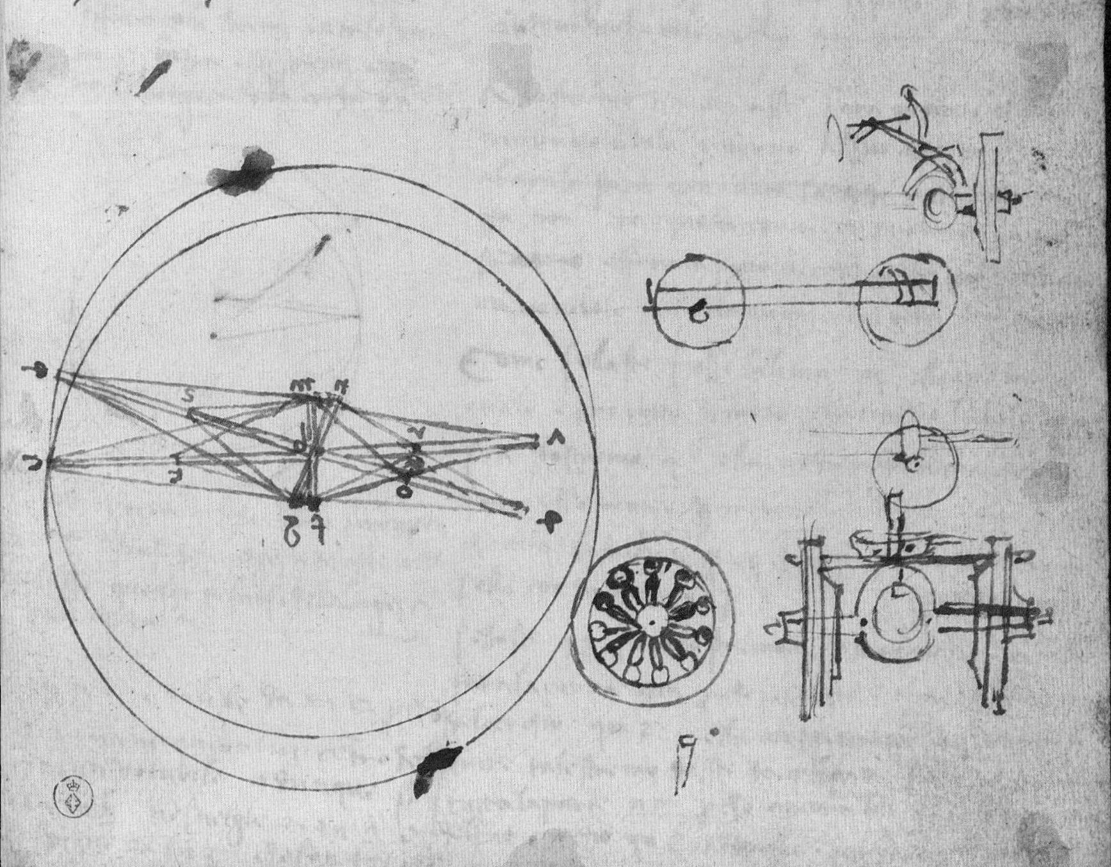

第 3 张右页，机械科学，加农炮炮架

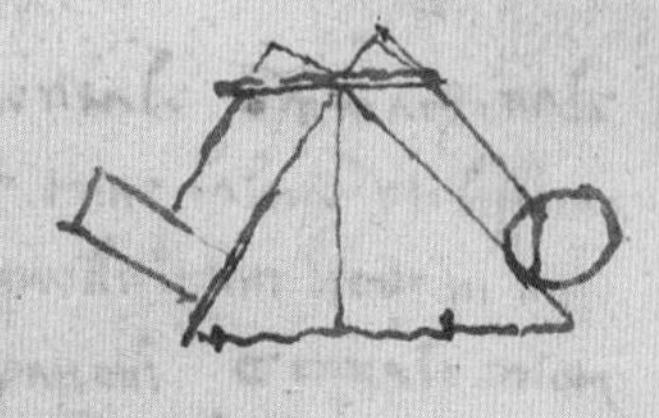

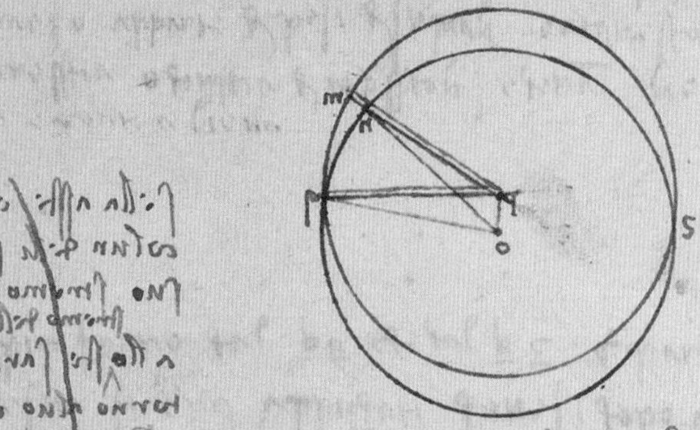

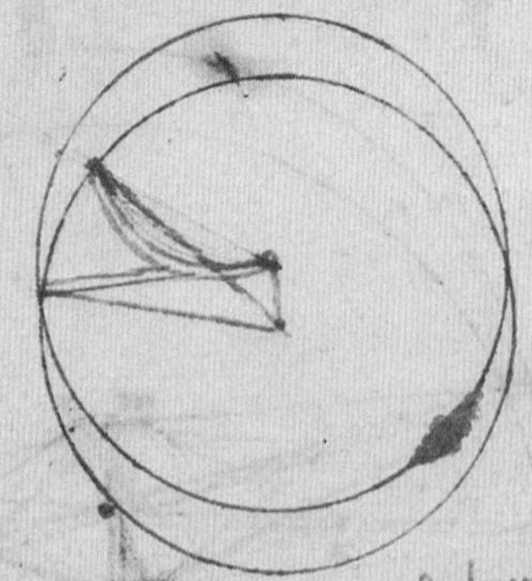

第 3 张左页，旋转和弯曲

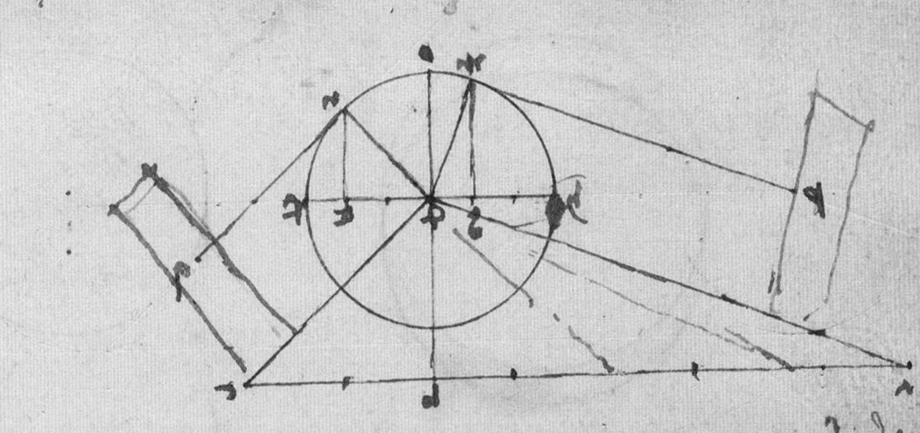

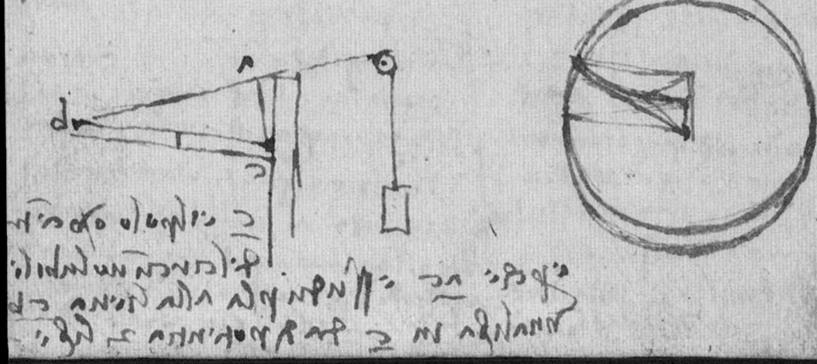

第 4 张右页，不同角度下的匀质物体

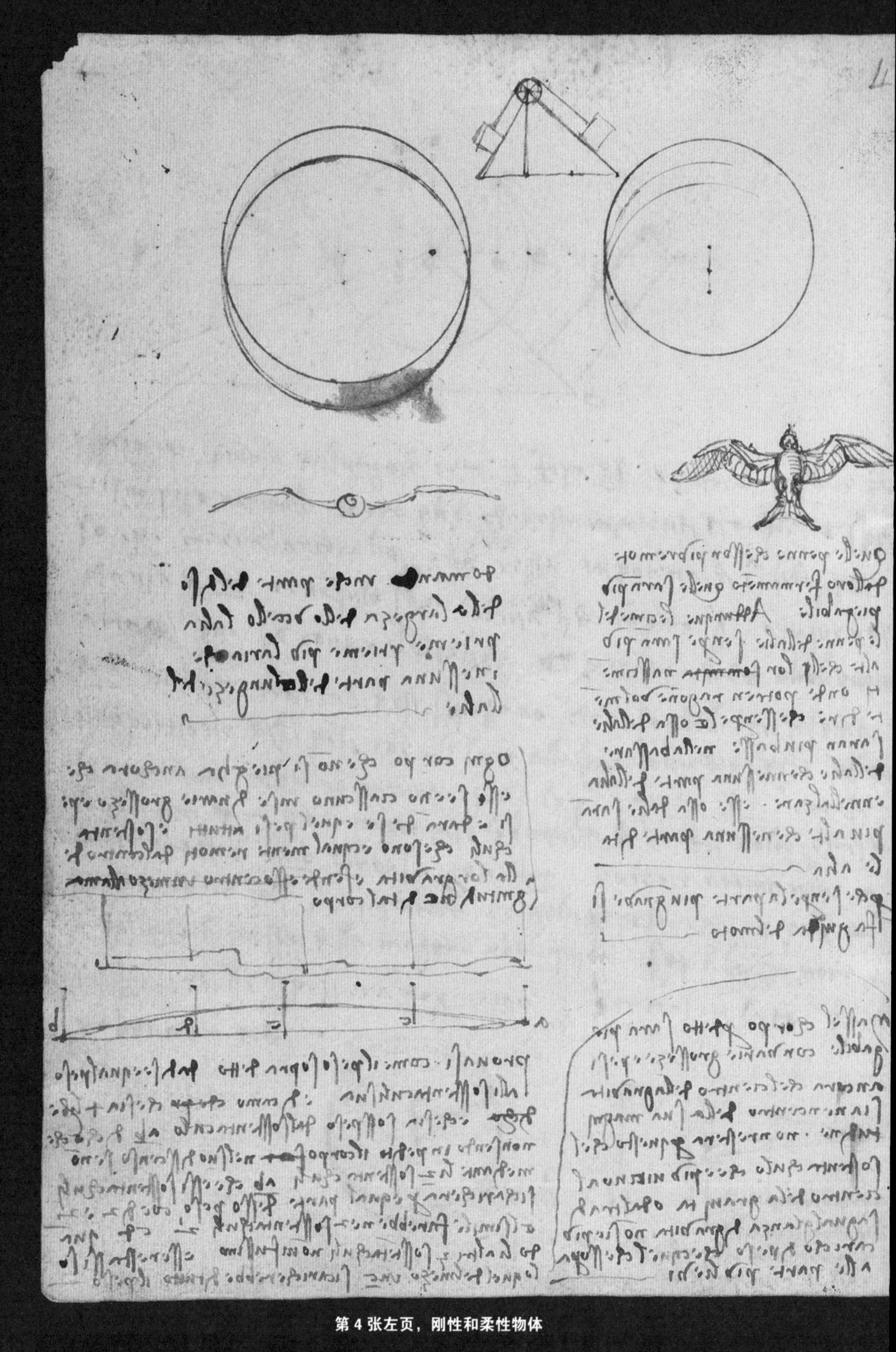

第 4 张左页，刚性和柔性物体

第 5 张右页，飞行员，抛射物体轨道

第 5 张左页，赤鸢的飞行研究

第 6 张右页，赤鸢的俯冲和爬升

第 6 张左页，如何避免坠落的危险

第 7 张右页，需要使用的材料

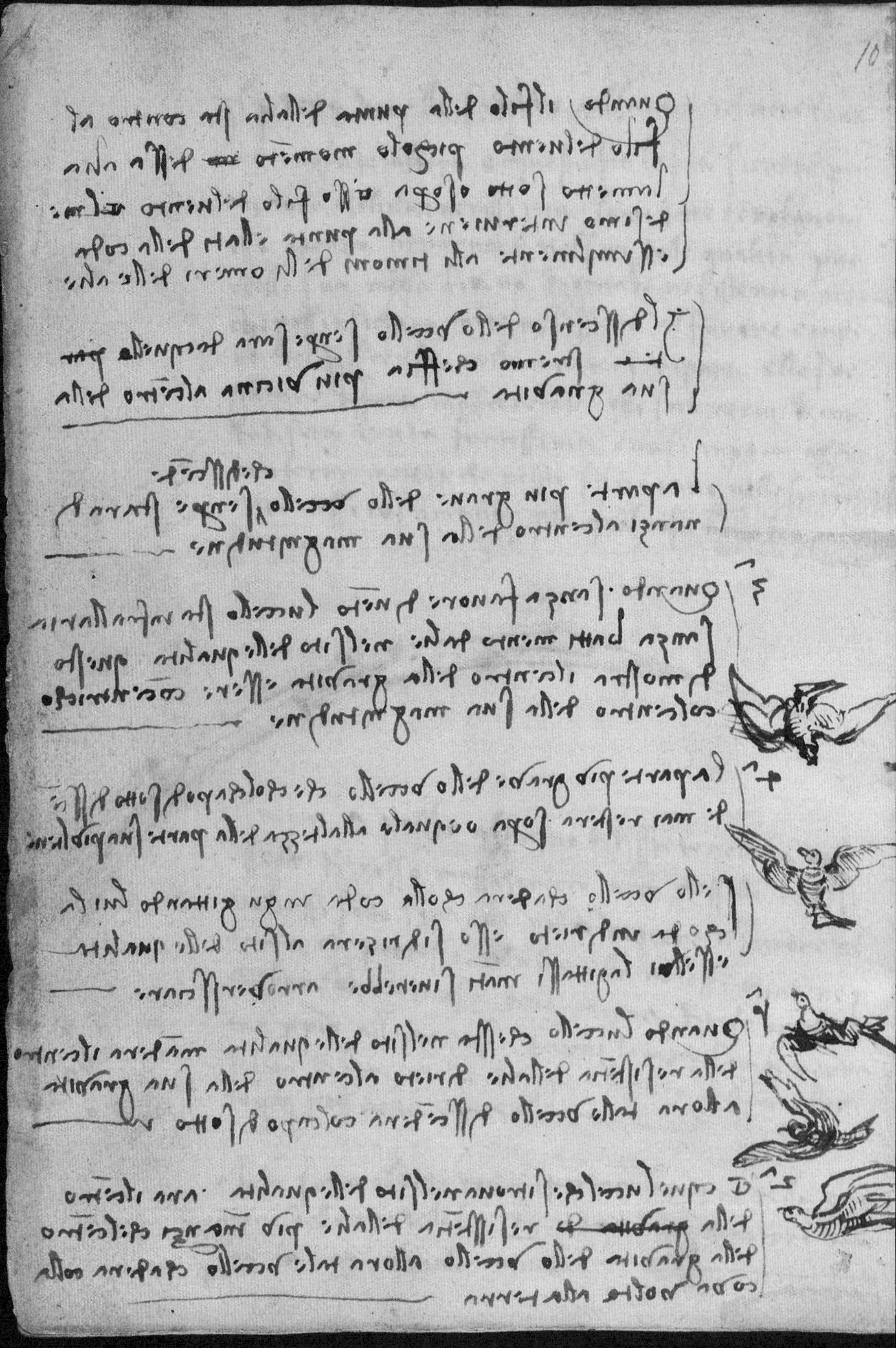

第 7 张左页，飞行时的重心，翅膀的上下扇动

第 8 张右页，飞行时翅膀和尾巴的运动

第 8 张左页，飞行时尾巴的运动，翅膀的效率

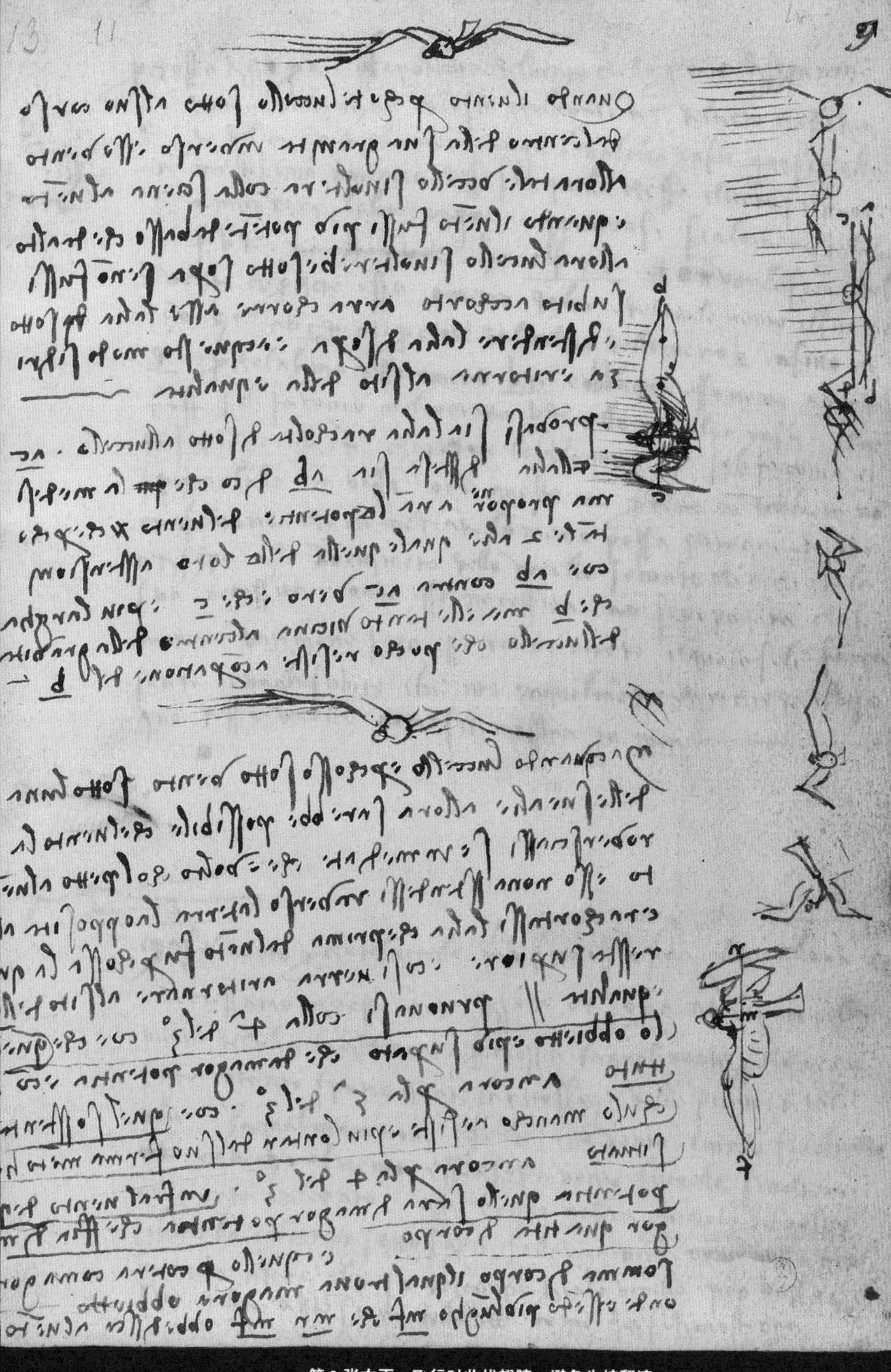

第 9 张右页，飞行时收拢翅膀，避免失控翻滚

第 9 张左页，鸟类翅膀形状

第 10 张右页，飞行时如何爬升，方向舵

第 10 张左页，爬升，某个飞行物的正面画像

第 11 张右页，俯冲和爬升

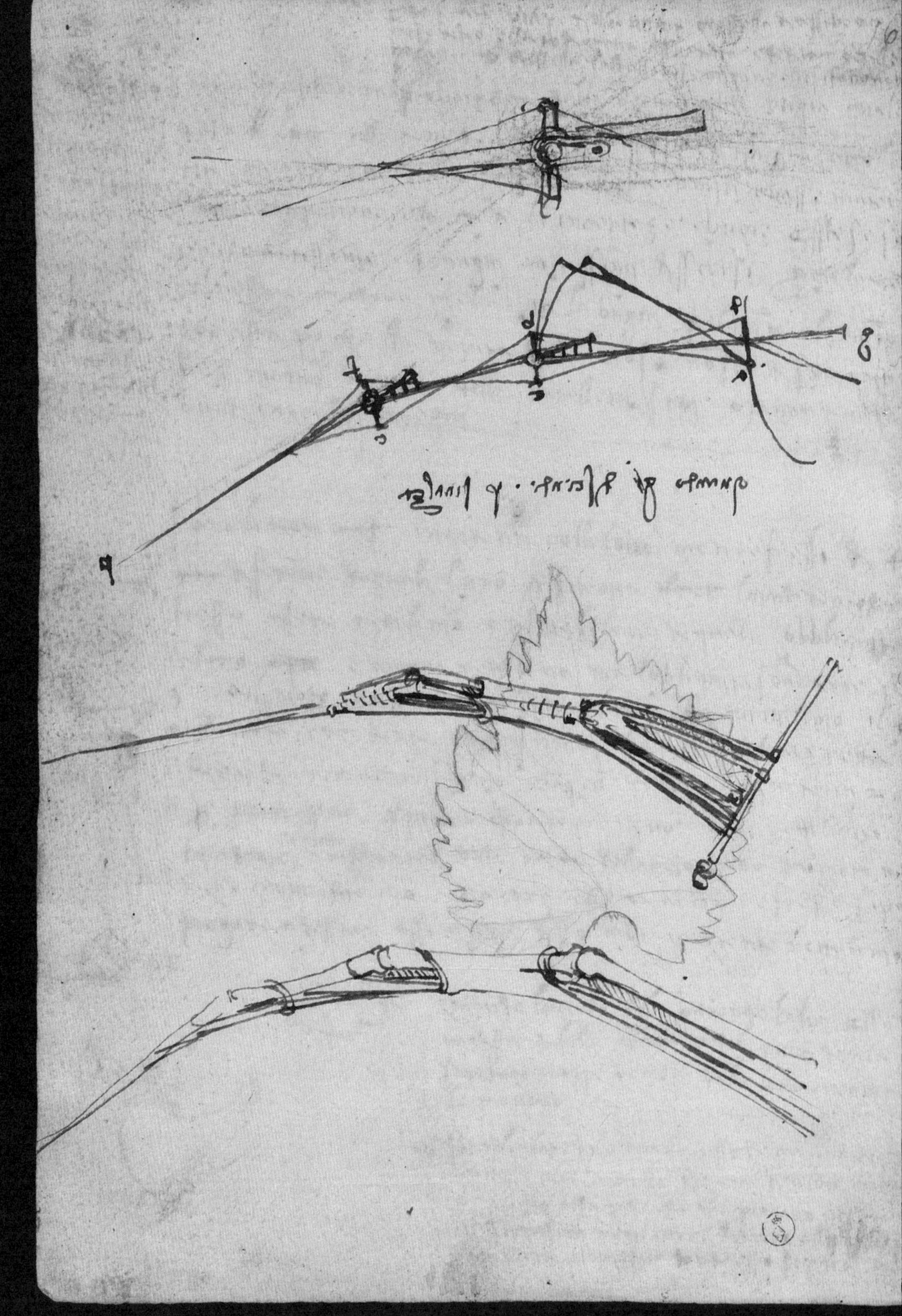

第 11 张左页，翅膀精细结构

13

52

第 12 张右页，起飞和空气压力

第 12 张左页，飞行器的尺寸和重心

[illegible]

第 13 张右页，小翼羽（拇翼）

第 13 张左页，小翼羽（拇翼）

第 14 张右页，上升气流，顺时针盘旋

[illegible]

[illegible]

[illegible]

[illegible]

[illegible]

第 14 张左页，抛射物体轨道

第 15 张右页，蝙蝠，恢复平衡

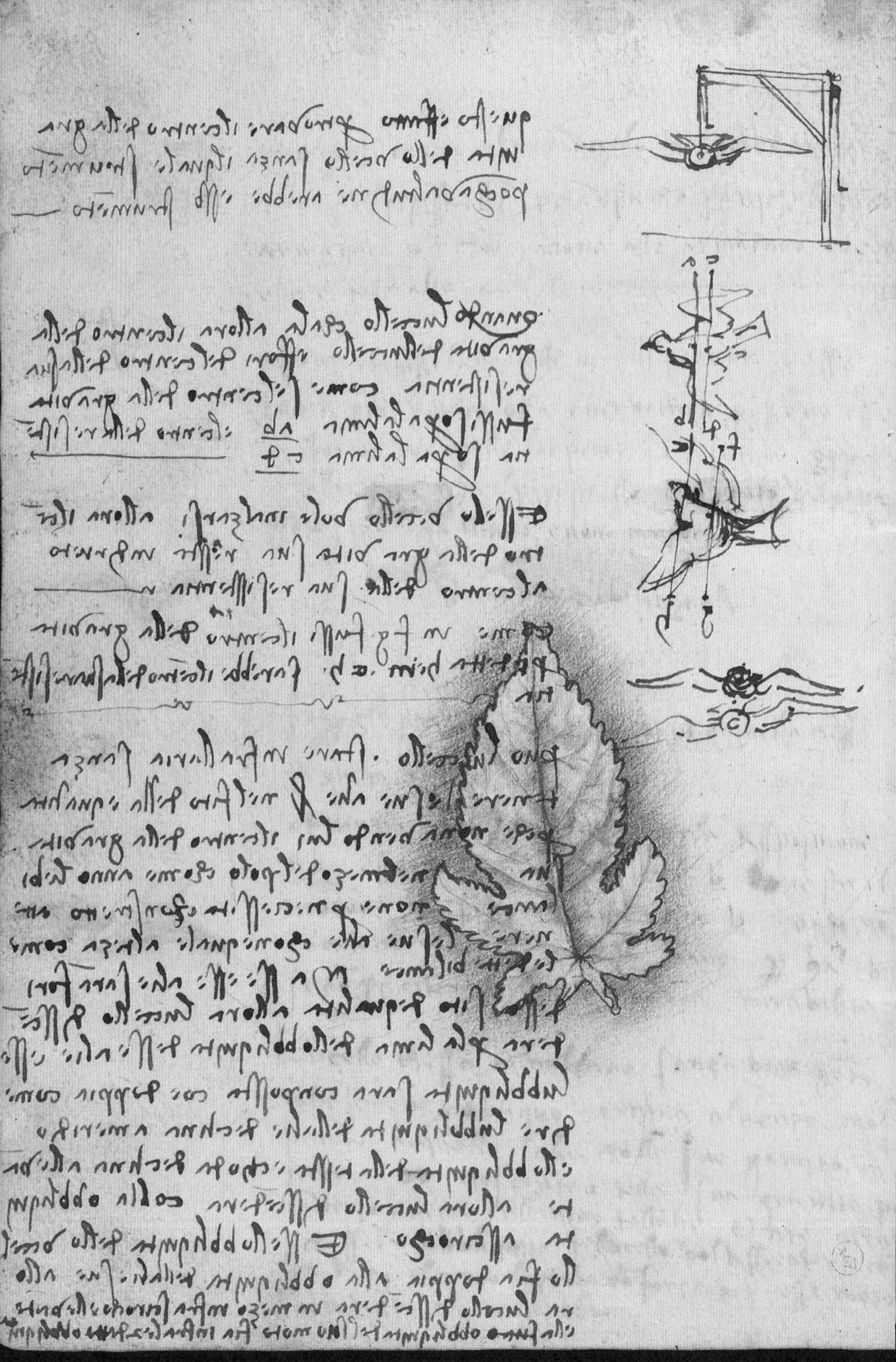

第 15 张左页，重心，某个重要且不可替代的工具

第 16 张右页，安全性，说服质疑者

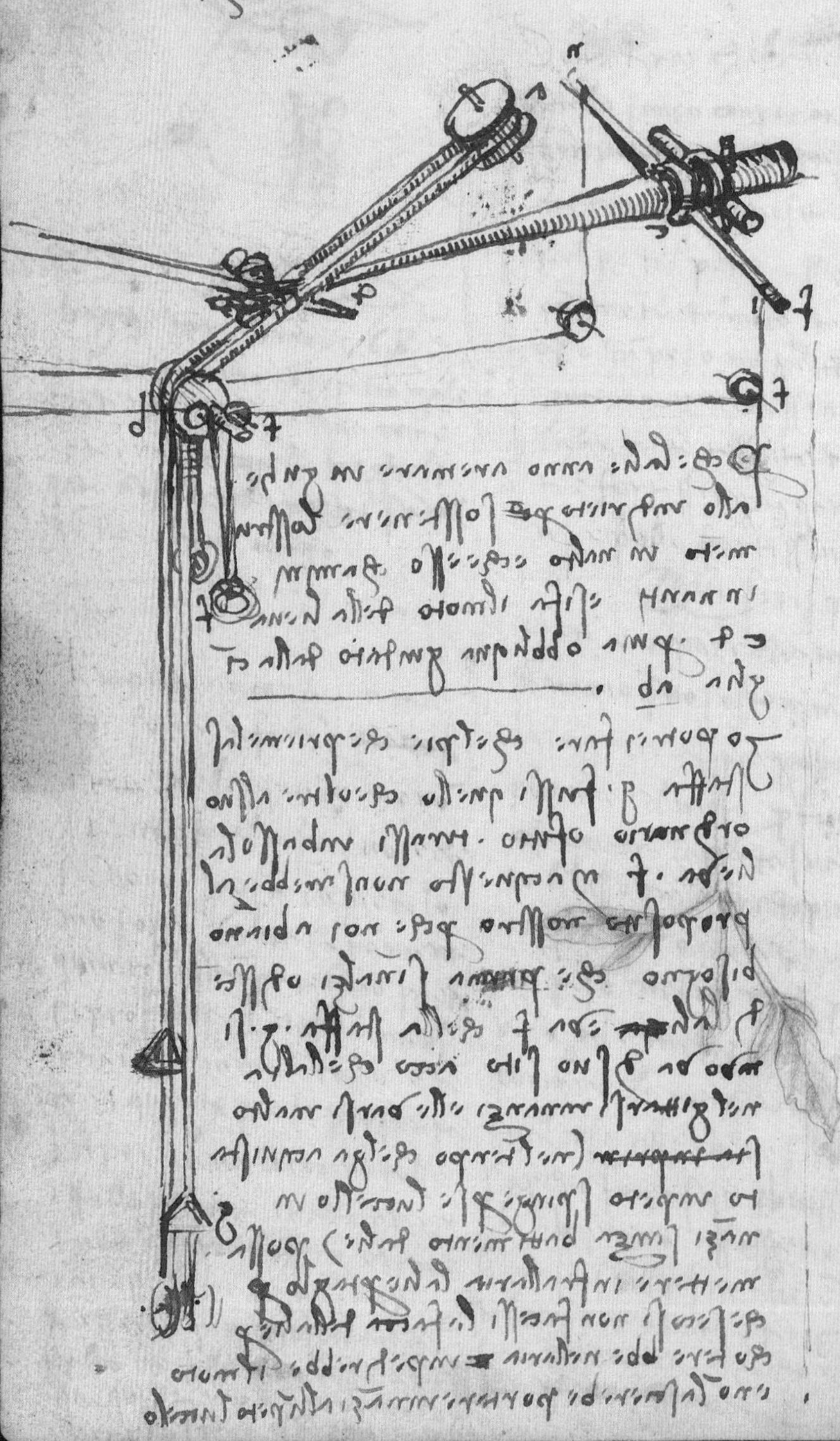

第 16 张左页，飞行器的翅膀结构

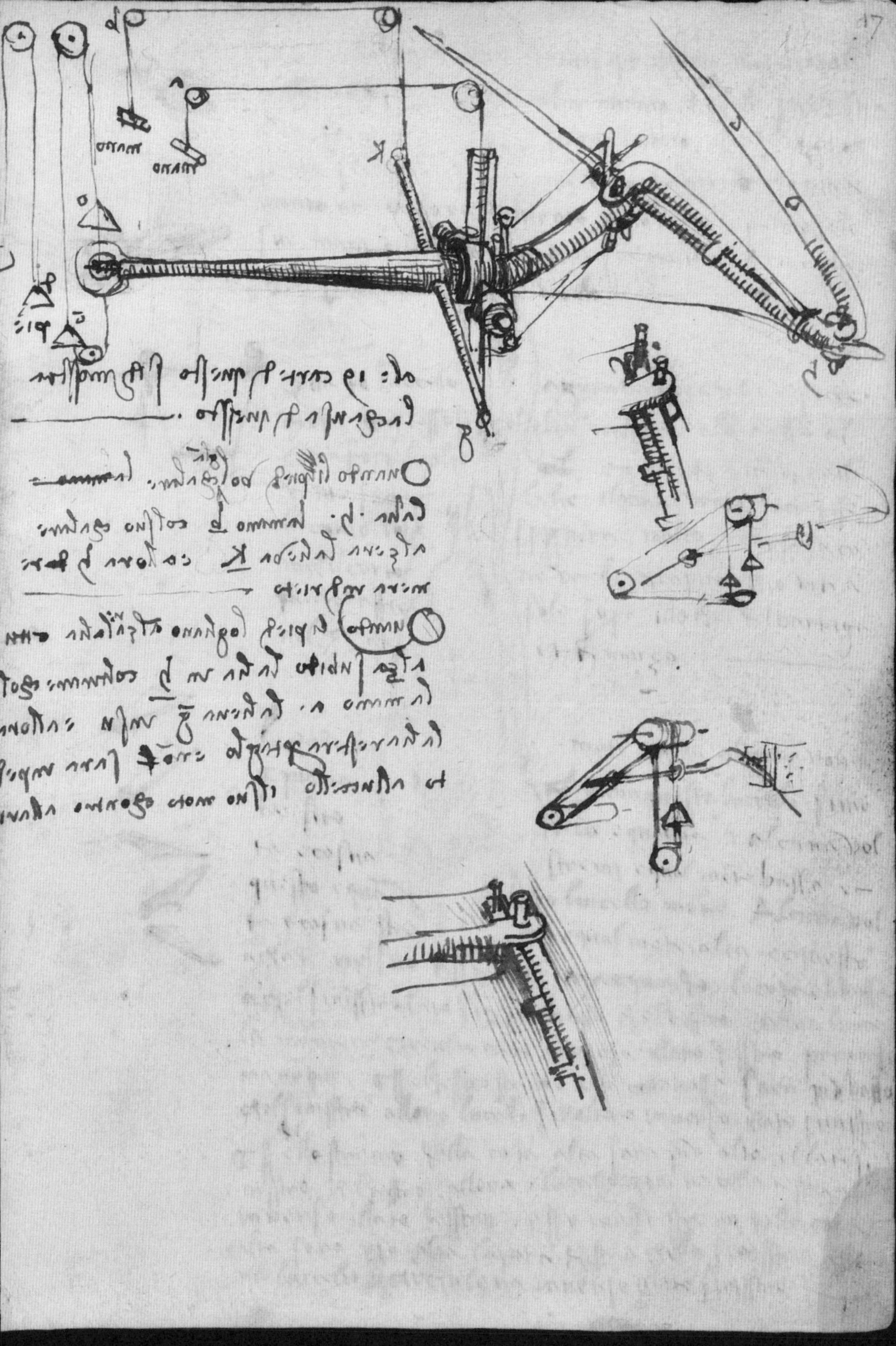

第 17 张右页，飞行器的翅膀结构

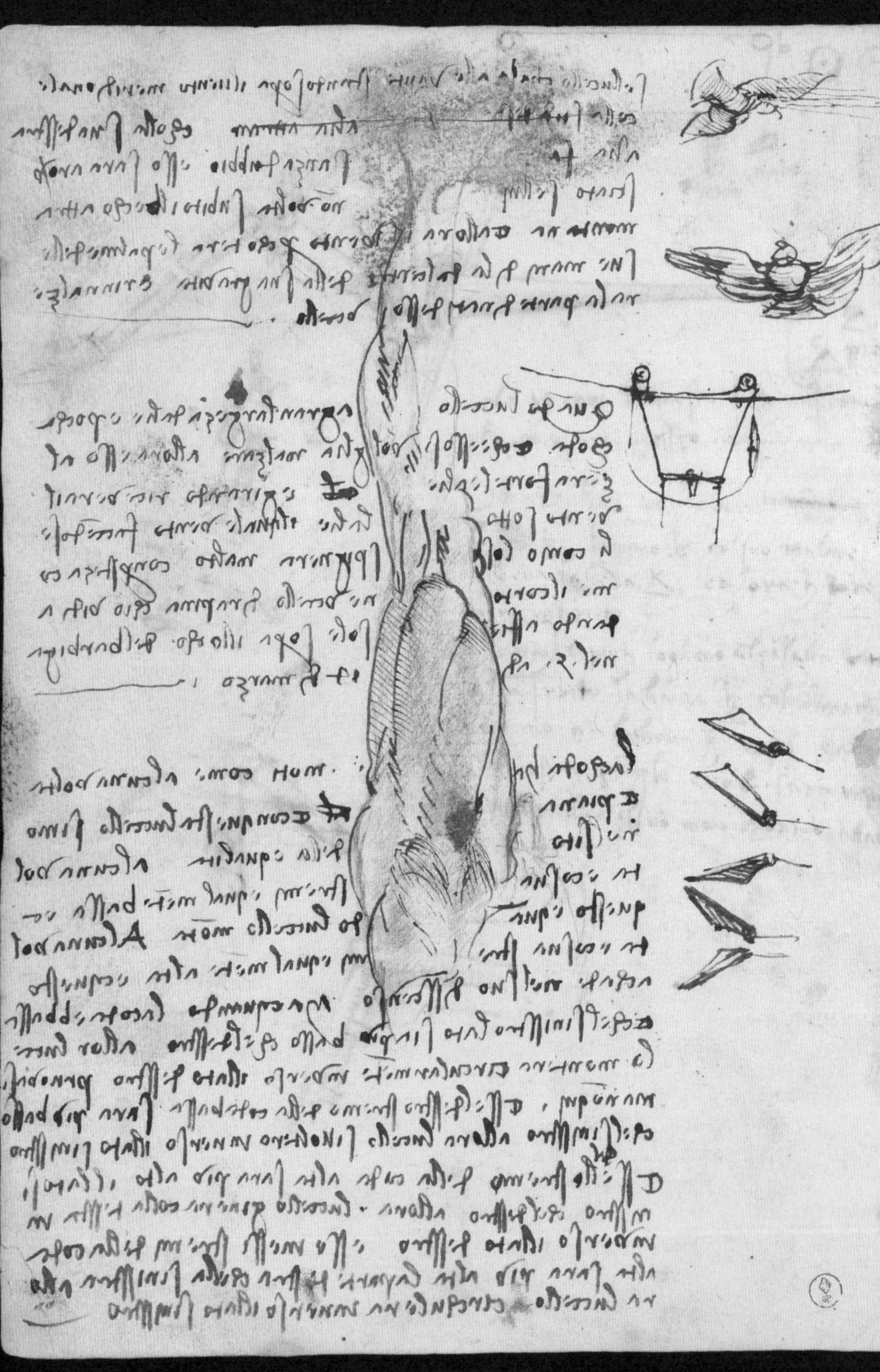

第 17 张左页，飞行器的尾部结构

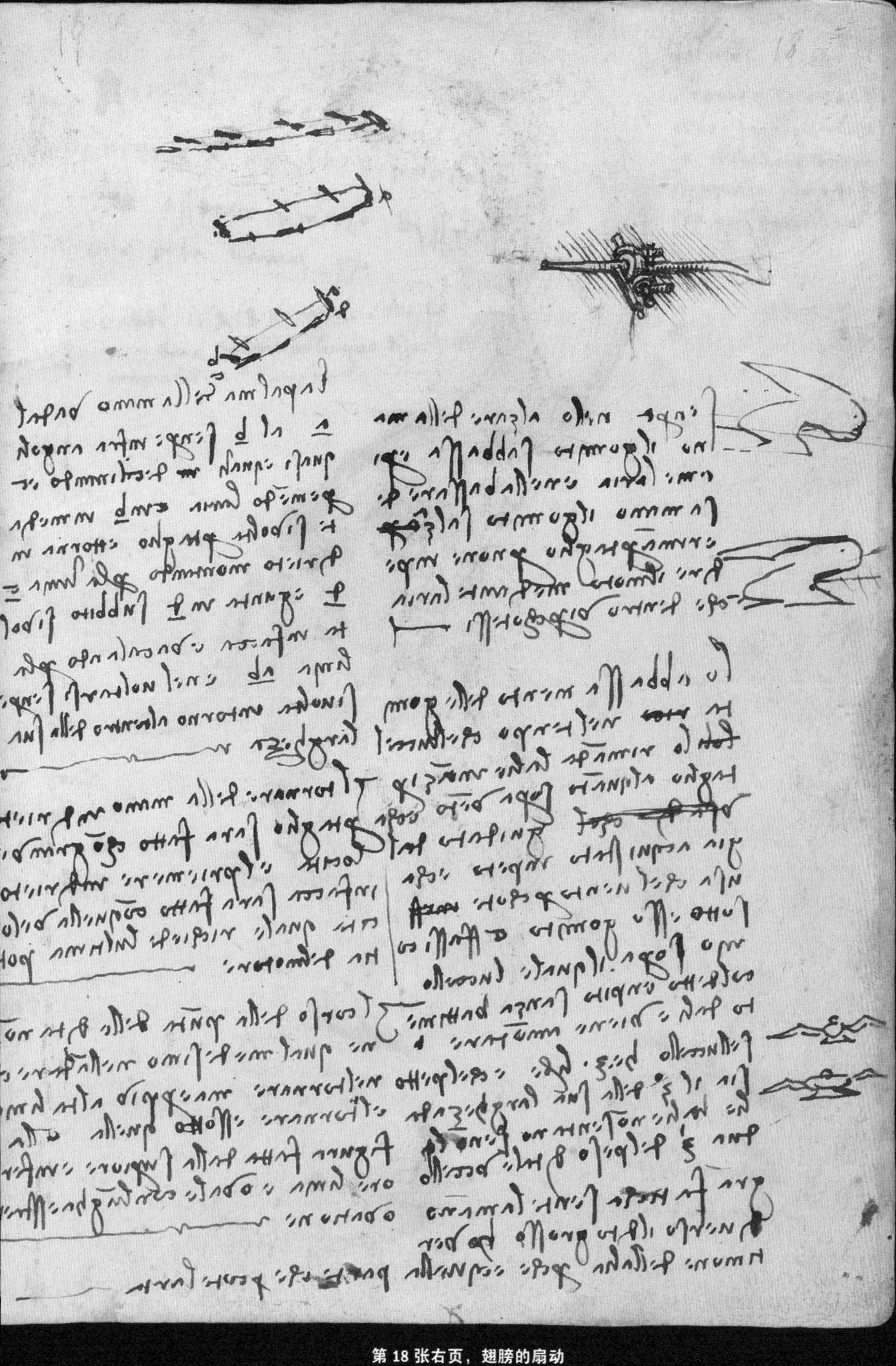

第 18 张右页，翅膀的扇动

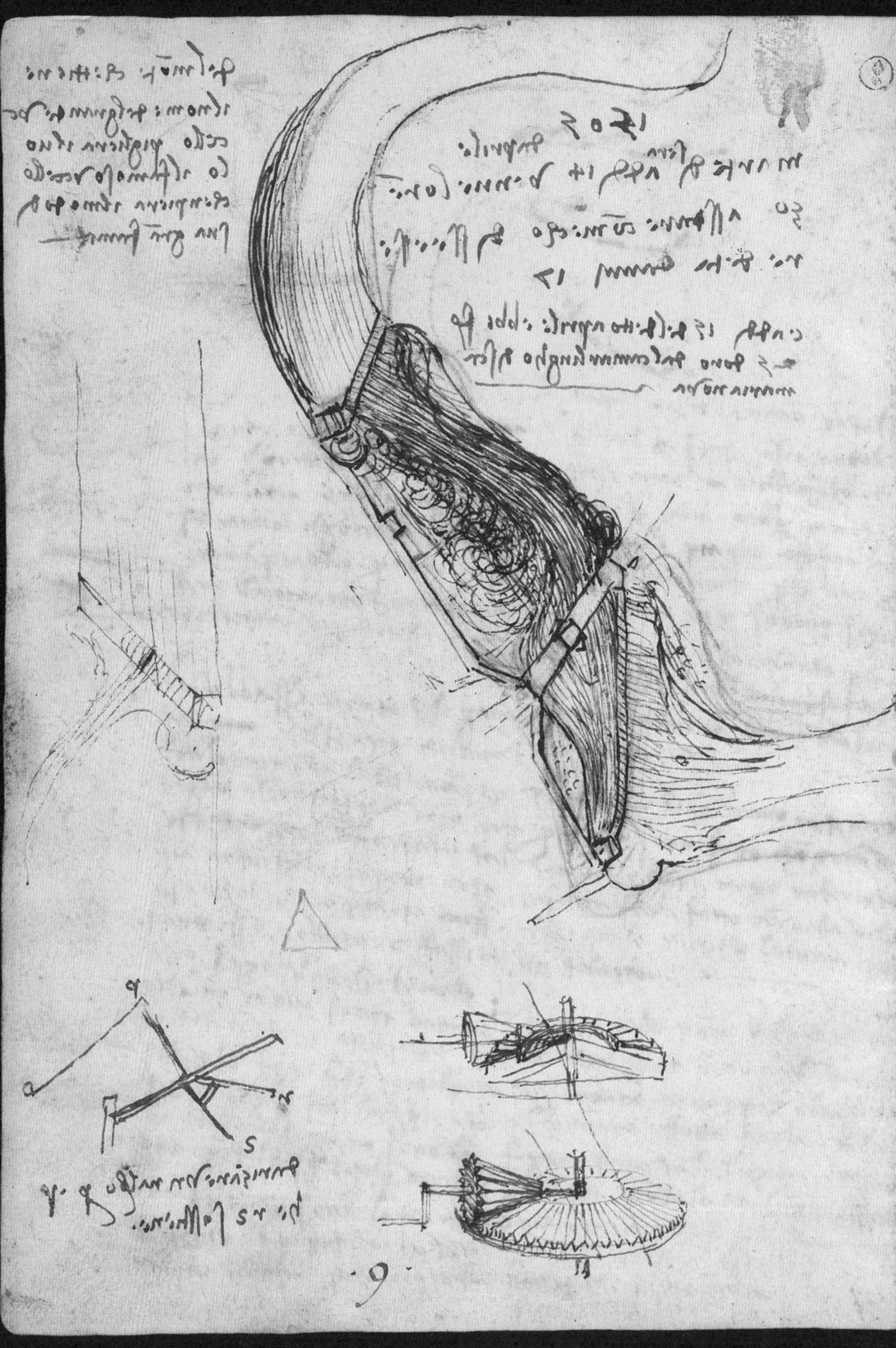

第 18 张左页，其他插图

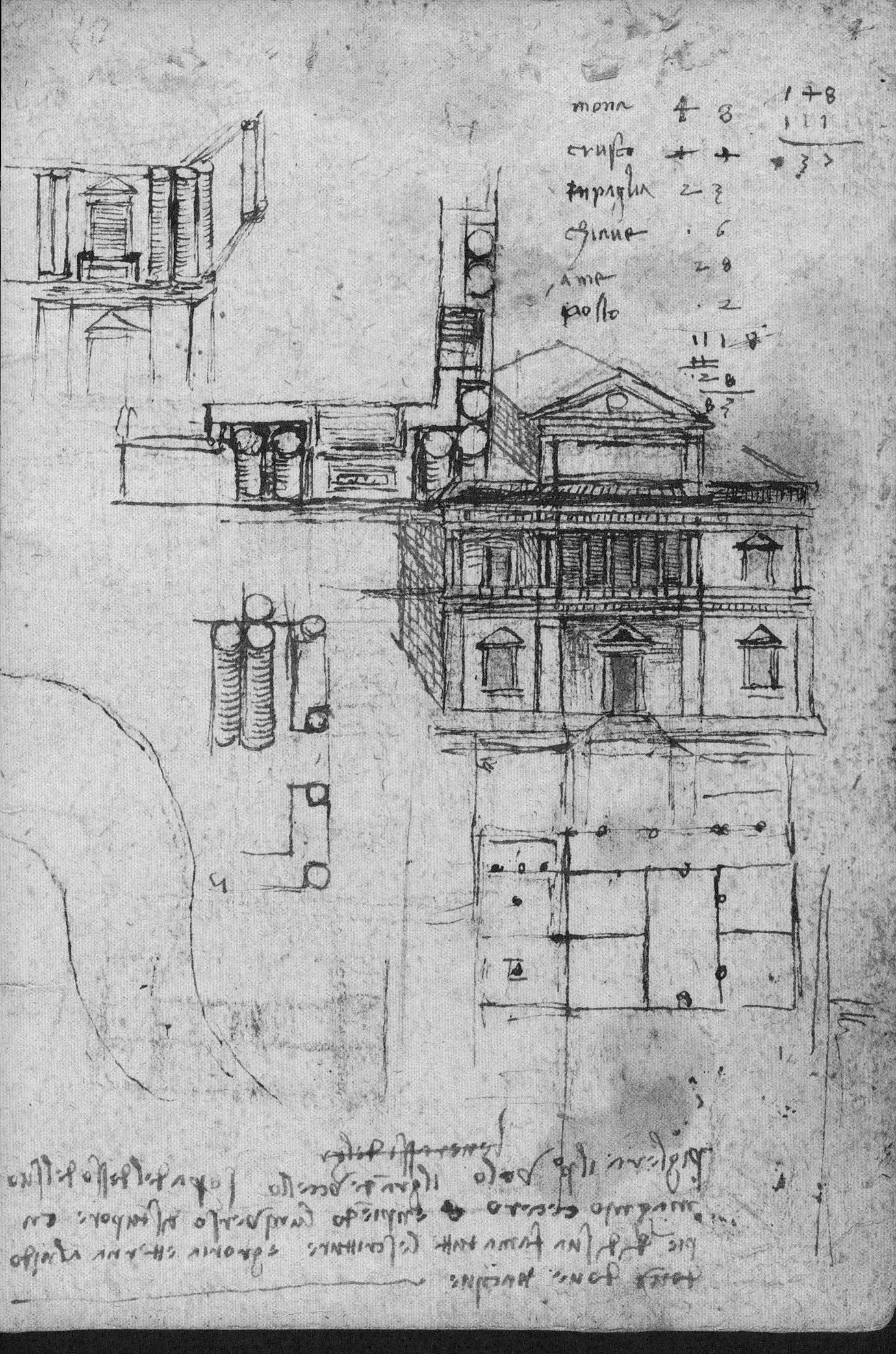

封底背面，即将起飞的“大鸟”

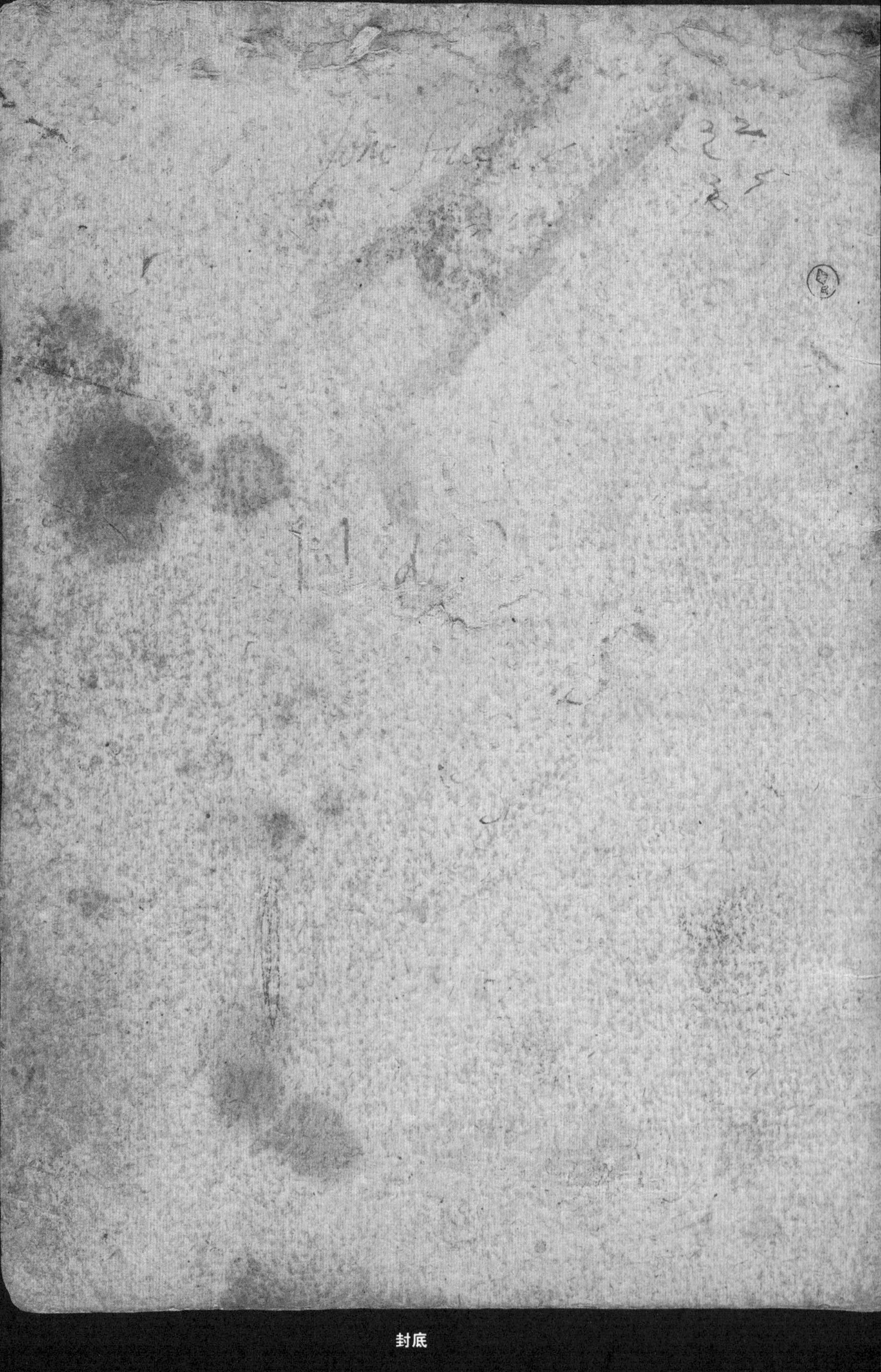

封底

第 5 章
解读鸟类飞行手稿

当我站在《飞行手稿》前，仔细端详这些古老的稿卷时，敬畏、欣喜与震撼的情绪交织在一起，心底可谓百感交集。木质的高台与洁白的手套（这双手套我一直保留着，作为纪念）进一步烘托了庄严的氛围。都灵皇家图书馆的工作人员非常和善[㊀]，让我们在与手稿初次亲密接触时不至于过分紧张。2006 年秋季，我们对《飞行手稿》的研究工作正式拉开帷幕。几年后，这项研究的丰硕成果随着《邂逅达·芬奇：与鸟类飞行手稿的第一类接触》一书，以及“达·芬奇与飞行”系列展览走向普罗大众[㊁]。至今，初次邂逅手稿真迹时的奇妙感觉仍能令我兴奋不已，毕竟此前我只能通过市面上买到的复制品来研读它们。保存于都灵的部分手稿可能是目前状态最为完好的达·芬奇手稿，尽管经历了五个世纪的风风雨雨，但你从它们的外表上很难感受到与此相称的沧桑。当我沉浸于手稿内容时，甚至会产生一种错觉，进而发出近乎痴人般的疑问：如此完美的复制品是用怎样的技术制作出来的呢——我已然忘记自己面对的其实就是达·芬奇的真迹了。

《飞行手稿》目前保存在棕色的皮质护套中。这个护套是 1967 年对它进行最后一次修复时加上的，上面印有皇家图书馆的盾形纹饰。脱去皮质护套后，展现在你眼前的是又一层同样颜色的硬质封皮，整卷《飞行手稿》以锁线方式与封皮装订在一起。打开这层硬质封皮后，你才会看到《飞行手稿》的原始封面，它的纸质要比正文纸质厚重一些，可能是达·芬奇为保护手稿特意制作的。

凝望着达·芬奇手稿时，观者很容易陷入沉思，自然而然地在大脑中勾勒出这些手稿在五个世纪前的原始样貌——当时这些手稿还不在都灵。每每如此，我仿佛穿越到文艺复兴早期的佛罗伦萨，抑或看着刚刚自米兰归来的达·芬奇，正将整卷手稿放到书架上，或堆放在其他稿纸上；抑或看着蹲在乡间小路旁的达·芬奇，正仔细观察着飞过头顶的小鸟。当然，此时他手拿的并不是《飞行手稿》，而是专门用于记录野外新发现的笔记本或稿纸，正如 K 手稿一样。我甚至可以想象他回到家后，伏在书案上将笔记本或稿纸上的内容认真誊写到手稿上的情景。《飞行手稿》的尺

㊀ 2006 年时接待我们的工作人员是莱提齐亚·塞巴斯提亚尼（Letizia Sebastiani），2008 年时接待我们的工作人员是克拉拉·维图洛（Clara Vitulo）。

㊁ “达·芬奇与飞行”系列展览的首个展期是 2009 年 4 月 4 日至 7 月 4 日，承办方是位于利沃诺（Liverno）的地中海自然历史博物馆。

《飞行手稿》和 K 手稿

这两卷手稿的尺寸分别是 154 毫米 ×213 毫米（飞行手稿）和 70 毫米 ×100 毫米（K 手稿）。K 手稿第 8 张右页的内容与《飞行手稿》第 18 张右页的内容是一致的。两卷手稿间显然有很多联系，这证明达·芬奇当时的确将K手稿中的很多杂乱笔记工整地誊写到了《飞行手稿》中。你可以将 K 手稿看作初版草稿，而将《飞行手稿》看作终版草稿。

寸非常接近今天的 A5 笔记本（153 毫米 ×213 毫米，6 英寸 ×8.4 英寸），相当于一张 A4 纸（210 毫米 ×297 毫米，8.3 英寸 ×11.7 英寸）的一半大小。达·芬奇在 1505 年左右完成了《飞行手稿》的誊写和整理工作，但其装订成卷的具体时间尚不可考，这已经成为学术界持久争论的一个问题（目前几种不同的推论间相差了很多年）。达·芬奇手写的唯一日期出现在《飞行手稿》的第 17 张和第 18 张左页上：

菲耶索莱（Fiesole），1505 年 3 月 14 日，手稿第 17 张左页。

... come il cortone, uccello di rapina, ch'io vidi andando a Fiesole, sopra il loco del Barbiga, nel '5 a dì 14 di marzo.

"在去菲耶索莱的路上，我在巴比加庄园（Barbiga Estate）看到一只（正在这样起飞的）希腊山鹑。"

1505 年 4 月 14 日，星期二，手稿第 18 张左页。

1505, martedì sera, addì 14 d'aprile, venne Lorenzo a stare con meco; disse essere d'età d'anni 17.

"1505 年 4 月 14 日，星期二晚上，洛伦佐（Lorenzo）来看我，他说他已经 17 岁了。"

1505 年 4 月 15 日，手稿第 18 张左页。

E addì 15 del detto aprile, ebbi fiorini 25 d'oro dal camarlingo di Santa Maria Nova.

"同一个月（4 月）的 15 日，我从新圣玛利亚医院（Santa Maria Nova）那里收到了 25 弗罗林（florin，当时流通于佛罗伦萨地区的金币，译者注）。"

在结束了米兰的生活以及意大利北部的旅程后，1503—1506 年，达·芬奇一直居住在佛罗伦萨，这使我们可以确认上述日期的真实性。佛罗伦萨的宁静氛围和多山地形，使达·芬奇有充足的时间和理想的场所，去研究鸟类飞行。当然，此时他也可能正在思考如何打造在米兰设计的飞行器。在介绍《飞行手稿》的专著中[㊀]，朱塞佩·唐迪（Giuseppe Dondi，1972—1978 年任都灵皇家图书馆馆长）写道：达·芬奇自己写下的日期，即 1505 年 4 月 14 日，其实是错误的。事实上，按照佛罗伦萨地区当时使用的"主耶稣受难日"历法（原文是 ab Incarnatione Domini Nostri Iesu Christi Style），一年的起始日期应该是公历的 3 月 25 日（又称天使报喜节或圣母领报节，译者注），而非公历元旦。这套历法在托斯卡纳大公国甚至一直使用到 1750 年。那么，现在的问题是，达·芬奇是否真的把 1506 年错记成了 1505 年呢？

显然，按照佛罗伦萨的历法，那一年的 4 月 14 日才是星期二。每年的最初几个月，我们常常会搞不清年份，这不是什么怪事。《飞行手稿》中唯一明确记录下的年份就是 1505 年。但我们很难想象达·芬奇会接连三次，在手稿的三个不同页面上都记错了年份。有关这个问题的确切证据来自佛罗伦萨的新圣玛利亚医院记账簿。这本记账簿表明，达·芬奇在《飞行手稿》第 18 张左页上提到的

㊀ Codice sul Volo degli ucceli di Leonardo da Vinci（Alpignano，Alberto Tallone Editorie，1991）。

那25弗罗林（1505年4月15日），是医院在1505年4月15日（星期二）支付的，如此看来，前一天，即4月14日，就应该是星期一了。因此，我们得出的最终结论是，达·芬奇把14日错当成了星期二。这样一来，《飞行手稿》上记录的确切日期应该是这样的：

手稿第17张左页，菲耶索莱，1505年4月14日，星期一；

手稿第18张左页，1505年4月14日，~~星期二~~，星期一；

手稿第18张左页，1505年4月15日，星期二。

此外，达·芬奇在《飞行手稿》上还做了一些笔记，有些页面上出现了红色铅笔[㊀]绘制的插图（第10、11、12、13、15、16和17张），例如树叶、花朵、男人面部肖像（可能是达·芬奇年轻时的自画像[㊁]），还有一条人腿。这些插图的风格与手稿中其他插图明显不同。据此我们认为这些红色铅笔插图应该是《飞行手稿》中存在的最早一批插图。让我们回到"飞行"这一主题，这卷手稿中蕴含了大量令人叹为观止的飞行研究成果。事实上，达·芬奇用了整整一卷的手稿来研究飞行，这足以证明他想要呈现给人们的成果将是多么的震撼与美妙。然而，我们不得不承认，手稿中的某些有关飞行的论述绝非简单易懂。某些情况下，仅仅是将这些内容梳理清楚就要耗费大量时间去翻阅手稿的每一张、每一页，更别提理解其中的含义了。本章的写作目的就在于破解这一难题。

我们解读《飞行手稿》历时一年有余，期间自然发现了一些过去被人们忽视的细节。例如，一些非常接近空气动力学的概念（手稿第9张和第10张），还有一架此前从未被辨识出的飞行器。事实上，整卷手稿都围绕着论述这些概念和如何制造这架飞行器展开。考虑到达·芬奇以观察和模仿赤鸢的飞行姿态为研究基础，我将这架飞行器命名为"巨鸢"。试图解读这架飞行器的运行原理时，我不禁感到疑惑，此前的达·芬奇手稿研究者们，为何都"选择"了忽视这架飞行器的存在？如果你将《飞行手稿》仔细通读一遍，就很容易发现，实际上整卷手稿的主旨就是探讨如何制造"巨鸢"的。达·芬奇对自己的设计方案可谓信心十足，这种强烈的自豪之情极少在其他手稿和著作中流露。但有必要指出的是，《飞行手稿》只代表了达·芬奇对飞行这一课题所做的大量研究中的一小部分。在其他手稿中，例如《大西洋古抄本》、E手稿和B手稿等，有关飞行研究的插图和论述比比皆是。事实上，达·芬奇有关飞行的研究成果卷帙浩繁，想要有序归类并不是一件轻

㊀ 绘制这些插图用的铅笔笔芯是赤铁矿石制成的。

㊁ 具体内容详见本书第350页。

松的事[1]。就连达·芬奇自己也仅仅是规划了宏伟的愿景，而似乎并没有完全实现：

Dividi il trattato degli uccelli in quattro libri, de' quali il primo sia del volare per battimento d'alie: il secondo del volo sanza battere d'alie, per favor di vento, il terzo del volare in comune, come d'uccelli, pipistrelli, pesci, animali, insetti; l'ultimo del moto strumentale.

"我将要分四本书阐述鸟类飞行的理论。其中，第一本书论述有关扑翼飞行的理论；第二本书论述不扇动翅膀，借助风力飞行的方式；第三本书论述具有飞行能力的动物的一般飞行规律，包括鸟类、蝙蝠、鱼类和昆虫；第四本书论述飞行时的机械运动原理。"

最终，除"巨鸢"外，达·芬奇再也没有设计出如此精密的飞行器。或者说，就算他有这样的设计，相关的文献资料也早就遗失了。

---

[1] 在印刷精美的著作《I Libri del Volo di Leonardo da Vinci》(Hoepli，1952)中，阿尔图罗·乌切里(Arturo Ucceli)提出，如果要重建达·芬奇有关飞行的理论体系，就要将所有现存的资料都梳理清楚。

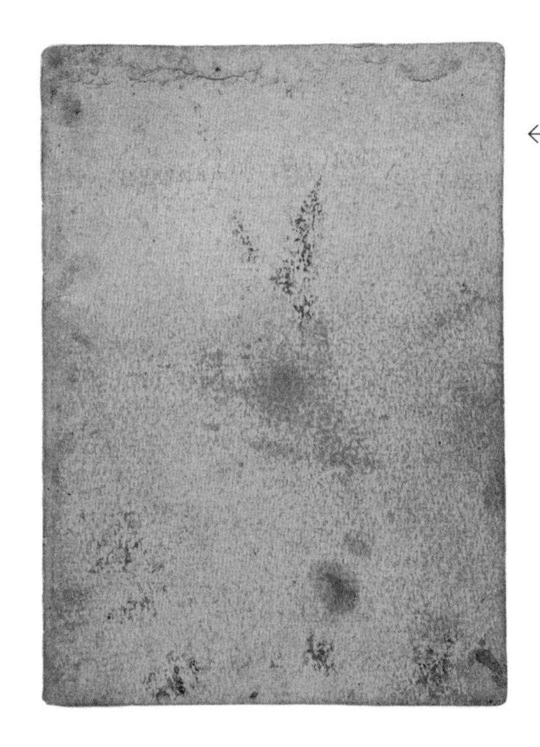

t.01 > *Leonardo da Vinci*

本书作者的评述

乍看之下,《飞行手稿》的封面没有任何标记，但仔细观察就会发现，靠近封面顶部的位置写着达·芬奇的全名（LEONARDO DA VINCI）。这行名字都是用大写字母书写的，而且笔触圆润，不像达·芬奇的真迹。

封面的纸质比正文更厚重。由于正面和背面都满是污渍，它看上去远算不上美观。但整体看来至少是完好无损的，更重要的是它能有效地保护正文页。

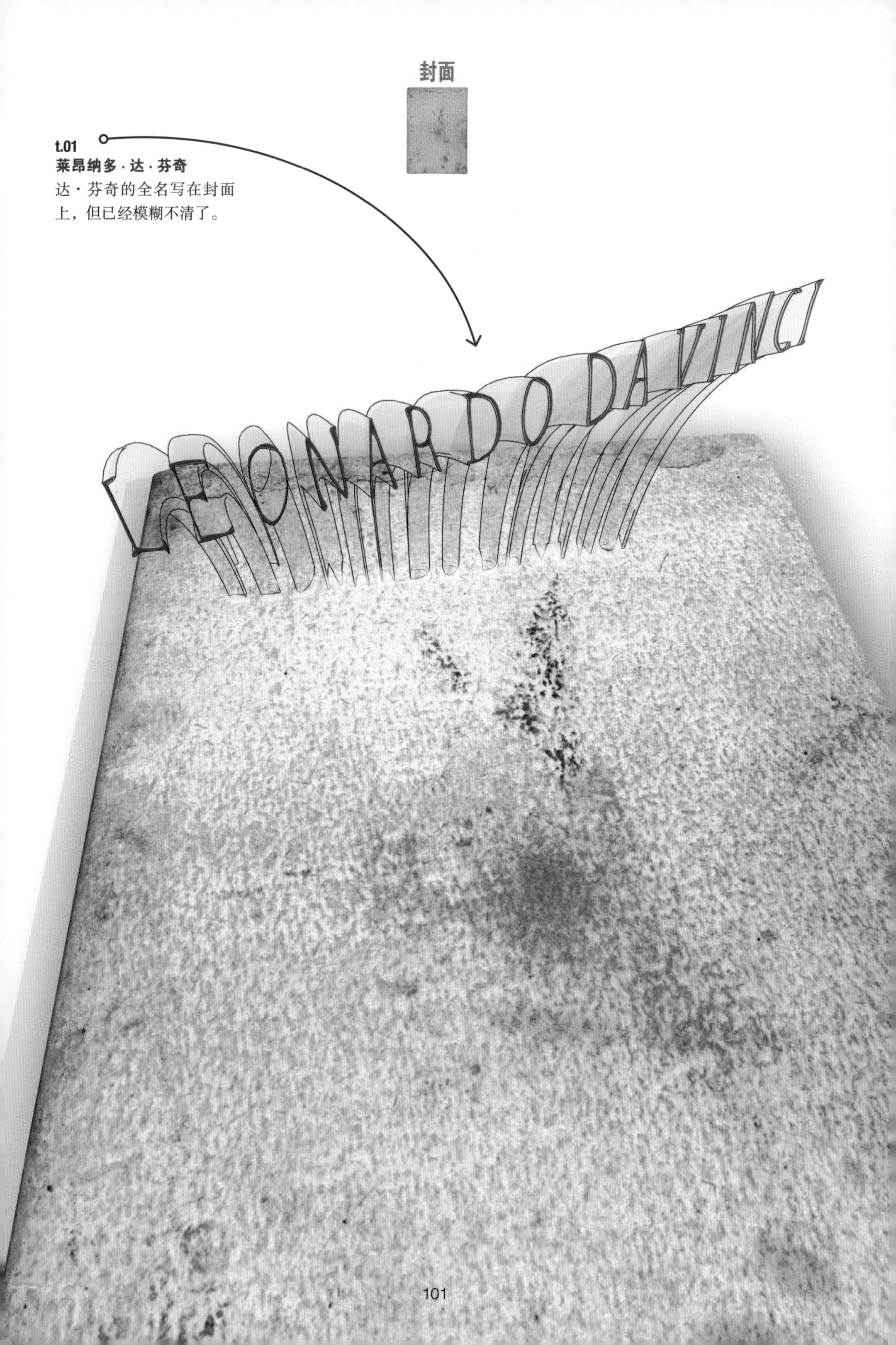
封面
t.01
莱昂纳多·达·芬奇
达·芬奇的全名写在封面上，但已经模糊不清了。
LEONARDO DA VINCI

封面背面

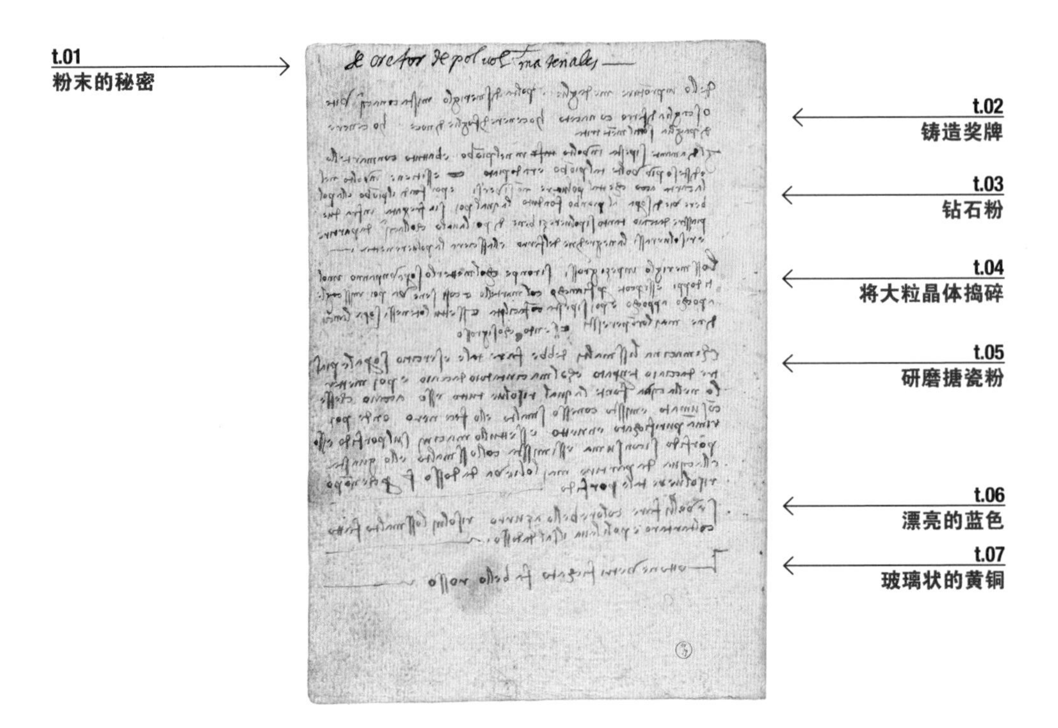

t.01 > *Secretos des poluol materiales*

t.01：粉末的秘密

t.02 > *Dello improntare medaglie. Polta di smeriglio mista con acqua vite, o scaglia di ferro con aceto, o cenere di foglie di noce, o cenere di paglia sottil mente trita.*

t.02：铸造奖牌。如果想铸造奖牌，就将金刚砂（一种研磨材料，原文注）制成的糊状物与硝酸（原文是 aqua fortis，译者注）、铁屑和醋混合，再加入胡桃树叶烧成的灰，或者其他经过精细研磨的谷物烧成的灰。

t.03 > *Il diamante si pesta involto (infr) in nel piombo, e battuto con martello, e disteso più volte tal pionbo, e radopiato, (er) e si tiene involto nella carta, acciò che tal polvere non*

t.03：为得到钻石粉，需要将整颗钻石用铅碾碎，再用重锤击打。为避免粉末溅出，要用反复折起的纸包裹钻石。将

封面背面

si versi; e poi fondi il pionbo, e la polbere vie' disopra al pionbo fonduto, la qual poi sia fregata infra due piastre d'acciaio, tanto si polverizi bene; di poi lavalo coll'acqua da partire, e risolverassi la negredine del ferro, e lascierà la polvere netta.

铅融化后，钻石粉就会悬浮在熔融状态的铅表面。钻石粉必须用两片钢板打磨，直到它变成非常细的粉末。最后用硝酸清洗钻石粉，洗去黑色的铁渍，就可以得到纯净的钻石粉了。

t.04 > *Lo smeriglio in pezi grossi si ronpe col metterlo sopra un panno i[n] molti doppi, e si percote per fianco col martello, e così se ne va poi in iscaglie, a poco a poco, e poi si pesta con facilità; e se tu lo tenessi sopra l'ancudine, mai lo ronperesti, essendo così grosso.*

t.04：如果想将大块晶体变成小颗粒，先要用布将这块晶体层层包裹，然后用重锤敲打。接着用杵捣碎这些晶体就会容易很多。当钻石颗粒很大时，如果你试图将它们放在砧板上用重锤敲碎的话，是很难成功的。

t.05 > *Chi macina li smalti, debbe fare tale esercizio sopra le piastre d'acciaio tenprato, col macintatoio d'acciaio, e poi metterlo nell'acqua forte, la qual risolve tutto esso acciaio, che s'è consumato e misto con esso smalto e lo fece nero, onde poi riman purificato e netto; e se tu lo macini sul porfido, esso porfido si consuma, e si mista collo smalto, e lo guasta, e l'acqua da partire mai lo lieva da dosso, (s) perché non po risolvere tale porfido.*

t.05：研磨搪瓷粉的人应该遵循如下步骤：研磨时，将搪瓷粉置于淬火的钢板上。研磨过后，用硝酸处理搪瓷粉。这么做的目的是清除研磨过程中附着于搪瓷粉上的钢渍，因为钢渍与搪瓷粉混合后会使它发黑。经过上述步骤后，就能得到纯净的搪瓷粉了。这些搪瓷粉十分纯净，以至于将它们置于斑岩上研磨时，斑岩就会被磨损，并与搪瓷粉混合。这样的话，你就无法得到搪瓷粉了，即使用硝酸处理也无济于事，因为硝酸与斑岩间不会发生化学反应。

封面背面

《飞行手稿》原文

t.06 > *Se volli fare colore bello azurro, risolvi lo smalto fatto col tartaro, e po' li leva il sal da dosso.*

t.07 > *L'ottone vetrificato fa bello rosso.*

t.06：如果你想要得到漂亮的蓝色，就要将搪瓷粉溶于酒石（酿酒桶中的结晶物，译者注）中，并过滤掉盐。

t.07：玻璃状的黄铜呈现出夺目的红色。

搪瓷粉和颜料

作为画家，达·芬奇需要自己准备颜料。当然，操作过程中的一些简单的或重复性的步骤会有助手协助。关于如何调配颜色或获得某种特定颜色的问题，画家们一般都会守口如瓶，这样在直接竞争对手面前就会有些许优势。

封面背面

《飞行手稿》封面和封底的背面（即封二和封三，译者注）同样布满了文字和图画，但所涉内容显然偏离了“飞行”这一主题。我们目前并不知道达·芬奇为什么记下这些无关的内容，只能猜测他当时可能恰好需要记录这些内容但手头没有其他能用的笔记本或稿纸，至于写下这些内容的时间，在完成手稿之前或之后都是有可能的。

《飞行手稿》封面背面的文字内容包括铸造奖牌、获得钻石粉以及为作画准备搪瓷粉和颜料，这可能是达·芬奇写给别人的技术指导。

本书作者的评述

第1张右页

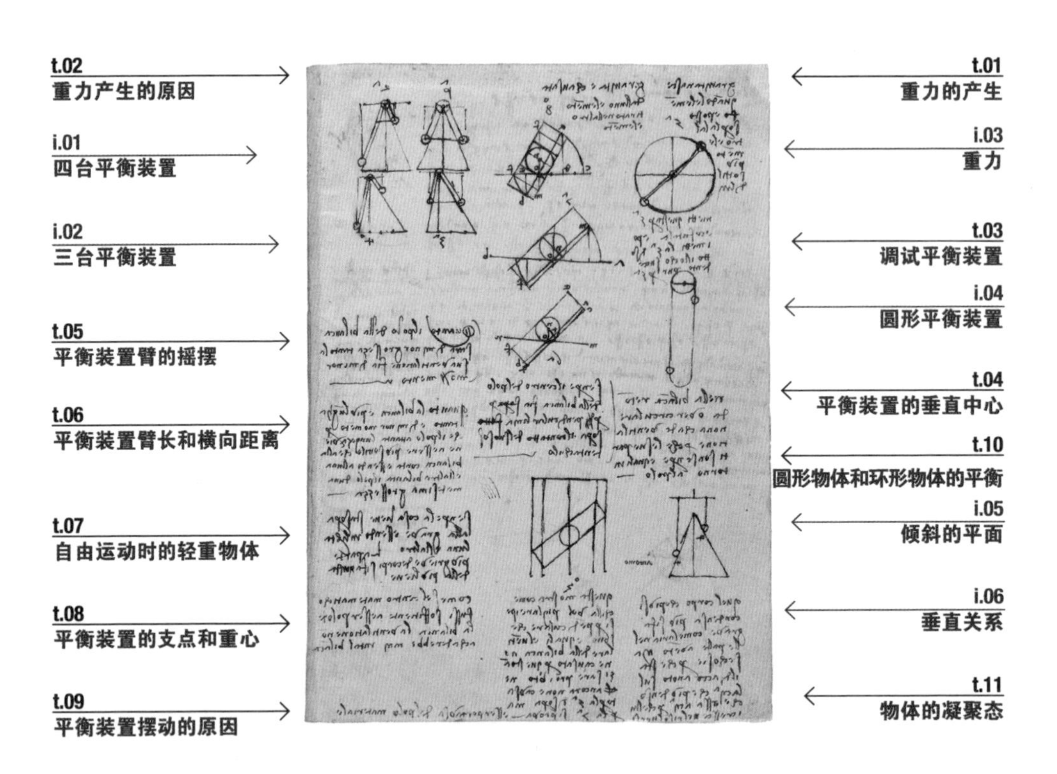

t.01 > *Gravità nasce quando l'elemento è posto sopra l'altro elemento più sottil di lui.*

t.01：当把一个物体放在另一个比它轻的物体上时，就会产生重力。

t.02 > *Gravità è causata dall'uno elemento tirato nell'altro elemento.*

t.02：重力产生的原因是一个物体对另一个物体的吸引。

t.03 > *Metti questa per 5ª, e confutala e poi metti la 5ª di sotto, i' loco succedente pur per 5ª.*

t.03：按照第五原则（英文原文是Fifth Principle，译者注）调试平衡装置。反复校核，然后与接下来展示的第五个平衡装置进行比较。

t.04 > *Senpre il centro del polo della bilancia fia per perpendicular linia sopra il contatto del suo sostentaculo.*

t.04：由平衡装置垂心引出的线必须保持竖直，而连接点与托盘间的连线也必须保持竖直。

第1张右页

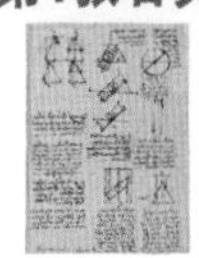

t.05 > *Quanto il polo della bilancia sarà di minor grosseza, tanto la sua ventilazione fia di minor momento.*

t.05：平衡装置的臂越短，摆动的幅度就越小。

t.06 > *Quanto la bilancia è più lunga, tanto è di minor momento, perché il polo, a tanta lungheza, viene a essere più sottile che alla bilancia corta, essendo all'una e l'altra bilancia il polo d'una medesima grossezza.*

t.06：平衡装置的臂越长，摆动的角度就越小。事实上，相比于横向距离短的平衡装置，横向距离长的平衡装置摆动的角度更小。

t.07 > *Senpre la cosa lieve sta sopra alla grave, essendo in libertà l'una e l'altra. La parte più grieve de' corpi si fa guida della più lieve.*

t.07：自由运动时，轻的物体总会在重的物体上方。物体自身较重的部分引导较轻部分的运动。

t.08 > *Come se 'l centro matematico fussi sofficiente a esser polo de la bilancia, la ventilazione non acaderebbe mai in tal bilancia.*

t.08：平衡装置的支点就是其重心，且不参与摆动。

t.09 > *Questa mostra come chi la vol pigliare i pesi perpendiculare, che sono equali, el ventilare della bilancia non è causato per questo, anzi sarie proibito, né ancora non è causato per la 5ª di sopra, ma per la 7ª si prova esser per causa del polo materiale.*

t.09：这个案例表明，在垂直方向上重量相等并非促成平衡装置摆动的原因。事实上，恰恰相反，这会阻碍运动（摆动）。这个平衡装置的摆动原理与第五台平衡装置所展现的原理并不相同。当我们看到第七台平衡装置时，就会发现摆动的真正原因是物理运动。

第1张右页

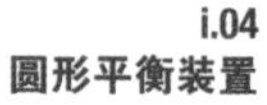

i.04
圆形平衡装置

t.10 > *Nella bilancia retonda, over circulare non acade ventilazione, perché le sue parti son senpre equali intorno al polo.*

t.10： 圆形和环形物体是不会发生摆动的，因为两者的每个部分都在围绕其中心均匀地运动。

t.11 > *Quel corpo, che più si condensa, più si fa grave, come l'aria nelle palle a vento. Ma se così è, perché sta il diaccio a noto sull'acqua, ch'è più denso che essa acqua? Perché lui cresce nel risolversi.*

t.11： 物体在凝聚时会变重，就像气球中的空气一样。但如果这是真的，那为什么冰会浮在水面上呢？因为它比水更致密吗？这是因为，在同等重量下，从液体变成固体时，它的体积增大了（意即密度更小，译者注）。

i.01
四台平衡装置

这些页面上所画的平衡装置可能只是概念几何图形，而非实际存在的物体。当然，我们不能排除这样的可能，那就是达·芬奇真的造出了这样的装置用以验证自己的想法，就像现在的物理实验一样。

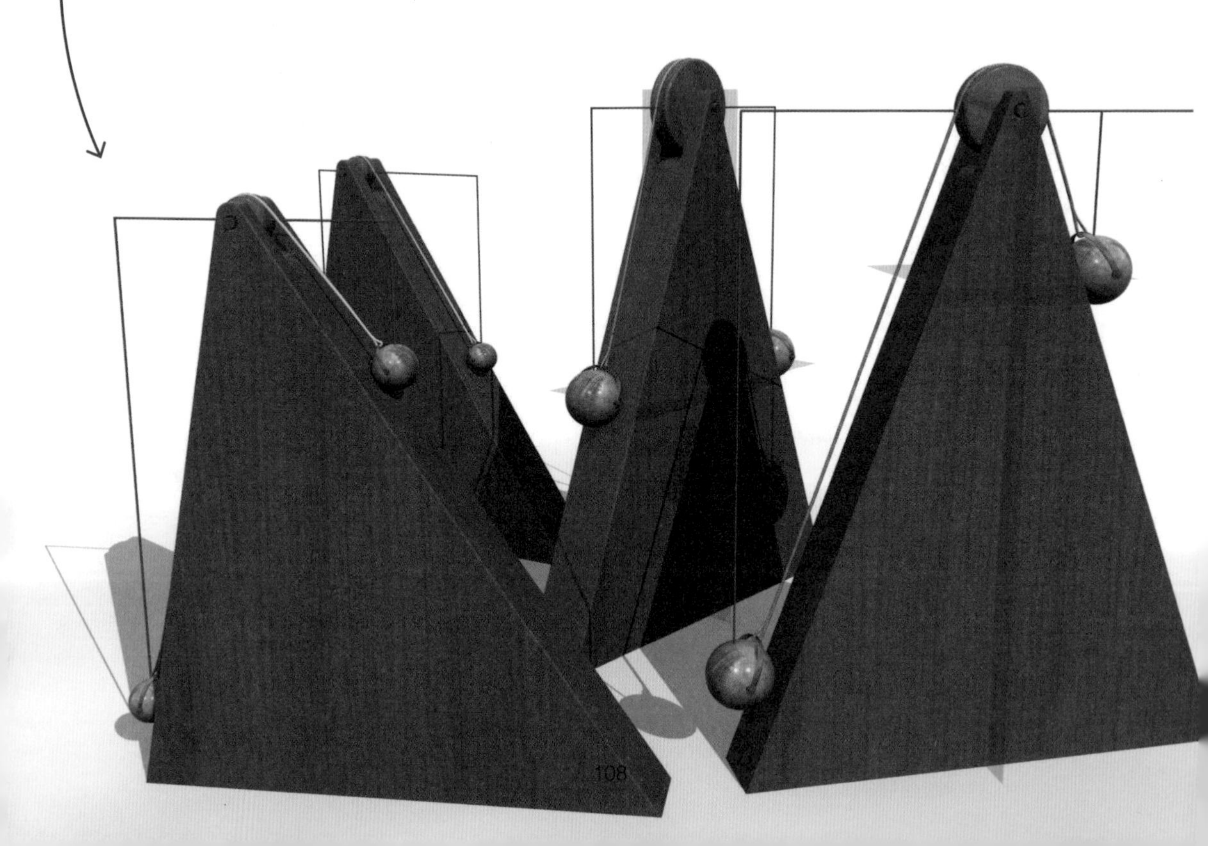

第1张右页

尽管从表面上看《飞行手稿》前四张的内容（静力学和刚体的运动力学）偏离了飞行这一主题，但深入阅读就会发现这些内容与随后的论述间是存在一定逻辑关系的。达·芬奇对这一全新研究领域的愿景是，以理论论述开篇，随后阐释鸟类在不同飞行状态下如何保持平衡的问题。这就意味着“罗列”一些相对枯燥但十分重要的物理定律和数学理论将是手稿开篇的主旋律，特别是针对数学家约尔达努斯·内莫拉里乌斯（Jordanus Nemoranius）所著《论欧几里得书籍的重要性》（Liber Euclidis de Ponderibus）一书的借鉴与引述。内莫拉里乌斯生活在 13 世纪，后人认为达·芬奇正是因循着他的足迹投身于科学研究事业的。他著有三本关于数学和静力学的书，而达·芬奇很可能是他的忠实读者。事实上，我们很容易看出《飞行手稿》中的一幅插图（第 1 张右页的第 6 幅插图）正是借鉴了内莫拉里乌斯的设计方案。

约尔达努斯 · 内莫拉里乌斯，
《论欧几里得书籍的重要性》

第1张左页

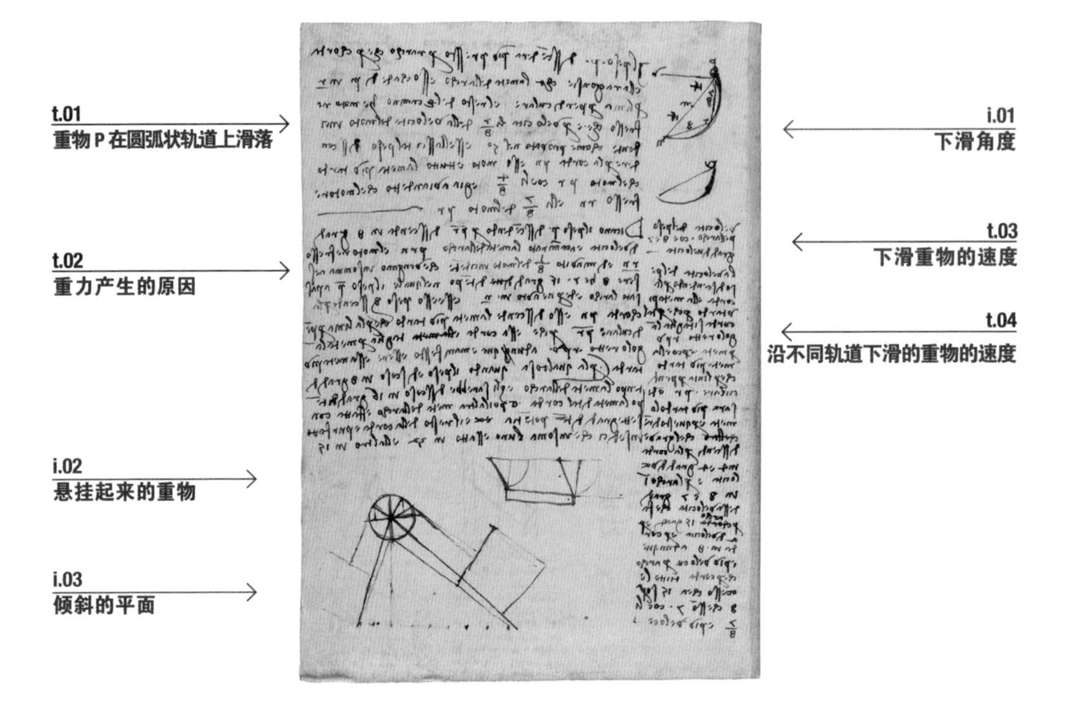

t.01 > *Il peso p discenderà più presto per arco che per corda, e la ragion si è che la metà dell'arco, esso cadi di p in r, per linia perpendiculare, el resto del camino è moto refresso, che è per velocità li 7/8 della velocità del moto incidente, com'è provato nel 5°; e se lasci tal peso discendere per la corda p n, esso moto è tutto la metà più tardo ch'el moto p r, cioè li 4/8; e già avian detto ch'el moto refresso r n è li 7/8 del moto p r.*

t.01：一段圆弧形轨道的弦长（即连接圆弧边两端点的线段，译者注）越长，重物 P 在轨道上下滑的速度就越快。这本质上取决于圆弧边的中点位置。当重物从 P 点滑落到圆弧边中点 R 后，就开始受惯性作用，以初速度的 7/8 继续沿圆弧边下滑（这可以根据第五原则推导出来）。但如果重物沿线段 PN 下滑，则它下滑的时间将是沿圆弧边下滑的两倍，也就是说，这样下滑的速度是沿圆弧边（轨道）下滑的 1/2（原文是 4/8，译者注）。刚才我已经提到，沿 RN 弧下滑的速度是沿 PR 弧下滑的 7/8。

第1张左页

i.01

下滑的角度

达·芬奇已经注意到重物P沿PR弧下滑速度相比沿RN弧更快这一事实，因为PR弧与地平面接近垂直。∠RPV（代表角RPV，直角，译者注）的平分线（即线段PN，下称PN弦）与地平面间的夹角更小（即小于90度，译者注），因此重物P沿PN弦下滑的速度（相比沿PR弧）慢一些。

t.02 > *Dicano il peso p, discendendo per p r, discenda in 8 gradi di velocità, e à camminato la metà dell'arco p r n, el moto refresso r n è diminuito 1/8 del moto incidente, che vengano insomma a essere 8 e 7, 15 gradi di tenpo, nel quale il peso p à passato l'arco ed è pervenuto in n. E se esso peso discende per la corda p n, esso discende la metà più tardo che per la linia perpendiculare p r, perché essa corda taglia per metà l'angolo retto r p v. Adunque è manifesto essere essa metà più tarda. Per la qual cosa, quando il peso è disceso in 8 grandi di tenpo la metà dell'arco, egli sarebbe disceso in 16 gradi di tenpo la metà di tal corda; e poi l'altra metà dell'arco è fatta con sette gradi di potenzia, e il resto della corda è pur fatto in sedici, che insoma l'uno è fatto in 32 e l'altro in 15.*

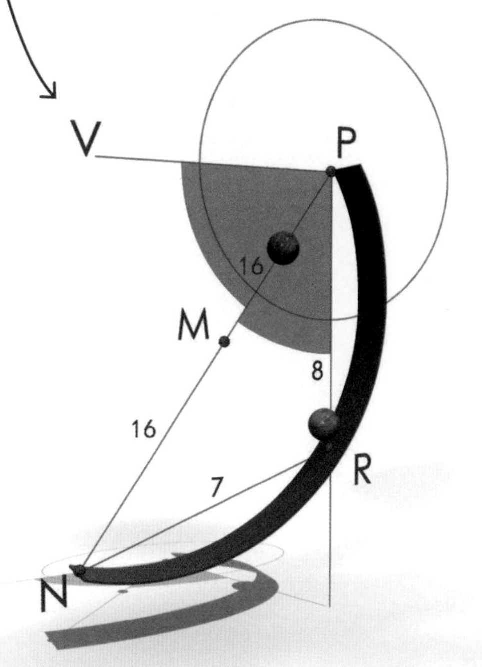

t.02：假设重物P沿PR弧下滑，滑过PRN弧前半部分时的速度是8个单位。当重物P通过弧的中点R后，受惯性作用继续下滑，但速度降到7个单位（即相比之前降低了1/8）。也就是说，重物P滑过弧形轨道的前半段和后半段分别耗费了7个和8个时间单位。总的来看，它用了15个单位的时间从P点下滑到N点。如果重物P沿PN弦下滑，则它下滑的时间是沿PR弦（即线段PR，译者注）下滑时间的两倍，因为PN弦是∠RPV的角平分线。这就是平面倾斜角（即坡度，译者注）减小时，物体下滑速度变慢的原因。因此，假设重物用8个时间单位滑过弧形轨道的一半，则滑过PN弦的一半需要16个时间单位。重物P滑过弧形轨道的下一半要耗费7个时间单位，但滑过PN弦的下一半仍然要耗费16个时间单位。结论是，重物P沿弧形轨道下滑需要15个时间单位，而沿PN弦直线下滑需要32个时间单位。

第1张左页

t.03 > *Velocità del peso pell'arco, cioè 8 e 7 gradi di velocità.*

t.03：物体在弧形轨道上运动的速度为8个单位加7个单位，共15个单位的速度。

t.04 > *La velocità del peso, discendendo per la corda, è la metà più tardo, perché per tal corda si taglia l'angolo retto r p v per metà, e perciò è la metà più tardo, che per linia perpendiculare p r. Onde sarà più tardo la metà, e per questo direm che 'l grave discendi per la corda in 4 e 4 gradi di velocità, e per l'arco in 8 e 7 gradi d'essa velocità, che fa per arco 15 gradi di velocità, e per corda in 8. Adunque è più veloce per arco, che per corda tutto l'eccesso che à 15 sopra 8, che son 7, cioè li 7/8 è più veloce.*

t.04：重物P沿PN弦下滑的速度是沿弧形轨道下滑的一半。PN弦是∠RPV的角平分线，它相对地平面的角度就是1/2直角（即45度角，译者注），因此重物P沿PN弦下滑的速度相比沿垂直于地平面的PR弦下滑要慢。重物P沿PN弦下滑时速度减半，因此我们可以认为其速度在弦的前半段是4个单位，在弦的后半段也是4个单位。不要忘记，同样的重物沿弧下滑时，在弧的前半段和弧的后半段的速度分别是8个单位和7个单位，即重物沿弧下滑的速度是15个单位，而沿弦下滑的速度是8个单位。因此，重物沿弧下滑的速度比沿弦下滑快了7个单位，相应的速度单位之比是15:8。也就是说，同一重物沿弧下滑的速度，比沿弦下滑的速度快了7/8。

i.02
悬挂起来的重物
这幅图没有文字注释，很可能是为研究悬挂物体特性而绘制的，就像处于飞行器中的飞行员一样。

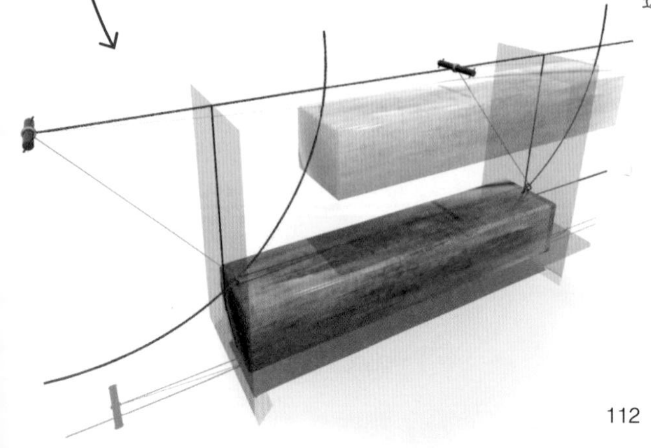

第1张左页

在这一页中，达·芬奇通过四幅插图和大段文字进行了详尽的静力学分析。该页左上角的两幅小图中，达·芬奇分析了物体沿不同轨道下滑时速度不同的原因。沿弧下滑的重物速度更快，因为弧的前半段，即PR弧几乎垂直于地平面，沿PR弧下滑的重物相当于直接冲向地平面（相比于沿斜面下滑的重物），因此可以达到更高的速度。重物沿RN弧下滑时的速度会略有下降，因为RN弧（相比PR弧）的平均倾斜度有所减小。但在惯性作用下，重物依然可以维持一定的速度。与之相对的是，重物沿PN弦下滑时，由于下滑坡度（PN弦与地平面的夹角，译者注）小，耗费的时间将是沿弧下滑的两倍。该页的倾斜平面插图不太精确，且没有文字注释。

本书作者的评述

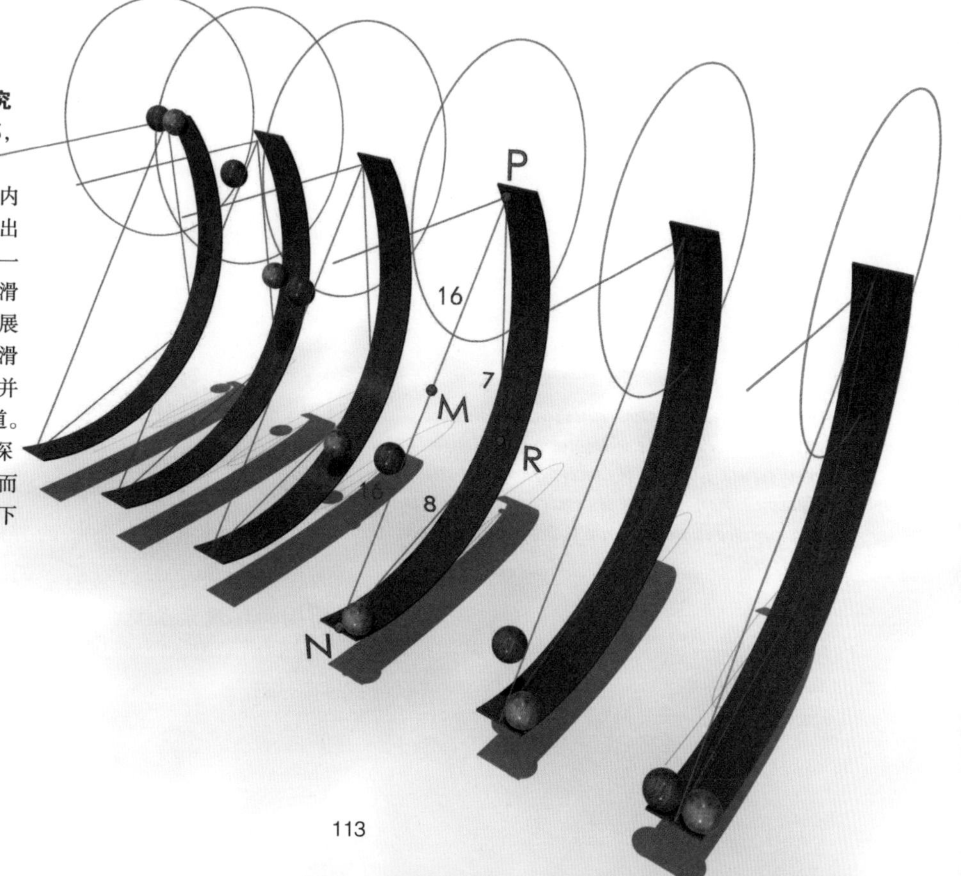

i.01

下落角度问题的研究

在这页手稿的上部，达·芬奇用插图的形式解释了文字内容的要点。他还指出不同运动轨道的每一部分对应的重物下滑速度。这幅示意图展现了重物沿轨道下滑的7个不同时刻，并提到两种下滑轨道。笔直的PMN弦是深色球的下滑轨道，而PRN弧是浅色球的下滑轨道。

第2张右页

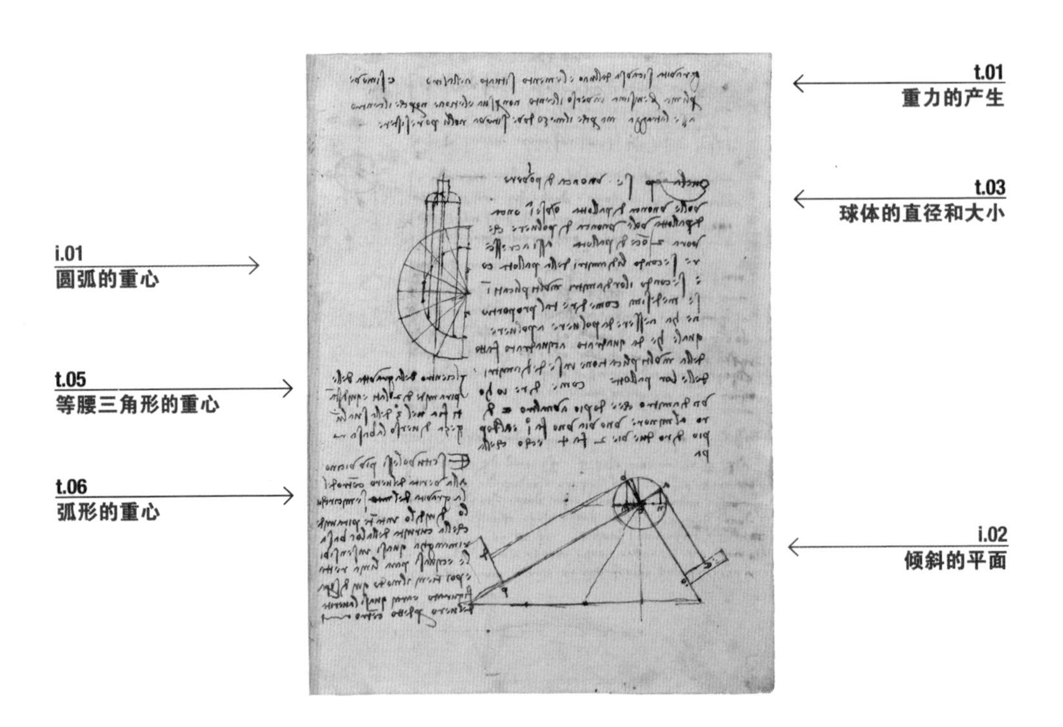

t.01 > *Gravità si causa dall'uno elemento situato nell'altro, e si move per la linia brevissima inverso il centro non per sua elezione, non perché il centro a sé la tragga; ma perché il mezo dove si trova non li pò resistere.*

t.01：将一个物体置于另一个物体之上时，重力就会产生。重力会让一个物体沿一条想象中的直线移动到另一个物体的中心。重力并非源自物体的移动，也不是另一个物体中心的吸引，而是这个物体周围的环境无法抵抗重力的作用。

第2张右页

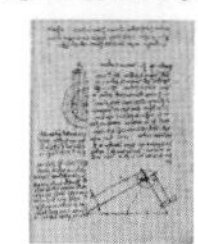

t.02 > *Se un'oncia di polvere volle un'oncia di pallotta, over se una oncia di pallotta vole un'oncia di polvere, che vorà 2 oncie di pallota? Assi a cresce re secondo li diamitri della pallota, cio è, secondo i lor diamitri multiplicati in se medesimi, come dire tal proporzione ha a essere da polvere a polvere, quale è da quadrato a quadrato, fatto della multiplicazione in sé de' diamitri delle lor pallotte. Come dire, io ho un diamitro che è dopio a un altro, e dirò al minore uno via uno fa uno, e al doppio due vie 2 fa 4; ecco che lapa...*

t.02（关于这一页的图示中没有t.02，疑为图中所标的t.03，译者注）：如果一个1盎司（盎司既可作重量单位，也可作体积单位，1盎司约等于28克或30立方厘米，译者注）的球体可以变成1盎司粉末，换言之就是如果要制作一个1盎司的球体，就需要1盎司的粉末。那么，制造一个2盎司的球体，需要多少粉末呢？粉末的增量与球体直径的增量是成比例的，事实上，应该是与球体直径增量的二次方成比例。当一个球体的直径是另一个球体的两倍时，可以证明上述论点。如果较小直径的球体的直径是1个单位，则组成它的粉末量是1×1，即1，而直径是2个单位的球体，组成它的粉末量是2×2，即4……

t.03 > *Il cientro della gravità delle piramide di 2 lati equidistanti fia nel 3° della sua lungheza di verso la basa.*

t.03（疑为图中所标的t.05，译者注）：等腰三角形（原文是Pyramid，但整段文字描述的是一个平面图形，译者注）的重心位于其顶点角平分线长度的1/3处。

t.04 > *E se tu volessi più vicino alla verità del vero centro della gravità del semicirculo, dividilo in tante piramide che la curvità della lor basa rimanga quasi insensibile, e quasi paia linia retta, e poi tieni il modo qui di sopra figurato, e arai quasi la verità del vero predetto centro..*

t.04（关于这一页的图示中没有t.04，疑为图中所标的t.06，译者注）：如果你想确定一个半圆形物体的重心，就要将它分割成足够多个三角形物体，并使每个三角形物体的底边几乎成一条直线。然后遵照前文所述方法，就可以近乎准确无误地确定这个半圆形物体的重心了。

第2张右页

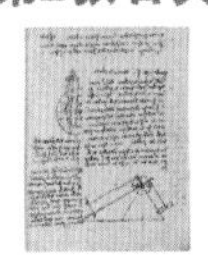

在本页的前三行，达·芬奇记录了一些自己对重力概念的理解。不过这段解读与当今的认知体系是有一定出入的。例如，他坚持认为一个物体做自由落体运动（原文为向另一个物体移动，译者注）并不是受重力作用，而是围绕这个物体存在的物质（例如空气）不能提供足够的阻力，阻止它下落。达·芬奇直截了当地写道，他认为物体不会自发地彼此吸引，因为围绕它们存在的物质均一且不能提供足够的阻力，这显然与当今的认知不一致。

达·芬奇不可能了解牛顿（Newton）在1687年提出的万有引力定律[㊀]，我们在解读达·芬奇的飞行研究成果时，有必要将这些因素考虑在内。以达·芬奇所坚持的“空气质地均一”这一观点作为前提条件，是我们理解他的鸟类飞行研究和飞行器设计的基础。

在本页左上角的一幅插图中，达·芬奇描绘了一个用于确定某段弧的重心的系统，但他的描绘是不完全的。

㊀ 艾萨克·牛顿（Issac Newton），《自然哲学的数学原理》（Philosophiae Principia Mathematica），Societatis regiae ac typis Josephi Streater，伦敦，1687年。

第2张右页

i.01

一段弧形的重心

这幅图非常像学校数学课或美术课上绘制的几何图形。达·芬奇绘制这幅图的目的在于确定一段弧形的重心。这无疑是一项非常复杂的工作，但在《飞行手稿》中，达·芬奇并没有按步骤写出相应的推理过程。因此我们用CAD绘图技术重建了达·芬奇所描述的方法。达·芬奇提出，要确定整个弧形的重心，先要对其进行分割（以得到数个小段弧形），并确定每一小段弧形的重心（在这幅图上用棕色点来表示）。然后将这些重心（点）投影到整段弧形的上方，最后确定这些投影连线的中点，并在将弧形平均分成两段的等分线上标记这些中点。根据达·芬奇的说法，图中的红点就是这段弧形的重心。事实上，如今我们通过数学计算来确定弧形重心的过程，要比达·芬奇所描述的过程复杂得多。但值得注意的是，达·芬奇对待确定重心这一问题的态度显然是非常认真的，这一点对于飞行研究极其重要，因为确定物体重心是研究其飞行状态的基础。此外，这也表明手稿开篇的理论论述部分与后续的飞行研究之间确实有极强的相关性。

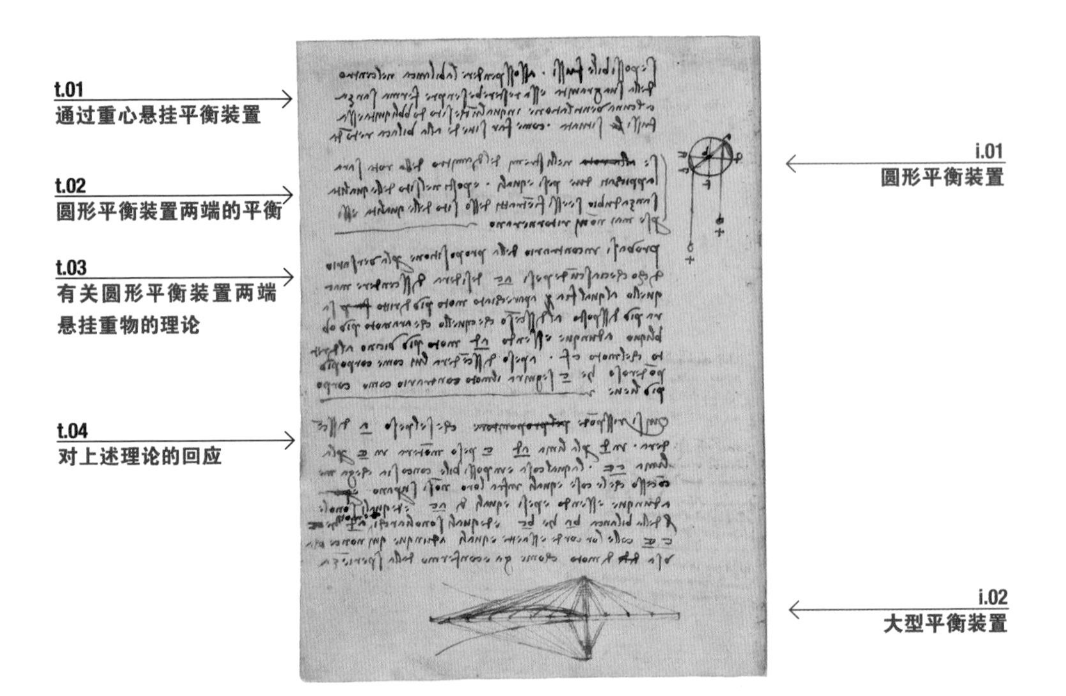

t.01 > *Se possibile fussi a sospendere la bilancia nel centro della sua gravità, essa resterebe senpre ferma, sanza alcuna ventilazione, in qualunche sito d'obbliquità essa fussi situata, come far si vede alla bilancia retonda.*

t.01：如果一个人可以将某个平衡装置通过其重心悬挂起来，则这个平衡装置就会静止不动，无论悬挂的角度多大，它都不会发生摆动。这就是把一个圆形平衡装置悬挂起来时会发生的情况。

t.02 > *Se nelli stremi del diamitro della rota sarà appicati due pesi equali e posti nel sito dell'equalità, sanza dubio, se essi fien tratti d'esso sito dell'equalità, essi, per sé, mai non vi ritorneranno.*

t.02：如果在圆形平衡装置两端等直径的地方放置两个重量相同的重物，并使这两个重物移动，则整个装置在没有外力作用的情况下是不会重归平衡状态的。

第2张左页

t.03 > *Provasi in contrario della proposizione: per l'aversario dico che ciascun de' pesi a c desidera discendere, ma quello, al qual fia aparechiato moto più diritto, sarà più disposto al discenso, che quello che arà moto più obbliquo. Adunque, essendo a d moto più vicino al diretto che 'l moto c f, a peso discenderà lui come corpo più ponderoso, e c seguirà il moto contrario, come corpo più lieve.*

t.03：让我们设想一种相反的情况。对那些认同这个理论的人而言，我们假设图中 A 点和 C 点处悬挂的重物都将坠落。但请注意，相比沿倾斜轨迹（相对于地平面，译者注）坠落的重物而言，沿垂直轨迹（相对于地平面）坠落的重物更可能发生坠落。显然，相比于 CF 弧，AD 弧更接近于垂直（相对于地平面）。这就意味着悬挂在 A 点的重物将像“更重的物体”一样首先坠落，而悬挂在 C 点的重物会在平衡臂反向运动后再坠落，这样看上去悬挂在 C 点的重物“似乎更轻”（实际上，我们开始就假设悬挂在 A 点和 C 点的重物是等重的）。

t.04 > *Qui si risponde che, se 'l peso a discenderà in d per la linia a d, c peso monterà in e per la linia c e. La qual cosa è inpossibile, conciosiaché già m'è concesso che le cose equali infra loro non si superano. Adunque, essendo e' pesi equali di a c, ed equali sono le braccia della bilancia b a e b c, ed equali sono li archi de' moti a d e c e colle lor corde e saette equali. Adunque qui non c'è causa di moto, come già è confermato dalla sperienza.*

t.04：对上述理论的解释如下。如果 A 点悬挂的重物使 A 点沿 AD 弧运动到 D 点，则 C 点将沿 CE 弧运动到 E 点。但这个现象并不会发生，因为重量相同的物体不能相互抵消。这种情况下，由于悬挂在 A 点和 C 点的重物重量相同，且平衡装置的两臂（BA 和 BC）等长，AD 弧和 CE 弧也等长，整个装置是不会发生运动的。我已经用实验直接证实了这一点。

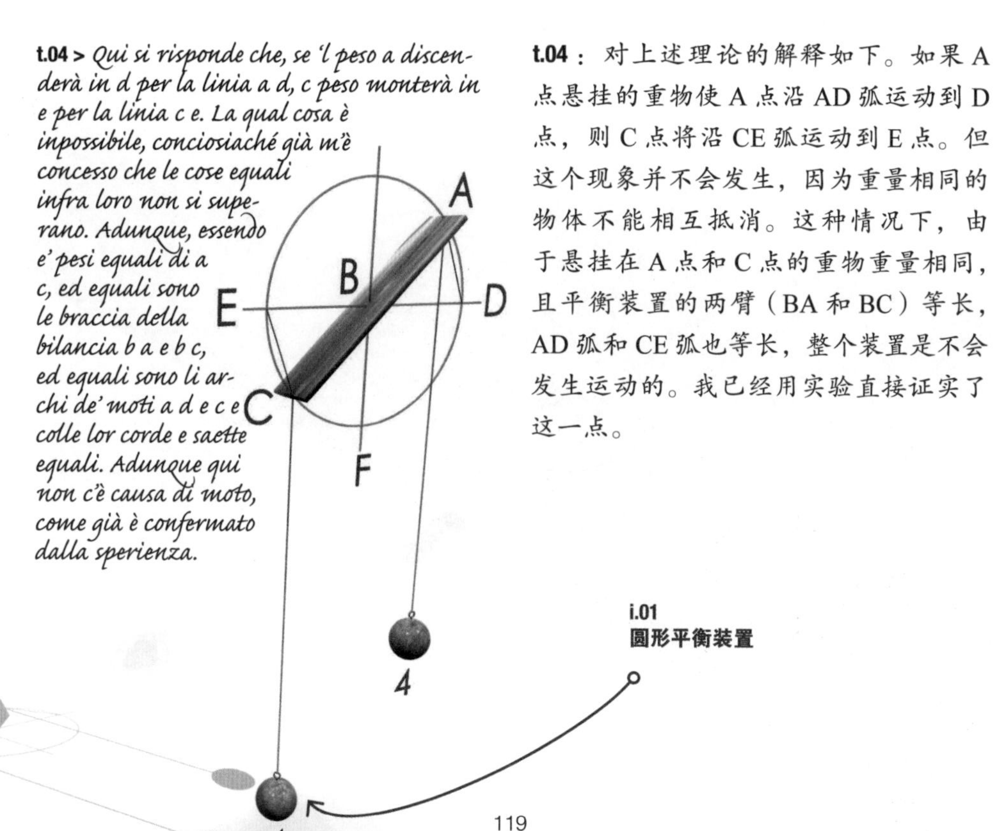

i.01
圆形平衡装置

第2张左页

本书作者的评述

达·芬奇经常提到的“圆形平衡装置”是一个挂在滑轮上的装置，重物通过绳子悬挂在平衡装置上。通常情况下，具有支点和刚性平衡臂的平衡装置只有一种平衡状态，但在这种圆形平衡装置上，多种重量分布情况下都能实现平衡状态。达·芬奇坚持认为，当这些重物运动起来后，圆形平衡装置是不可能回到初始平衡状态的，因为新的平衡状态与之并不相同。手稿这一页的底部还有一幅神秘插图，它像是一个巨大的平衡装置，可能用于研究庞大物体的运动和平衡特性，例如达·芬奇自己设计的飞行器。

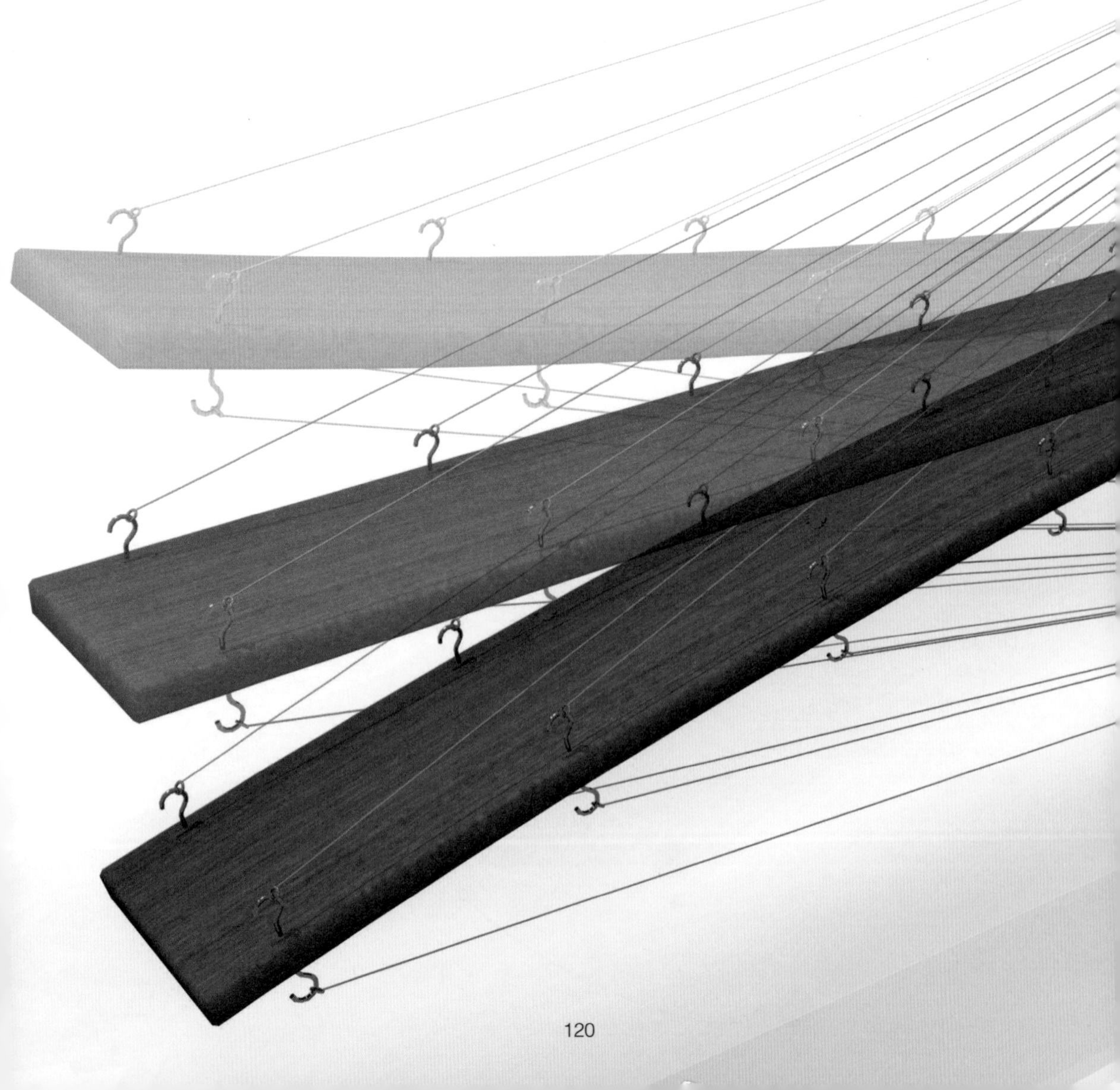

第2张左页

i.02

大型平衡装置

这幅插图没有任何文字注释。我们猜想在下一页中出现的圆形平衡装置展现了这个奇怪装置的某种状态。这可能是一种大型平衡装置，达·芬奇用它来研究某个庞大物体的平衡状态，所谓的“庞大物体”可能是飞行器的一个翅膀。这幅图与下一页中出现的图之间存在一些细节差异。例如，这个装置的大梁的厚度均一，并用若干条绳子紧紧捆绑，这些绳子也支撑（牵拉）着平衡臂（杠杆主体）。平衡臂可能是一根很长的杆。通过上述元素，我们可以推断这个装置的体量是巨大的，且杆的顶端可以弯曲，达·芬奇在图中用较轻笔触的曲线来表现这一点。

第3张右页

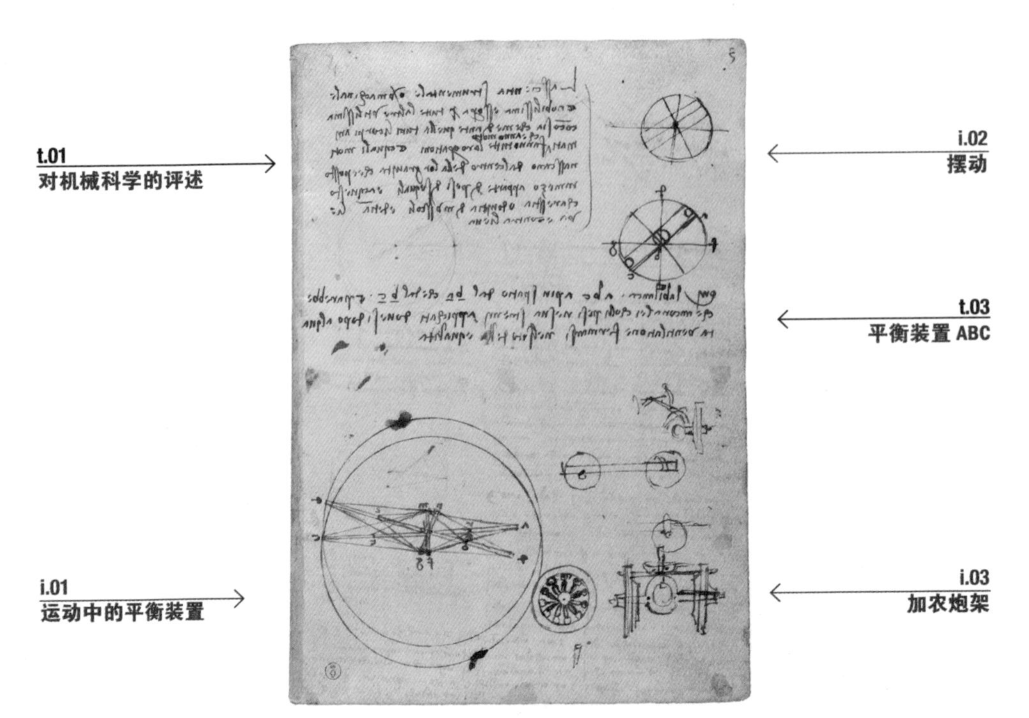

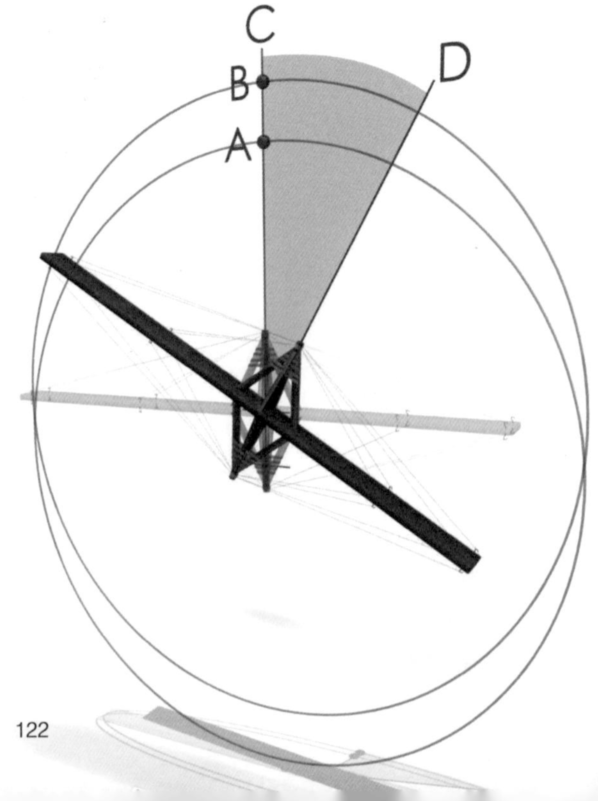

i.01
运动中的平衡装置

尽管达·芬奇将这幅图上重要的点都标记出来了，但没写下任何文字注释。圆形中央的奇怪装置很容易让人联想到他在前一页绘制的大型平衡装置，但那幅图同样没有文字注释。关于这幅图，最可信的解释是这样的：达·芬奇希望借助这个装置研究不同刚体处于旋转状态时的运动特性（CD弧），同时研究圆的偏心运动（圆周上的A点移动到B点）。这很可能是人类历史上首次尝试基于严谨的概念制造机械翅膀。

第3张右页

t.01 > *La scienza strumentale, over machinale, è nobilissima, e sopra (p) tutte l'altre utilissima, conciosia che, mediante quella, tutti li corpi animati, che ànno moto, fanno tutte loro operazioni; e cquali moti nascano dal centro della lor gravità, che è posto in mezo a parte di pesi disequali, e à cquesto carestia o dovizia di muscoli, ed etiam lieva e contra lieva.*

t.01：机械科学，或者说关于机械原理的科学，是一门高贵的学问，比其他任何科学都有用，因为当所有可动部件按照这个学科的规律有序排布时，一部机器就真的能运作起来。这个规律对于那些因重心变化而运动的物体，那些因重量分布不均而运动的物体，那些因肌肉活动而运动的物体，那些因周围环境不能提供足够抵抗力而在其他力带动下运动的物体，都是适用的。当然，这个规律也适用于杠杆两端的平衡状态。

t.02 > *Qui la bilancia a b c à più spazio dal b a che dal b c, e parebbe che ancora lei, colli pesi ne' sua stremi appicati, dovesi, dopo alquanta ventilazione, fermarsi nel sito della equalità.*

t.02（关于这一页的图示中没有t.02，疑为图中所标的t.03，译者注）：图中，平衡装置ABC的重量沿BA边一侧的分布比沿BC边一侧的分布更多。因此，在这个平衡装置的两臂悬挂等重的物体时，经过几次摇摆后它可以回到初始平衡状态。

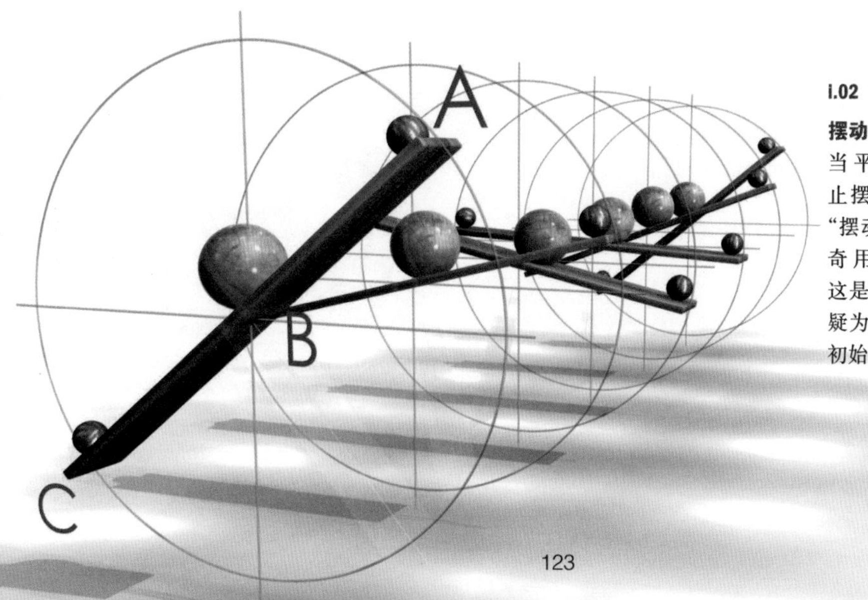

i.02

摆动

当平衡装置ABC停止摆动时（原文中的“摆动”一词，达·芬奇用的是ventilation，这是通风换气的意思，疑为笔误），它会保持初始平衡状态。

第3张右页

本书作者的评述

在前几段文字中，达·芬奇展现出对机械科学和实验的无上热情。寥寥数语便蕴含了达·芬奇的理念精髓，譬如科学研究要以观察自然现象和实验为基础。机械科学适用于所有运动的物体。达·芬奇对这些机械原理坚信不疑，这是《飞行手稿》开篇部分的核心。在这部分内容中，他试图完全通过静力学分析来为飞行研究奠定基础。达·芬奇表达出的态度，让我们相信他的确制造了很多服务于自己研究课题的机械装置。因此，达·芬奇的工作室中很可能摆满了各种用于辅助研究的模型。本页下部的几幅图没有文字注释。在左侧的插图中，上一页（即手稿第2张左页）出现的大型平衡装置围绕一个中心旋转，其旋转轨迹中的一点被标记为B。我们藉此可以推断出这个装置的初始状态和最终状态，仿佛这幅图真的会动。达·芬奇经常将一个物体的不同运动状态绘制在一幅图中，这样显然更利于我们理解。

然而，右侧的一幅图是《飞行手稿》中少有的与飞行无关的图。这幅图中，达·芬奇很可能表达了一个即兴的想法，而这个想法或许已经在其他作品中有了更进一步的阐释，只是他当时手头没有其他稿纸，只能记在《飞行手稿》中。这幅图展示了一个非常简单但有效的加农炮架，它似乎能让移动加农炮的过程变得更方便且迅速[㊀]。

i.03

加农炮架

达·芬奇设计的加农炮架虽然简单，但非常实用。整个装置的核心是两组轮式行走机构，两侧炮架轮通过带环形紧固装置的轴连接。将炮身插入环形紧固装置后，通过转动紧固装置上部类似绞盘的机构来夹紧炮身（相当于缩小环形紧固装置的直径，译者注）。将加农炮运送至目的地后，炮架轮上的制动装置可使炮身保持静止。同时，环形紧固装置上还装有止动机构，以防止炮身在炮弹发射时的后坐力作用下移动（原文是explosion，译者注）。这个炮架设计得很巧妙，运输和装填时都不必抬起炮身，甚至可以在战场上快速更换炮身（管）。

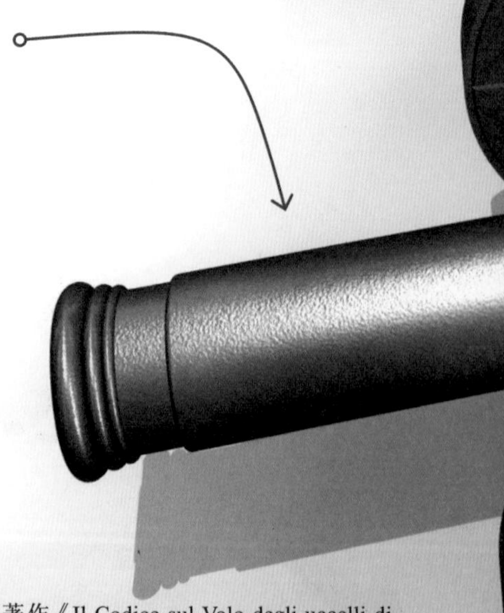

㊀ 对此，历史学家路易吉·费尔博（Luigi Firpo）在其著作《Il Codice sul Volo degli uccelli di Leonardo Da Vinci》（Alpignano：Alberto Tallone Editore，1991）的第30页中提出了一个有趣但很难证实的假说，即这个加农炮架的轮轴上还装有锥齿轮式差速器。

第3张右页

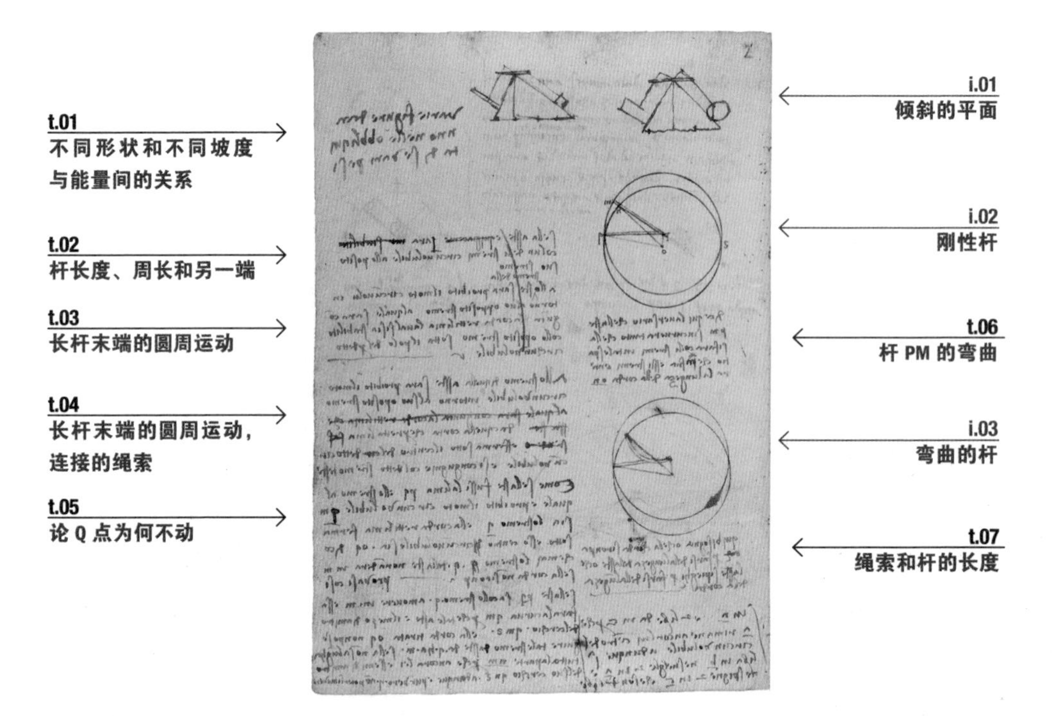

t.01 > *Varie figure danno nelle obbliquità di sé vari pesi.*

t.01：将不同形状的物体放在不同坡度上会产生不同程度的能量。

t.02 > *(Se la aste (equigiacente) sarà (mo stabilita) col un delli stremi circunvolubile all'oposito suo stremo...)*

t.02：如果将（多根）等长长杆的末端连接在一起……圆周……另一端。

第3张左页

t.03 > *Allo stremo dell'aste sarà proibito il moto circonvolu(bile) intorno al uo opposito stremo, al quale sarà congiunta la corda rettilinia: la ual si sia stabilit collo oposito stremo, sott'a il polo del predetto circunvolubile)*

t.03：限制这些长杆末端以另一端为圆心做圆周运动。在长杆末端连接一根笔直的细绳，使细绳处于长杆末端所做圆周运动的圆心下方（原文是 below the center of the circumference，根据手稿插图理解，所谓圆心可能指长杆另一端，此句似为对前文所说限制长杆末端绕另一端做圆周运动的进一步解释，译者注），再连接长杆的另一端。

t.04 > *Allo stremo di quella aste sarà proibito il moto circunvolubile, intorno al suo oposito stremo, (al quale sarà congiunta la corda rettilinia che s'aste) da quella cora, che per retta linia (s'astende e) è ferma sotto il centro del (cir) detto circunvolubile, e si congiugnie col detto stremo d'[a]ste.*

t.04：限制这些长杆的一端以另一端为圆心做圆周运动。用一根笔直的细绳将所有长杆的末端连在一起，再拉伸这根细绳，使其穿过处于圆周运动圆心下方的杠杆 A。

t.05 > *Come se l'aste fussi la linia p q, e lo stremo, al quale è proibito il moto circunvolubile q m, sia lo stremo q, e la corda rettilinia, ferma sotto esso centro (di) circunvolubile sia o q; dico che mai lo stremo (q) q dell'aste non anderà in m, se la corda non si ronp[e]. Provasi così: se l'aste p q s'à, collo stremo q, a movere in m, essa farà la curva q m, perché tale aste è il mezo diamitro del cerchio q m s; e la corda tirata, o q, non po seguire tale stremo d'aste, da q a m, s'ella non s'alunga tutta la parte n m, perché ancora lei è semidiamitro del suo cerchio q n s; adunque è pur vero q non potersi movere.*

t.05：定义线段 PQ。以 Q 点为圆心的圆周运动 QM 是受限的，因为 Q 点通过细绳固定在圆周运动 OQ 的圆心 O 之下。我认为，长杆末端的 Q 点不会移动到 M 点，除非细绳断掉。这可通过如下推导证实：长杆 PQ 末端的 Q 点如果要移动到 M 点，就要沿 QM 弧运动，因为长杆 PQ 是圆 QMA 的半径。Q 点移动时，细绳 OQ 受拉力作用。但由于没有弹性（即长度固定），细绳是不能跟随 Q 点移动的，除非再延长线段 NM 的长度。事实上，这根细绳是圆 QNS 的半径。综上所述，Q 点是不可能移动的。

第3张左页

t.06 > *Dice qui l'aversario che l'aste p m s'incurverà tanto, ch'ella si farà, colli stremi, in tale spazio, che infra essi stremi ent[r]erà la lungheza della coda o n.*

t.06：任何质疑这一理论的人大概都会声称，长杆 PM 可以弯曲，因此其末端可以经过点 O 和点 N。

t.07 > *Qui bisogna, o che la corda si ronpa, (o ch) per farsi della lungheza dell'aste, o che l'aste si pieghi, per farsi della lungheza della corda.*

t.07：这种情况下，这根细绳要与长杆等长，换言之就是长杆要缩短到与细绳一样的长度。

i.02-03

刚性杆或柔性杆

这一页中，达·芬奇分析了一个特殊且复杂的情况，他大概（虽然很不确定）是想分析翅膀处于弯曲状态时的运动特性。这是一段纯粹理论性的与几何学相关的分析。达·芬奇构建了一个模型，将一根长杆（在图中用一个稍有弹性的木板表示）通过其旋转中心（即以一个端点为圆心的圆周运动）下部的某个点固定，使其做圆周运动时必须弯曲。如果制作这根长杆的不是可弯曲的柔性材料，则固定它的细绳必须能如橡皮筋一般伸展，以允许长杆端点运动。在此后的几页中，达·芬奇便开始论述机械翅膀的“肌腱”和固定杆问题，这绝非偶然。

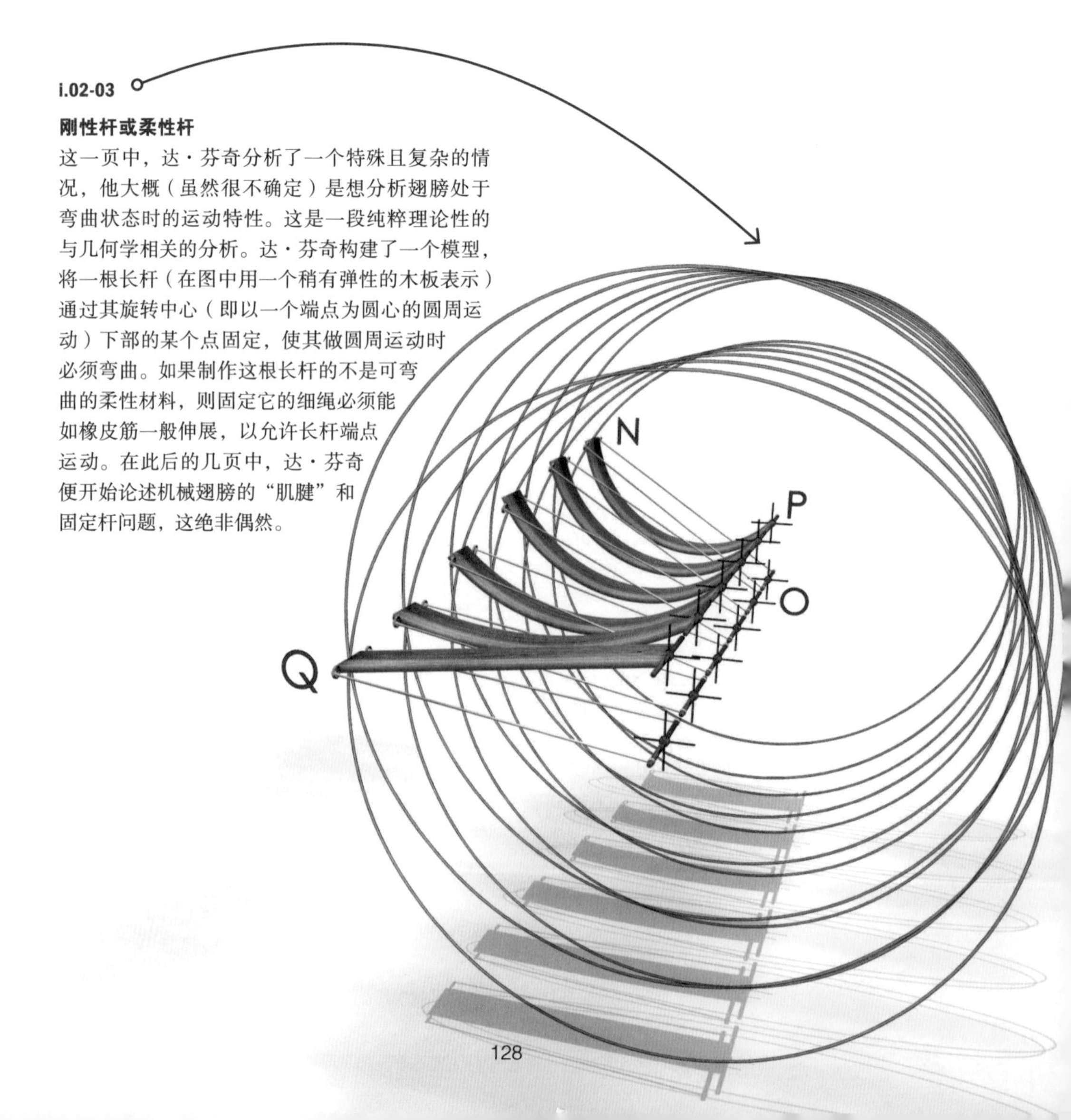

第3张左页

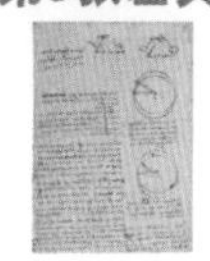

在手稿这一页的上半部分，达·芬奇观察到了不同重量的物体放在不同倾斜度（即坡度）的斜面上会产生不同的受力情况。图中，两个斜面的坡度、物体的重量和形状都是不同的。这些实验装置很可能用于分析物体在外力作用（例如手的推力和风的压力）下的运动特性。而在随后几页中，达·芬奇面对着一个更为复杂的问题。考虑到不同运动物体的性质不同（例如延展性不同），它们承受相同外力作用时会有不同的运动特性。达·芬奇所设计的飞行器，与鸟类的运动特性以及他在这里研究的可延展物体的运动特性，都具有很高的相关性，这绝非巧合，因为飞行器与鸟类都不是如平行六面体和木球一般的刚体（力学分析中的所谓刚体实际是理想化模型，我们假定它在运动或受外力作用时，形状和体积都不会改变，内部各点的相对位置也不会改变，译者注）。这几页中，达·芬奇逐渐建立起有关柔性物体运动的理论，并耗费大量精力进行了相对严谨的论证。

在本页的平面环形图中，他分析了一种十分复杂的情况，即通过一个物体围绕自身某点做圆周运动的圆心将其固定，使其无法围绕该圆心旋转。这恰恰是达·芬奇分析（飞行器和鸟类）翅膀结构及其运动规律的前提。

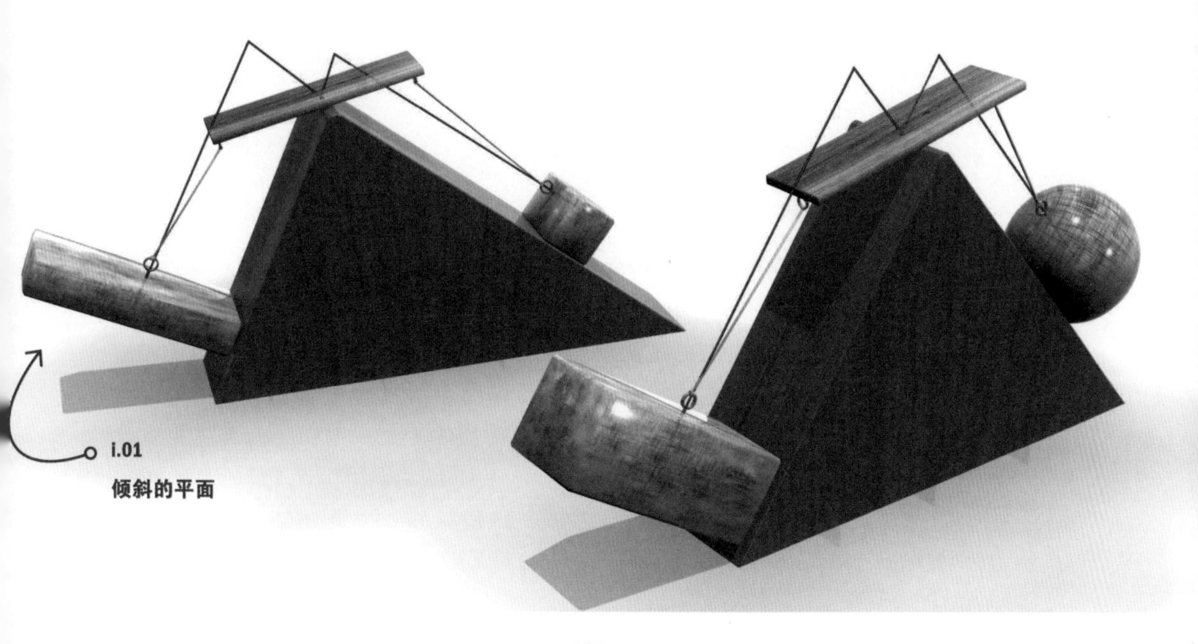

i.01

倾斜的平面

第4张右页

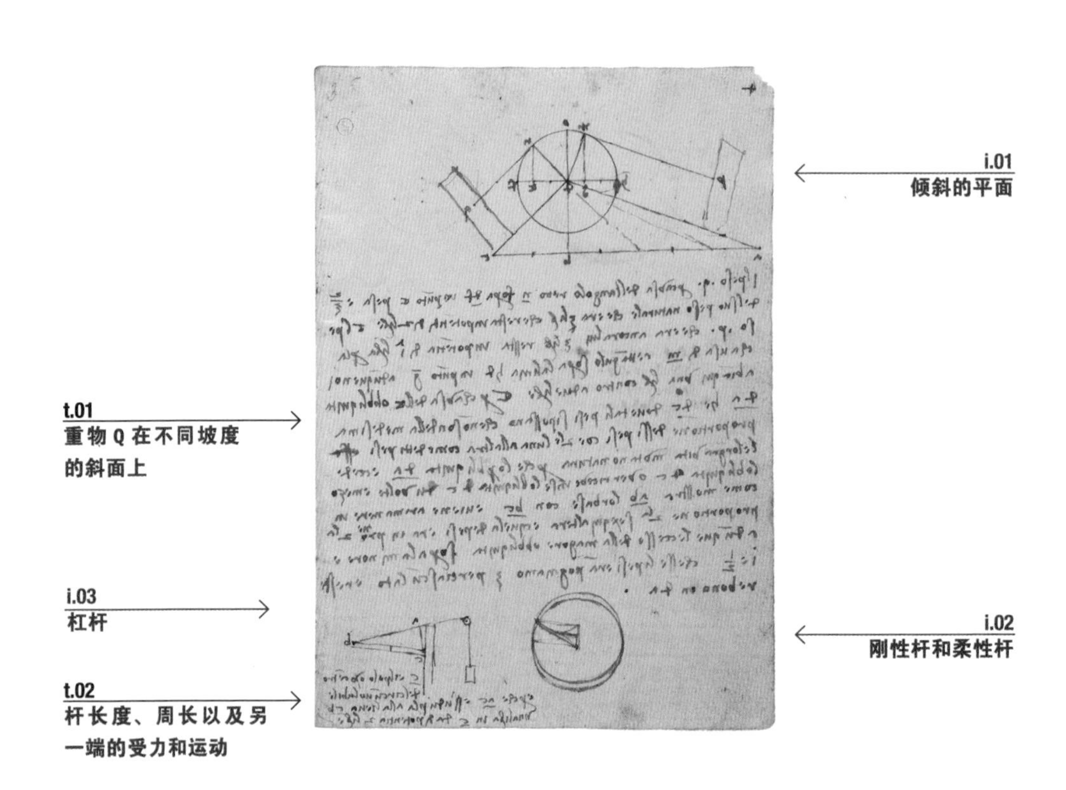

t.01 > *Il peso q, per causa dell'angolo retto n, sopra d f, in punto e, pesa e 2/3 del suo peso naturale, che era 3 libre, che resta in potenzi (di) di 2 libre; e 'l peso p, che era ancora lui 3 libre, resta in potenzia di I libra, per la causa di m, rettangulo sopra la linia h d, in punto g; adunque noi abiam qui una libra contro a due libre. E per causa delle obbliquità d a e d c, dove tali pesi si posano, che non sono della medesima proporzione d'essi pesi, cioè duple l'una all'altra, come detti pesi, (esse) le lor gravità mutano natura, perché l'o(p)bliquità d a eccede l'obiquità d c, over riceve in sé l'obliquità d c, du' volte e mezo, come mostra a b, lor base con b c, e viene a rimanere in proporzione dupla sexquialtera, e cquela de' pesi*

t.01：重物Q，注意图中线段NE与线段DEF成直角。这种情况下，重物的重量是其初始重量（3磅，约1.36千克）的2/3，则它对细绳施加的拉力（原文均以重量来表示力，译者注）是2磅（约0.9千克）。重物P，也重3磅，这种情况下对细绳施加的拉力（重量）是1磅。注意线段MG与线段HD间也成直角。在这个斜面上，一侧细绳的拉力是1磅，另一侧细绳的拉力是2磅。两个重物所在的斜面DA和斜面DC的坡度不同（注

第4张右页

era in proporzione dupla; adunque, l'eccesso della magiore obbliquità sopra la minore è I e ½; che se li pesi eran, pogniamo 3 per ciascun lato, e' resterebono in d a...

意坡度与重物对细绳的拉力成正比），斜面DC的坡度是斜面DA的两倍，因此置于两个斜面上的重物对细绳的拉力不同。由于斜面DA的坡度与斜面DC不同，重物在斜面DC上所受的力是在斜面DA上的2.5倍，这也是线段AB与线段BC的长度之比。这两个斜面的坡度之比是固定值，即5：2。而放在这两个斜面上的重物的重量之比是2：1。因此，斜面CD的坡度是斜面DA的1.5倍。当两侧的重物都重3磅时，斜面DA上的重物可以保持静止……

i.01

斜面

这一页中，达·芬奇分析了一种情况，即在坡度不同的斜面上放置两个重量相当的重物。尽管推理过程相当详尽，结果却悬而未决，或许是达·芬奇自己放弃了这项研究。

t.02 > *c è il polo over centro del circunvolubile, e perché a c è sudupla alla lieva c b, una libra in c dà di potenzia 2 libre.*

第3张左页> *In a e 2 libbre dà in c, perchè a rimane ancor lui centro del circunvolubile. Adunque una libbra in b ne sveglie 2 in a e ne spigne 2 in c, che son 4 libbre.*

t.02：C是一根长杆，圆周运动的枢轴。而AC要依赖于杠杆BC。如果在C点上放置1磅重物，则A点和C点的实际受力都是2磅，因为A点是第二个圆周运动的圆心。如果在B点放置1磅重物，则A点的受力是2磅，C点也要承受2磅的力。整个杠杆要承受4磅的力。

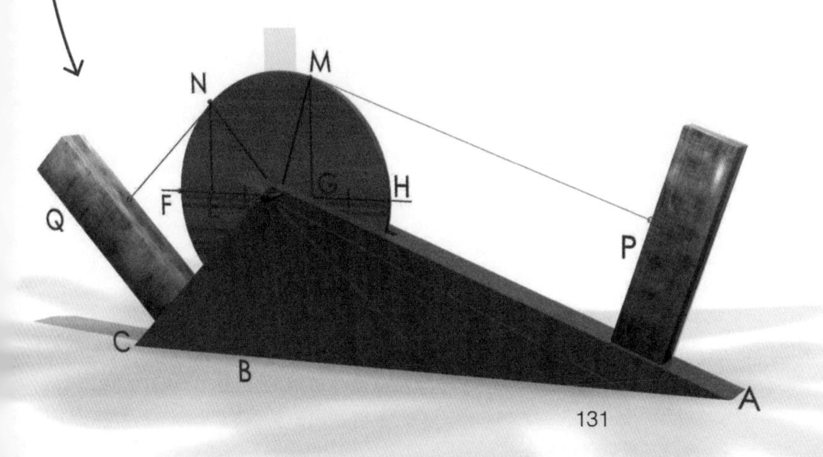

第4张右页

本书作者的评述

在手稿这一页中，达·芬奇对此前页面中涉及的类似情况进行了更加详尽的分析。在有关倾斜平面的插图中（这一页的插图相比此前页面的插图要更细致），达·芬奇将几个重要的点都用字母标出，这样有助于读者理解他的文字推理过程。这是一个经过充分解释说明的概念。图中，重物P和重物Q是等重的。将这样两个重物放在坡度不同的斜面上时，它们对细绳的拉力是不同的。关于这个现象，达·芬奇并没有留下明确的结论，我们对此有两种猜测：其一，达·芬奇可能将注意力转向了其他课题，放弃了这项研究；其二，也是相对更有说服力的理由，达·芬奇的这项研究成果是从其他人那里“抄”来的，例如前文提到的内莫拉里乌斯㊀。达·芬奇可能打算在稍后的部分继续论述这个课题，但未能如愿。我们可以从如下事实中推断出这一观点：尽管这项研究相当复杂，但达·芬奇的笔记却非常潦草且突然中断了。当然，这几页手稿的价值并不会因此而降低。我们必须考虑到，在达·芬奇的时代，知识并不能像今天这样迅速传播，抄录在手稿中的文字和插图几乎是知识传播的唯一形式。

这一页底部的圆形平面插图看上去像是上一页插图的“潦草版”。订口附近是一幅有关杠杆的插图，相应注释文字可能因书写空间不足而转到了手稿第3张左页上。

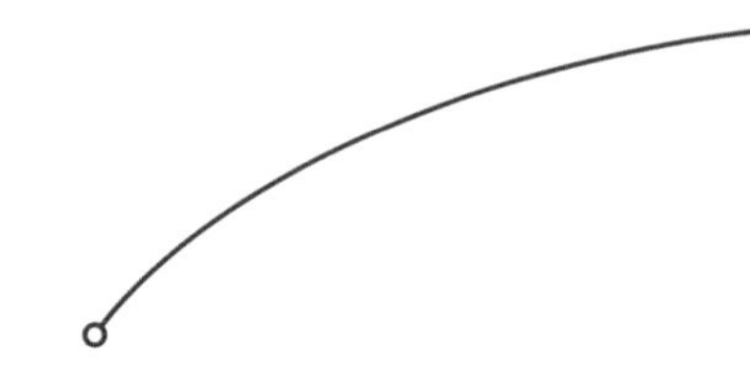

i.03

杠杆

这一页底部的插图与此前页面上（手稿第3张右页和第3张左页）出现的插图关系密切，甚至可以追溯到第2张左页。有关这幅插图的文字注释不多，这无疑增加了我们的理解难度，但可以确信的是，这是达·芬奇亲手绘制的第一幅有关“力施加在杠杆不同部位所产生的不同效果”的静力学研究示意图。例如，他谈到在B点施加的1磅力如何在A点和C点分别起到2磅力的效果，同时总共有4磅力的效果。如果将这项研究成果运用到飞行研究中，那么达·芬奇很可能会面对“翅膀尖端所受的力如何在结构中心被放大”这一课题，并基于它来考虑整架飞行器及飞行员的受力问题。

㊀ 内莫拉里乌斯（Nemoranius），《论欧几里得书籍的重要性》（Liber Euclidis de Ponderibus）。

第4张右页

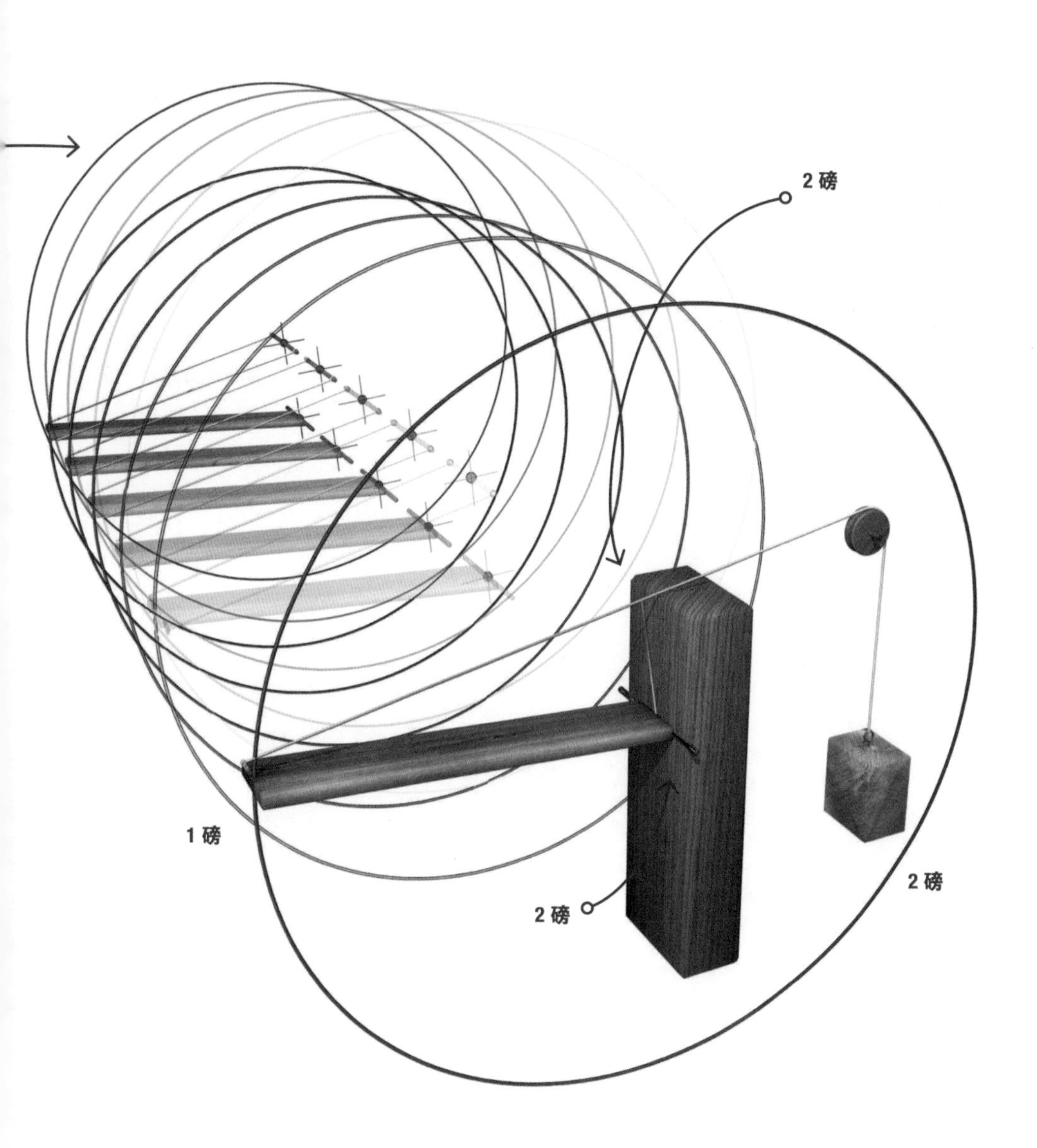

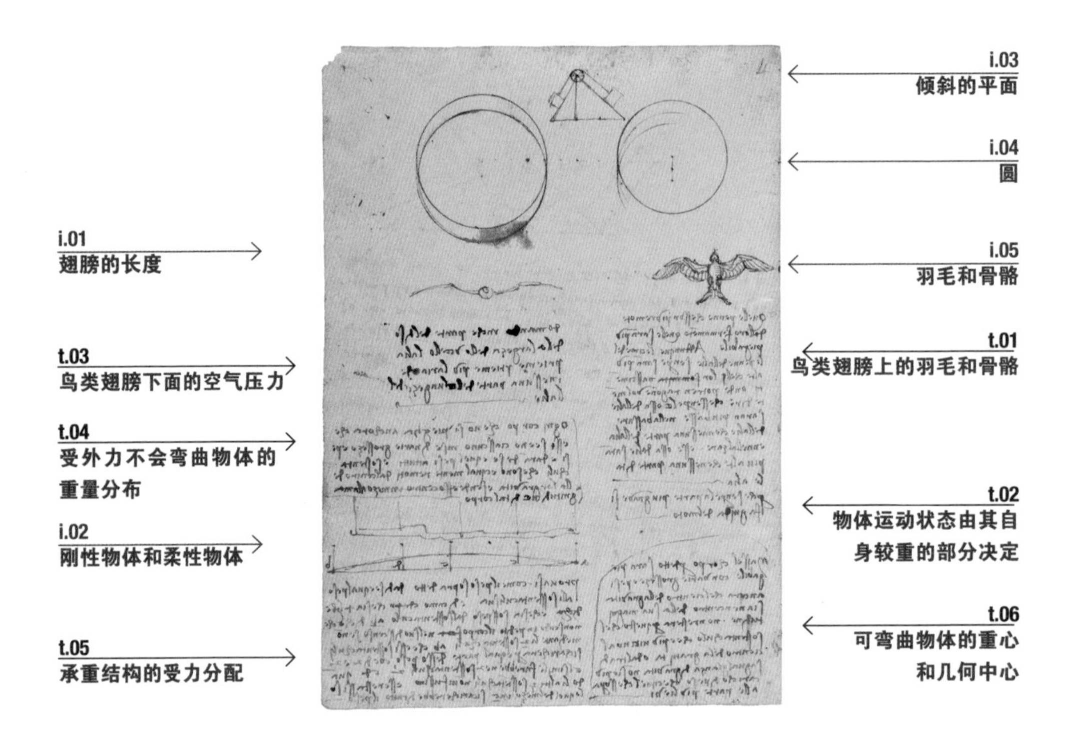

t.01 > *Quelle penne che son più remote dal loro fermamento, quelle saran più piegabile. Addunque, le cime del le penne dell'alie senpre saran più alte che li lor (sommità) nascimen i, onde potren ragionevolmente dire che senpre le ossa dell'alie saran più basse nell'abassare dell'alie che nessuna parte dell'alia; e nell'alzare, esse ossa d'alie saran più alte che nessuna parte di tale alia.*

t.01：（鸟类）翅膀上距离其躯干最远的羽毛拥有最佳的弯曲性能。因此，鸟类翅膀边缘羽毛的位置比躯干羽毛的位置高。我们可以推断，当鸟类放下翅膀时，翅膀上的骨骼位置比其躯干上的骨骼位置低，而当鸟类抬起翅膀时，翅膀上的骨骼位置比躯干上的骨骼位置高。

第4张左页

t.02 > *Perché senpre la parte più grave si fa guidda del moto.*

t.02：这是因为物体自身较重的部分会决定其运动状态。

t.03 > *Domando in che parte del di so' della largheza dello uccello l'alia prieme (prieme) più l'aria che i nessuna parte delle lungheze dell'alie.*

t.03：我现在好奇的一个问题是，在鸟类翅膀下面的哪个区域，空气压力是最大的？

t.04 > *Ogni corpo che non si piega, ancora che essi seeno, ciascuno in sé, di varie gosseze e pesi, e' daran de sé equl pesi a tutti e sostentaculi che son ecqual mente remoti dal centro della lor gravità, esend esso centro in mezo alla magnitudine di tal corpo.*

t.04：一个不会在其他物体（与其大小和重量不同的物体）施加的压力下弯曲的物体，其重量均匀分布在相对其重心等距离分布的所有支撑点上，因为它的重心与几何中心是重合的。

t.05 > *Provasi come il peso sopra detto dà di sé equal peso alli sostentaculi sua; e diciamo (che pr) che sia 4 libre, (dico) e che sia sospeso dal sostentaculo a b; dico che non sendo inpedito il corpo (se n) nel suo discenso, se non mediante li 2 sostentaculi a b, che essi sostentaculi si caricheran per equal parte d'esso peso, cioè di 2 e 2; e 'l simile farebbe ne' 2 sostentaculi secondi c d, quando li altri 3 sostentaculi non vi fussino; e se restassi solo quel del mezo in c, si caricherebbe di tutto il peso.*

t.05：在这里，我们就可以看到此前提到的装置如何将同样的重量传递给承重结构。假设它的重量是 4 磅，且悬挂在承重结构 AB 上。我认为，除 A 点和 B 点外，没有什么能阻止重物的下落，因此这两点要承载的重量是相等的。也就是说，这两个点上承载的重量都是 2 磅。在其他三个支撑结构不存在的情况下，C 和 D 两个支撑结构会以同样的方式发挥效用。如果只剩下支撑结构 C，则它将承载全部重量。

t.06 > *Ma se 'l corpo predetto sarà piegabile, con varie grosseze e pesi, ancora che 'l cientro della gravità sia ne centro della sua magnitudine, non resterà per questo che 'l sostentaculo che è più vicino al cientro de la gravità, o d'altra disaguaglianza di gravità, non sie più carico di peso, che quel ch'è sopra alle parte più lievi.*

t.06： 但如果上述问题中讨论的物体可以在其他物体（与其大小和重量不同的物体）施加的压力作用下弯曲，则该物体的重心和几何中心重合时，只有距离重心最近的支撑点会保留下来。如果该物体的重心和几何中心不重合，则相应重量将使该物体最轻的部分弯曲到最大程度。

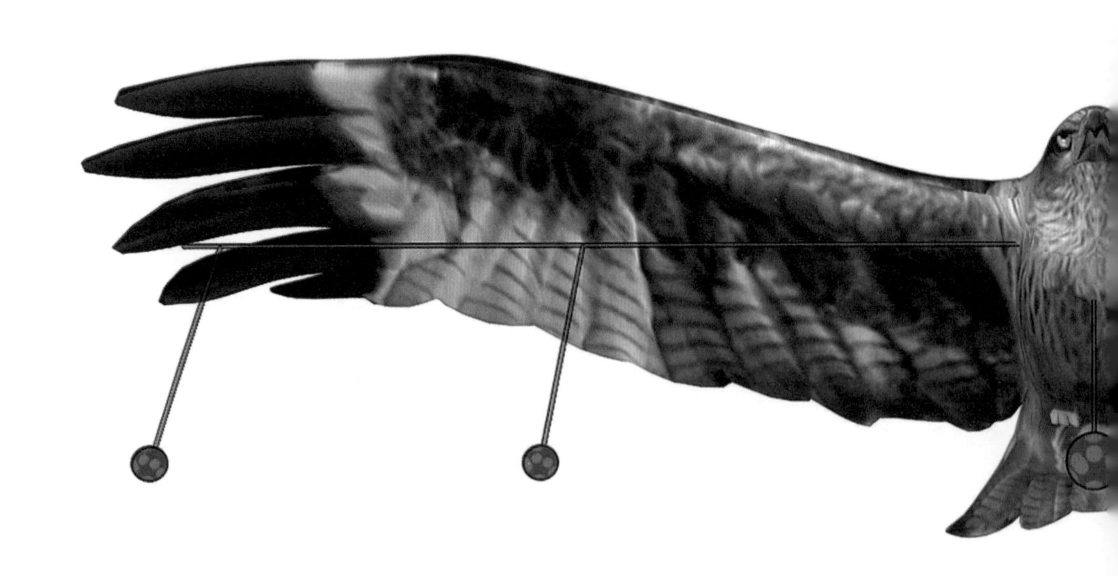

第4张左页

手稿第 4 张左页中的第一幅插图是一只赤鸢，达·芬奇在此后的几页中会提到它的名字。我们在这幅图中可以看到赤鸢典型的分叉式尾巴。达·芬奇在这里绘制赤鸢并非巧合，这恰恰体现了他研究飞行的动机。与黑鸢不同的是，赤鸢经常滑翔。有证据表明，达·芬奇设计的飞行器也以滑翔为主要飞行方式。图中，我们能看到达·芬奇将有关飞行研究的基础理论（手稿第 1 张右页）与飞行器概念整合在一起。这幅赤鸢插图对于揭示达·芬奇飞行研究的深度至关重要。

i.01

翅膀的长度

达·芬奇向我们提出了一个非常精确的问题，而且非常迫切地希望得到答案，那就是当鸟类扇动翅膀时，翅膀的哪个部位所承受的空气压力最大？

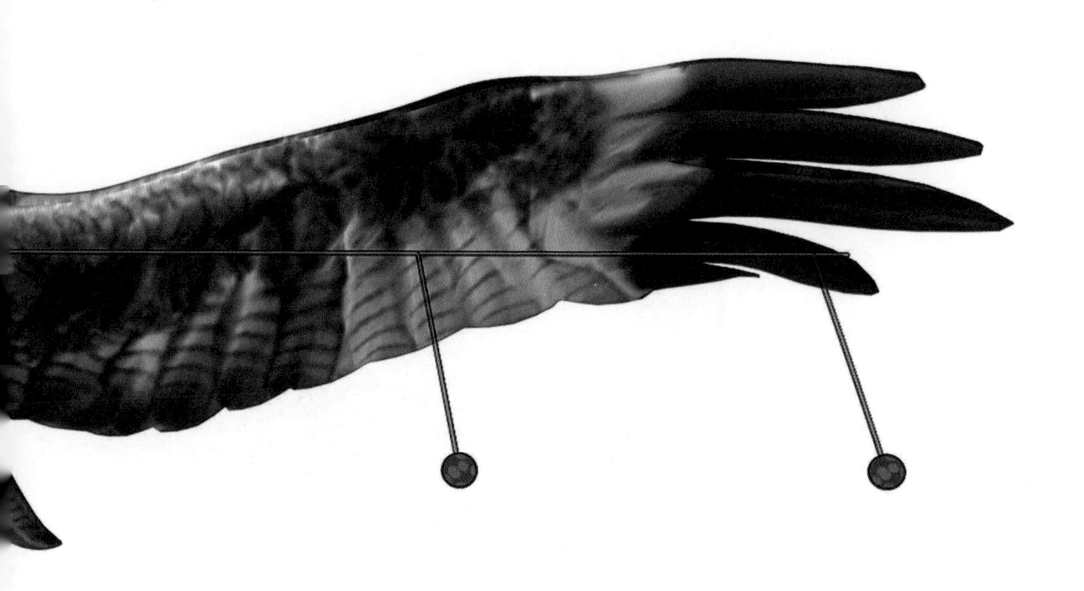

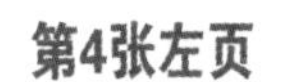

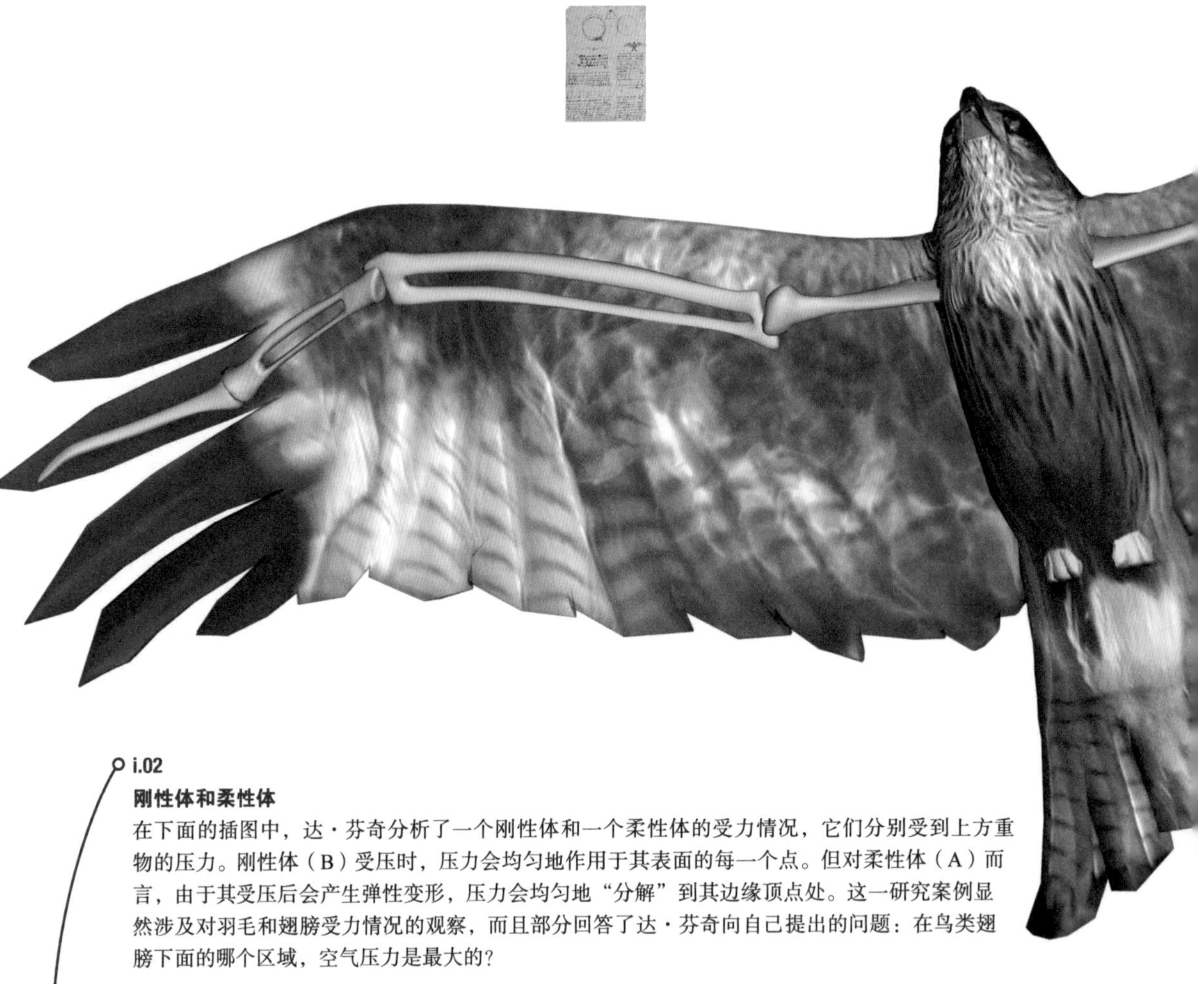

i.02

刚性体和柔性体

在下面的插图中，达·芬奇分析了一个刚性体和一个柔性体的受力情况，它们分别受到上方重物的压力。刚性体（B）受压时，压力会均匀地作用于其表面的每一个点。但对柔性体（A）而言，由于其受压后会产生弹性变形，压力会均匀地“分解”到其边缘顶点处。这一研究案例显然涉及对羽毛和翅膀受力情况的观察，而且部分回答了达·芬奇向自己提出的问题：在鸟类翅膀下面的哪个区域，空气压力是最大的？

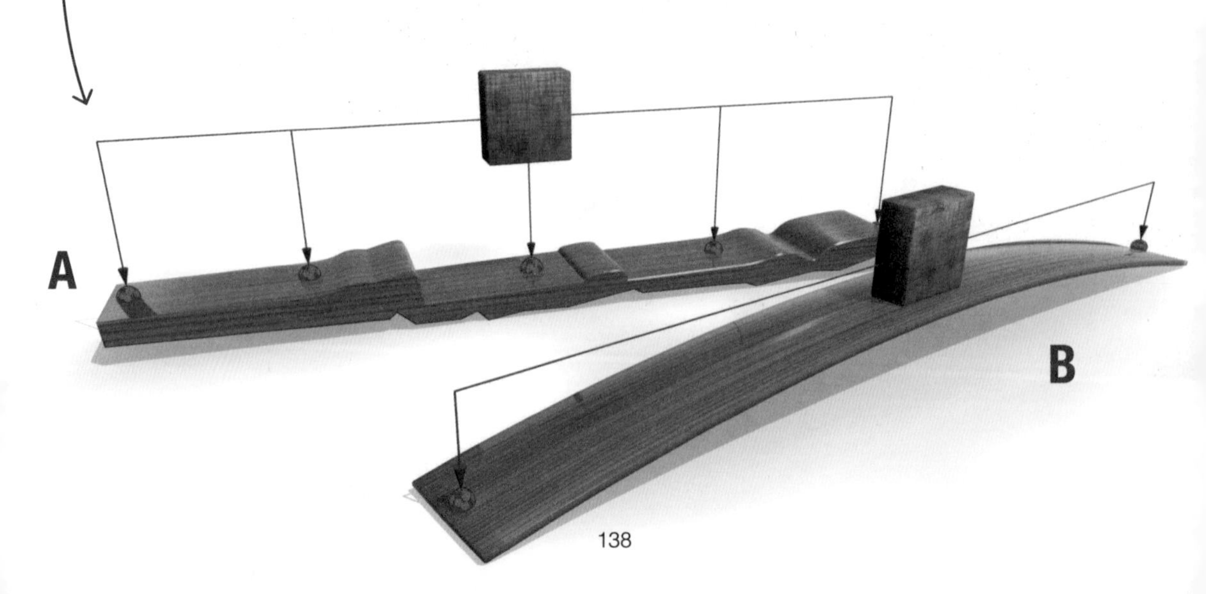

i.05

羽毛和骨骼

在这幅仰视视角的小幅插图中，鸟的羽毛和翅膀的骨骼结构清晰可见。这只鸟可能就是达·芬奇在后文中反复提及的赤鸢。他特别强调，鸟的羽毛是柔性体，而且越是远离躯干的羽毛，意即靠近翅膀尖端的羽毛，越是柔韧。同时，达·芬奇注意到，由于鸟的骨骼（A）重于羽毛（B），骨骼会引导羽毛的运动，且始终处于羽毛之前。

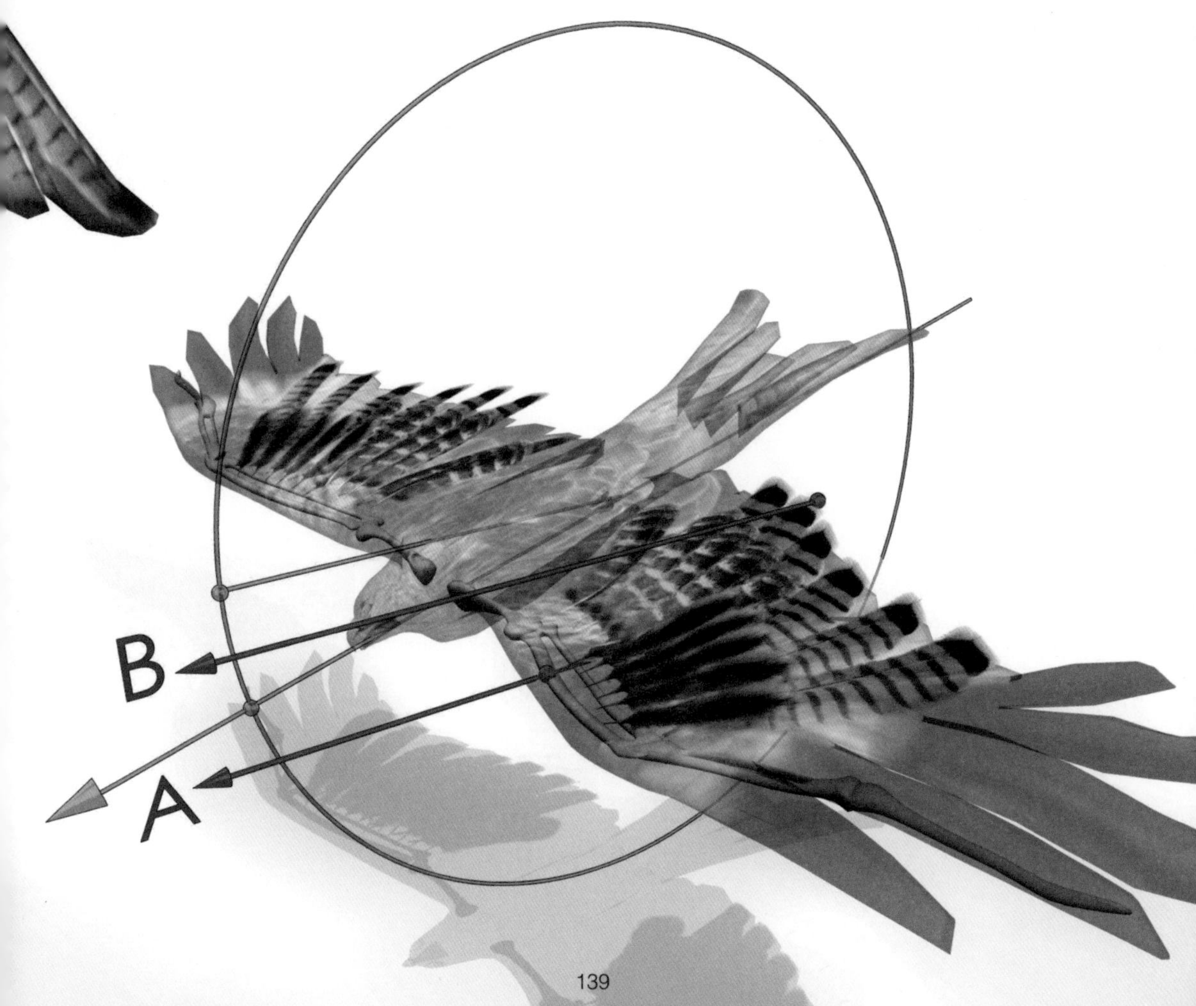

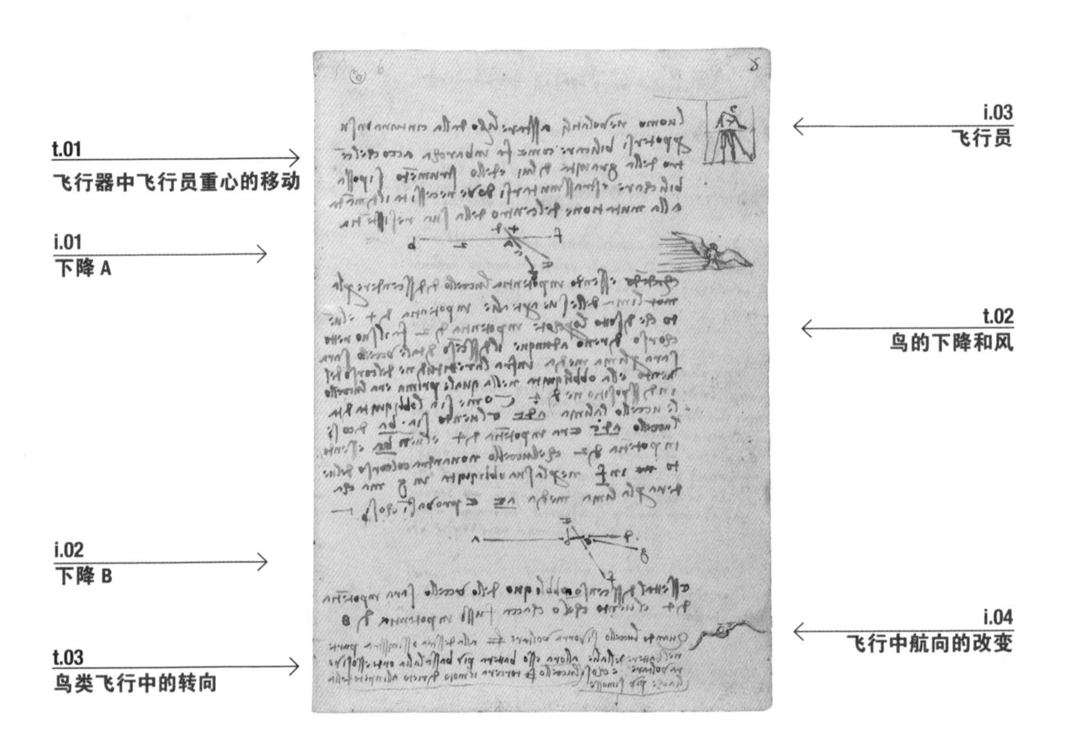

t.01 > *L'uomo ne' volatili ha stare libero da la cintura in su per potersi bilicare, come fa in barca, acciò che 'l centro della gravità di lui e dello strumento si possa bilicare e strasmutarsi, dove necessità il dimanda, alla mutazione del centro della sua resistenzia.*

t.01：在飞行器中，飞行员腰部以上的肢体必须是完全自由的，这样他才能通过自身的移动保持平衡，就像在船上一样。这种情况下，他的重心移动和飞行器的重心移动可以相互抵消，以符合阻力中心（英文原文为center of resistance，译者注）移动的要求。

第5张右页

t.02 > *(Cadendo) Essendo in potenzia l'uccello di discendare per la (moi) linia delle sue aperte alie in potenzia di 4, e 'l vento, che di sotto lo percote, in potenzia di 2, fa il suo retto corso, direno adunque il discenso di tale uccello sarà, (sara) per linia media infra la rettitudine del corso del vento e la obbliquità nella quale prima era l'uccello in disposizione di 4. Come: sial'obbliquità di tale uccello la linia a d c e 'l vento sia b a. Dico, se l'uccello a d c e 'l vento sia b a. Dico, se l'uccello a d c era in potenzia di 4 e 'l vento b a essendo in potenzia di 2, che l'uccello non andrà col corso del vento (ne) in f né per la sua obbliquità in g ma caderà per la linia media a e. E provasi così: E se tal discenso in obbliquo dello uccello sarà in potenzia di 4 e 'l vento, che .lo caccia, fussi in potenzia di 8.*

t.02：当一只鸟沿翅膀展开的方向下落时，其速度是4个单位。与此同时，一股自下而上的风托举这只鸟，风的作用力是2个单位，使这只鸟沿直线前进。这种情况下，我们可以认为这只鸟下落的方向是风的方向与它以4个速度单位下落的方向的叠加。例如，我们假定这只鸟下落的轨迹是直线ADC，而风向以直线BA表示。如果这只鸟在直线ADC方向运动的速度是4，风的作用力是2，则它既不会通过风的最终作用点F，也不会通过下落轨迹上的G点，而会沿中线AE前进。如果这只鸟倾斜下落时的力是4，而风的作用力是8……

t.03 > *Quando l'uccello si vorrà voltare (su) alla destra o sinistra parte del batttere dell'alie, allora esso batterà più bassa l'alia onde esso si vorrà voltare, e così l'uccello (si) torcerà il moto dirieto all'impeto dell'alia che più si mosse.*

t.03：当一只鸟试图通过扇动翅膀来左转或右转时，它必须更多地向下扇动转向一侧的翅膀。鸟类通过这种方式（靠翅膀的下拉力）改变自己的飞行方向。

第5张右页

在《飞行手稿》中，如果不算用红色铅笔绘制的插图（其中包括一个人面肖像和一条人腿的侧面图），出现人的插图就只有两幅，一幅在这一页上，还有一幅在第16张右页上。我们可以肯定的是，红色插图的绘制时间要早于手稿文字的书写时间，且与飞行研究毫无关系。在一幅红色插图中，达·芬奇通过细致入微的观察精准再现了人体腿部肌肉的细节和构成特点。事实上，达·芬奇将大腿视为人体肌肉最强健的部位，并曾考虑通过腿部发力来驱动飞行器。

这一页中，达·芬奇用水笔绘制的人体图形，无疑代表了操纵飞行器的飞行员。图中，飞行员位于飞行器的两个翅膀之间，针对这一点，达·芬奇此后会详细阐述。这名飞行员置身于笼形结构中，身体略微向右倾斜——这显然是飞行器的驾驶舱。按照达·芬奇自己的论述，飞行员在驾驶舱中的姿态应能保证他腰部以上的肢体自由运动，以抵消由风引起的飞行器自身运动和不确定的翻滚动作。

位于这一页中央的插图也非常有趣，它展现了达·芬奇对鸟类飞行轨迹的分析。他认为受风影响时，鸟类的飞行轨迹是“无风时飞行轨迹”与风向的中线。达·芬奇还在这一页切口留白的部分绘制了一只栩栩如生的“受风影响的鸟”。

i.01

下降 A

当一只鸟沿直线ABF以2个单位的速度飞行时，受到来自DBC方向的风4个单位力的作用。这种情况下，它既不可能到达无风时预定飞行轨迹上的F点，也不可能被风自然地推到G点，而是会到达E点，因为这是该场景中力的“平均方向”。

i.04

飞行中航向的改变

飞行中，鸟必须依靠扇动翅膀才能改变方向。它必须将转向一侧的翅膀放下至图中的 AB 区域，藉此快速改变飞行方向。

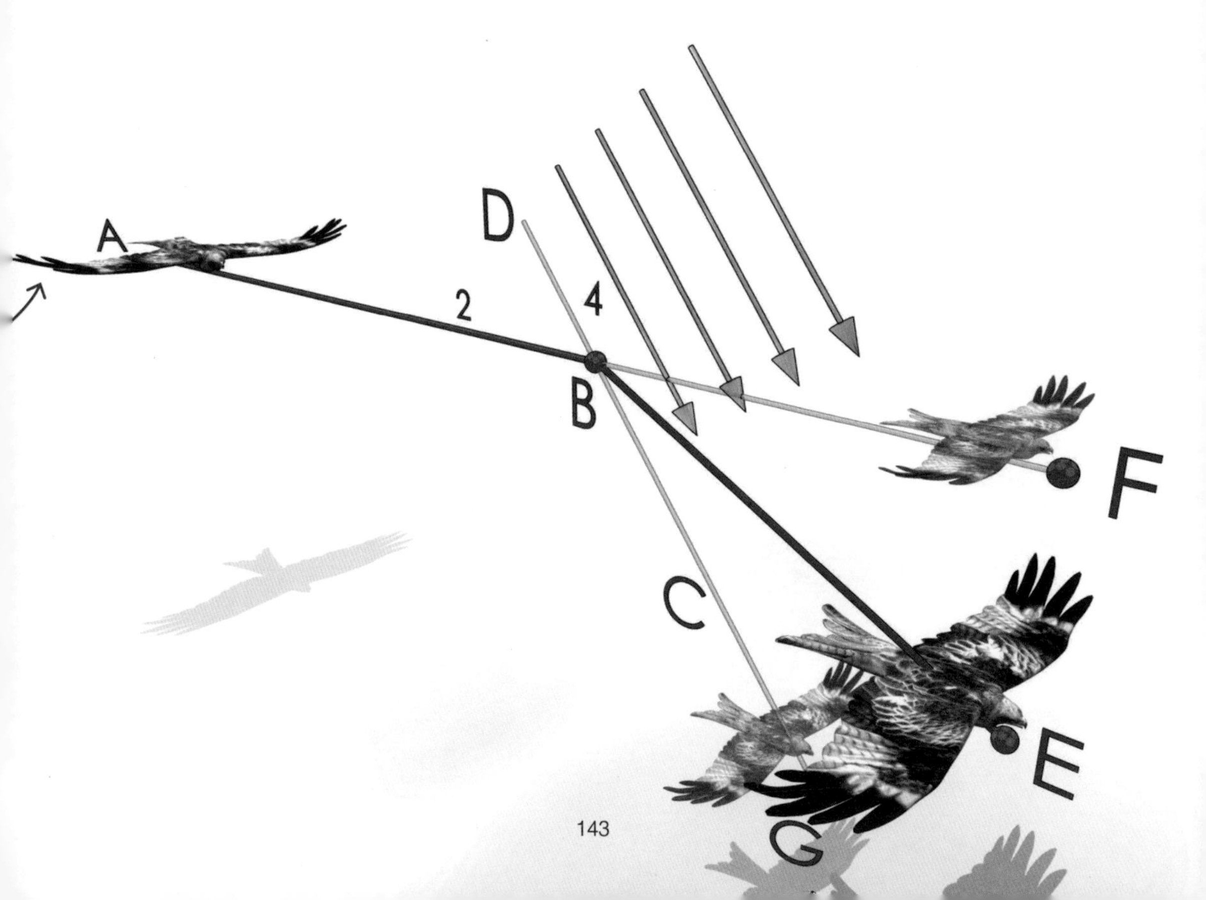

第5张右页

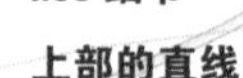

i.03

飞行员

在几页理论性论述和对一些看似与飞行毫无关系的机械装置的介绍之后，达·芬奇“突然地”在这一页绘制了手稿中最重要的几幅与飞行器直接相关的插图。他用清晰的笔触为我们勾勒出站在飞行器中的飞行员形象，这就为我们复原他设计的飞行器提供了有价值的信息。例如，这架飞行器的结构必须留给飞行员足够的空间，让他腰部以上的肢体能自由移动，以抵消由风引起的飞行器自身的运动。

尽管就这幅图而言，我们所能得到的信息仍然有限，但至少可以推断出，飞行员必须站着或坐着操纵这架飞行器，而不是像达·芬奇所设计的其他飞行器那样趴着操纵。笼形驾驶舱清晰可辨，其上部还绘有一条线，它可能代表了翅膀（机翼）的安装面（翼面），或者更准确地讲，这可能是飞行员操纵飞行器所需的拉索撑杆和动滑轮的安装面。

i.03 细节

上部的直线

达·芬奇在笼形驾驶舱的上部绘出一条线，这可能代表了翅膀的安装面。不过，当我们梳理过整卷手稿后，发现在第17张右页还有另一幅相似的插图。基于那幅插图，我们更倾向于将这个平面认定为操纵飞行器所需的动滑轮和拉索撑杆的安装面。

i.03 细节

插图

尽管真实的插图只有一张邮票大小，但我们仍能相对容易地辨识出一个人的外形轮廓，而且人在驾驶舱中显然是向右屈身站立的。

i.03 细节

飞行器

这幅插图为我们提供的信息显然还不够多，因此达·芬奇在后续内容中又对这架飞行器的结构进行了更深入的阐述。

i.03 细节

安全带

图中展现的类似安全带的装置可以将飞行员“固定”在驾驶舱中，但又不会妨碍他操纵飞行器的动作。达·芬奇在这里写道，飞行员腰部以上的肢体要能自由活动。

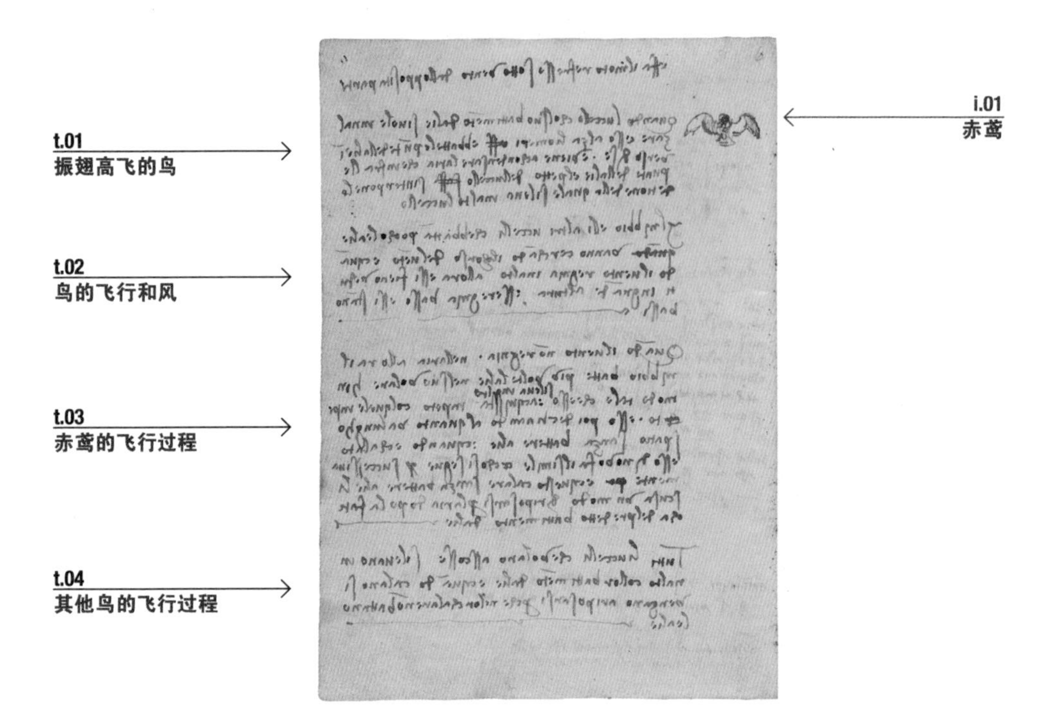

t.01 > *Quando l'uccello, col suo battimento d'alie, si vole innalzare, esso alza li omeri, (ess) e batte le punte dell'alie in verso di sé, e viene a condensare l'aria, che infralle punte dell'alie e 'l petto dell'uccello (s ass) s'interpone, la tensione della quale si leva in alto l'uccello*

t.01：当一只鸟要振翅高飞时，它需要抬起肱骨，让翅膀末端尽量靠近躯干。这样就能压缩躯干与翅膀之间的空气，让它飞得更高。

第5张左页

t.02 > *Il nibbio e li altri uccelli, che battan poco le alie, (quando) vanno cercando il corso del vento, e cquando il vento regnia in alto, allora essi fieno veduti in grande altura, e se regnia basso, essi stanno bassi.*

t.02：与赤鸢相似的鸟类飞行时并不怎么扇动翅膀，它们善于利用风。有强风时，你总能看到这些鸟飞得很高，而风很弱时，它们就飞得很低。

t.03 > *Quando il vento non regnia nell'aria, allora il nibbio batte più volte l'alie nel suo volare, in modo tale, che esso si leva in alto e acquista inpeto, col quale inpe ch)to, esso poi declinando alquanto, va lungo spazio sanza battere alie; e cquando è calato, esso di novo fa il simile, e così segue (q) successivamente; (po) e cquesto calare, senza battere alie, li scusa un modo di riposarsi per l'aria, dopo la fatica del predetto battimento d'alie.*

t.03：无风时，赤鸢首先会反复扇动翅膀以飞得足够高，然后开始下降，这个过程相当于用高度换取速度，因此它是不扇动翅膀的。接下来，当高度已经很低时，它会再次反复扇动翅膀以获得足够的高度。如此反复循环。通过扇动翅膀获得足够的高度后，这种鸟便开始滑翔，这时它无需扇动翅膀，而是处于休息状态。

t.04 > *Tutti li uccelli che volano a scosse si levano in alto col lor battimento d'alie, e cquando calano, si vengano a riposarsi, perché ne[l] lor calare non battano le alie.*

t.04：有些鸟类与赤鸢一样，滑翔时也不会扇动翅膀，藉此进行“空中休息”。但这样一来，它的飞行高度就会迅速降低。

第5张左页

这一页中，达·芬奇直接以赤鸢为案例论述自己的飞行研究成果。赤鸢是一种中等身型的猛禽，它飞行时不会频繁扇动翅膀，更善于借助风的力量。倘若没有文字部分给出的明确信息，我们恐怕很难仅凭插图就判断这只鸟是赤鸢。在这幅图中，达·芬奇没有为我们展现赤鸢在捕猎时的锯齿状飞行轨迹，也不像第4张右页的插图那样，将赤鸢的主要外形特征——分叉的尾巴，表现得十分明显。但恰恰是从这里开始，达·芬奇认真记录了一只像赤鸢一样的猛禽（或更广义上的鸟类）飞行过程中的细节信息。他注意到这类鸟如何在空中盘旋而无需扇动翅膀，因为这时它其实是在借助风飞行。只有在需要更快的速度或更高的高度时，这类鸟才会通过扇动翅膀来获得能量（达·芬奇将这里的能量称作“动量”）。而在获得足够的速度或高度后，这类鸟就会再次停止扇动翅膀，一直随风滑翔，同时降低高度。达·芬奇注意到，当一只鸟在飞行中不扇动翅膀时，它能在空中休息以“补充”之前消耗的能量。

这页文字的第一段包含了达·芬奇对“鸟类翅膀下的空气运动”这一问题的思考。他指出，鸟类扇动翅膀时，其躯干（胸部）与翅膀之间的空气会被压缩，而被压缩的空气所提供的张力，就是它上升的动力。达·芬奇在此后的内容中还会重述这一观点。

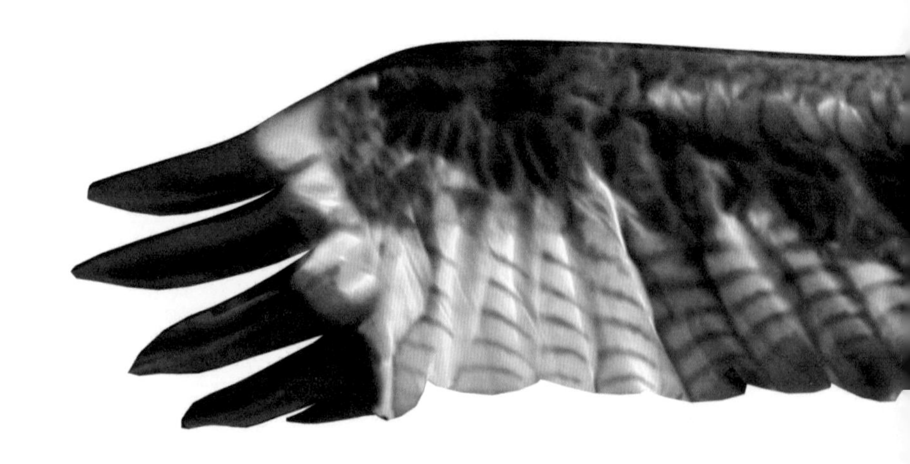

第5张左页

i.01

赤鸢

赤鸢的身长一般为 50 厘米（20 英寸）左右，体重约为 800 克（28 盎司）。这种鸟的背部羽毛是深棕色的，腹部羽毛是棕色夹杂着黑色条纹。其白色的头部也有一些类似的黑色条纹。赤鸢外形的最大特征之一是尾部分叉。它的分布范围广泛，除极寒的北欧地区外，遍布欧亚大陆，在非洲和大洋洲部分地区也有分布。白天，赤鸢通常在较高的高度上盘旋。它们的主要食物是动物尸体，同时喜食鱼。这种鸟的天性是比较懒惰的，因此它们经常会从湖泊或池塘上掠过，“搜索”漂浮在水面上的那些唾手可得的动物尸体，而不愿去费力捕食。当然，它们有时也会捕食小型啮齿类动物和爬行动物。赤鸢偏好群居生活，通常会聚集成 50 只左右的群落。它们筑巢时会选择约 10 米（33 英尺）高的树。只要没有过分的惊吓行为，我们就能对赤鸢进行比较细致的观察，因为这种鸟常在农田和公园附近安家。赤鸢的寿命相对较长（通常可以活到 25 岁），2~3 岁时性成熟。

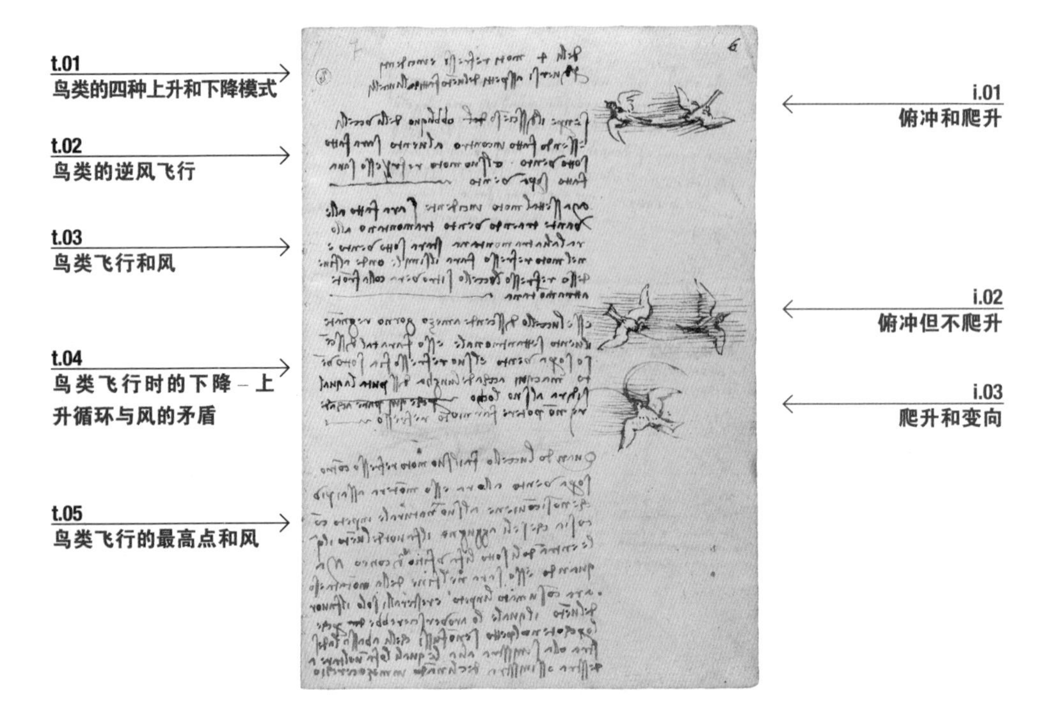

t.01 > *Delli 4 moti reflessi e incidenti per diversi aspetti del vento fatti dalli uccelli*

t.01： 鸟类的四种上升和下降模式取决于风的不同类型。

t.02 > *Senpre il disceso (del) obbliquo delli uccelli, essendo fatto incontro al vento, sarà fatto sotto vento, e 'l suo moto refr(s)esso sarà fatto sopra vento.*

t.02： 逆风飞行时，鸟会降低飞行高度，让风吹过自己的背部，即在风之下飞行。接下来会提高飞行高度，让风吹过自己的腹部，即在风之上飞行。

t.03 > *Ma se tal moto incidente sarà fatto a levante, traendo vento tramontano, allora l'alia tramontana starà sotto vento, e nel moto refresso farà il simile, onde, al fine d'esso refresso, l'uccello si troverà colla fronte a tramontana.*

t.03： 但如果鸟向东方俯冲，而风从西方吹来，则朝向西方的翅膀会受到风的影响。随着鸟的再次爬升，这一过程还会重复。当鸟处于这段飞行的最高点时，它会发现自己是朝西方飞行的。

t.04 > *E se l'uccello discende a mezo giorno, regnante il vento settantrionale, esso farà tal discenso sopra vento, e 'l suo refresso fia sotto vento; ma cqui accade lunga disputa, la qual si dirà al suo loco, perché qui pare acadere non potere far moto refresso.*

t.04：当这只鸟向南方俯冲时，风自北方吹来，其下降的轨迹就在风的上方，但它爬升时又会处于风的下方。这里有一个需要解决的争议，即这种情况下，鸟似乎是无法爬升的。

t.05 > *Quando l'uccello fa il suo moto refresso contro sopra vento, allora esso monterà assai più che non si convince al suo naturale inpeto, con ciò sia che se li aggiungne il favor del vento, il qale, entrandoli sotto, li fa ufizio di coneo. Ma quando esso sarà nel fine della montata, esso arà consumato l'inpeto, e resteralli solo il favor del vento, il quale lo aroverscierebbe (da), perché lo percote nel petto, se non fussi ch'elli abassa la destra o la sinistra alia, le quali lo fan voltare a destra o sinistra, declinando in mezo cerchio; e fa il moto reflesso sotto vento, dall'opposita parte.*

t.05：当一只鸟逆风飞行，且处于风的上方时，它爬升的速度要比单靠自己的力量快得多。这里就要考虑吹向鸟腹部的风的额外作用力。风像楔子一样推动着鸟爬升。当这只鸟达到一段飞行轨迹的最高点时，其速度已经接近于零，但仍会受到风的推力作用。在最高点上，作用在鸟腹部的风的推力会让鸟在飞行中翻滚。因此，鸟这时会垂下左侧或右侧翅膀，沿着半圆形轨迹转弯后继续爬升，并朝着相反的方向飞行。

第6张右页

本书作者的评述

达·芬奇将鸟类飞行中爬升和俯冲的运动定义为“偶发”的“反射式”运动。但在手稿的其他部分，他所谓的“反射式”运动指的却是对一个行为的反应，例如飞行中遇到风，或鸟类/飞行器的控制中枢/操纵者发出的指令。在这一页的四段文字中，达·芬奇分析了鸟类为什么必须随风向调整爬升和俯冲动作。例如最后一个案例，达·芬奇观察了鸟类如何逆风并在风的上方飞行，直至到达飞行轨迹的最高点。在这一点上，鸟的速度接近于零，必须通过左转或右转动作来避免失控翻滚。

i.01
俯冲和爬升

当一只鸟逆风俯冲时，其飞行轨迹位于风的下方，也就是说，这种情况下风的力量会作用在它的背部。当这只鸟开始再次爬升时，其飞行轨迹位于风的上方，而风的力量会作用在它的腹部，助其爬升。

第6张右页

i.02

俯冲但不爬升

在第二个案例中，达·芬奇描述了鸟类在特定情况下只俯冲不爬升的状态。事实上，他在这一段叙述的末尾仍留有疑问，而这个疑问还是“必须解决”的，即当鸟俯冲到风的下方时，空气作用在其背部，它在这种情况下能爬升到风的上方。这深深地困扰着达·芬奇。下方的3D示意图和手稿中漂亮的素描展现了鸟类爬升时风是如何将它向下拉，而不是使它保持高度的。这正是达·芬奇的疑问所在。

第6张左页

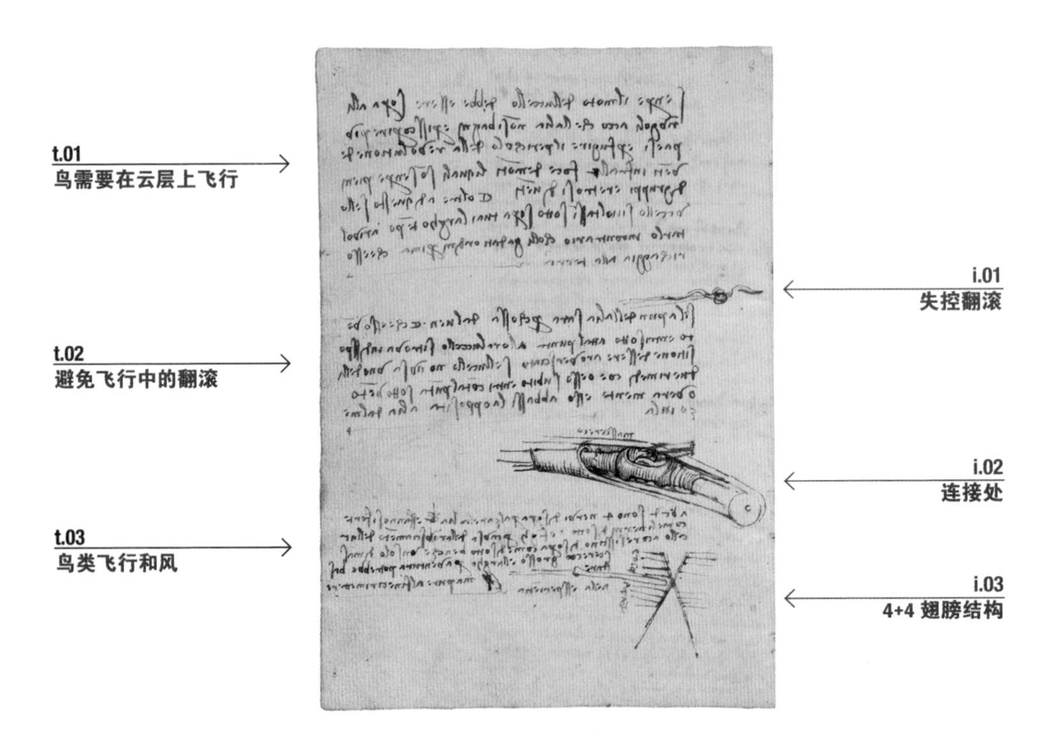

《飞行手稿》原文

t.01 > *Sempre il moto dell'uccello debe essere sopra alli nugoli, acciò che l'alia non si bagni, e per iscoprire più paesi, e per fugire il pericolo della revoluzione de' venti infralle foce de' monti, li quali son senpre pieni di gruppi e retrosi di venti. E oltre a di questo, se lo uccello si voltassi sotto sopra, tu ài largo tenpo a rivoltarlo in contrario, colli già dati ordini, prima che esso ricaggia alla terra.*

t.01：鸟必须在云层之上飞行，这可以避免它的翅膀被打湿，也有助于探索更广阔的地域，还可以规避多山地形上空的环形风，这种风非常凶险。此外，在这个高度飞行的鸟就算不幸进入失控翻滚状态，坠地前也有足够的时间用前文所述的方法纠正自己的飞行姿态。

第6张左页

t.02 > *Se la pun dell'alia sarà percossa dal ven, e che esso vento entri sotto a tal punta, allora l'uccello si trova in disposizione d'essere aroversciato, se l'ucello non usa uno delli due rimedi, cioè: o esso subito entri con tal punta sotto vento, o vera mente esso abbassi la opposita alia dal mezo in là.*

t.02：如果风使一只鸟的翅膀尖端颤动，并“钻”进其翅膀尖端的空隙中，那么这只鸟就有被风“掀翻”的危险。这时有两种解决方法，要么迅速将翅膀尖端放到风的下方，要么将对侧的翅膀放下一半。

t.03 > *a b c d sono 4 nervi disopra, per alzare l'alia, (b) e fanno sì forte come li nervi di sotto, e f g h, per causa dell'aroversciamento dell'uccello, a ciò resistino disopra come disotto, benché un solo di maschereccio, grosso e largo, per aventura potrebbe bastare; (per) ma pure alfine ci rimetterem nella esperienzia.*

t.03：ABCD是鸟翅膀上部的四个支撑结构（英文原文是rib，意为肋骨，译者注），它们的强度与翅膀下部的四个支撑结构EFGH是一致的。鸟在飞行中被风“掀翻”时，就轮到上下部的支撑结构发挥作用了，即使支撑结构又厚又宽，且被皮革覆盖，也是足够的。为验证我刚才说的内容，还要做更多实验。

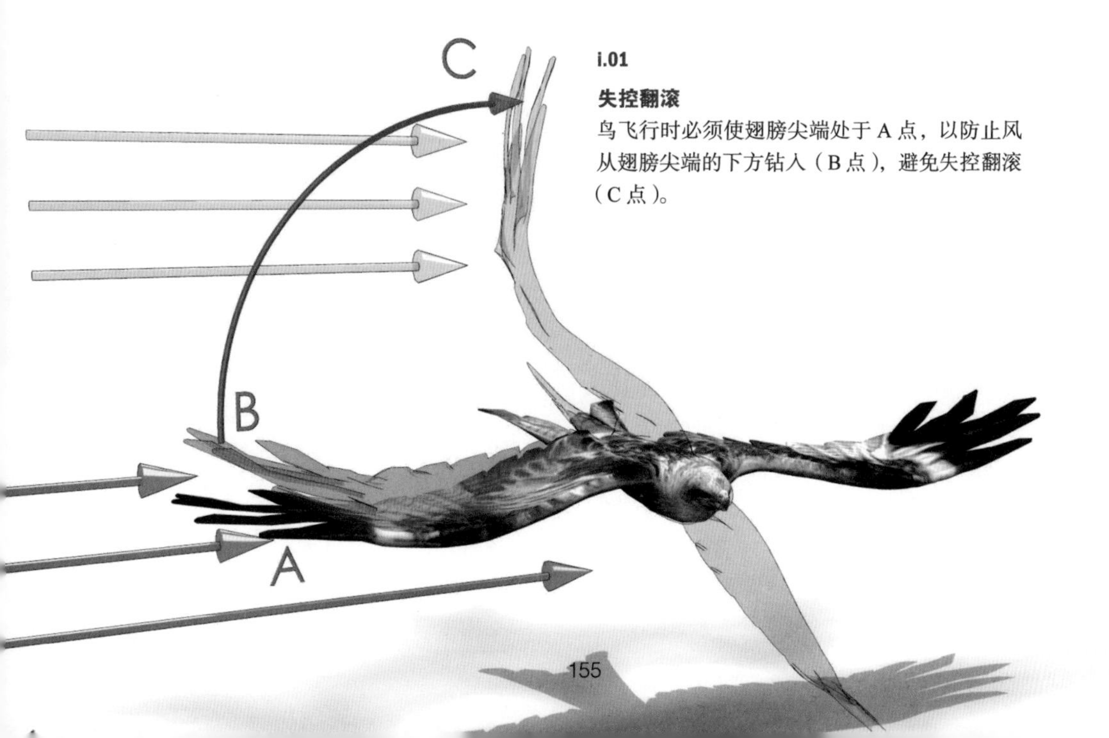

i.01

失控翻滚

鸟飞行时必须使翅膀尖端处于A点，以防止风从翅膀尖端的下方钻入（B点），避免失控翻滚（C点）。

第6张左页

这一页的第一段文字是整卷手稿中最优美也最重要的一段。达·芬奇在这段文字中以雄辩的语气，向我们陈述了他何以胸有成竹地制造一架真正由人类操纵的飞行器。

sempre il moto dell'uccello debe essere sopra alli nugoli, acciò che l'alia non si bagni, e per iscoprire più paesie per fugire il pericolo della revoluzione de' venti infralle foce de' monti, li quali son senpre pieni di gruppi e retrosi di venti.

"鸟必须在云层之上飞行，这可以避免它的翅膀被打湿，也有助于探索更广阔的地域，还可以规避多山地形上空的环形风，这种风非常凶险。"

这些文字中流露出的对于飞行的渴望，怎能不使你我动容？我们不禁会想象，达·芬奇尚在稿纸上勾勒这架飞行器的雏形时，便已赋予它超越时代认知的广泛用途。关于飞行，达·芬奇绝不是仅仅满足于"将自己带离地面几米"，他想要的是真真正正地如鸟儿般翱翔碧空。当你惊叹于达·芬奇绘制的有关飞行原理的插图时，一定会自然而然发出这样的疑问：如果他从未立于云巅来审视这一切，又该如何获得如此准确的信息呢？一幅有关飞行器的插图与一幅欧洲地图同时出现在《大西洋古抄本》中（第1006张左页），难道这只是巧合吗？当然，也许我们所谈论的话题的确有些不切实际。但如果达·芬奇真的从未如他所描绘的赤鸢一般飞越云巅的话，那么我们就只能认为他的思维早已"突破云巅"了。达·芬奇将研究聚焦于大气环境，例如云层中的湿气（水蒸气），他认为这些水分会凝结在飞行器的翅膀上，导致它因过重而坠落。这证明达·芬奇关注着有关飞行的每一个细节。他继续写道：

E oltre a di questo, se lo uccello si voltassi sotto sopra, tu ài largo tenpo a rivoltarlo in contrario, colli già dati ordini, prima che esso ricaggia alla terra.

"此外，在这个高度飞行的鸟就算不幸进入失控翻滚状态，坠地前也有足够的时间用前文所述的方法纠正自己的飞行姿态。"

尽管已经对飞行员进行了反复叮嘱，但达·芬奇明白，事故仍然是有可能发生的。为保护飞行员，当然也为保护自己的飞行器，达·芬奇做出了很大努力。飞行中最普遍的危险在于失控翻滚。可能是对这架飞行器的极限性能早已了如指掌，因此达·芬奇总是陷入对"这架机器为什么会失控翻滚"或"失控翻滚后该怎么办"等问题的思考中。为避免失控翻滚，达·芬奇告诫飞行员，起飞后要尽快获得足够的高度。在这些简短的文字中，有趣的不止"失控翻滚"这一处。当达·芬奇写下"鸟"这个字时，他指的不仅是一种会飞的动物，还可能是自己的飞行器。事实上，在这段文字的前半段，他用"鸟"这个字时

t.01

《大西洋古抄本》，第 1006 张左页

一幅欧洲地图和一些关于飞行器的设计图出现在《大西洋古抄本》的第 1006 张左页中。页面左侧的飞行器具有鸟类的一些特征。一种完全可能的情况是，这就是达·芬奇在《飞行手稿》中设计的那架飞行器。因为达·芬奇曾多次提到这架飞行器具有如鸟类一般的外形。

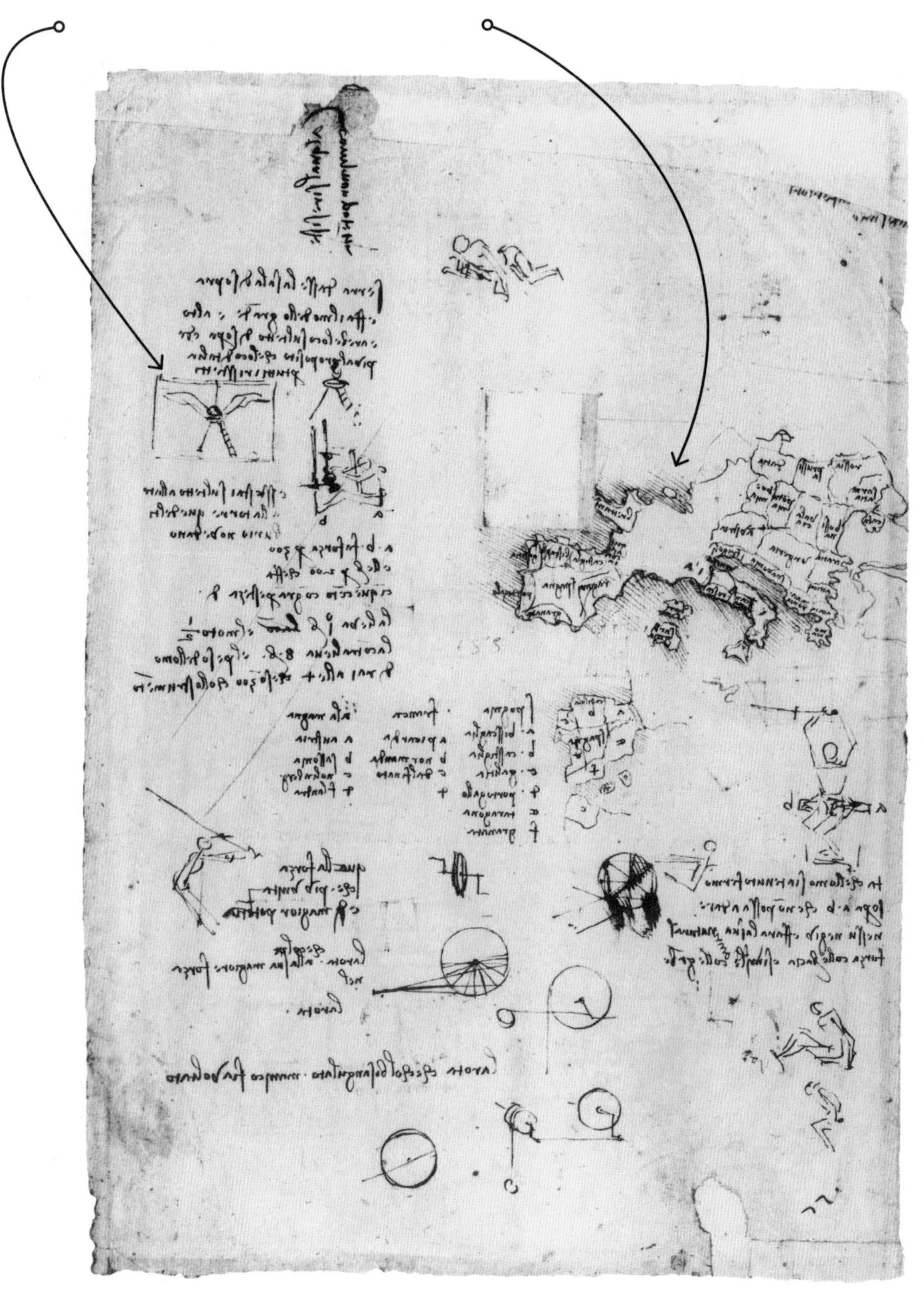

伊莫拉
费拉拉
博洛尼亚
摩德纳
佛罗伦萨
普拉托
皮斯托亚
芬奇
比萨
里窝那（利沃诺）

佩鲁贾

阿雷佐

锡耶纳

格罗塞托

《温莎手稿》，12277

这幅地图展现了意大利中部一片相当广阔的地域，包括了今天的托斯卡纳（Tuscany）、艾米利亚·罗马涅大区（Emilia Romagna）、翁布里亚（Umbria）和拉齐奥（Lazio）。达·芬奇很仔细地将城市、河流和湖泊的名称都一一标注在地图上。

第6张左页

（当这个字只用于指代某种动物时，通常是指代赤鸢），的确会产生歧义。而当他提到“避免翅膀被打湿”和“探索更广阔的地域”时，鸟儿与飞行员当然是目标一致的。因“鸟”字而生的种种歧义或许只在以下这段文字中才会烟消云散。

tu ài largo tenpo a rivoltarlo in contrario, colli già dati ordini

“这时有两种解决方法，要么迅速将翅膀尖端放到风的下方，要么将对侧的翅膀放下一半。”

这句话显然是达·芬奇写给飞行员的。但在手稿的其他部分，“鸟”字仍会使我们心生疑惑，它到底指代的是真实的鸟，还是达·芬奇的飞行器呢？

在这一页的其他段落中，达·芬奇首次提及与自己飞行器相关的机械设计方案，而且整个方案看上去相对简单。在手稿的相当一部分内容中，达·芬奇都在探讨通过实验和研究来解决飞行器翅膀弹性的问题。这一页的内容与第11张左页的内容显然是相似的。达·芬奇试图首先论述飞行动物的翅膀结构，然后效法自然原理，提出若干设计构想，并加入一些自己的改进措施。

在这一页的底部，我们能辨识出一个被绳索固定的翅膀结构图形。图形上下部各有四根绳索，它们可能用于控制飞行器翅膀的收展动作（类似于鸟类扇动翅膀，译者注）。达·芬奇还写道，倘若用类似mascherеccio（一种经处理后非常坚韧的皮革）的材料制作翅膀，就可以减少绳索的用量。但他恐怕最终也没能想出这个问题的解决方法。

最后，他以下面这句话结束了这段文字：

ma pure alfine ci rimetterem nella esperienzia.

“为验证我刚才说的内容，还要做更多实验。”

这显然说明达·芬奇不仅设计出上述翅膀构型，还真的造了出来（也可能是委托别人制造的）。达·芬奇用这些实体模型来验证自己的想法，并不断改进。

在这一页的中部，达·芬奇为飞行器的翅膀设计了一种连接结构。他的想法是用柔软的材料，例如皮革，来连接和包裹翅膀骨架中的两根支撑臂，所有连接点还要用绑带捆牢，以确保结构稳固。这样的结构连接点在制造中有大量需要注意的工艺细节，例如其中一根臂的端部要精确地插入另一根端部的U形槽中，保证两臂配合紧密，不会脱离或产生不必要的相对运动。在插图的相应位置上，达·芬奇标注了“mascherеccio”字样，明确指出了他希望用到的材料。

第6张左页

i.03

翅膀结构（4+4）

下面的 3D 复原图展现了达・芬奇用不同笔触绘制的翅膀结构。实际上，他的绘制工作只完成了一半，但我们能看出这个结构显然是对称的。图中，翅膀结构的上下部各有四根固定 / 牵引用的绳索（原文为 tendon，意为筋或腱，结合上文及图示译为绳索似乎更易理解，译者注），分别以字母 A~H 表示。图中标注的“mascehreccio”一词可能表明达・芬奇想用这种更坚韧的材料取代绳索。

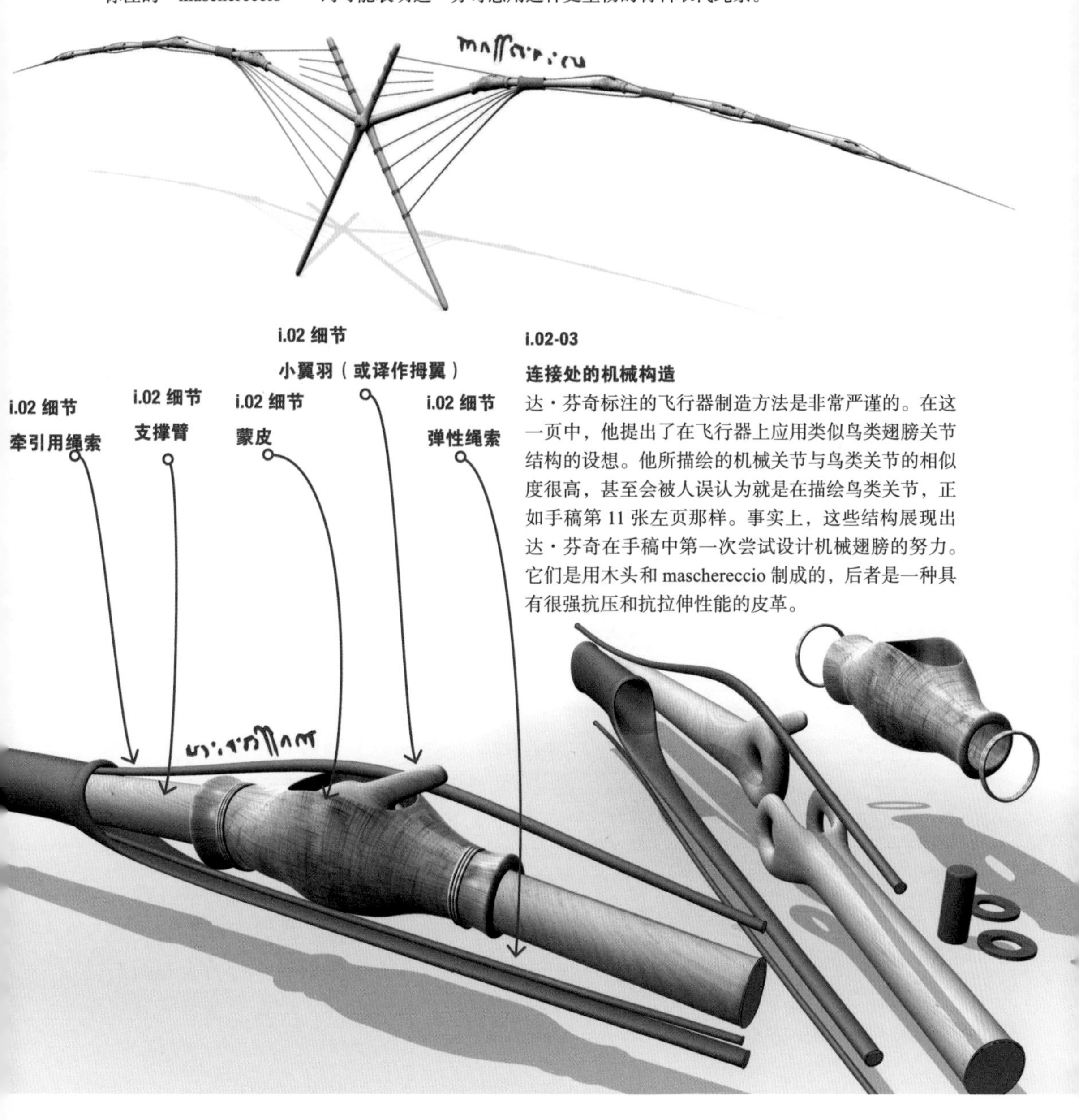

i.02-03

连接处的机械构造

达・芬奇标注的飞行器制造方法是非常严谨的。在这一页中，他提出了在飞行器上应用类似鸟类翅膀关节结构的设想。他所描绘的机械关节与鸟类关节的相似度很高，甚至会被人误认为就是在描绘鸟类关节，正如手稿第 11 张左页那样。事实上，这些结构展现出达・芬奇在手稿中第一次尝试设计机械翅膀的努力。它们是用木头和 mascehreccio 制成的，后者是一种具有很强抗压和抗拉伸性能的皮革。

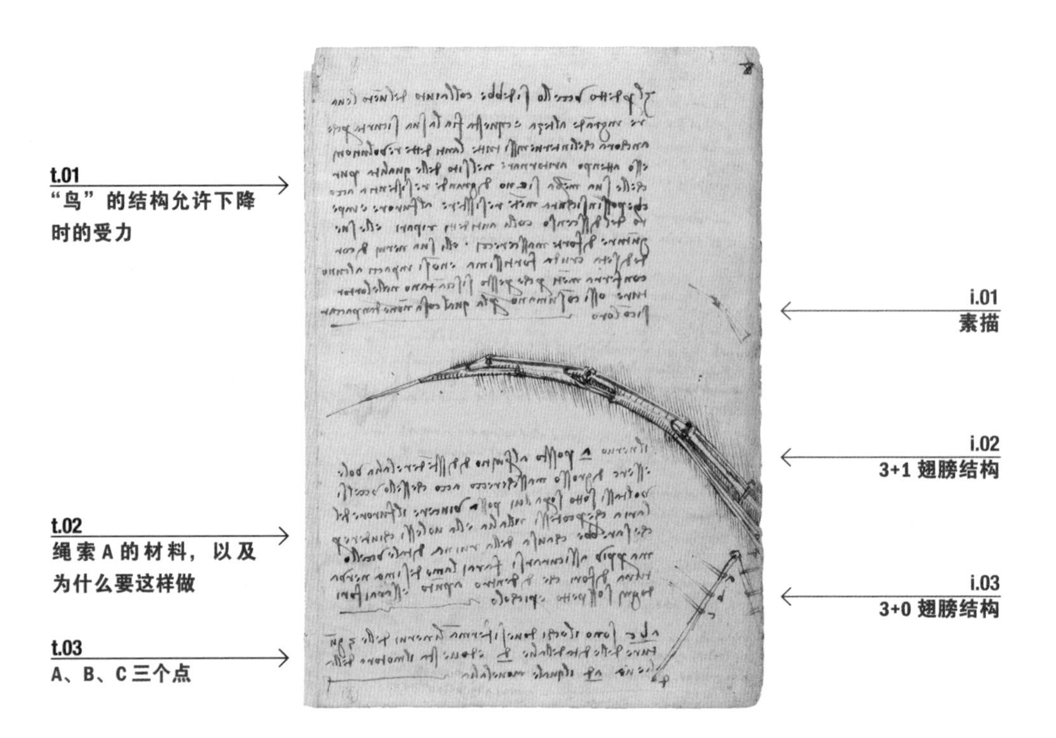

t.01 > *Il predetto uccello si debbe, coll'aiuto del vento, levare in grande alteza, e cquesta fia la sua sicurtà; perché, ancora che l'intervenissi tutte l'anti dette revoluzioni, esso à tenpo a ritornare nel sito dell'equalità, purché le sue menbra sieno di grande resistenzia, accò che possin sicura mente resistere al furore e inpeto del discenso, colli anti detti ripari, e le sue giunture di forte maschererecci, e li sua nervi di corde di seta cruda fortissima; e non si inpacci alcuno con ferramenti, perché presto si schiantano nelle lor torture, o si consumano, per la qual cosa non è da 'npacciarsi con loro.*

t.01：之前我提到的“鸟”（这里的“鸟”从后文推断应该指达·芬奇设计的飞行器，译者注）可以借助风的力量爬升得很高。这对它来说是一个安全要素。因为一旦失控翻滚，它仍有足够的时间调整自己的飞行姿态。它的翅膀结构非常稳固，关节由坚韧的皮革制成，而它的控制机构（原文为nerve，意为神经，结合上下文译为控制机构，译者注）是由极为坚韧的生丝制成的，因此这只“鸟”按照之前提到的方法，能够承受下降过程中的外力和速度。在这个结构中不能使用哪怕一点金属材料，因为金属材料会受压破裂或生锈，这会让事情变得更复杂。

第7张右页

t.02 > *Il nervo a, posto al servizio di distendere l'alia, vole essere di grosso maschereccio, acciò che, se lo uccel si voltassi sotto sopra, lui possa vincere il furore dell'aria, che percotessi nell'alia e la volessi chiudere, perché sarebbe causa della ruina di tale uccello; ma per più assicurarsi, farai la medesima nervatura di fori che di dentro apunto, e sarai fori d'ogni sospetto e pericolo.*

t.02：绳索A用于展开翅膀。这条绳索必须用鞣制的皮革制作，并且要足够粗壮。这样一来，当这只“鸟”（这里的“鸟”从后文推断应该指达·芬奇设计的飞行器，译者注）在飞行中失控翻滚，上下颠倒时，便能承受空气的作用力。翅膀在这股力的作用下会有合拢的趋势。如果这种情况真的发生，那么这只“鸟”就会因此损毁。为保险起见，翅膀上下的支撑结构都应该这样制作。

t.03 > *a b c sono i lochi dove si ferma li nervi delle 3 giunture delle dita dell'alie; d è dove sta il motore della lieva a d, il quale move l'alia.*

t.03：A、B、C三个点是三个翅膀关节支撑结构的端点。D点是杠杆AD移动整个翅膀时的受力点。

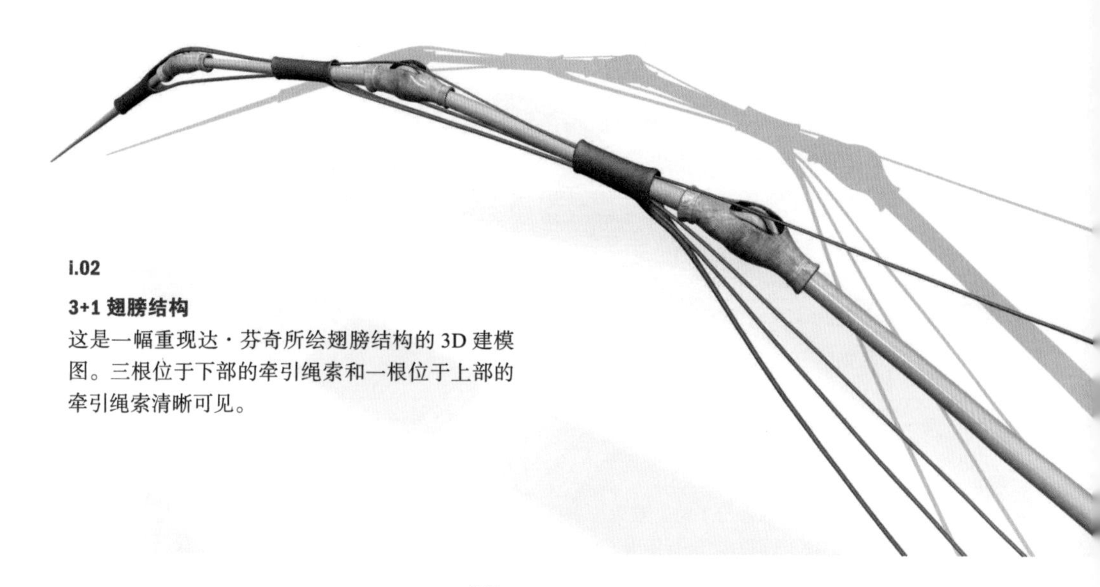

i.02

3+1 翅膀结构

这是一幅重现达·芬奇所绘翅膀结构的3D建模图。三根位于下部的牵引绳索和一根位于上部的牵引绳索清晰可见。

第7张右页

本书作者的评述

尽管手稿前一页（第 6 张左页）中的翅膀关节图看起来是这一页翅膀整体图的一部分，但两者间其实是有一些细节差异的。不过总的来看，达・芬奇对翅膀关节的结构并没有做出多大改动，此外他只在结构要点处标注了字母，而没有像在第 6 张左页那样对结构要点进行详细解释。我们推测，达・芬奇首先构建出整个翅膀的框架，然后对一些结构细节不断调整，最后覆以蒙皮进行加固，并勾勒出小翼羽（拇翼）[㊀]。达・芬奇虽然没有明确写 出，但他显然研究了多种不同的翅膀构型，而且它们在支撑臂结构和牵引 / 控制绳索的数量上都不尽相同。例如，在这一页内容所聚焦的插图（指面积相对较大的那幅）中，我们能看到翅膀支撑臂的最高处，有三根绳索用于牵拉翅膀（使其弯曲），只有一根绳索用于伸张翅膀（使其展开）。但在另一幅插图（指面积相对较小的那幅）中，达・芬奇却没有画出用于伸张翅膀的绳索。正如上一页的翅膀结构图中所展现的那样，达・芬奇设想为翅膀配装四根牵拉用的绳索和四根伸张用的绳索。而四根伸张用的绳索最终将被一根用 mascchereccio 制造的绳索取代。

达・芬奇在这段文字中强调了飞行器选材的问题。在他看来，为避免不必要的麻烦，就不应该在制造飞行器时使用哪怕一点金属材料，因为金属材料不仅重，还容易磨损锈蚀。翅膀运动过程中的摩擦会损坏金属构件，甚至整架飞行器。此外，达・芬奇还特别建议使用坚韧的皮革制造飞行器的牵引绳索，同时使用生丝制造控制绳索。

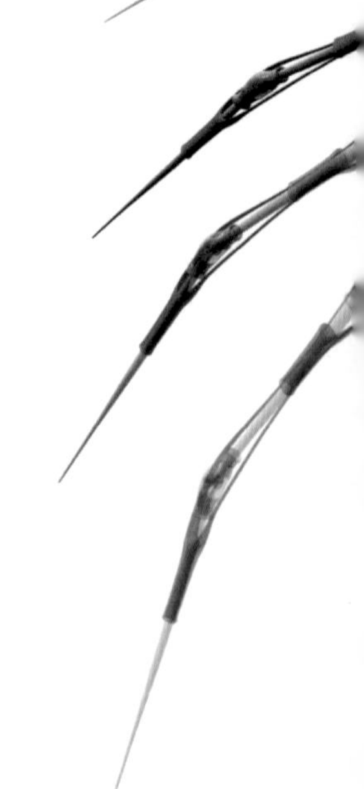

㊀ Alula 一词源于拉丁语，意为“小翼羽”，指鸟类翅膀前缘对应着退化的第二指骨的凸起部位上的小羽毛，具有空气动力的控制作用（在扑翼类飞行器中译为“拇翼”可能更易理解，译者注）。

第7张右页

i.02+i.03

3+1 翅膀构型和 3+0 翅膀构型

这幅插图所展现的翅膀构型将手稿第 7 张右页的所有设计草图整合了起来。达・芬奇绘制出整个翅膀，并以他擅长的阴影进行“修饰”。翅膀的主体结构非常容易辨识：不同的支撑 / 连接臂，关节 / 连接点，三根位于下部的绳索，一根位于上部的绳索（即所谓 3+1 结构）。位于下部的绳索用于牵拉（收拢）翅膀，而位于上部的绳索用于伸张（展开）翅膀。在这幅插图的下方，达・芬奇又绘制了一个相对简单的翅膀构型，它没有用来展开翅膀的绳索（即所谓 3+0 结构）。达・芬奇可能只是因为纸面空间不够才没有画出那根绳索，当然也可能只是不想重复画出已经强调过的东西。事实上，他认为上部的绳索是不可或缺的，它能让翅膀收拢复位，且对危机时刻的操控至关重要。在手稿第 6 张左页上，达・芬奇甚至建议配装四根用于展开翅膀的绳索，有关这些绳索的所有可能组合形式罗列在本书第 166 页。

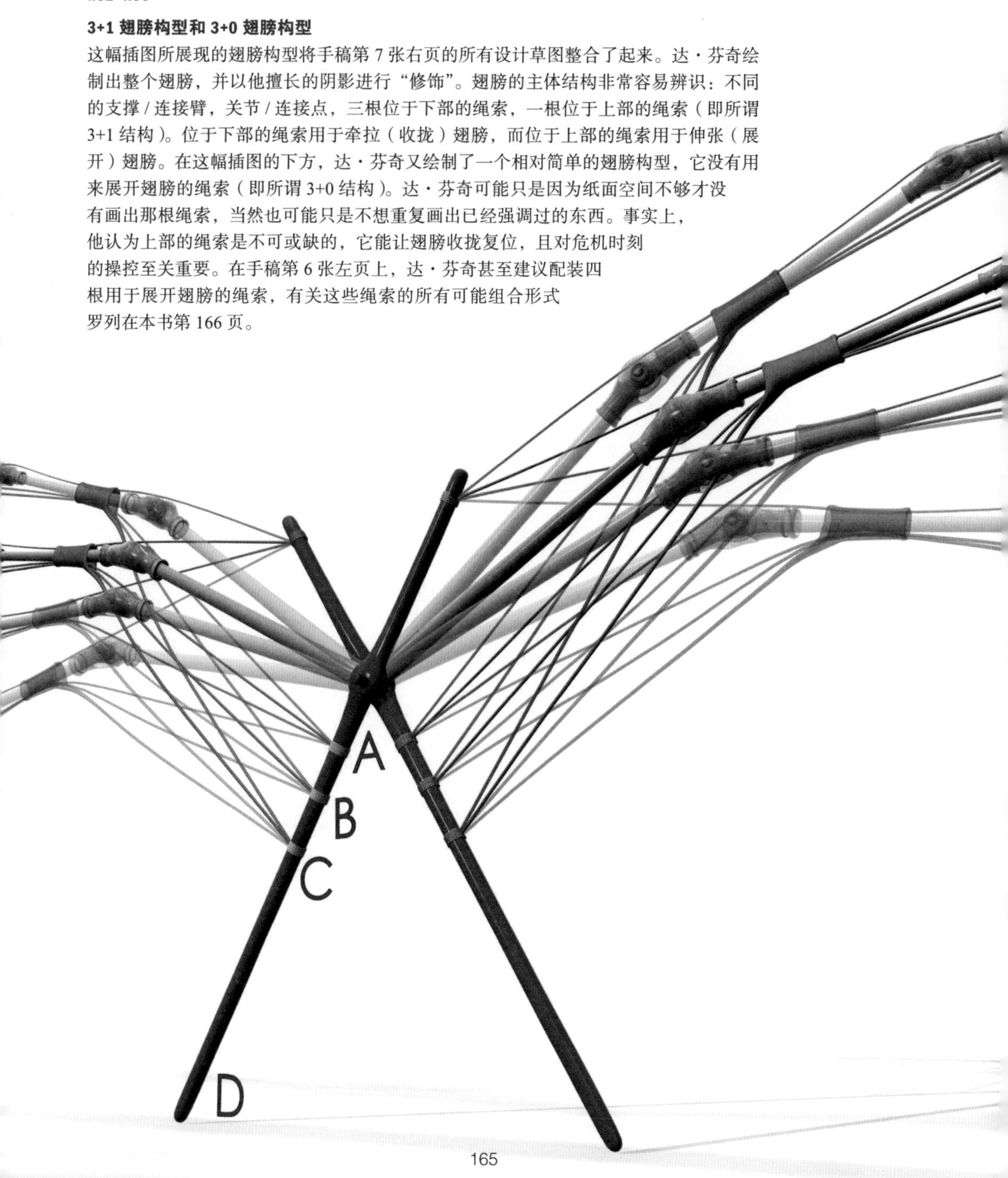

第7张右页

i.01-03

所有可能的变化

在手稿第 6 张左页和第 7 张右页中，达·芬奇所描绘的几种飞行器翅膀设计方案是不尽相同的。有关这架飞行器的真实翅膀结构存在多种推论。这些推论间最大的分歧在于绳索的数量，这显然也会间接导致翅膀结构的细微变化。位于下部的绳索用于收拢翅膀，而位于上部的绳索用于展开翅膀。当翅膀遭遇气流冲击时，为维持平衡，飞行员要用相当大的力量来操纵这些绳索。

4+4 翅膀构型

达·芬奇认为，要保证翅膀结构的稳固，就要在其上部和下部各配装四根控制绳索，这样即使在强大外力的作用下仍能正常动作。4+4 翅膀构型非常复杂，但也提高了结构强度及构件的可延展性。遗憾的是，达·芬奇也仅仅绘制了这种结构中的支撑杆草图。

4+1 翅膀构型

4+4 翅膀构型上部的四根绳索可以用一根 mascherecció（前文提到的坚韧皮革）制成的绳索取代。在手稿第 6 张左页的一幅插图中，达·芬奇在一根用于收拢翅膀的绳索旁特意标注了“mascherecció”一词。

3+0 翅膀构型

在手稿第 7 张右页的下部，达·芬奇绘制的翅膀结构中没有前面出现过的上部绳索。考虑到这根绳索的重要性，达·芬奇没有画出它的理由恐怕要么是纸面没有空间了，要么是不想重复已经强调过的东西，而绝非彻底将其舍弃。

3+1 翅膀构型

这是达·芬奇提出的多种翅膀构型中最可信的一种。但他显然在绘制中省略了一些结构，因此需要我们做一些合乎逻辑的推测。标红的结构便是我们推测得出的（见下一页）。这一结构中，三根下部的绳索用于收拢翅膀，而上部用于展开翅膀的绳索只有一根。

类似的翅膀结构插图还出现在手稿第 11 张左页中，它们分别采用了 3+0 构型（三根下部绳索，无上部绳索）和 2+2 构型（两根下部绳索和两根上部绳索）。

第7张右页

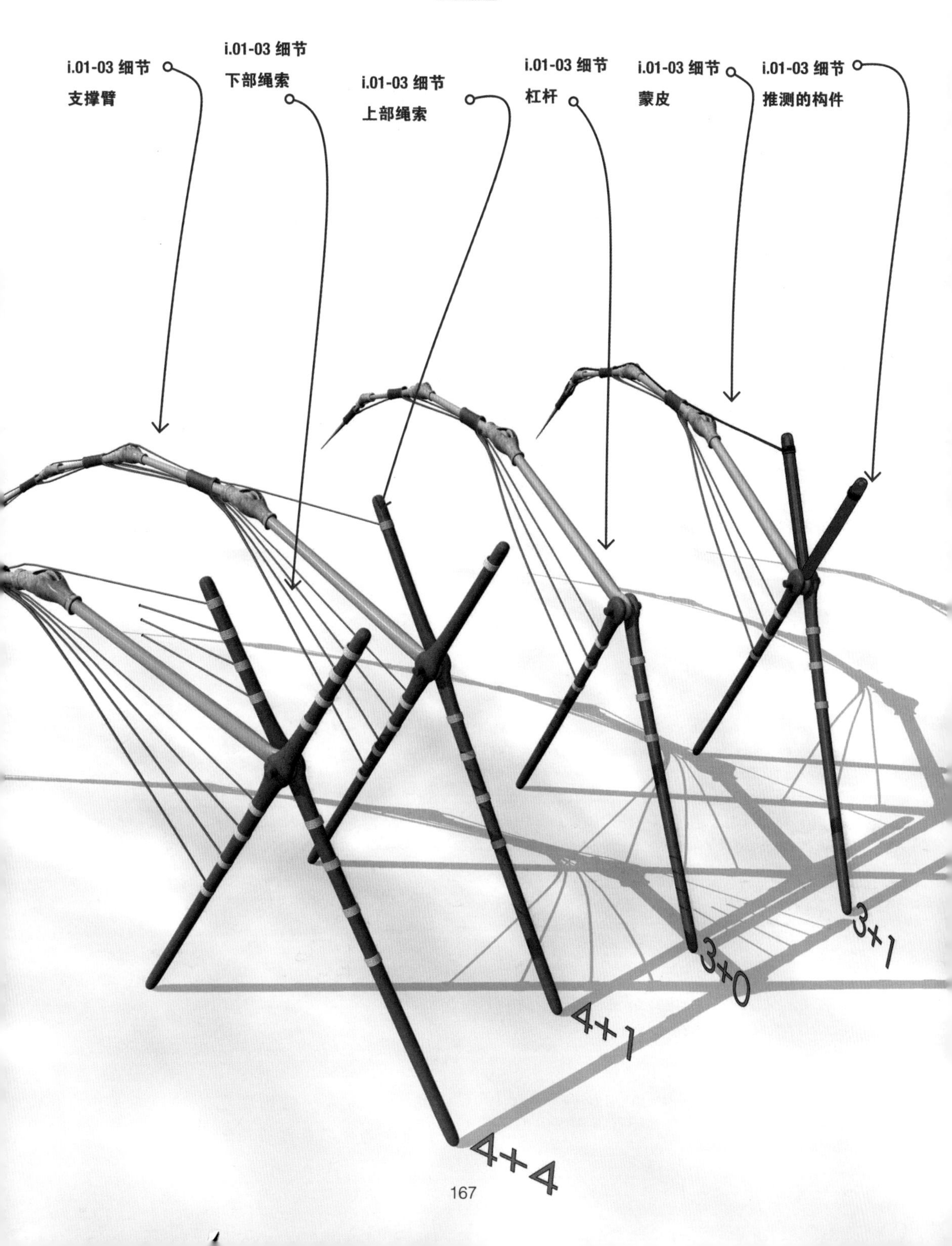

i.01-03 细节
支撑臂
i.01-03 细节
下部绳索
i.01-03 细节
上部绳索
i.01-03 细节
杠杆
i.01-03 细节
蒙皮
i.01-03 细节
推测的构件
4+4
4+1
3+0
3+1

第7张左页

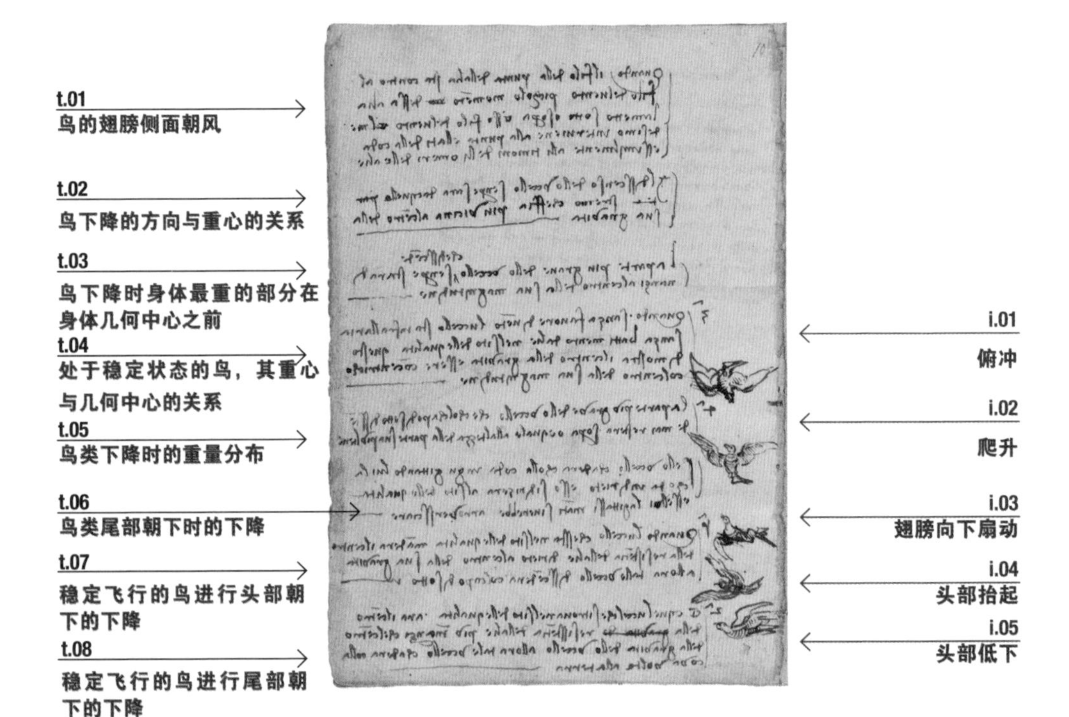

《飞行手稿》原文

t.01 > *Quando il filo della punta dell'alia sta contro al filo del vento picolo momento, (m) dessa alia la metto sotto o sopra esso filo del vento, e 'l medesimo interviene alla punta e lati della coda, e similmente alli timoni delli omeri delle alie.*

t.01： 当"鸟"的翅膀侧面朝向风时，必须设法让翅膀处于风的下方或上方。尾部的侧面，翅膀"肱骨"上的"舵面"也应遵循同样的原则。

t.02 > *Il discenso dello uccello senpre sarà da quello (parte c) stremo che fia più vicin al centro della sua gravità.*

t.02： 鸟会朝向距重心最近的一侧下降。

t.03 > *La parte più grave dello uccello che discende senpre starà di nanzi al centro della sua magnitudine.*

t.03： 当鸟从一定高度下降时，其身体最重的部分在身体的几何中心之前。

第7张左页

t.04 > *3a. Quando, sanza favore di vento, l'uccello sta infrall'aria, sanza battimento d'alie, nel sito dell'equalità, questo dimostra il centro della gravità essere concentrico col centro della sua magnitudine.*

t.04：3a. 鸟在空中处于稳定状态时，如果它既不扇动翅膀，也不借助风的力量，则意味着其身体重心与几何中心是重合的。

t.05 > *4a. La parte più grave dello uccello, che, col capo disotto, discende, mai resterà sopra, o equale all'altezza della parte sua più lieve.*

t.05：4a. 鸟在头部朝下下降时，其身体最重的部分应始终低于，或不高于较轻的部分。

t.06 > *Se lo uccello caderà colla coda in giù, gittando lui la coda indirieto, esso si dirizerà al sito dell'equalità. e se lui la gittassi inanti, si verebbe a roversciare.*

t.06：鸟在尾巴朝下下降时，如果将尾巴转向后方，则可以恢复稳定状态，但如果将尾巴转向前方，则会失控翻滚。

t.07 > *1a. Quando l'uccello, che sta nel sito dell'equalità, manderà il centro della resistenzia dell'alie dirieto al centro della sua gravità, allora tale uccello discenderà col capo disotto.*

t.07：1a. 处于稳定状态的鸟，如果将其翅膀的阻力中心调整到身体重心之后，则会头部朝下下降。

t.08 > *2a. E quel uccel, che si trova nel sito dell'equalità, arà il centro della (gravità de) resistenzia dell'alie più innanzi che 'l centro della gravità dello uccello; allora tale uccello caderà colla coda volta alla terra.*

t.08：2a. 处于稳定状态的鸟，如果将其翅膀的阻力中心调整到身体重心之前，则会尾部朝下下降。

第7张左页

这一页及随后几页的内容，可能是这卷手稿中“曝光率”最高的部分，因为其中包含了几幅流传甚广的有关鸟类飞行的插图。达·芬奇在观察赤鸢的飞行姿态时，做了颇为详细的笔记。这绝非一项简单的任务，我们必须考虑到当时并没有如今常用的便携式摄录一体机或照相机，达·芬奇只能靠肉眼目不转睛地观察。手稿中记录的场景要么在开阔的野外，要么在山脚下，这无疑展现出达·芬奇超越常人的毅力与求实精神。我们观察自然状态鸟类的距离不可能很近，因此要用肉眼捕捉它们飞行时翅膀和尾部的细微动作就显得尤为困难。达·芬奇无疑完成了这项看似难以完成的任务，并将观察成果详尽地呈现给我们。

达·芬奇在插图中处于飞行状态的鸟身上标注了两个重要的点：鸟的身体重心（图中 A 点）和翅膀的阻力中心（图中 B 点）。这其中，我们可以将 B 点视为翅膀尖端的中心点。鸟可以通过将 B 点移动到身体重心之前或之后来调整自己的飞行姿态，从而实现不同的动作。在手稿第 15 张左页中，达·芬奇利用自己发明的仪器在更大的范围内测量和研究了这两个点。

重心和阻力中心

A 点代表鸟的身体重心，B 点代表鸟的翅膀阻力中心。鸟可以通过调整 B 点的位置来调整自己的飞行姿态。

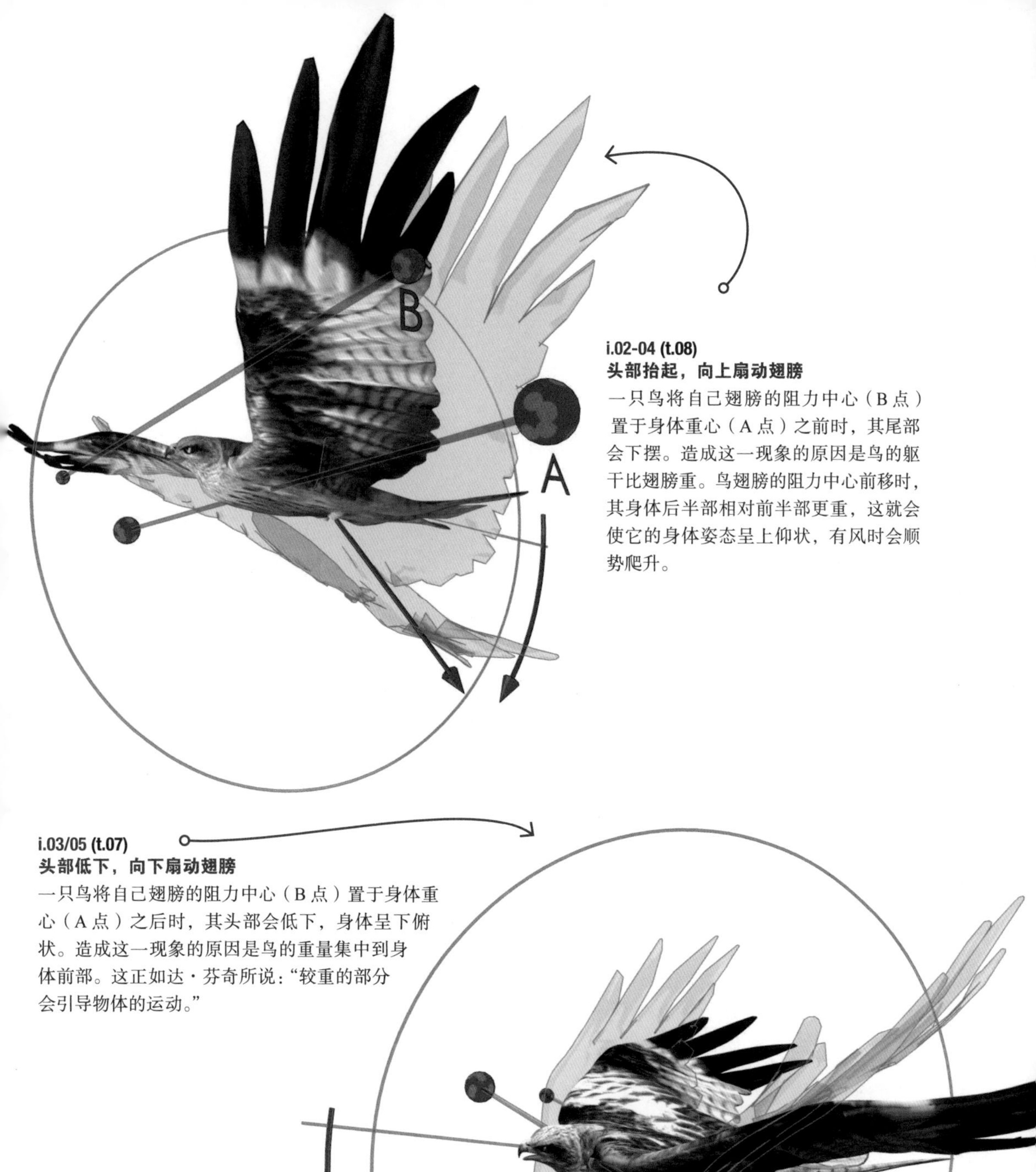

i.02-04 (t.08)

头部抬起，向上扇动翅膀

一只鸟将自己翅膀的阻力中心（B点）置于身体重心（A点）之前时，其尾部会下摆。造成这一现象的原因是鸟的躯干比翅膀重。鸟翅膀的阻力中心前移时，其身体后半部相对前半部更重，这就会使它的身体姿态呈上仰状，有风时会顺势爬升。

i.03/05 (t.07)

头部低下，向下扇动翅膀

一只鸟将自己翅膀的阻力中心（B点）置于身体重心（A点）之后时，其头部会低下，身体呈下俯状。造成这一现象的原因是鸟的重量集中到身体前部。这正如达·芬奇所说："较重的部分会引导物体的运动。"

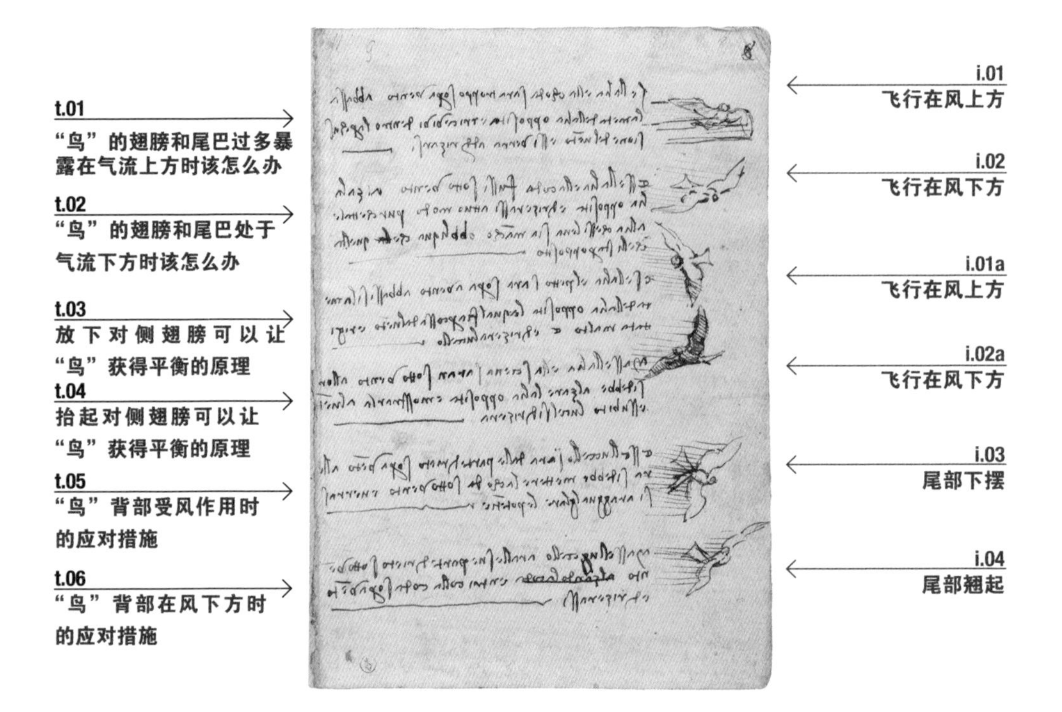

t.01 > *Se l'alia e la coda sarà troppo sopra vento, abbassa la metà dell'alia opposita, e ricevivi dentro la percussione del vento, e si verrà a dirizarsi.*

t.01： 如果“鸟”的翅膀和尾巴过多暴露在气流上方，则你必须将对侧翅膀放下一半，使风作用于对侧翅膀，这样就能获得平衡。

t.02 > *E se l'alia e la coda fussi sotto vento, alza l'alia opposita, e dirizerassi a tuo modo, pur che tale alia, che si leva, sia manco obbliqua che (lla) quella che li sta per opposito.*

t.02： 如果“鸟”的翅膀和尾巴处于气流下方，则要抬起对侧翅膀，你可以用自己的方式获得平衡。只要抬起的翅膀的倾斜度小于处于气流下方一侧的翅膀即可。

第8张右页

t.03 > *E se l'alia e 'l petto sarà sopra a vento, abbassisi la metà dell'alia opposita, la qual fia percossa dal vento e rigittata in alto, e e' dirizzerà l'uccello..*

t.03：如果“鸟”的翅膀和腹部处于风的上方，则你必须将对侧翅膀放下一半，使风作用于对侧翅膀，利用风的力量将其抬起，这样才能获得平衡。

t.04 > *Ma se l'alia e la schiena saran sotto vento, allor si debbe alzare l'alia opposita e mostrarla al vento, e subito l'ucel si dirizerà.*

t.04：但如果“鸟”的翅膀和背部处于风的下方，则你要抬起对侧翅膀，且不让它受迎面风的影响。这种情况下，“鸟”才能获得平衡。

t.05 > *E se l'uccello sarà, dalla parte dirieto sopra vento, allora si debbe mettere la coda sotto vento, e verrassi a ragguagliare le potenzie.*

t.05：如果“鸟”的背部受到风的作用，则你必须将尾巴置于风的下方，以平衡风的压力。

t.06 > *Ma se l'u(g)ccello arà le sue parte dirieto sotto vento, (alzando la coda) entri colla coda sopra vento, e dirizerassi.*

t.06：但如果“鸟”的背部处于风的下方，则你必须将尾巴置于风的上方，以平衡风的压力。

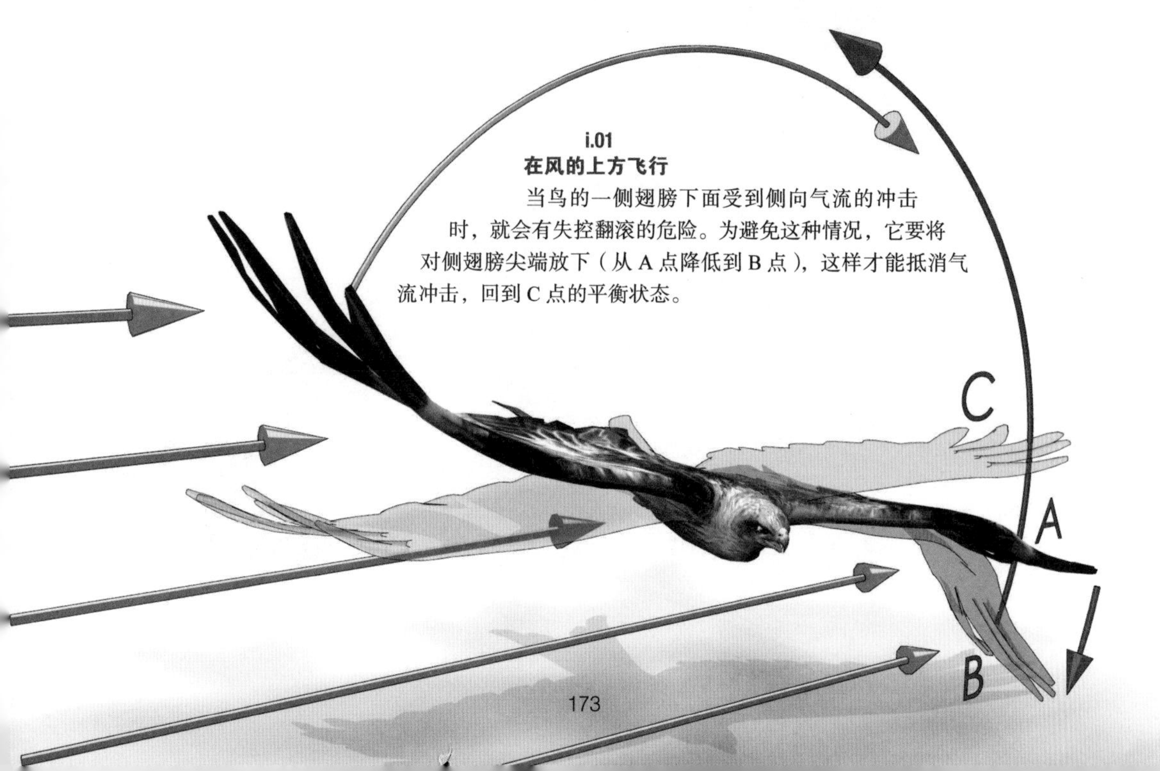

i.01
在风的上方飞行

当鸟的一侧翅膀下面受到侧向气流的冲击时，就会有失控翻滚的危险。为避免这种情况，它要将对侧翅膀尖端放下（从A点降低到B点），这样才能抵消气流冲击，回到C点的平衡状态。

第8张右页

本书作者的评述

这一页中，达·芬奇继续记录自己的观察和研究成果。在他的笔下，鸟类与飞行器间的“界限”是非常模糊的。这令我们不禁遐想，达·芬奇可能真的造出了一架难以置信的实验性飞行器，或至少距离造出这样的实体已经很近了。达·芬奇写道：“你可以用自己的方式获得平衡。”这句话看起来似乎并不是对观察结果的总结，而更像是对飞行员的告诫，以免其在飞行时陷入失控状态。

与上一页不同，我们几乎可以肯定达·芬奇在这一页中描述的“鸟”并非自然界中真实存在的鸟。整段文字充斥着“你必须……”或“一个人需要……”这样的字眼，这简直就像一场对话。

i.03 (t.05)
尾巴下摆
如果鸟在风的上方飞行，并试图平衡风的作用力，就要使尾巴处于风的下方。

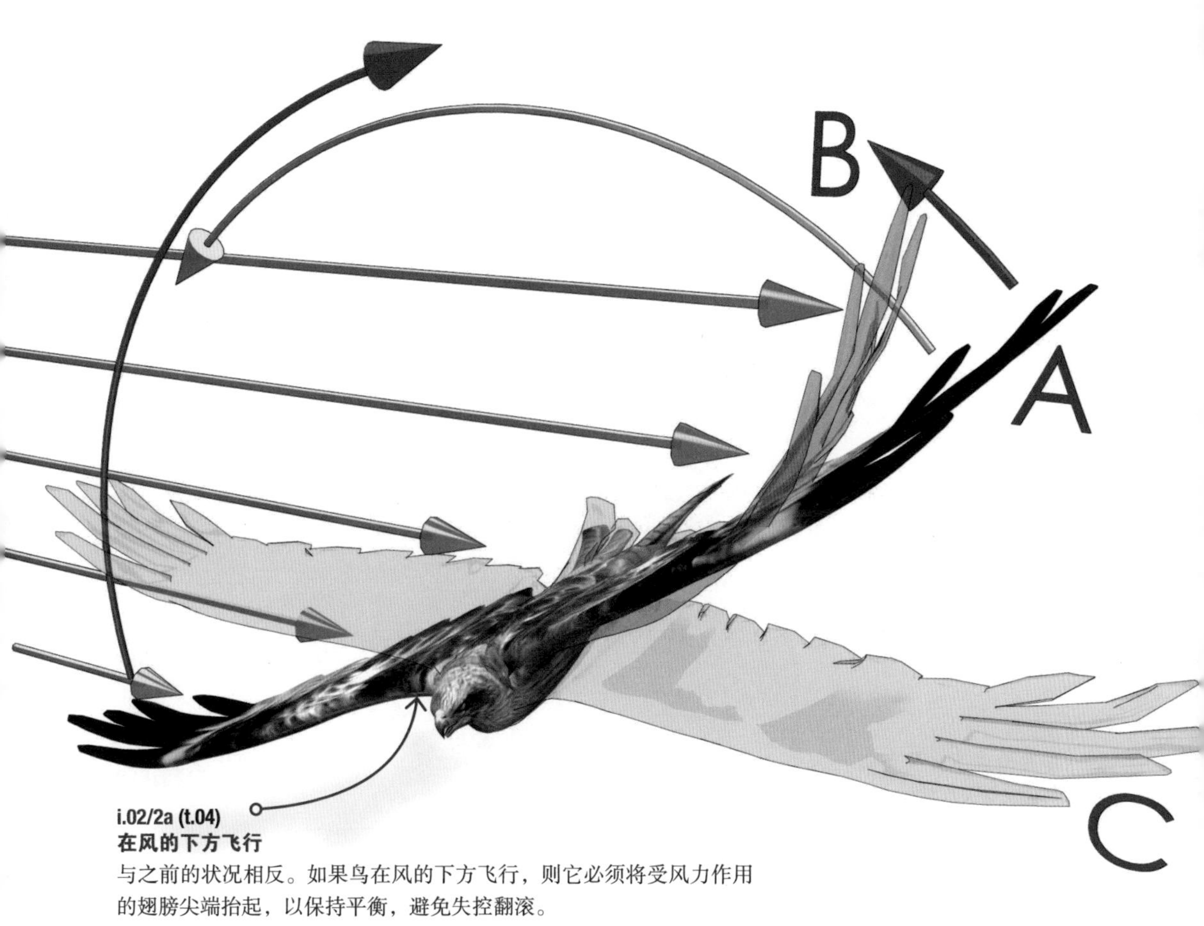

i.02/2a (t.04)
在风的下方飞行
与之前的状况相反。如果鸟在风的下方飞行，则它必须将受风力作用的翅膀尖端抬起，以保持平衡，避免失控翻滚。

i.04 (t.06)
尾巴翘起
如果鸟在风的下方飞行，并试图平衡风的作用力，就要将尾巴翘起，使其处于风的上方。

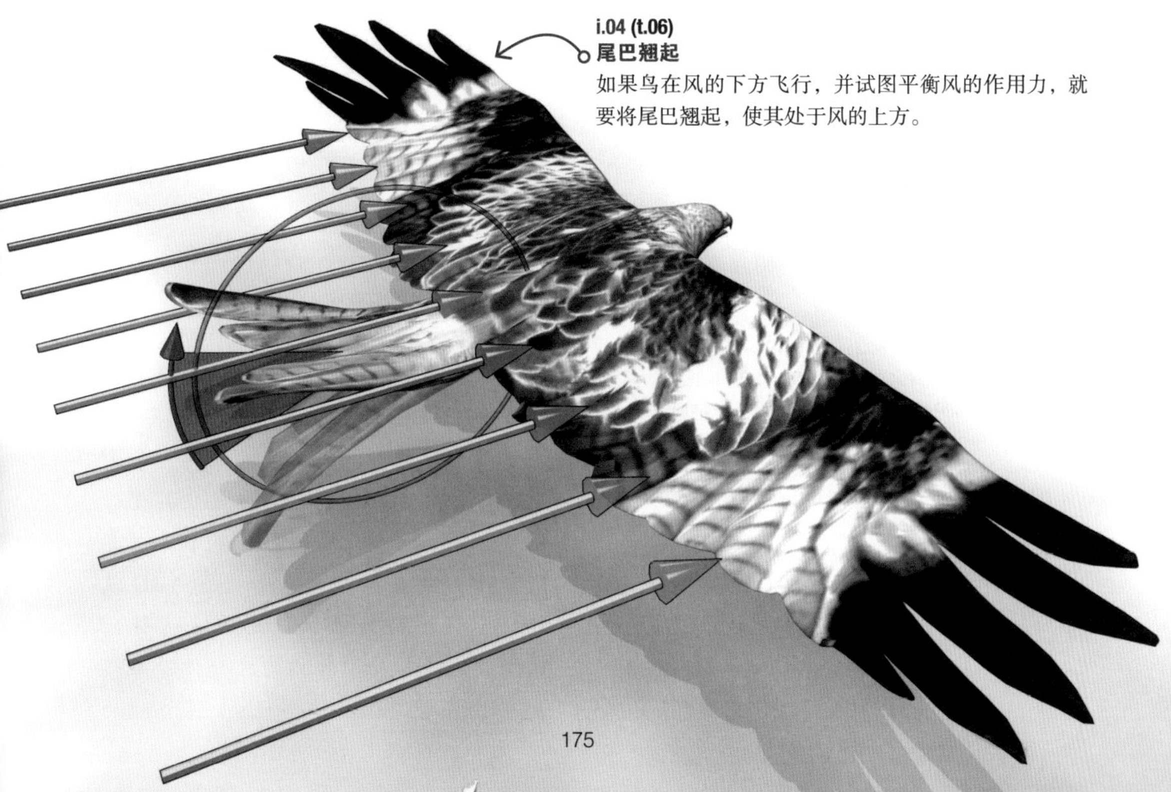

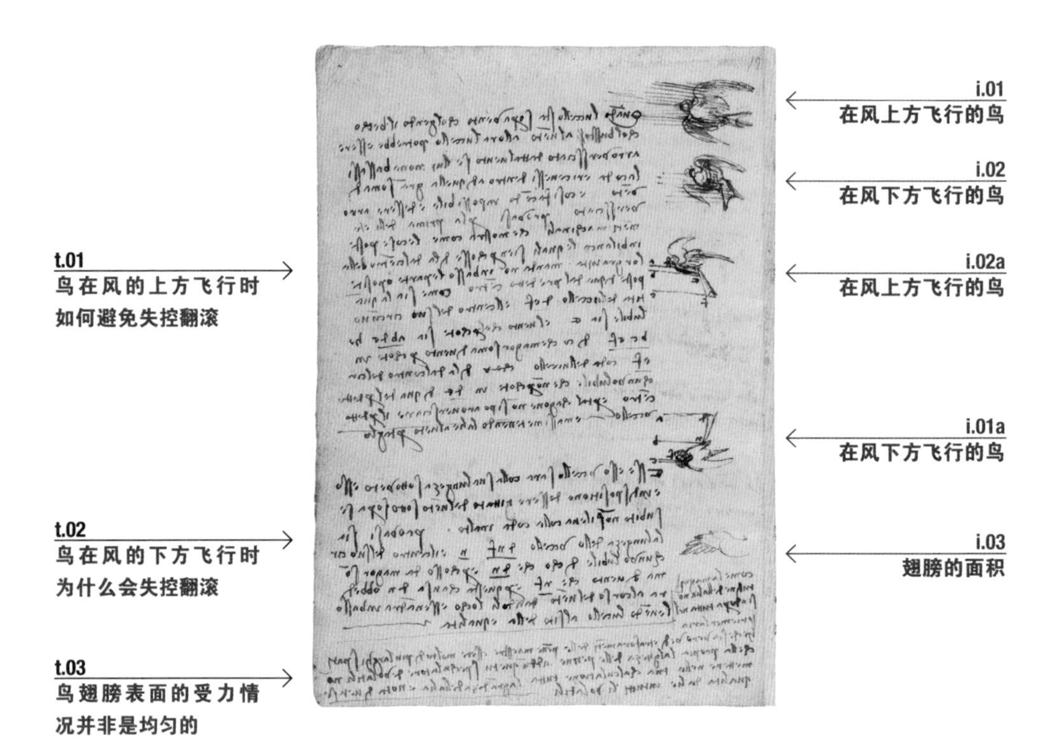

t.01 > *Quando l'uccello sta sopra vento, lgendo il beco col busto (s) al vento, allora l'uccello potrebbe essere arroverscìato da tal vento, se lui non abassassi la coda, e ricevessi dentro a di quella gran soma di vento; e così facendo, inpossibile è d'essere arroverscìato. Provasi per la prima delli ele menti machinali, che mostra come le cose poste in bilancia, le quali sien percosse di là dal cientro della lor gravità, mandano in basso le parte oposite, poste di qua dal pre detto centro. Come: sia la quantità dell'uc-cello d e f, e 'l centro del suo circunvolubile sia e, e 'l vento che 'l percote sia a b d e e b c f; dico che magior soma di vento percote in e f, coda dell'uccello, (che i) di là dal centro del circunvolubile, che non percote in d e, di qua del predetto centro; e per tal cagione,*

t.01：一只鸟在风的上方飞行时，如果任凭自己的喙和胸部受风力作用，除非它将尾部下摆，减小风的作用力，否则就有失控翻滚的危险。这种情况可参见探讨机械科学元素（Elementi Machinali）时的第一个案例。该案例展示了物体在一个平衡装置上运动的情况。将一个物体从平衡装置的重心上推离时，平衡装置相应的部分就会倾斜，处于其重心之下。例如，假设鸟在D点和F点，其几何中心是E点，而风沿直线ABD或直线EBCF方向施加作用力。这种情况下，我认为风的作用力大部分沿直线

第8张左页

non si po aroversciare il predetto uccello, e massime tenendo l'alie al vento per taglio.

EF施加。直线EF与鸟的尾巴重合，且在鸟的身体几何中心上方。这种情况下，风力就不会沿直线DE作用于鸟了。因此，鸟是不会失控翻滚的，即使它展开双翼切入风中。

t.02 > *E se esso uccello sarà colla sua lunghezza sotto vento, esso è in disposizione d'essere gittato dal vento sotto sopra, se subito non si leva colla coda in alto. Provasi: sia la lungheza dello uccello d n f, n è il centro del suo circunvolubile; dico che d n è percosso da magior somma di vento che n f, e per questa causa d n obbedirà al corso del vento, dandoli loco, e se n'andrà in basso, levndo l'ucello al sito della equalità.*

t.02： 如果鸟的整个身体都处于风的下方，则风会立刻使它失控翻滚，除非它迅速翘起尾巴。例如，假设鸟的身体长度方向是直线DNF，N是鸟的身体几何中心。我相信风作用在直线DN方向上的力要大于作用在直线NF方向上的力。这种情况下，直线DN方向上的作用力会朝着风的方向向下移动，破坏鸟的稳定飞行状态。

t.03 > *Come la magnitudine dell'alia non si adopra tutta nel priemer l'aria e che sia vero, vedi e traforamenti delle penne maestre essere molto di più larghi spazi che lapropia lalghezza delle penne; addunque, tu, speculatore de' volatili, non mettere nella tua calculazione tutta la grandeza dell'alia, e nota diverse qualità d'alie in tutti li volatili.*

t.03： 鸟扇动翅膀时，整个翅膀并不是都用来压缩空气。为证明上述说法是正确的，看一看鸟的初级飞羽吧，这些初级飞羽的面积比其他羽毛大得多。因此你们（伟大的鸟类观测者）在计算时不要使用整个翅膀的面积！另外，不要忘记观察不同鸟类的不同翅膀类型。

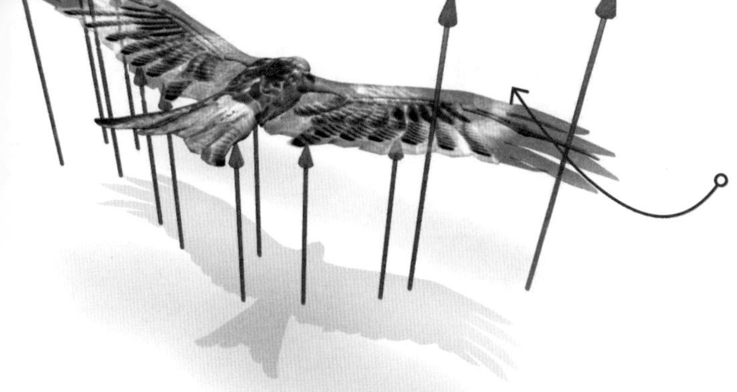

i.03

翅膀的面积

达·芬奇似乎是在告知飞行器制造者如下信息：当“鸟”的翅膀受到空气的作用力时，翅膀表面的受力是不均匀的，有些力通过羽毛传递。在手稿第15张右页中，他建议参考蝙蝠的翅膀结构，因为蝙蝠的翅膀由翼膜构成，而非羽毛。

第8张左页

i.01

在风上方飞行的鸟

鸟在风上方飞行时是有失控翻滚风险的，即围绕图中的 E 点旋转，头部转到 Z 点。为避免发生这种情况，鸟需要将尾巴下摆（到 F 点），以抵消风的作用力，使身体重归平衡状态。在这个场景中，鸟用尾巴避免失控翻滚的方式与现代飞机推杆俯冲的原理是相似的。

对达·芬奇设计的飞行器而言，尾部在飞行姿态控制中起到了关键性作用。与尾部相关的操纵动作都源于达·芬奇对鸟类飞行状态的观察结果，其作用在于防止飞行器在空中失控翻滚。飞行器陷入失控翻滚状态会极大威胁飞行员的安全和飞行器的结构稳定性。在手稿这一页的最后一段文字中，达·芬奇特别指出，制造飞行器时，不能以整个翅膀都受力为前提，去计算所需的翅膀尺寸，必须注意到部分空气会穿过鸟的羽毛。

i.02

在风下方飞行的鸟

鸟在风下方飞行时也是有失控翻滚风险的，因为气流的作用力会使鸟的头部低下。为平衡这个力，鸟需要将自己的尾巴翘起（从V点抬升到D点），藉此产生向上旋转的力，使自己重归平衡状态。在这个场景中，鸟用尾巴避免失控翻滚的方式与现代飞机拉杆爬升的原理是相似的。

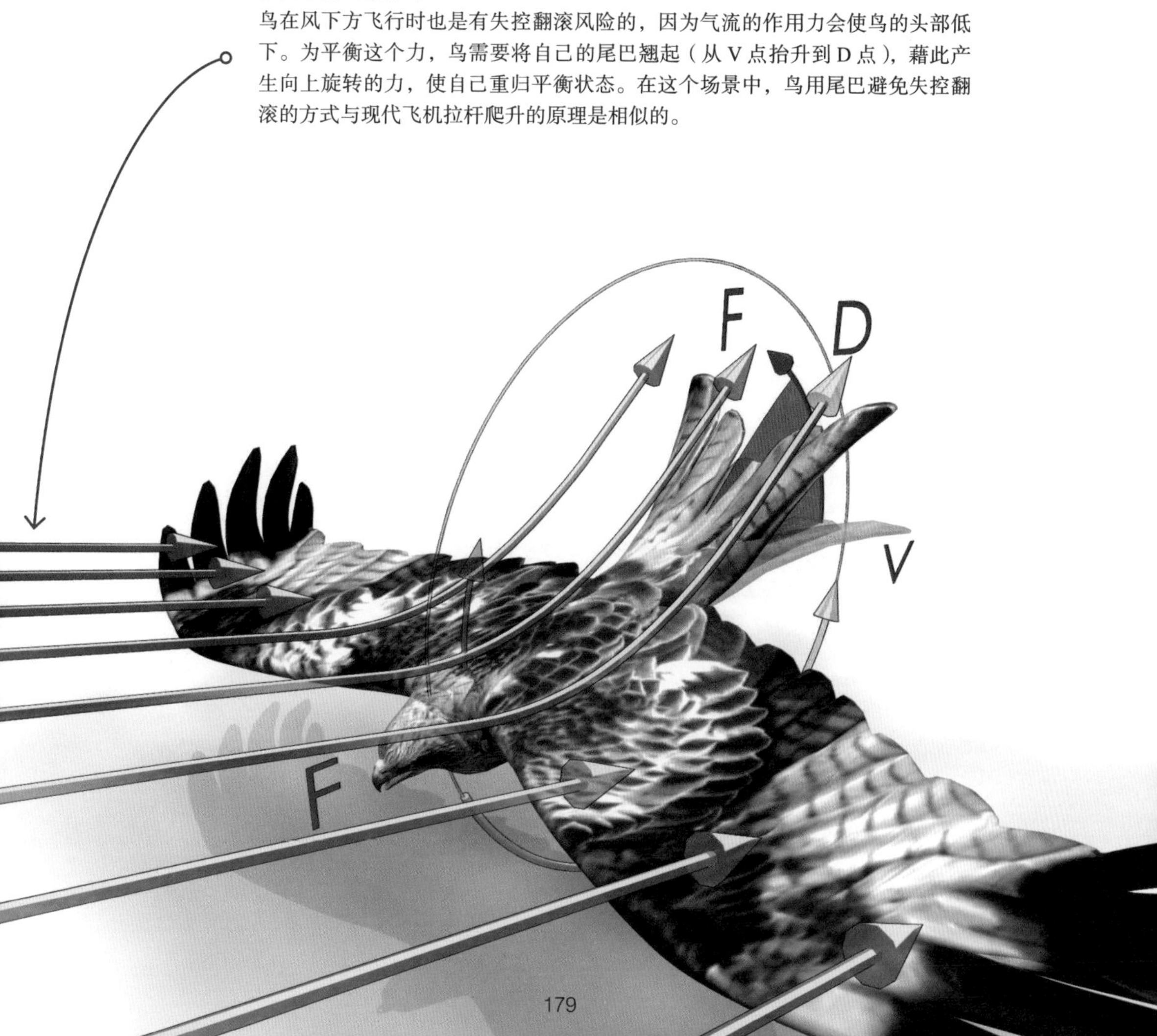

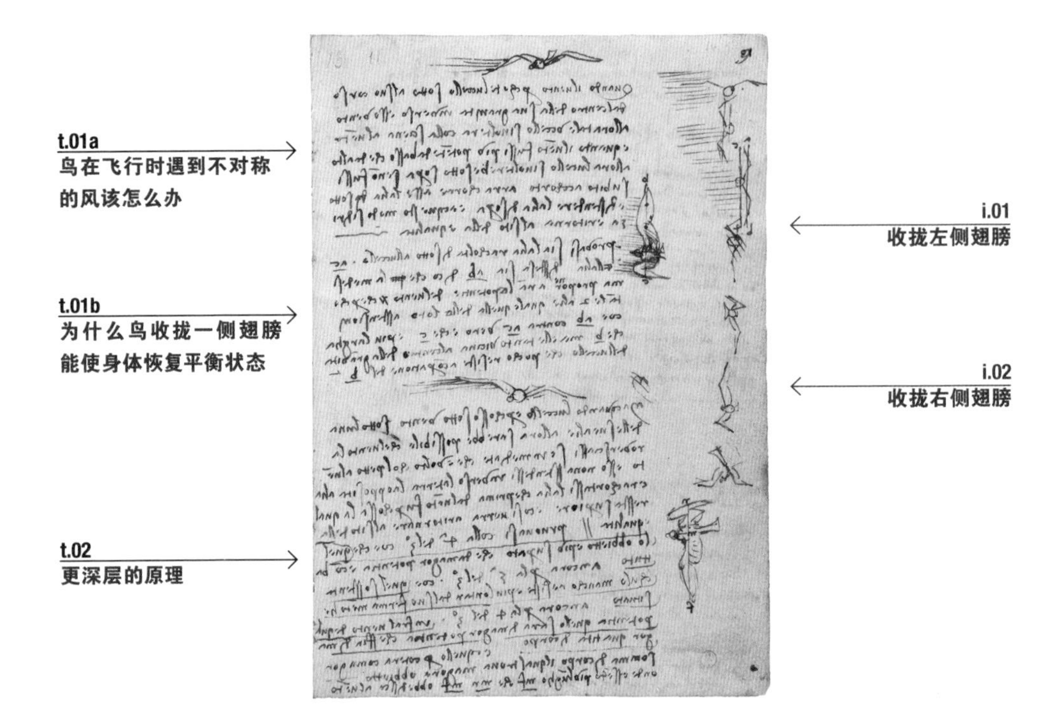

《飞行手稿》原文

t.01a > *Quando il vento percote l'uccello sotto al suo corso, dal centro della sua gravità inverso esso vento, allora tale uccello si volterà colla schiena al vento; e quando il vento fussi più potente da basso che da alto, allora l'ucello si volterebbe sotto sopra, se non fussi subito accorto a racorre a sé l'alia di sotto e distendere l'alia di sopra; e a cquesto modo si diriza e ritorna al sito della equalità.*

t.01a：风向上吹，风力作用在鸟身体上时，由于身体重心背向风，它会将背部朝向风。身体下方的风比身体上方的风强时，鸟就会失控翻滚，除非它立刻将低于身体一侧的翅膀收拢，并展开高于身体一侧的翅膀。鸟在飞行时可以用这种方法纠正飞行姿态，重归平衡状态。

第9张右页

t.01b > *Provasi: sia l'alia racolta, di sotto all'uccello, a c, e l'alia distesa sia a b; dico che (qui) la medesima proporzione aran le potenzie del vento (v) che percotan le 2 alie, quale quella delle loro astensioni, cioè a b contra a c. Vero è che c è più larga che b; ma ell'è tanto vicina al centro della gravità dell'uccello, che poco resiste a conparazione del b.*

t.01b：这可以通过如下论述证明。假设AC是鸟收拢起来的比身体低的翅膀，而BC是展开的翅膀。我相信两个翅膀上的风速是与翅膀面积，以及AB与AC的比值成比例的。C的面积比B大，但C非常靠近鸟的身体重心，因此相对展开的翅膀B而言，风对它的阻力就很小了。

t.02 > *Ma cquando l'uccello è percosso sotto vento, sotto l'una delle sue alie, allora sarebbe possibile che 'l vento l'aroversciassi, se in mediate che è volto col petto al vento, esso non astendessi inverso la terra la opposita alia, e racortassi l'alia che prima dal vento fu percossa, la qual resta superiore, e così verrà a ritornare al sito della equalità. Pruovasi colla 4a del 3°, cioè che quello obbietto è più superato, che da magior potenzia è conbattuto; ancora per la 5a del 3°, cioè: quel sostentaculo manco e più lontan dal suo fermamento è situato; ancora per la 4a del 3°: in fral vento d'equal potenzia, quello sarà di magior potenzia, che fia di magior qua[n]tità di corpo, e cquello percoterà con magior somma di corpo, il qual trova magiore obbietto; onde, essendo più lungo m f che m n, m f obbedisce al vento.*

t.02：但当风力从一侧翅膀的下部作用于鸟的身体时，鸟就会有失控翻滚的危险，除非它立刻用胸部迎风，并将另一侧翅膀向下展开，同时收拢受风力作用的翅膀，才可能恢复平衡状态，尽管此时受风力作用一侧翅膀的位置仍然比对侧高。之前提到的机械力学第三定律中的第四原则（原文为Fourth Rule of the Third Principle，译者注）可以验证这种恢复平衡的方法，这条原则的内容是物体受到的作用力越大，它所产生的反作用力（原文为overcome，译者注）就越大。同样可以应用于此的还有第三定律中的第五原则，其内容是物体支撑结构中最弱的点（意指抵抗外力作用的能力最弱的点，译者注）是距离结构连接处最远的点。最后，让我们回到第三定律中的第四原则，当两股风的作用力相等时，（“鸟”身体）迎风面积大的一侧会受到更大的作用力，且面积越大受到风的阻力越大。因此，既然MF比MN长，MF就会沿风的方向运动。

i.01-i.02

收拢左侧翅膀

受到来自上方或下方的风力作用时，鸟可能会失控翻滚。为避免这种情况发生，达・芬奇解释道，鸟会收拢一侧翅膀的端部，以减小翅膀的迎风面积（C点和N点）。这种情况下，图画显然比文字更有说服力。在这一页中，达・芬奇严格区分了风从（鸟的身体）上方和下方作用时，鸟的不同应对措施（即分别收拢不同侧的翅膀）。

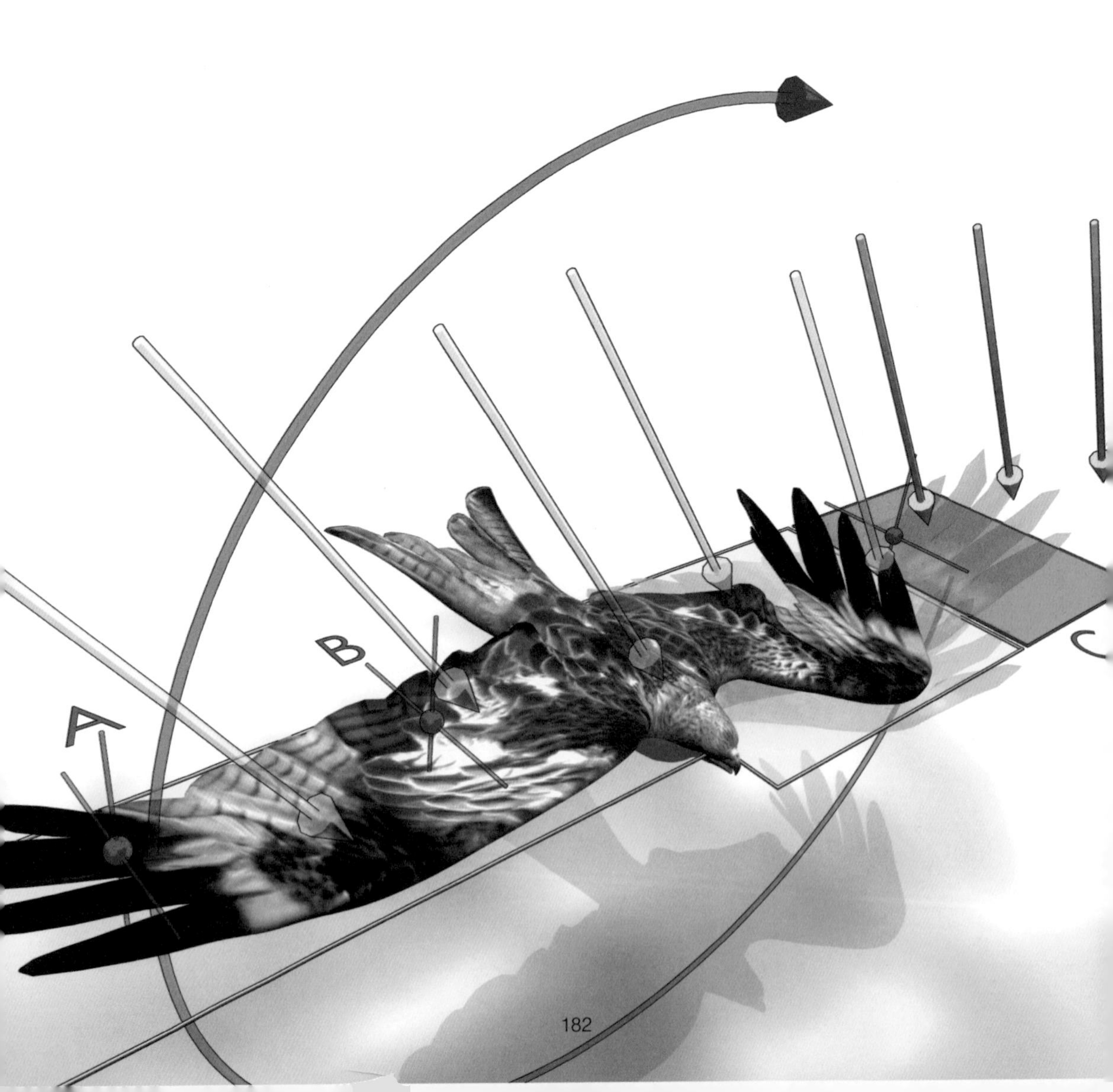

第9张右页

前一页中，达·芬奇研究了鸟在飞行中如何通过尾巴动作改变飞行姿态，以应对风力作用的问题。而在这一页中，他将问题聚焦在鸟的翅膀上。达·芬奇特别提到，风无论从鸟的身体上方作用，还是从鸟的身体下方作用，都可能导致鸟失控翻滚。在这一页的插图中，气流与鸟翅膀的位置关系清晰可辨。这两种情况下，鸟（或飞行员），都必须及时作出反应，收拢受风力作用一侧翅膀的端部，以减小受力面积，进而减小受力。即使收拢一侧的翅膀在垂直维度上占据了更大的空间（此处的空间实际指的是迎风面积，译者注），但其在水平维度上占据的空间变小了，因此相对展开一侧的翅膀所受风力作用更小。通过这种方法，鸟就可以在飞行中恢复平衡状态。

本书作者的评述

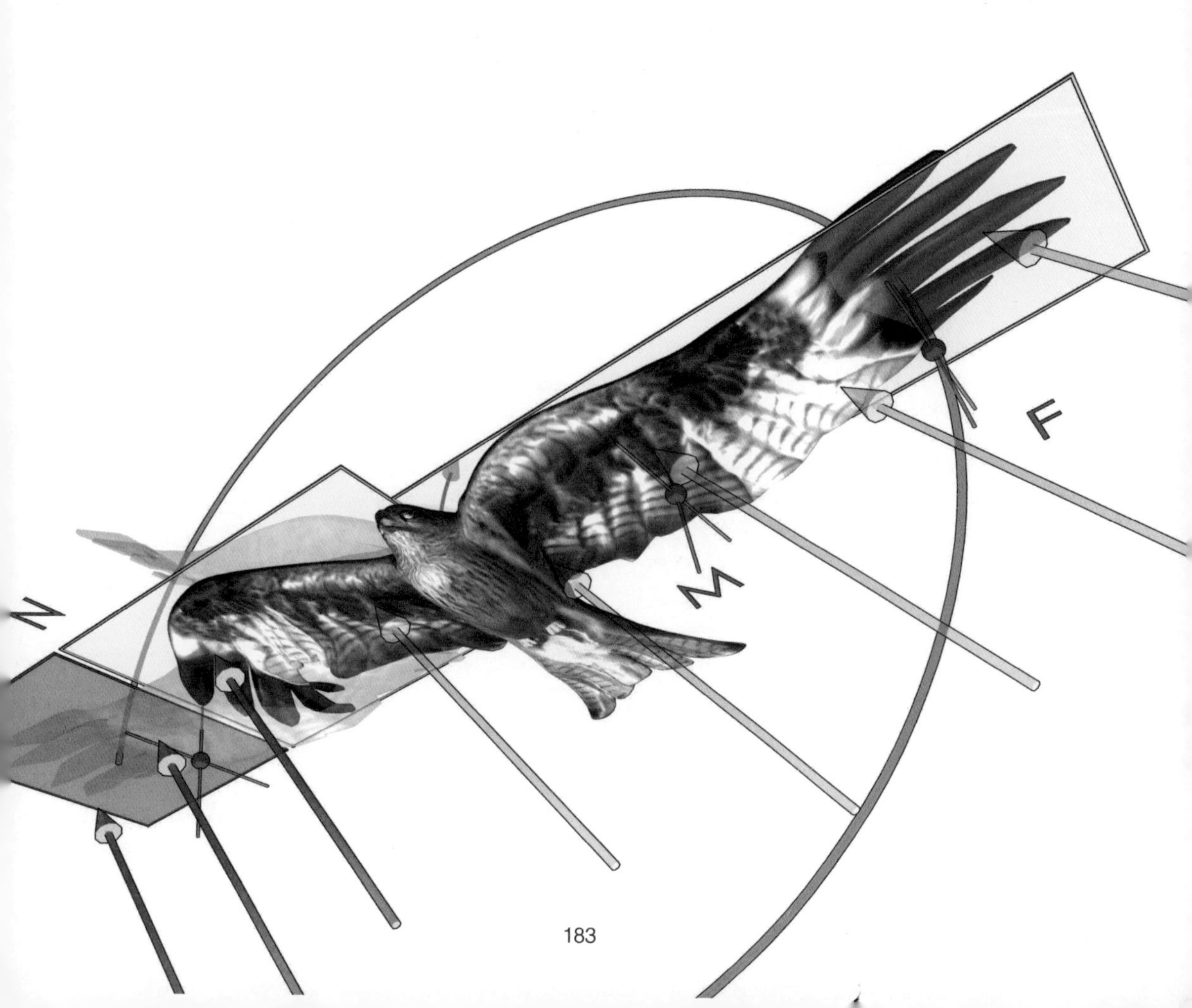

第9张左页

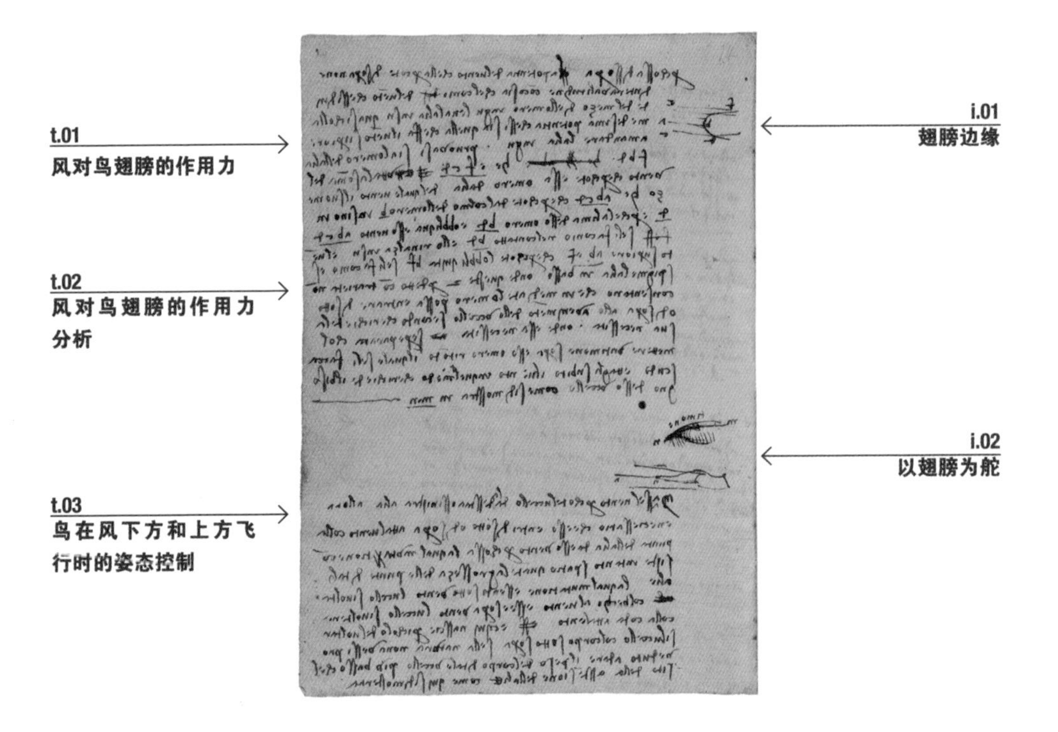

《飞行手稿》原文

t.01 接手稿第10张右页> *Percossa disopra, (ch) la potenzia del vento, che la percote disopra, non è d'intera calitudine, conciosia che 'l conio (di) del vento, che si divide del mezo di el l'omero ingiù, leva l'alia insù, quasi colla medesima potenzia che si sia quella che fa il vento superiore a mandare l'alia ingiù.*

t.01：风力不会作用在鸟翅膀上表面的所有部位。因为一部分风像楔子一样"钻"到了翅膀下面。风在翅膀下表面分开，大概在肱骨边缘的中点附近，这样就产生了对翅膀的升力，它与鸟翅膀上表面所受的风的下压力几乎是相等的。

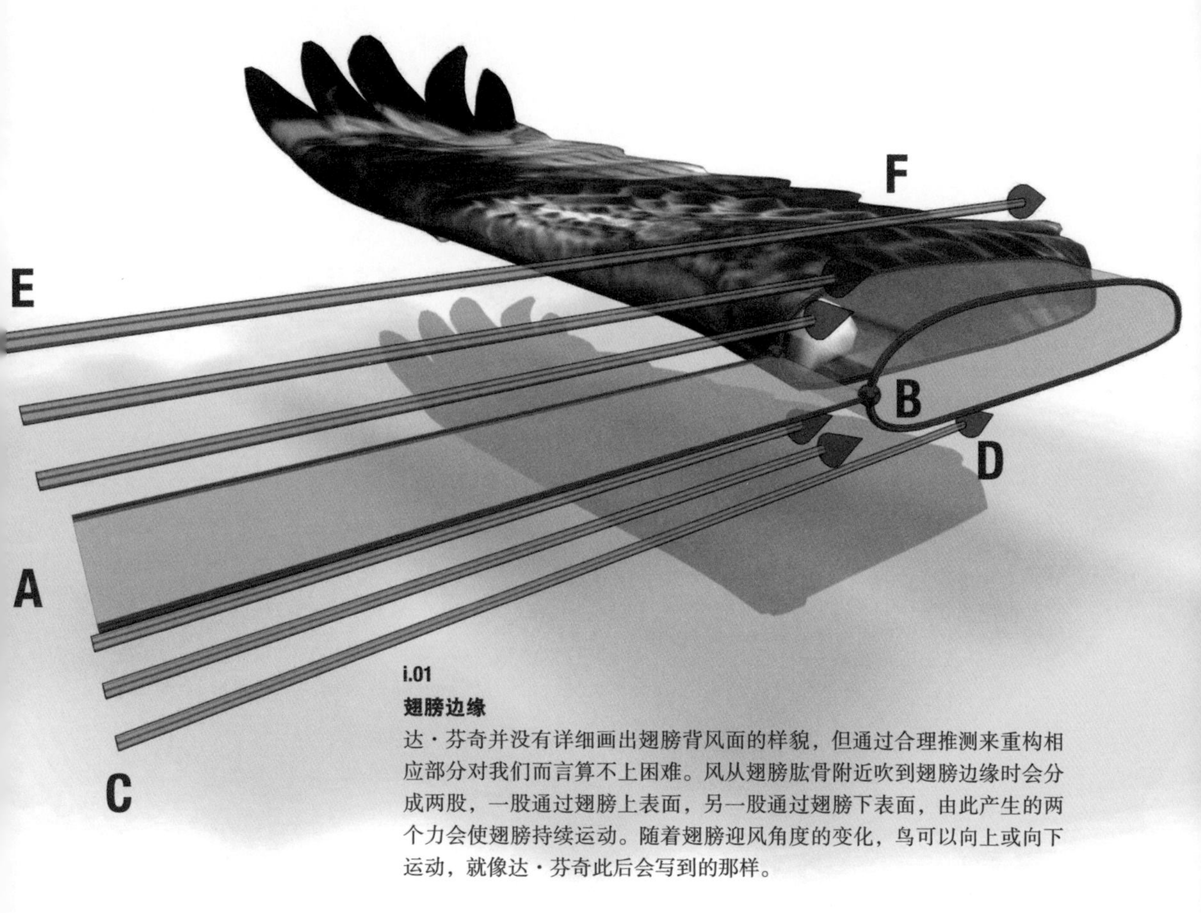

i.01
翅膀边缘
达·芬奇并没有详细画出翅膀背风面的样貌，但通过合理推测来重构相应部分对我们而言算不上困难。风从翅膀肱骨附近吹到翅膀边缘时会分成两股，一股通过翅膀上表面，另一股通过翅膀下表面，由此产生的两个力会使翅膀持续运动。随着翅膀迎风角度的变化，鸟可以向上或向下运动，就像达·芬奇此后会写到的那样。

t.02 > *Pruovasi: sia l'omero dell'alia f b d, (he . b ab e) e e f c d (es) è tutta la somma del vento, che percote ess[o] omero d'alia, del quale vento il suo mezo è a b c d, che percote dal colmo dell'omero b insino in d; e perché la linia d'esso omero b d è obbliqua, esso vento a b c d (sess) se li fa conio nel contatto b d e lo rinalza insù; e 'l vento superiore a b e f, che percote l'obbliquità b f, se li fa conio e spignie in basso, onde queste 2 predett[e] contrarietà non consentano che in mediante l'omero possa entrare disotto o disopra alla avenimento dello uccello, secondo che richiede la sua necessità. Onde essa necessità (a.) s'è preparata, col mettere un timone sopra esso omero ritondo, il quale se li faccia scudo, e tagli subito il vento in quel modo che richiede il bisogno d'esso uccello, come si dimostra in m n.*

t.02：这可以用如下方式分析：线段FBD代表鸟翅膀的肱骨，而风在直线EF和直线CD方向上对它施加作用力。假设ABCD是作用在翅膀肱骨中部B点到D点间的风的合力。由于代表肱骨的线段BD是倾斜的，一旦风的合力ABCD作用到线段BD上，就会像楔子一样将翅膀抬起来。与此相对的是，风的合力ABEF作用在翅膀上表面，一旦作用到代表翅膀边缘的线段BF上，就会使翅膀向下运动。因此，这两个方向相反的力会阻止肱骨运动到风的上方或下方，鸟可以根据自己的需要进行调整。这一过程的最后一步是在肱骨的圆形截面上方安置一个舵面结构，它应该像护盾一样切入风中，在鸟的“指令”下做出适宜的响应动作，如点M、N所示。

第9张左页

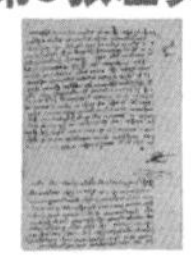

t.03 > *Ma se 'l vento percote l'uccello da la destra o sinistra alia, allora è neciessario che esso entri disotto o disopra a tal vento, colla punta dell'alia da esso vento percossa, la qual mutazione consiste in tanto spazio, quant'è la grosseza delle punte di tali alie; la qual mutazione essendo sotto vento, l'ucello si volta col beco al vento, e se è sopra vento, l'uccello si volterà colla coda a talento; e cqui nascie pericolo del voltarsi l'uccello col corpo sotto sopra, se la natura non avessi proveduto a dare il peso del corpo di tale uccello più basso che 'l sito della astensione dell'alie,come qui si dimost[r]erà.*

t.03：但如果一侧翅膀受到风力作用，鸟就要调整飞行姿态，使身体处于风的上方或下方，且与风向成一定角度。在风的作用下，这种控制方法是有可能实现的。这时，风以不同的方式对翅膀的端部施加作用力，而翅膀动作的幅度与翅膀端部的大小是成正比的。当鸟在风的下方这样做时，其头部会朝风的方向倾斜。而当鸟在风的上方这样做时，其尾部会朝风的方向倾斜。这种情况下，鸟就有可能失控翻滚。不过在自然状态下，鸟身体最重的部分在翅膀以下，从而避免了上述问题，我们以后还会对此进行讨论。

i.02

舵

翅膀能使迎面吹来的风分成两股，这是它最基本的功能。在这幅插图中，达·芬奇描绘了一个位于翅膀前缘的类似舵的凸出结构（在手稿中以小标题文字说明）。该舵位于小翼羽（拇翼）附近，可以“切割”气流，因此能让翅膀在梯度上瞬时产生位移。

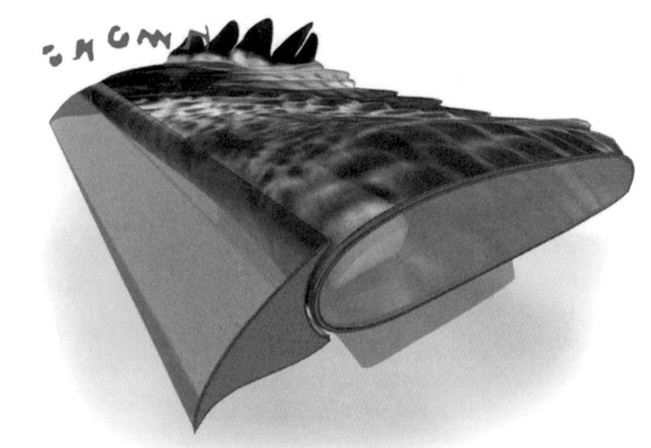

第9张左页

本书作者的评述

手稿这一页和下一页（即第 10 张右页）的内容代表了达·芬奇在飞行研究中达到的最高水平。达·芬奇在这一页中写下的第一段话，已经非常接近于现代航空学的专业表述，尽管他自己可能并没有意识到这一点。这一页中的小幅素描插图和相应文字注释足以令我们啧啧称奇，达·芬奇距离阐明飞行与翅膀所受升力间的关系仅有一步之遥。今天的飞机之所以能翱翔天际，本质上都源于其机翼的泪滴形剖面。根据瑞士数学家丹尼尔·伯努利（Daniel Bernoulli）在 1738 年提出的理论，气流接触到机翼前缘时会分成两部分，一部分从机翼上方流过，一部分从机翼下方流过。由于机翼上下表面的形状（线型）不同，这两部分气流必须在相同的时间内流过不同的距离（显然机翼上方的气流速度就会高于机翼下方的气流速度，根据伯努利定律，气流速度越高，产生的压力越小，因此机翼上方的气流压力小于机翼下方的气流压力，译者注）。这两部分气流作用于机翼的压力差就是升力——正是它将飞机“托举”上天的。

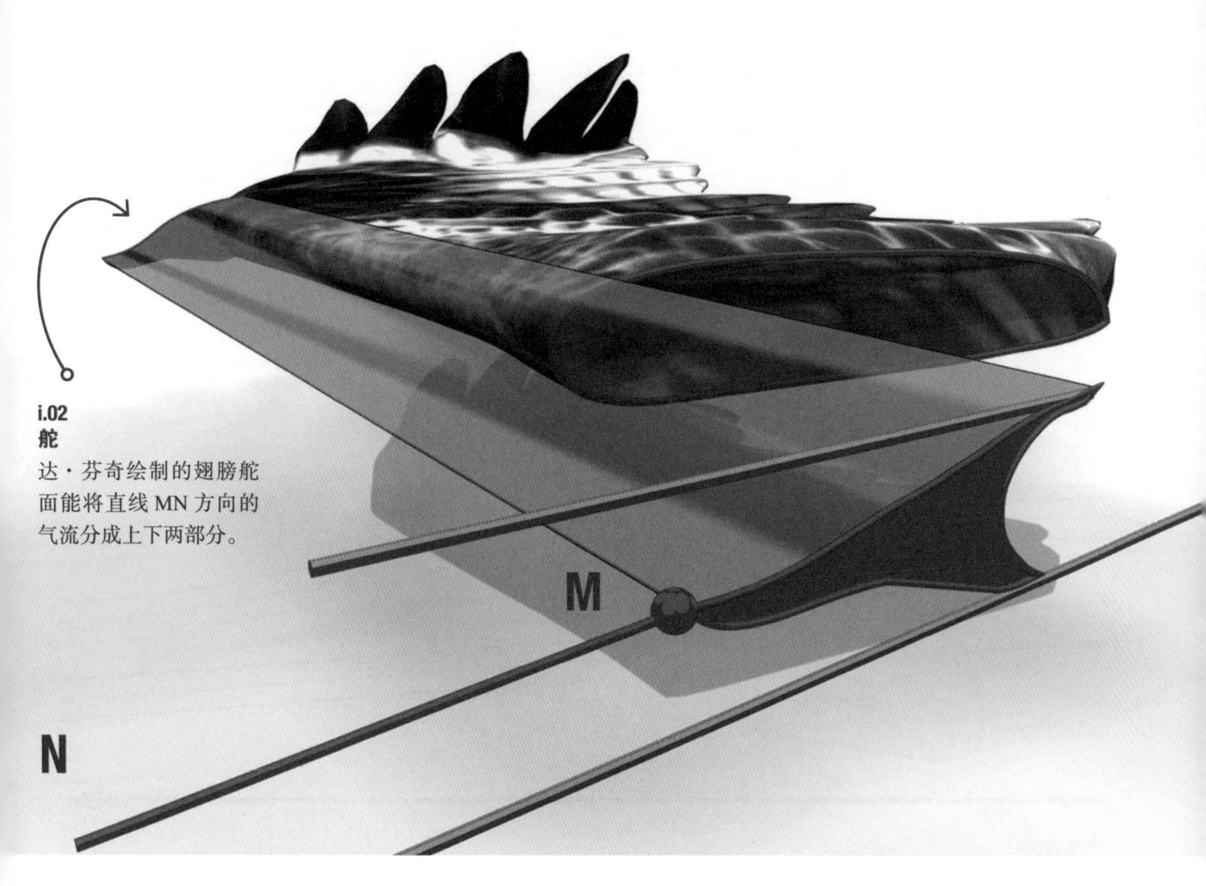

i.02
舵
达·芬奇绘制的翅膀舵面能将直线 MN 方向的气流分成上下两部分。

达·芬奇绘制的插图

本页的二维和三维插图复原并补全了达·芬奇所绘制的翅膀轮廓图。显然，达·芬奇在手稿中只画出了对应着肱骨的翅膀前缘轮廓，而非整个翅膀。他观察到，风在翅膀前缘被分成两部分，相应的压力分别作用于翅膀上下表面的不同部位。也许是限于稿纸篇幅，达·芬奇才没有绘制出整个翅膀，不过相应的注释文字仍然足以将他想要表达的含义清晰地呈现给我们。

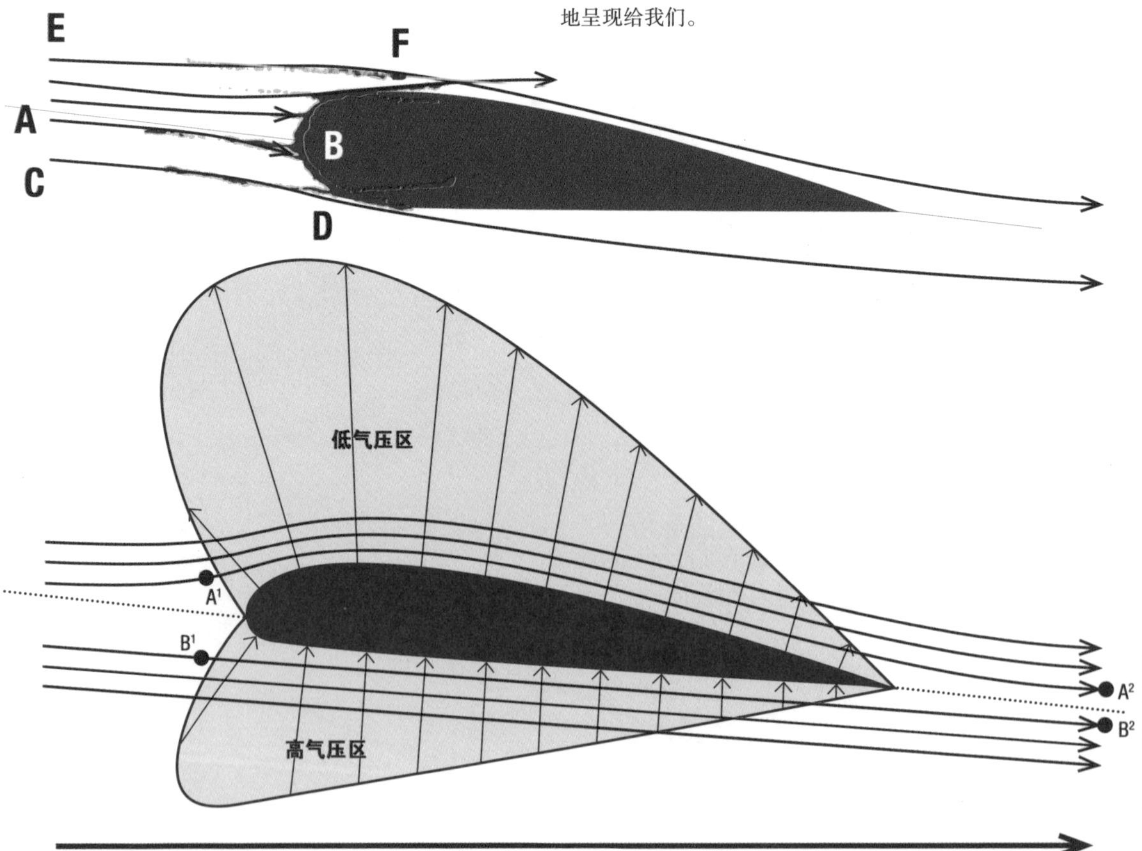

气流方向

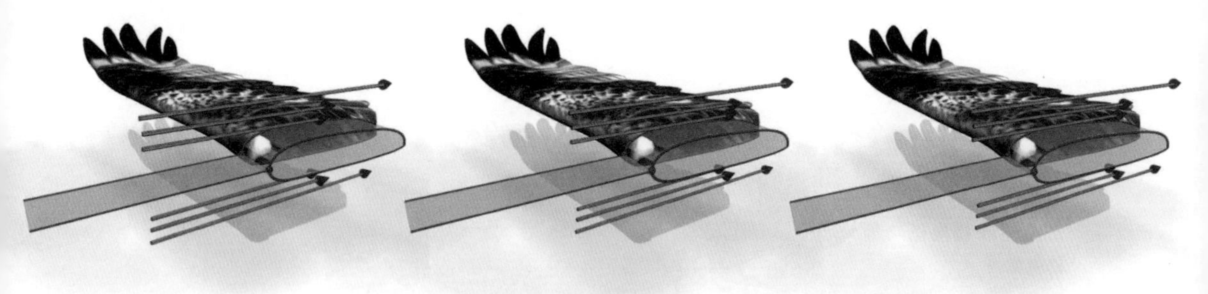

飞机为什么会飞？

飞机的主要“本领”就是能克服自身所受重力，飞上天空。为此，它必须想方设法为自己“制造”足以抵消重力的升力。热气球基于阿基米德原理（Archimedes Principle）克服重力，这一原理的内容是浸没在液体中的物体受到的浮力等于它排开的液体所受的重力。因此，热气球比空气轻（实际上，更确切地说是热气球球囊中的空气被加热后，密度小于周围的冷空气，进而产生了升力，译者注）。然而，飞机无论如何都是比空气重的，那么它的升力从何而来呢？早在蒙戈尔菲耶兄弟（Montgolfier brothers）于1782年12月14日进行首次热气球飞行之前，伯努利（或许达·芬奇比他还早）提出的理论就奠定了空气动力学的基础。他提出的方程揭示了在一段直径变化的管道中，理想流体的压力变化情况。机翼剖面上下部分的气体流动情况与伯努利提出的理论密切相关。气流接触到机翼前缘时分成两部分（达·芬奇画出了这一过程），一部分流经机翼上表面，一部分流经机翼下表面。机翼形状需要满足如下条件：通常状况下，两部分气流在机翼前缘（A^1和B^1）分开，并在机翼后缘（A^2和B^2）汇合。机翼上表面（A^1-A^2）的距离更长，这样流经机翼上表面的气流相比流经机翼下表面的气流速度更高。气流速度的差异导致了气体压力的差异，机翼上表面所受气体压力低，而下表面所受气体压力高。因此，机翼上产生的压力差就是使飞机克服重力飞上天空的升力。

第10张右页

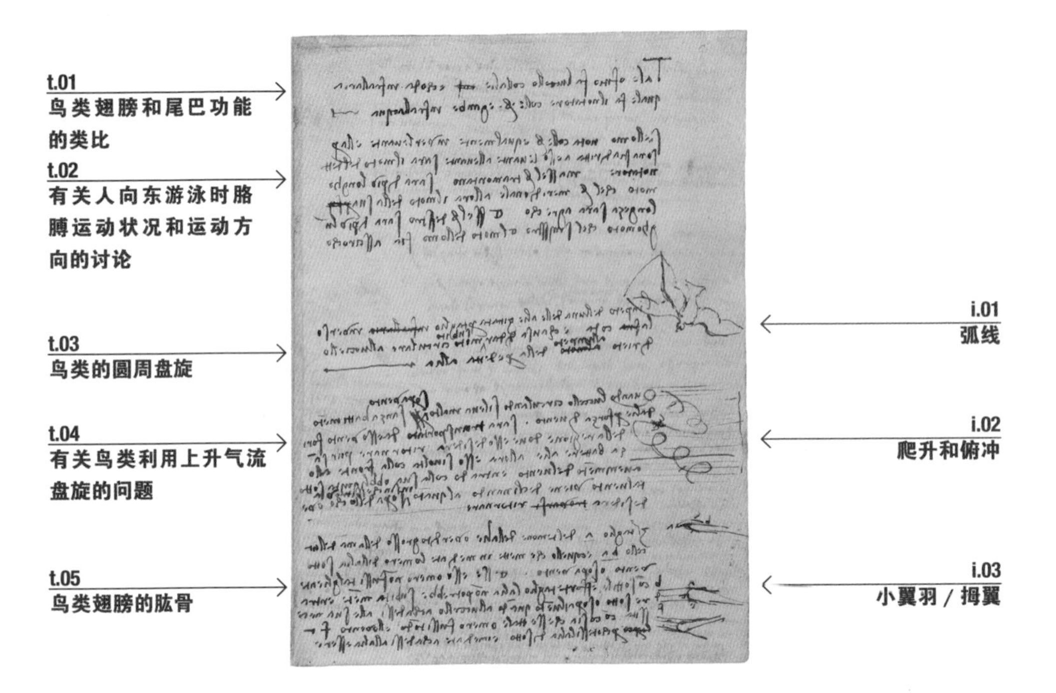

t.01 > *Tale ofizio fa l'uccello coll'alie e coda infra l'aria, quale fa il notatore colle braccia e ganbe infra l'acqua.*

t.01：鸟类翅膀和尾巴的功能与水中游泳的人的胳膊和腿一样。

t.02 > *Se l'omo nota colle braccia equalmente inver levante, e la per sona stia diritta a esso levante, a levante sarà il moto del detto notatore. Ma se 'l braccio tramontano sarà di più longo moto che 'l braccio meridionale, allora il moto della sua longheza sarà a greco. E se 'l braccio destro sarà di più lungo moto che 'l sinistro, el moto dell'omo fia a sciroco.*

t.02：如果一个人用胳膊划水游泳，可以类比于鸟用翅膀飞行，那么当他一直向东游时，最终就会向东运动。但如果他朝北的（原文是west，西边的，疑似原书作者笔误，译者注）胳膊运动距离（幅度）比朝南的胳膊长（大），则最终的结果是这个人会向东北方游去。而如果他的右胳膊（对应于前文朝南的胳膊，译者注）运动距离（幅度）比左胳膊（对应于前文朝北的胳膊，译者注）长（大），则这个人会向东南方游去。

第10张右页

t.03 > *L'inpeto dell'una delle alie gittata per taglio inverso la coda è causa di dar subito moto circulare all'ucciello, dirieto all'inpeto della predetta alia.*

t.03：飞行时，如果一侧翅膀靠近尾巴，鸟就会立刻进入圆周盘旋状态。圆周运动的速度与朝向圆周内侧的翅膀的运动速度是成正比的。

t.04 > *Quando l'uccello, circulando si leva in alto, sopra vento, sanza battimento d'alie, per forza di vento, sarà transportato da esso vento fori della regione dove esso desidera ritornare, pur sanza battere alie, allora esso si volta colla fronte allo avenimento del vento, entrando colla sua obbliquità sotto tal vento, viene declinando alquanto, in sin che si trova sopra del loco ove desidera ritornare.*

t.04：鸟能在风的上方盘旋，此时它不扇动翅膀，利用的是上升气流。即使鸟不扇动翅膀，风也会将它带到很远的地方。这时，鸟要将头转向无风的方向，俯冲到风的下方。这一过程中，它的高度会下降很多，直至到达它想返航的地点上空。

t.05 > *Il taglio a del temone dell'alie, over dito grosso della man dell'uccello b a, è quello che mette inmediate l'omero dell'alia sotto vento o sopra vento. E se esso omero non fussi tagliente con sottile e forte taglio, l'alia non potrebbe subitamente entrare sotto o sopra il vento, quando all'uccello acadessi alle sua necessità, conciosiaché, se tale omero fussi tondo, e lo vento f e percotessi l'alia di sotto e imediate acadessi all'alia essere.*

t.05：A 是鸟类翅膀骨节上一个非常重要的点。BA 是鸟类腕骨上的大拇指。这根拇指能使鸟的肱骨在气流上下快速移动。如果肱骨的边缘不够薄，那么当鸟需要变换飞行姿态时就无法自如调整翅膀相对风的位置。事实上，如果肱骨的边缘是圆弧形的，且翅膀受到一阵强风 F 冲击的话……（转到手稿第 9 张左页）

第10张右页

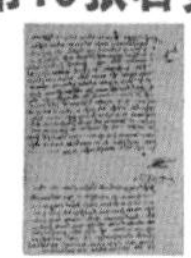

本书作者的评述

手稿这一页的右侧下部有三幅插图，描绘了鸟类翅膀的剖面结构，它们分别展现了流经翅膀下方的气流和流经翅膀上方的气流对翅膀的作用力。达·芬奇已经注意到，如果在翅膀前缘加装一个小的凸起结构，就能更有效地将流经翅膀上下表面的气流分开。对此，达·芬奇显然是受到了鸟类解剖学中“小翼羽”结构的启发。小翼羽能有效地“切断”并集中气流。在这一页的第一段文字中，达·芬奇将飞行类比于游泳，这是非常有趣的。鸟类利用空气流动飞行的方式与人类在水中利用水流游泳的方式是相似的。达·芬奇试图用相同的方式探寻空气的特性，以确保自己的飞行器真的能飞起来。

i.03

小翼羽（拇翼）

小翼羽（达·芬奇将其称为“大手指”）是鸟类翅膀剖面前缘的一个凸起结构。按照达·芬奇的说法，这个凸起结构是鸟类翅膀上最重要的部位，因为它有足够的强度和韧性去切割气流，使鸟类的躯干和整个翅膀都能以非常快的速度在气流上方或下方运动。它有点像人类的大拇指。如果小翼羽不是一个坚固的凸起结构，那么鸟类就无法在遇到一股突如其来的强风时正确调整自己的飞行姿态，可能导致失控翻滚。手稿这一页下部的两幅插图分别展现了在风的上方和下方移动的翅膀剖面。

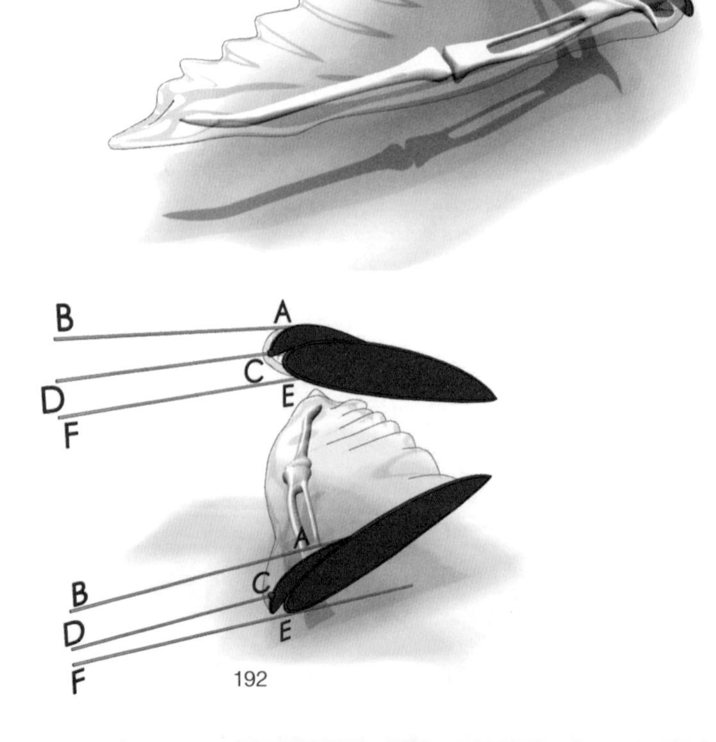

第10张右页

i.02

爬升和俯冲

达·芬奇在这幅插图中绘制了赤鸢的飞行轨迹。这堪称整卷手稿中最迷人的一幅插图。我们从图中能清晰地看出赤鸢爬升时盘旋的轨迹，这与现代滑翔机利用上升热气流时的操纵方式异曲同工。达·芬奇观察到，赤鸢在爬升过程中即使不扇动翅膀也能越飞越高，同时远离起点 A。为回到 A 点上方，赤鸢要顺着风向飞行，沿直线 CB 俯冲，在这一过程中大幅降低高度，最终抵达处于 A 点上方的 B 点。事实上，这段飞行的目的是获得相对 A 点更高的高度。

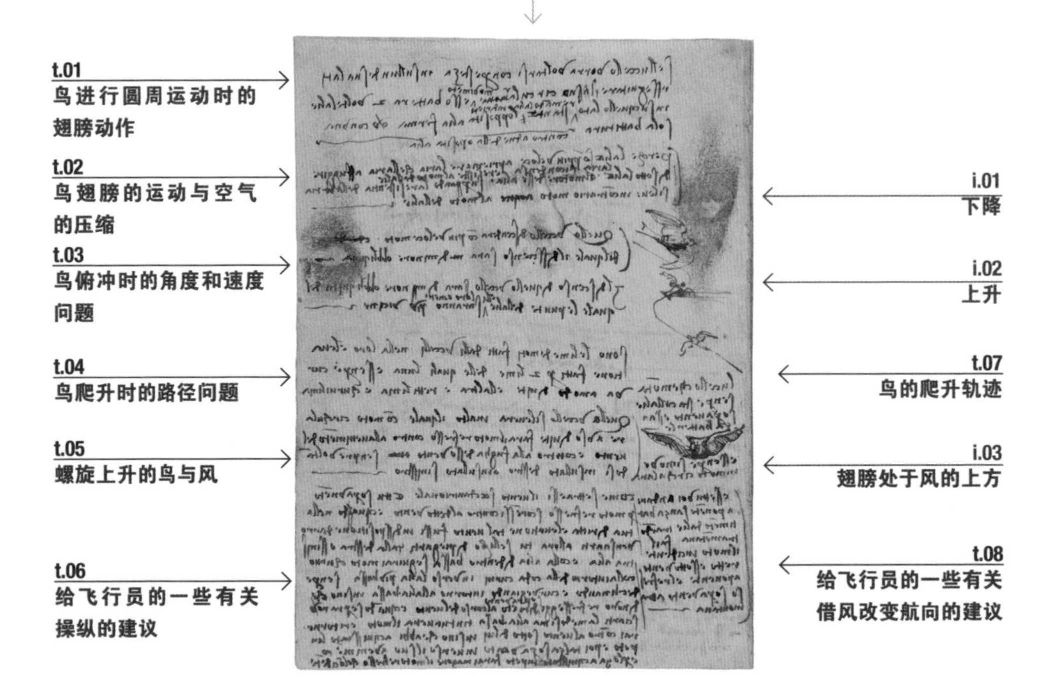

t.01 > *Se l'uccello vorrà voltarsi con prestezza in sull'un de' sua lati, e seguitare il suo circular movimento, esso batterà 2 volte l'alie in su quello lato, remando l'alia indirieto, stante l'opposita alia ferma, over con una sola battitura contro a due della oposita alia.*

t.01：如果一只鸟想迅速转向以持续进行圆周轨迹的盘旋，就会用力扇动那一侧（指朝向圆周运动中心的翅膀，译者注）的翅膀，将翅膀当作“桨”来划动，另一侧翅膀相对而言保持静止。朝向圆周内侧的翅膀每扇动两下，朝向圆周外侧的翅膀扇动一下。

t.02 > *Perché l'alie son più veloce a priemere l'aria, che l'aria a fuggire, di sotto l'alie, l'aria si condensa e resiste al moto dell'alia; el motore d'esse alie, superando la resistenzia dell'aria si leve in contrario moto al moto dell'alie.*

t.02：翅膀对空气的压缩过程相较空气从翅膀下部“逃逸”的过程要快，因此翅膀（与躯干）间的空气会变得更重，阻碍翅膀的进一步运动。鸟翅膀的“发动机”，也就是鸟的躯干，会克服这一阻力，并向前运动，与翅膀的运动方向相反。

i.01

下降

t.03 > *Quello uccello discenderà con più veloce moto, del quale il discienso sarà di minore obbliquità. Il discenso di quello uccello sarà di minore obbliquità, del quale le punte dell'alie e li loro omeri saranno più vicine.*

t.03：鸟俯冲下降时，下降角度越大（可以理解为下降坡度越陡，译者注），下降速度越快。保持下降速度不变时，鸟的翅膀端部和肱骨收拢得离躯干越近，下降角度越小。

t.04 > *Sono le linie de' moti fatti dalli uccelli nella loro elevazione fatti per 2 linie, delle quali l'una è senpre curva, a modo di vite, e l'altra è rettilinia e curvilinia.*

t.04：鸟爬升时，一般会沿以下两种路径飞行。要么沿螺旋路径盘旋上升，要么沿直线或抛物线路径直接冲上去。

t.05 > *Quello uccello si leverà in alto, il quale con moto circulare, a uso di vite, farà il moto refresso contro all'avenimento del vento e contro alla fuga d'esso vento, senpre voltandosi in sul lato destro o in sul lato sinistro.*

t.05：鸟在沿螺旋路径盘旋上升时是迎风飞行的。脱离风的作用力时，它要么左转，要么右转。

t.06 > *Come se traessi il vento sectantrionale, e tu, sopra vento per moto refresso, scoressi contro al detto vento, e, quando nella tua diritta elevazione tal vento fussi in disposizione d'arro vesciarti, allora tu se' libero di piegarti dalla destra o sinistra alia, e colla alia di dentro bassa seguirai moto curvo coll'aiutorio della coda, curvi inverso l'alia più bassa, senpre declinando e curvegiando intorno all'alia bassa, insino che di novo refresseggi sopra vento, dirieto al corso del vento; e quando se' per arovesciarti, lamedesima alia bassa t'incurverà il moto, e ritornerai contro al vento, sotto di lui, insino che abbi acquistato l'inpeto, e poi t'alza sopra vento, inverso il suo avenimento, e, per lo già acquistato inpeto, farai magiore il moto refresso che lo 'ncidente.*

t.06：同样，当你感受到气流上方的北风时，你的运动方向已经与风相反了。这种情况下，如果你仍然笔直地上升，这股风就会把你吹翻。这时，收拢你左侧或右侧的翅膀，因为让这一侧（内侧）翅膀下垂后，再辅以适当的尾部动作，你就会进入一段弧形的飞行轨迹。你放下内侧翅膀后，就会绕着这个方向旋转上升，直到你在风的作用下沿风向获得了足够的高度。当你将要失控翻滚时，下垂的翅膀会使你做水平旋转运动，然后你将在风的下方飞行，直到获得足够的速度，再上升到迎面吹来的风的上方。最后，由于获得了足够快的速度，你才有可能向上飞，而不是向下飞。

第10张左页

t.07 > *L'ucello che monta senpre sta coll'alie sopra vento, e sanza batterle, e senpre si move in moto circulare.*

t.07：一只处于爬升状态的鸟总是使翅膀保持静止，并飞行在风的上方。它是沿着盘旋的圆环（螺旋形，译者注）上升的。

t.08 > *E se tu vòi andare a ponente sanza battimento d'alie, traendo tramontana, fa il moto incidente retto e sotto vento a ponente, el refresso sopra vento a tramontana.*

t.08：如果你想在不扇动翅膀的情况下借助北风向西飞行，就要直线下降到风的下方，朝西飞，或在风的上方沿北风的方向飞。

i.03

翅膀在风的上方

i.02

上升

鸟在飞行中爬升时，总是沿相同的路径。达·芬奇描述了两个基本路径：一条螺旋形的盘旋而上的路径，或一条直线 / 抛物线形路径。后一种情况只在迎面有强风吹来时才可能发生。

第10张左页

本书作者的评述

爬升是鸟类飞行中最重要的一个阶段。爬升到足够的高度后，鸟才能充分探索整个区域，并有足够的冗余来处理飞行中的意外，例如失控翻滚。通过观察，达·芬奇了解了鸟类如何利用上升气流和风沿螺旋形路径盘旋爬升，或在迎面有强风时沿直线路径爬升。他所记录的观察结果与现代飞行研究之间有着很强的关联性。为获得足够的高度，滑翔机也要借助上升的热气流。在这条“风的河流”中，滑翔机会“模仿”鸟类的样子，沿着一条如启瓶器般的螺旋形路径盘旋爬升，正如达·芬奇所描述的那样。为了在不扇动翅膀的情况下爬升，鸟类必须展开翅膀，并使翅膀处于风的上方。

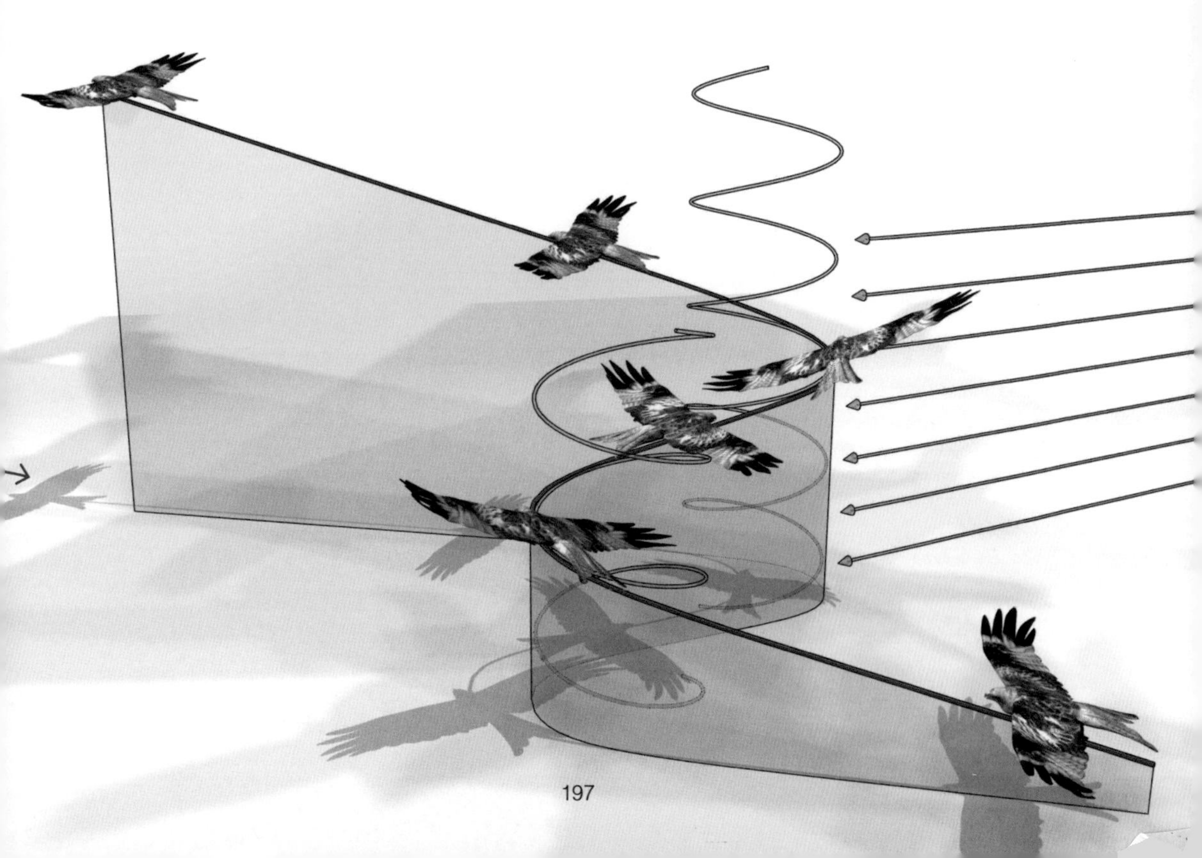

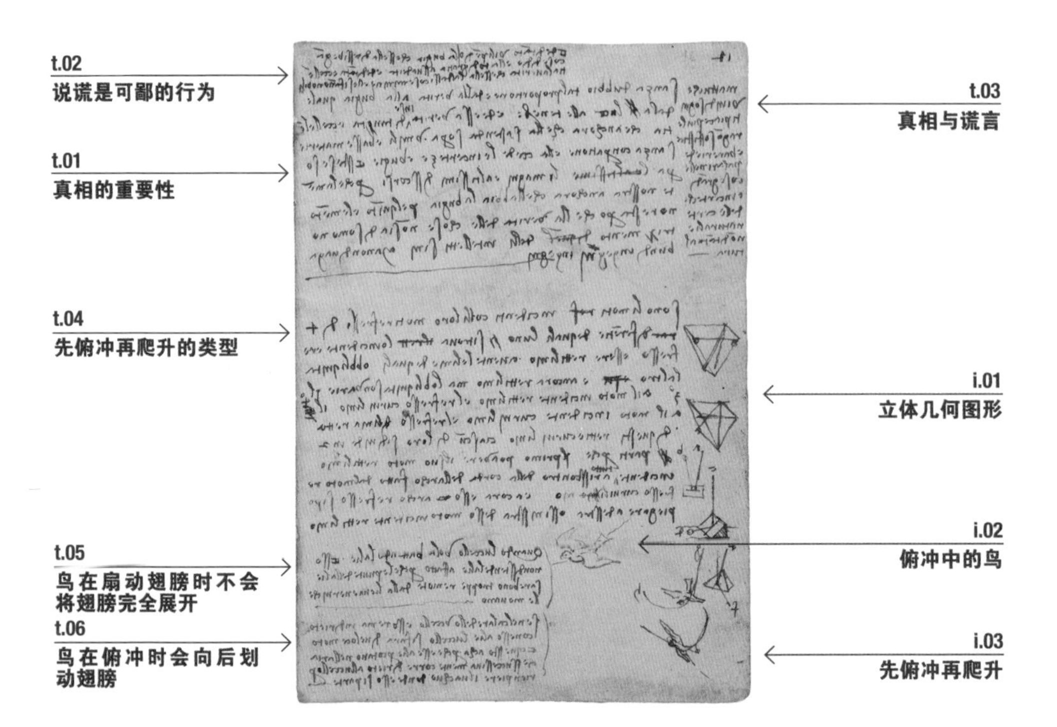

t.01 > *Senza dubbio, tal proporzione è dalla verità alla bugia, quale da la (ll) luce alle tenebre; ed è essa verità in sé di tan(c)ta eccellenzia, che ancora ch'ella s'astenda sopra umili e basse materie, sanza conparazinoe ell'ccede le incerteze e bugie estese sopra (le altissime) li magni e altissimi discorsi; perché la mente nostra, ancora, ch'ell'abbia la bugia per quinto elemento, no resta però che la verità delle cose non sia di somo nostri() mento (di quelli) delli intelletti fini, ma non di vagabundi ingegni (ingegni).*

t.01：毫无疑问，真相与谎言的关系就如同光明与黑暗。真相本身是如此完美，即使它被隐藏在毫不起眼的卑微的地方，它的地位仍然远远超过居于“高位”并被浮夸掩盖的谎言；因为在我们的认知中，虽说谎言是人性的一部分，但实际上，无论对智慧超凡的智者，还是对心智未开的庸者而言，事物的真相都是不可或缺的生命之灵。

t.02 > *Ed è di tanto vilipendio la bugia che s'ella dicessi be gran cose di Dio, ella t'ho di grazia a sua deità; ed è di tanta eccelenzia la verità che s'ella laldassi cose minime, che si fanno nobili.*

t.02：说谎是如此可鄙的行为，就算它是为了宣扬上帝的伟大，这种行为也会让上帝蒙羞。与之相反，真相是如此完美，即使微不足道之物，当其真相得以阐释，也会变得高贵起来。

第11张右页

t.03 > *Ma tu che vivi di sogni, ti piace più le ragion soffistiche e barerie de' palari nelle cose grandi e incerte, che delle certe, naturali, e non di tanta altura.*

t.03：但你们还活在梦中啊——你们更容易被虚假的推理和欺骗所愉悦吗？而你们还愿意继续谈论那些浮夸的，不确定的事物，而非关注那些确定的，自然发生的，且触手可及的事物吗？

t.04 > *Sono li moti (ref) incidenti, colli loro moti refressi, di 4 (ra) diferenzie, de' quali l'uno (a) si trova, (il rett) lo incidente e refresso, essere rettilinio, avente le linie d'equali obbliquità; l'altro (e pu) è ancora rettilinio, ma l'obbliquità son varie: il 3° à il moto incidente rettilinio e 'l refresso curvi linio; il 4° à il moto incidente curvi linio e 'l refresso di linia retta. Di questi retti e curvi linio, ciascun di loro si divide in 2 (per) parti, perché il primo po avere il suo moto rettilinio incidente tutto a riscontro della corda dell'arco fatto dal moto refresso curvili(nio), e acora esso (re) arco refresso si po piegare a destra o sinistra d'esso moto incidente retti linio.*

t.04：飞行中，鸟的爬升（和之前的俯冲）过程可分为四种类型。第一种类型中，鸟先直线向下俯冲再直线向上爬升，俯冲和爬升的角度相同。第二种类型中，鸟仍是先直线向下俯冲再直线向上爬升，但俯冲和爬升的角度不同。第三种类型中，鸟沿直线向上爬升，但沿圆弧形（螺旋形，译者注）向下俯冲。第四种类型中，鸟沿圆弧形向上爬升，但沿直线向下俯冲。这种沿直线或弧线的运动又可分为两类：第一类中，鸟沿直线爬升时总是顺着圆弧形俯冲路径的弦的方向；第二类中，鸟在整个过程中都会沿同一段圆弧飞行。另外，鸟俯冲时的飞行轨迹相比爬升时可能偏右或偏左一些。

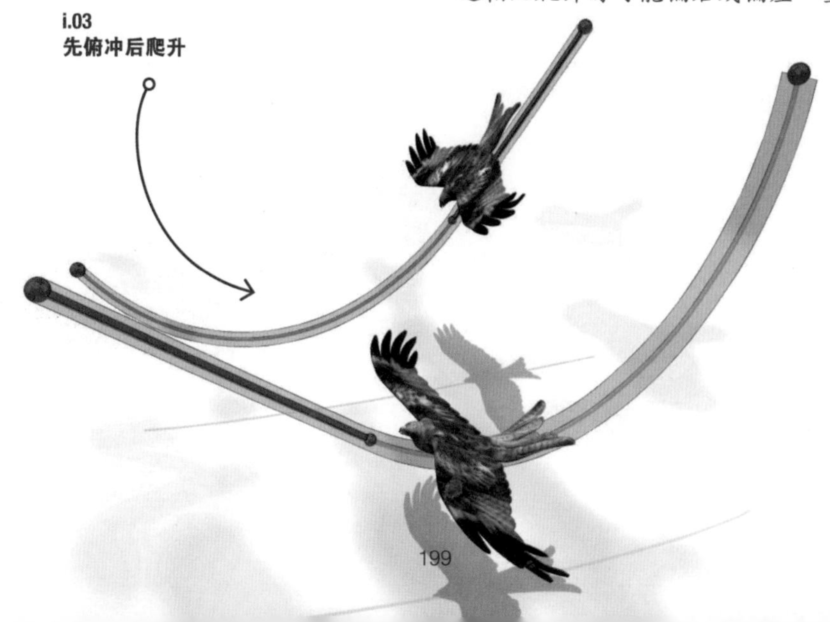

i.03
先俯冲后爬升

第11张右页

t.05 > *Quando l'uccello vola battendo l'alie, esso non distende l'alie affatto, perché le punte dell'alie sarebono troppe remote dalla lieva e nervi che le movano.*

t.05： 鸟在飞行中扇动翅膀时，从不会将翅膀完全展开。因为倘若鸟将翅膀完全展开，翅膀的端部就会离翅膀的杠杆支点和控制翅膀运动的支撑结构过远。

t.06 > *Se nel calare dello vcello, esso rema indirieto con ess alie, l'uccello si farà di veloce moto; e cquesto aca perché esse alie percotano nell'aria che succesivamente corre dirieto all'uccello, per rienpiere il vacuo donde esso si parte.*

t.06： 鸟在俯冲时，如果以翅膀作“桨”向后划动，就能飞得更快。其原因在于翅膀将空气推向鸟的身体后方，填补了鸟身体后方的“真空”，进而将鸟向前推。

i.02
俯冲中的鸟

鸟在俯冲时，为了飞得更快，就要以翅膀作“桨”向后划动，将翅膀端部紧贴在躯干两侧。这样一来，被推向后方的空气“填补”了鸟向前运动时身体后方产生的“真空”或“空气稀薄”区（实际上，鸟身体后方形成的是低压区，译者注）。这股气流将推动鸟以更快的速度俯冲。达·芬奇通过观察记录下的现象真实且细腻，但相应的传统认知却“陈腐不堪”。事实上，古人相信，根据亚里士多德（Aristotle）的观点，飞行物体的后方会产生一个“真空区”或“空气稀薄区”，而空气本身是“厌恶”真空的，因此会“立刻”推动这个物体向前运动，以填补所谓的“真空区”。根据这个观点，空气是物体得以在外力作用下运动的必不可少的元素。达·芬奇在自己的研究成果中抛弃了这个错误的概念，因为他发现空气实际上并不会像前人们臆想的那样“积极地去填补真空”。

第11张右页

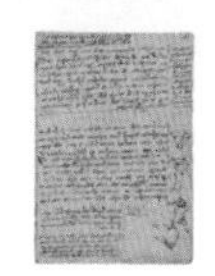

在手稿的某些页面中，达·芬奇记录的内容会偏离飞行研究的主题，例如封面和封底的背面，以及第 3 张右页和第 18 张左页。而在手稿的这一页中，达·芬奇以对真相的赞美和对谎言的痛斥开篇。这段文字能让我们更真切地了解达·芬奇的性情——他显然是一个不同寻常的人，一个对自己不相信的东西很难做出妥协的人。对于那些热衷于高谈阔论，满口尽是谎言的虚伪之人，达·芬奇有一种天然的憎恶。而与此相对的是，他对那些热爱“自然本质和真相”的人，有一种发自内心的仰慕。这种鲜明的态度反复出现在达·芬奇的文字中。达·芬奇极少将自己的想法用文字“记录在案”，而宁愿用绘画来表达一切。在保存于英国温莎城堡（Windsor Castle）的一页手稿中（温莎手稿，第 19071 张右页），达·芬奇将这种态度表达得淋漓尽致，他向热衷于“文字创作”的人提出了“挑战”，声称文字远不如绘画那般清晰明了。在描述自己设计的机械装置时，他的自信之情跃然纸上，他坚信自己的机械能如“机械科学”（原文是 disegno，译者注）般真实而完美。

达·芬奇有关鸟类俯冲运动的论述还会在随后几页手稿中继续。手稿这一页的右侧是一些概念性插图，缺乏文字注释。

i.01
立体几何图形

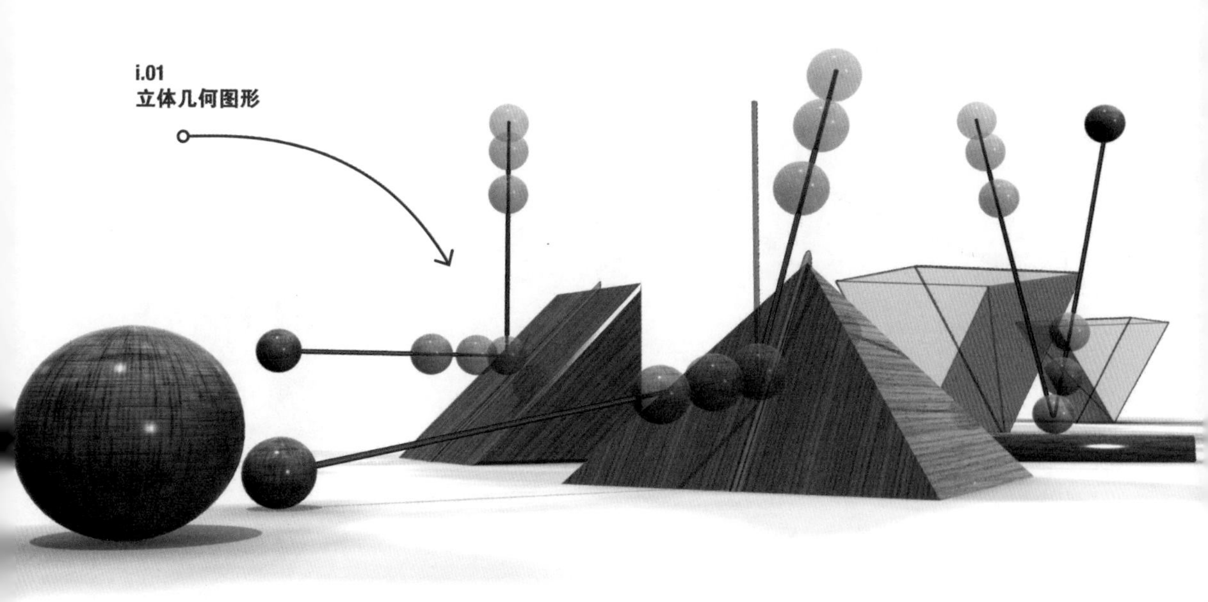

第11张左页

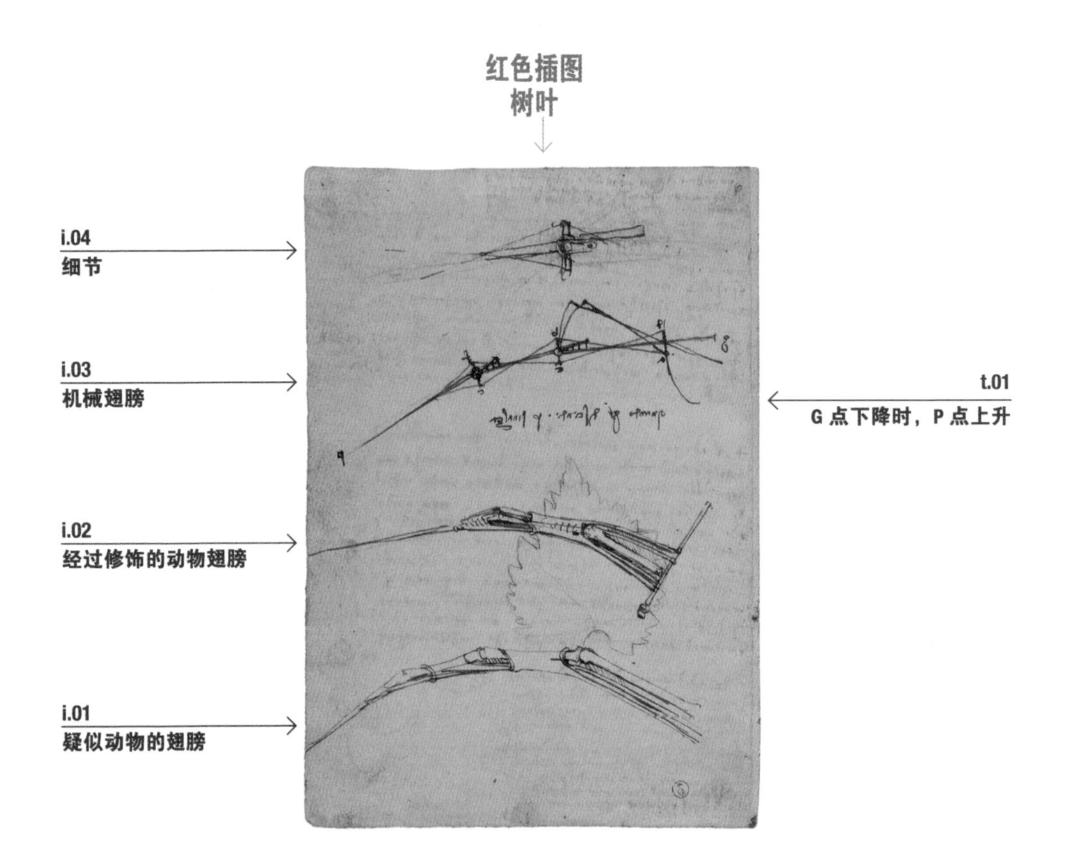

t.01 > *Quando g discende, p s'inalza.*

t.01：G 点下降时，P 点上升。

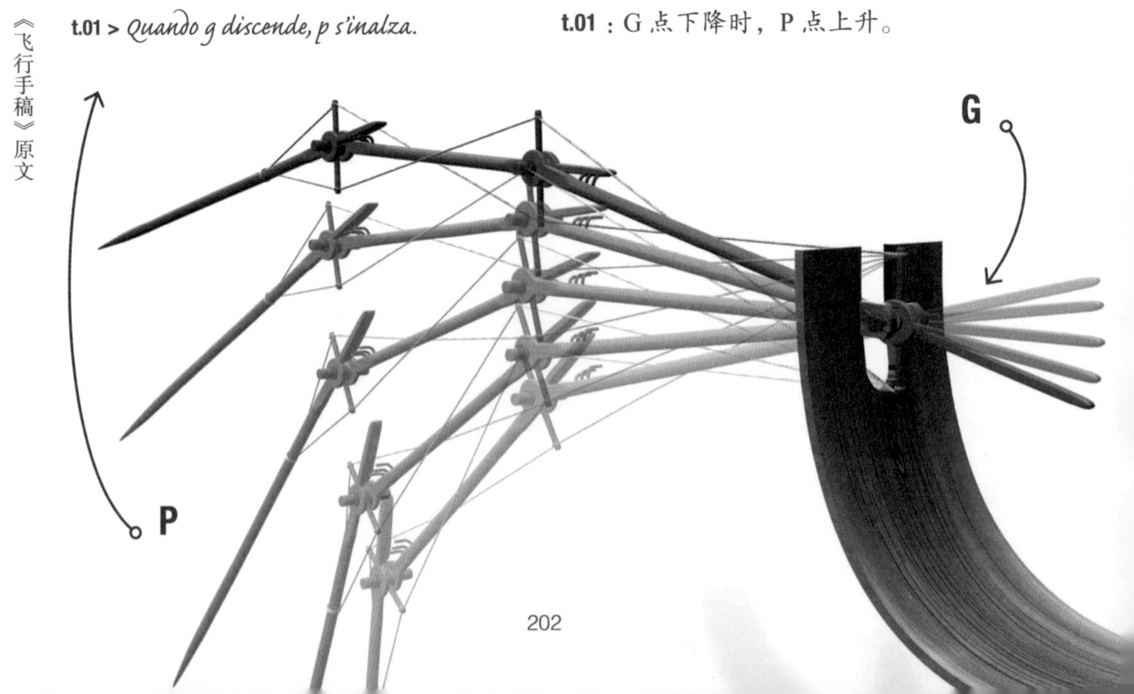

第11张左页

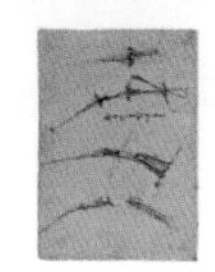

在手稿所有页面中，第 11 张左页的文字是最少的。这一页的四幅插图描绘了机械翅膀的结构，这可能是达・芬奇首次尝试借鉴鸟类的生理结构来制造飞行器。自下向上看，我们很容易理解达・芬奇的研究方式：从观察自然元素开始，到对这些元素进行改进，最后将它们运用到自己设计的机械中。这显然并不是一项简单的任务，达・芬奇为此倾注了所有才智。从手稿第 6 张左页到第 7 张右页，达・芬奇不仅精确描述了制造这些机械结构所需的材料，还对自己的设计不断改进。尽管在自然界中鸟类翅膀或人类手臂的自由动作看上去“理所当然”且“稀松平常”，但这实际上是一个极其复杂的过程。要知道，即使是当代耗费大量人力、物力制造的最先进的机器人，所做出的模仿自然生物的动作，也很难令我们满意。更不要说，我们在研发鸟类仿生机械时仍面临着许多无法克服的困难。如今司空见惯的飞机，并非靠着扇动翅膀飞上天空的，它们的机翼是固定的，因为这样在飞行时更为高效[㊀]。现代飞机的固定翼构型基于空气动力学的基本原理来产生升力，而对于这些基本原理，达・芬奇可能并没有充分理解，或距此仅一步之遥[㊁]。

㊀ 靠“扇动机翼”飞行的飞行器称作扑翼机（中文又称振翼机，英文原文是 ornithoptor，注意“ornith”是一个与鸟有关的词根，这正表示扑翼机的飞行原理与鸟类相似，译者注）。在很长一段时间里，这类飞行器大多被归类于“玩具”的范畴（详情请参阅网站：www.ornithoptor.org）。而如今，扑翼机的飞行原理已经成为载人或无人飞行器的一个可行的解决方案（详情请参阅网站：www.ornithoptor.net）。

㊁ 参见《飞行手稿》第 9 张左页。

第11张左页

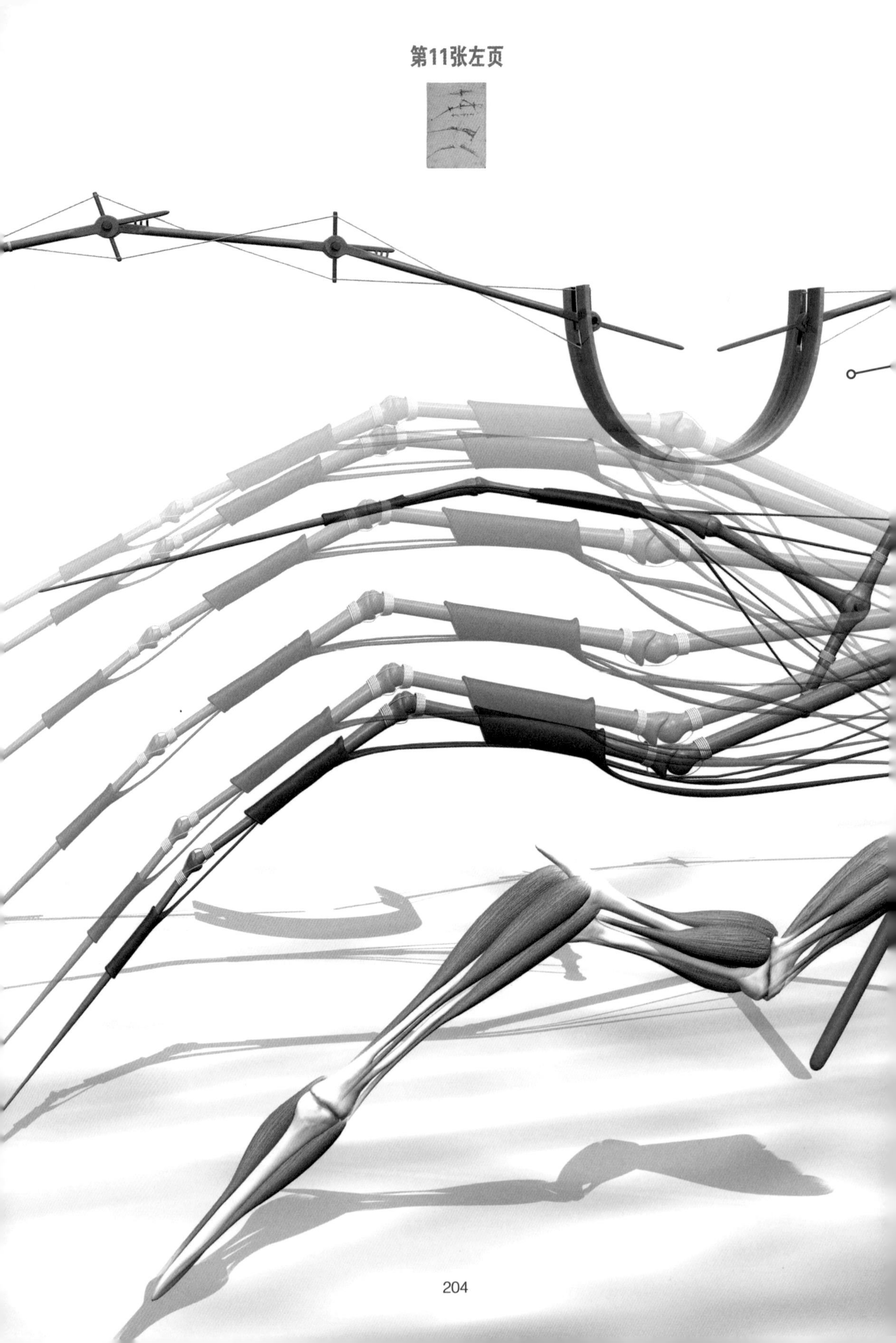

第11张左页

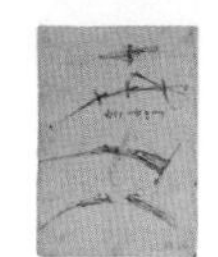

i.03
机械翅膀和驾驶舱

尽管这幅插图透露的细节信息并不丰富，但我们注意到达·芬奇在机械翅膀末端绘出了一条弧线，这显然表现了某个结构的一部分。我们将整个结构复原后，确信它就是飞行器的驾驶舱。这是整卷手稿中有关驾驶舱的重要插图之一，第 17 张左页中还有一幅。

i.01-04
机械翅膀的构造

我们复原手稿插图的思路与达·芬奇的研究方法如出一辙：从分析自然元素，到复原达·芬奇的设计方案。达·芬奇试图使自己设计的机械中的每个结构，都能本真地还原鸟类翅膀的动作。但出于种种原因，结果注定是令人失望的。尽管达·芬奇为此倾注了一切才智和精力，但这架机械的运动自由度仍然很难与鸟类翅膀相提并论。例如，虽然相应的结构能轻松地使翅膀展开或收拢，但尚不能令它绕某个轴自如旋转。当然，我们不能否认的是，这也许是人类首次开展的真正意义上的仿生学研究——将自然界中鸟类翅膀的运动原理应用到人造机械中。达·芬奇头脑中孕育的奇思妙想在写作《飞行手稿》的过程中日臻完善，直到手稿第 16 张右页和第 17 张左页，他设计的翅膀已经能通过一套绳索、滑轮和轴系组成的机构自如旋转了。为实现这一目标，他天才般地设计出球状关节结构。尽管这一结构存在诸多缺陷，例如自重过大，在逆风情况下依靠人力操纵困难，但这终归只是达·芬奇设计的最初方案，甚至仅仅是用于技术验证的“灵光一现”。除此之外，达·芬奇还要考虑用作蒙皮的帆布应该挂在翅膀主体结构的哪个位置，才足以支撑整架飞行器。当你看到这几页中复杂的机械翅膀结构时，的确很难想象帆布蒙皮会有什么合适的挂点。

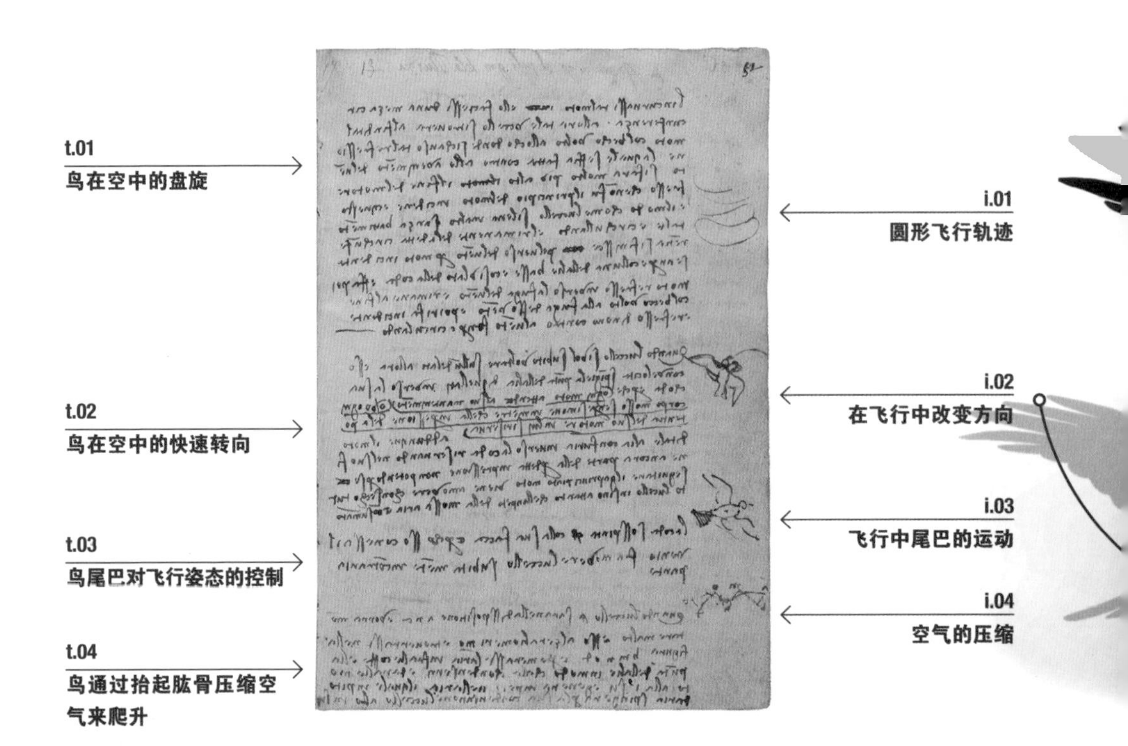

t.01 > *l'incurvassi tal moto (inn) e lo faciessi d'una meza circunferenza, allora tale uccello si troverà, al fin di tal moto, col beco volto al loco donde si causò tal refressione; la quale, se fia fatta contro allo avenimento del vento, si farà molto più alto (il moto) il fine del moto refresso, che non fu il principio del moto incidene; e cquesto è il modo come l'uccello si leva in alto, sanza battimento d'alie e circulando; e 'l rimanente de la detta circunferenzia si finisce (con) pel verso del vento, per moto incidente, senpre coll'una dell'alie basse, e così u lato della coda; e fa poi moto refresso inverso la fuga del vento, e rimane al fine col becco volto alla fuga d'esso vento, e poi rifà incidente e refresso di novo, contro al vento, senpre circulando.*

t.01：（从第 12 张左页开始）……做圆弧运动，直到它划出一个半圆。在爬升末段，鸟的头部转而指向与运动相反的方向。当鸟逆风飞行时，风会在鸟开始下降前将它带到更高的高度。这就是鸟不必扇动翅膀而沿螺旋形路径不断爬升的原因。（鸟）在风的推动下完成螺旋形飞行路径的余下部分。这一过程中，凭借本能，鸟会使自己的一侧翅膀和尾巴（理解为尾羽可能更妥当，译者注）相对另一侧低一些。接下来，鸟会顺着风的方向开始反向运动，继续（在空中）划出圆弧形（螺旋形，译者注），直到再次反向运动。总之，鸟在空中以环形轨迹盘旋。

第12张右页

t.02 > *Quando l'uccello si vol subito voltare sull'un de' lati, allora esso con velocità spingie la punta dell'alia di quel lat inverso la sua coda, e perché ogni moto attende al suo mantenimento, overo: ogni corpo mosso senpre si move, in mentre che la inpressione de la potenzia del suo motore in lui si reserva, addunque il moto di tale alia, con furia inverso la coda, riservando nel suo fine ancora parte della predetta inpressione, non potendo per sé (co) seguitare il già principiato moto, viene a movere con seco tutto l'ucello, insino a tanto che l'inpeto della mossa aria è consummato*

t.02：鸟想在空中快速转向时，会迅速将转向一侧的翅膀端部划向尾部。每一个运动物体都倾向于保持自己原来的运动方向，也就是说，每一个运动物体在推力足够时都会尽量向前运动。因此，这一侧的翅膀会受到一个朝向尾部的力的作用，且自始至终都保有一部分能量。依靠这种方式，即使不能保持原始的运动状态，这一侧的翅膀也能带动鸟的身体一起移动，直到因空气运动产生的速度被彻底耗尽为止。

t.03 > *La coda sospinta (ch) colla sua faccia, e percosso con essa il vento, fa movere l'uccello subita mente in contraria parte.*

t.03：当尾巴表面处于逆风位置时，鸟会迅速向着相反的方向运动。

《飞行手稿》原文

t.04 > *Quando l'uccello (a) sarà nella disposizione a n c, e vorrà montare in alto, esso alzerà li omeri m o, e troverassi nella figura b m n o d, e premerassi l'aria infralle coste e la punta dell'alie, in modo che la condenserà e daralle moto all'a isu, e genera inpeto nell'aria, il quale inpito d'aria spingerà, per la sua condensazione, l'uccello allo in su.*

t.04：图中的鸟处于飞行姿态ANC（此处以字母表示飞行姿态，译者注），想要爬升。它会抬起肱骨MO。这种情况下，它的飞行姿态如示意图中的点B、M、N、O、D所示。这一飞行姿态会对鸟身体两侧和翼尖处的空气起推动作用，因此这些区域的空气被压缩并向上流动。这会使空气具有速度，由于空气处于被压缩的状态，这一速度会使鸟上升。

本书作者的评述

这一页内容包含了一部分下一页（手稿第12张左页）的话题。达·芬奇假设鸟或飞行员已经脱离了坠地危险，并开始“向上运动”，即爬升。他指出，鸟在爬升时，如果有一股足够使它留在空中的与其运动方向相反的强风，则能储备很大的用于爬升的“动能”，最终到达比起始位置更高的位置。到达更高的位置后，鸟就能持续利用气流，沿螺旋形路径继续爬升。

达·芬奇继续分析鸟类的行为，并强调了尾巴的重要性。尾巴迅速且有力的运动能改变鸟的飞行姿态，使它左转或右转，上升或下降。这些动作通常也能使鸟避免失控翻滚。

这一页的最后一段文字中，达·芬奇分析了鸟类扇动翅膀的动作。为解释得更清楚，他将鸟扇动翅膀的不同姿态画在同一幅示意图中。他指出，鸟迅速扇动翅膀时，翅膀下的空气会被

i.02
扇动翅膀
鸟在飞行中扇动翅膀会压缩翅膀与胸部之间的空气，进而产生向上的推力。

压缩，进而变得更加“致密”。事实上，在这段文字中，“被压缩”（英文原文是compressed，译者注）这一描述显然比“变得更加致密”（英文原文是condensed，译者注）更准确些。这段文字的最后几句叙述了若干个含混不清的概念。翅膀的运动、空气的压缩和空气的速度等概念杂糅一处，难免令人疑惑。也许我们能得出这样的推论：这段文字实际上是一份观测记录，达·芬奇当时可能在观察扇动翅膀飞行的鸟，也就是不利用气流飞行的鸟，或是正在起飞的鸟。当鸟迅速扇动翅膀时，在翅膀下，翅膀端部与躯干之间的空气会变得更致密，进而产生足够的能量推动鸟上升。

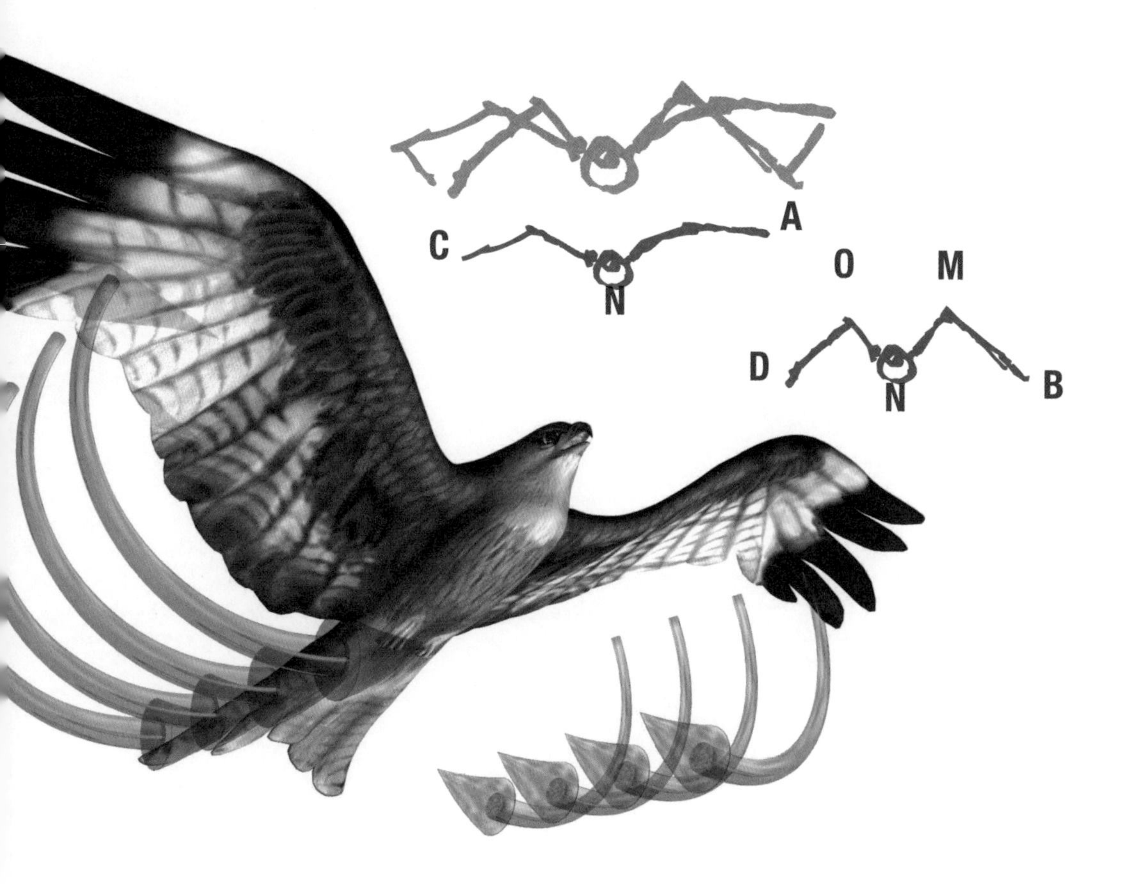

第12张左页

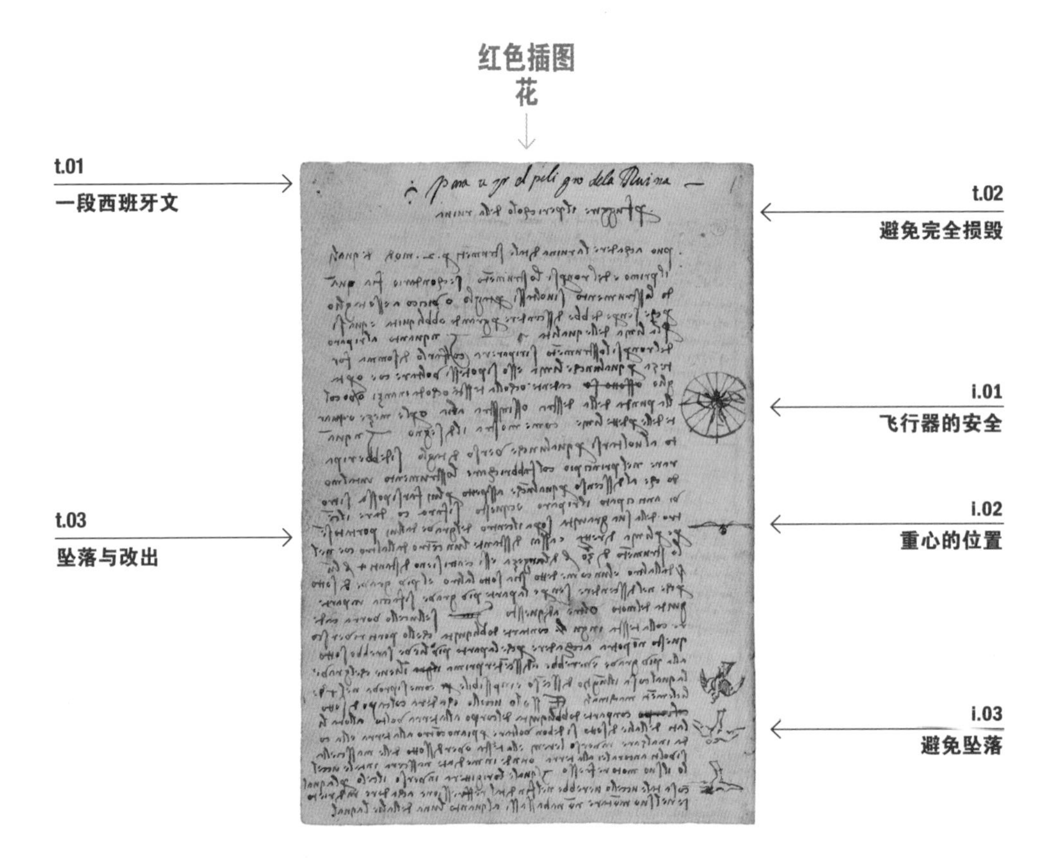

t.01 > *Para uir el peligro de la ruina*

t.01： 手写西班牙文，非达·芬奇本人笔迹。

t.02 > *PER FUGGIRE IL PERICOLO DELLA RUINA*

t.02： 避免完全损毁。

t.03 > *Può acadere la ruina di tale strumenti per 2 modi, de' quali il primo è del ronpersi lo strumento; secondario fia quando lo strumento si voltassi per taglio, o vicio a esso taglio, perché senpre debbe discendere per grande obbliquità, e quasi per la linia dell'equalità. In quanto al riparo del ronpersi lo strumento, si riparerà col farlo di somma forteza, per qualunche linia esso si potessi voltare, cioè: o per taglio, (o sotto so) cadente o colla testa o coda inanzi, overo colla punta*

t.03： 飞行器坠毁的原因无外乎两个：一是飞行器自身损坏，二是飞行器所处的状态超出其所能承受的范围。第二种情况很危险，因为鸟经常以极陡的坡度（角度）坠落，几乎与其平衡中心重合。为避免损坏，飞行器应足够坚固，以应对任何坡度（角度）的坠落，无论斜着坠落，头朝下或尾朝下坠落，还是

第12张左页

della destra o sinistra alia, o per le meze o quarte delle predette linie, come mostra il disegno. In quanto al voltarsi per qualunche verso di taglio, si debbe riparare nel principio, col fabbricare lo strumento in tal modo, che al discenso, per qualunque aspetto per lui far si possa, si trovi anticipato il riparo; e cquesto si farà co dare il centro della sua gravità sopra il centro del grave da lui portato senpre per linia diretta, e assai distante l'un centro dall'altro; cioè: nello strumento di 30 braccia di largheza, essi centri sieno distanti 4 braccia l'un (s) dall'altro, e l'un com'è detto, stia sotto l'altro, e 'l più grave di sotto,perché, nel discendere, senpre la parte più grave si faccia in parte guida del moto. Oltre a di questo, (sia) se l'ucello vorrà cadere colla testa in giù, (l) con arte d'obliquità che lo porti riverscio questo non potrà accadere, perché la parte più lieve sarebbe sotto alla più grave, e verebbe a discender prima (il gra) i lieve che 'l grave la qual cosa i lungo discenso è inpssibile, (perc) come si prova nel 4° de li elementi machinali. E se lo uccello caderà col capo di sotto, (col corpo) con parte d'obbliquità del corpo alla terra volto, allora li lati dell'alie disotto si debon voltare per piano contro alla terra, e la coda inalzare inverso le reni, e la testa, over disotto delle masciella, si volti ancora lei alla terra, onde inmediate nascerà in tale uccello il suo moto refresso, il quale lo rigitterà inverso il celo; per la qualcosa tale uccello verebbe, nel fin di tal reffressione, a cadere in dirieto, se, nel suo montare, non abassassi alquanto l'una dell'alie, la qual

向左侧或右侧坠落，如同旁边示意图所展示的那样。考虑到飞行中随时可能向任何方向偏转，应预先制订解决方案。此外，飞行器的结构强度应保证其以任何姿态坠落，都能以最快的速度改出这一姿态。如果将飞行器的重心设计在它所要搭载的重物的重心上方，并将这两个点（指两个重心）分开足够的距离，则这架飞行器可以满足上述要求。例如，如果一架飞行器的宽度是 30 布拉恰（braccia，当时的计量单位，等于一个胳膊的长度，译者注），则这两个点的距离起码要在 4 布拉恰以上。正如之前提到的一样，（飞行器的）重心应设计在底部，因为坠落过程中物体较重的部分会引导较轻部分的运动。另外，即使鸟头朝下坠落的角度很大（相当于坡度陡，译者注），失控翻滚的情况也是不会发生的。因为如果真的发生失控翻滚，就表明鸟自身较轻的部分会处于较重的部分之下。这种情况下，较轻的部分会先于较重的部分坠落。根据机械力学第四定律，这显然是不可能发生的。如果鸟头朝下坠落，将身体拽向地面（指头部引导身体下坠，译者注），则其翅膀下边缘必须转到与地面平行的角度，尾巴必须向身体方向（原文是kidney，肾脏，译者注）扭转，而头部（这里原文的注释是颌部以下的头部，指头部除鸟喙以外的部分，译者注）也必须向地面扭转。（鸟）用这种（姿态控制）方式能使身体向下运动（指由头朝下的姿态转换为头朝上的姿态，译者注），进而恢复正常飞行姿态。鸟纠正身体姿态后，准备再次爬升时，飞行高度可能仍会下降，除非它略微垂下一侧翅膀。

i.03
避免坠落

这幅插图中，达·芬奇画出了避免陷入危险状态的紧急操作方法，这是飞行员在紧急情况下必须执行的操作。

第12张左页

在逐页分析《飞行手稿》的过程中，我们经常会说某页手稿是“整卷《飞行手稿》中最重要的页面之一”，或者说某幅插图是“整卷《飞行手稿》中最重要的插图之一”。事实上，值得反复重申的是，手稿中的每一页都有相对独特的价值。整卷手稿的内容是高度统一且有序的，这在达·芬奇的众多传世手稿中显得颇为不同寻常。我们很容易理解这36页手稿是如何围绕一些重要话题展开的。尽管达·芬奇最终没能完成他梦寐以求的飞行理论专著，但我们仍能清晰地从这卷充满魅力的手稿中窥探出它的“雏形”。如果将这卷手稿看作某本专著的“原始草稿”，那么其中出现一些飞行理论之外的内容也就不足为奇了。然而，这些所谓的“跑题内容”实际上并非简单罗列的琐碎“灵感”，与之相反，我们认为达·芬奇是想通过这种写作方式来表达自己渴望与读者沟通的意愿。这卷手稿显然不是达·芬奇写给自己看的，他想通过手稿这一形式使自己的研究成果薪火相传。手稿第12张左页非常特别，这很大程度上源于其记录的内容清晰地论述了与飞行安全相关的话题。因此，它很可能是整卷手稿中最容易让我们理解和接受的一页。甚至可以说，仅仅是插图便足以将达·芬奇的所思所想原原本本地传达给我们，那些文字注释都显得有些赘余了。

达·芬奇如此执着于飞行安全的问题，这无疑表明他头脑中有关飞行器的设计方案是非常详实且富于实际意义的。这一页中，达·芬奇以分析飞行事故原因开篇：

Può acadere la ruina di tale strumenti per 2 modi, de' quali il primo è del ronpersi lo strumento; secondario fia quando lo strumento si voltassi per taglio...

“飞行器的坠毁原因无外乎两个：一是飞行器自身损坏，二是飞行器所处的状态超出其所能承受的范围……”

达·芬奇用了“这些机器”这个字眼，这很重要，因为我们由此能推测出他想要制造的飞行器绝不止一架。某种意义上讲，达·芬奇将飞行（实验）中的失败和损坏视为理所当然，他认为只有经历这些过程才可能使飞行器日臻完善。达·芬奇遵循“现代化”的实验理念去打造和改进自己的飞行器。与此同时，他的信念从未动摇。这种情况下，如果固执地认为达·芬奇在飞行器设计上没有取得任何实质性成果，恐怕反而是不切实际的。

这一页的文字论述中，达·芬奇以一些简单的设想开篇，并得出以下结论：飞行器必须足够坚固以承受来自任何方向（角度）的冲击（力）。达·芬奇在这一页上部空白处绘制了一只鸟。这只鸟位于一个轮形结构的中心，代表了飞行器在飞行中可能承受的来自各个方向的压力。只有用合适的材料打造出足够坚固的结构，才能保证飞行器承受住这些压力。飞行器的结构强度必须能承受风的作用力，这样才不会在风的冲击下坠毁。此外，飞行器的翅膀（机翼）、尾部

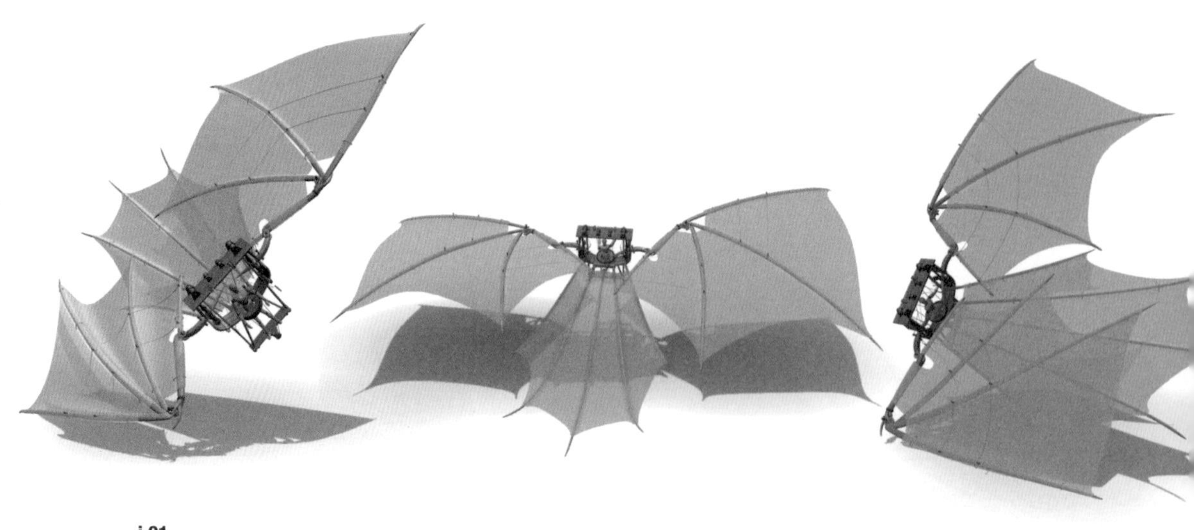

i.01

坠落

飞行器在飞行中要承受“形形色色”的力，因此其结构必须足够坚固，保证在强风作用下不会出现结构件断裂的情况。除自身结构损坏外，飞行器面临的另一个危险是失控坠落。这种情况下，飞行器的结构坚固性仍然是一个必要的前提条件，只有这样，它才能抵抗来自各个方向的冲击力。相比于尾部，翅膀（机翼）受到强烈冲击的可能性会更大。

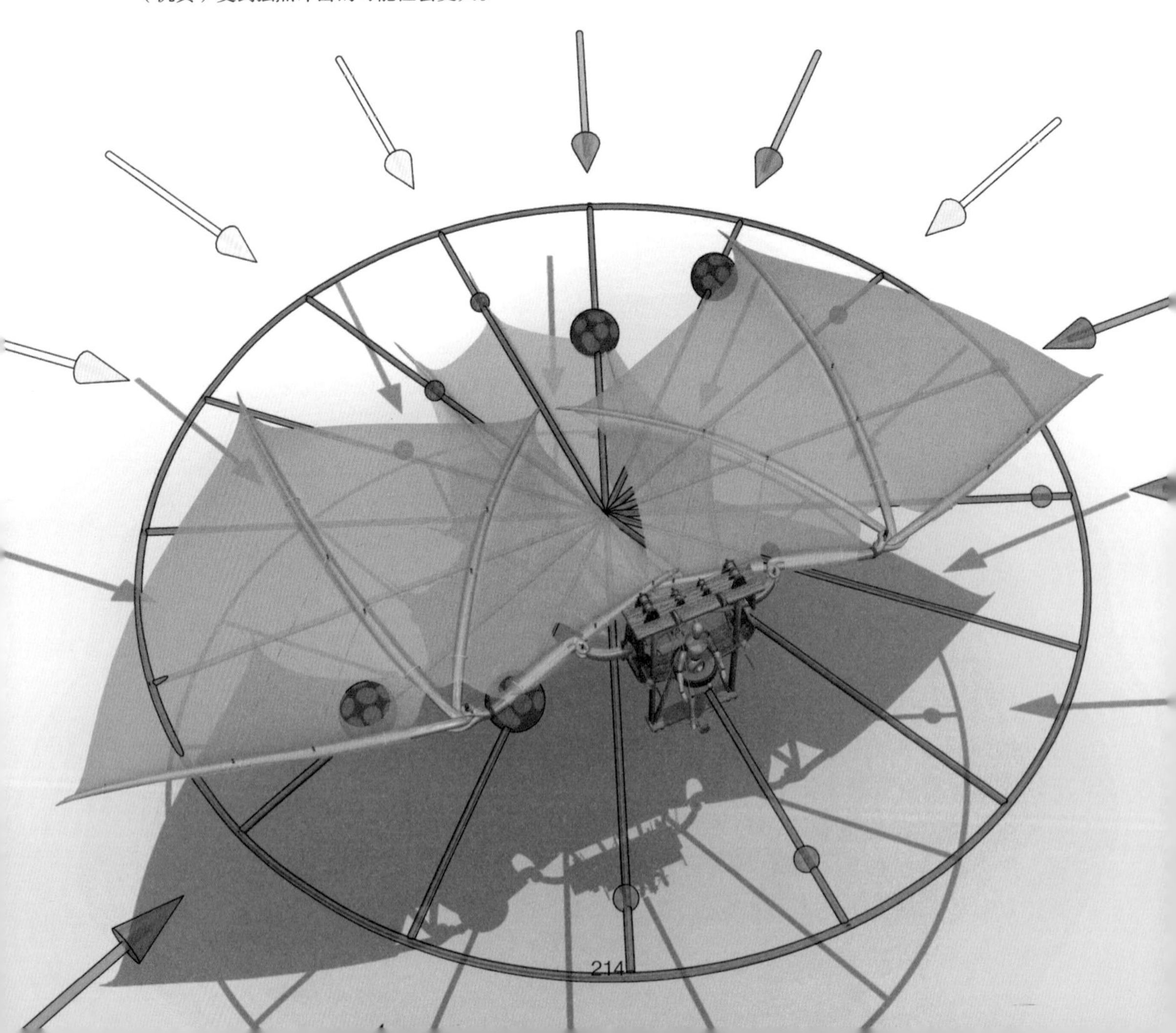

第12张左页

等部位，在所有可能的坠落情况中都必须表现得足够“坚韧”，以承受巨大的冲击力。

不过，飞行器的失控翻滚问题仍令达·芬奇深感忧虑。如果飞行器在飞行中受强风或其他因素影响进入头朝下的“倒飞”状态，则必须尽快恢复平衡状态。这些问题在飞行器的制造过程中就能避免。

在这个问题上，达·芬奇的观点非常明确。这架飞行器的翼展是30布拉恰[⊖]，重心必须很低。翅膀前缘中点与重心间的距离必须是4布拉恰。这个设计上的细节能使飞行器自然而然地恢复平衡状态，原因如下：

nel discendere, senpre la parte più grave si faccia in parte guida del moto.

“坠落过程中，物体较重的部分会引导较轻部分的运动。”

鸟身体最轻的部分，在这个案例中指翅膀，并不能一直处于身体最重的部分之下，而身体最重的部分在飞行器上指重心。这个问题在手稿中提到了不止一次，包括第15张右页。达·芬奇提出的飞行器构型可以与现代飞机的三种基本构型类比：上单翼构型、中单翼构型和下单翼构型。这三种构型对应着不同的飞行特性：上单翼构型的飞行特性是平稳且安全，这正是飞行学校的教练机多采用这种构型的原因。与之相反，中单翼构型和下单翼构型机动更为灵活，适用于特技表演机。

这一页的最后一幅插图中，达·芬奇描绘的操纵方式很像现代飞机改出螺旋（“螺旋”指飞机因失速，即飞行速度过低，迎角过大而进入螺旋形坠落状态，“改出”指调整飞行姿态，脱离螺旋坠落状态，译者注）的过程。当机翼失去升力（机头仰角过大）时，飞机就会头朝下，沿螺旋形路径坠落。根据达·芬奇的说法，如果想脱离这种危险状态，飞行员就要使飞行器的头部朝向地面，并向上拉动尾部（从侧面看是向前拉动），这样飞行器的头部才能抬起，整体恢复平衡状态。

⊖ 布拉恰是一个已经废弃的长度单位，1布拉恰相当于0.58~0.70米（1.9~2.3英尺）。

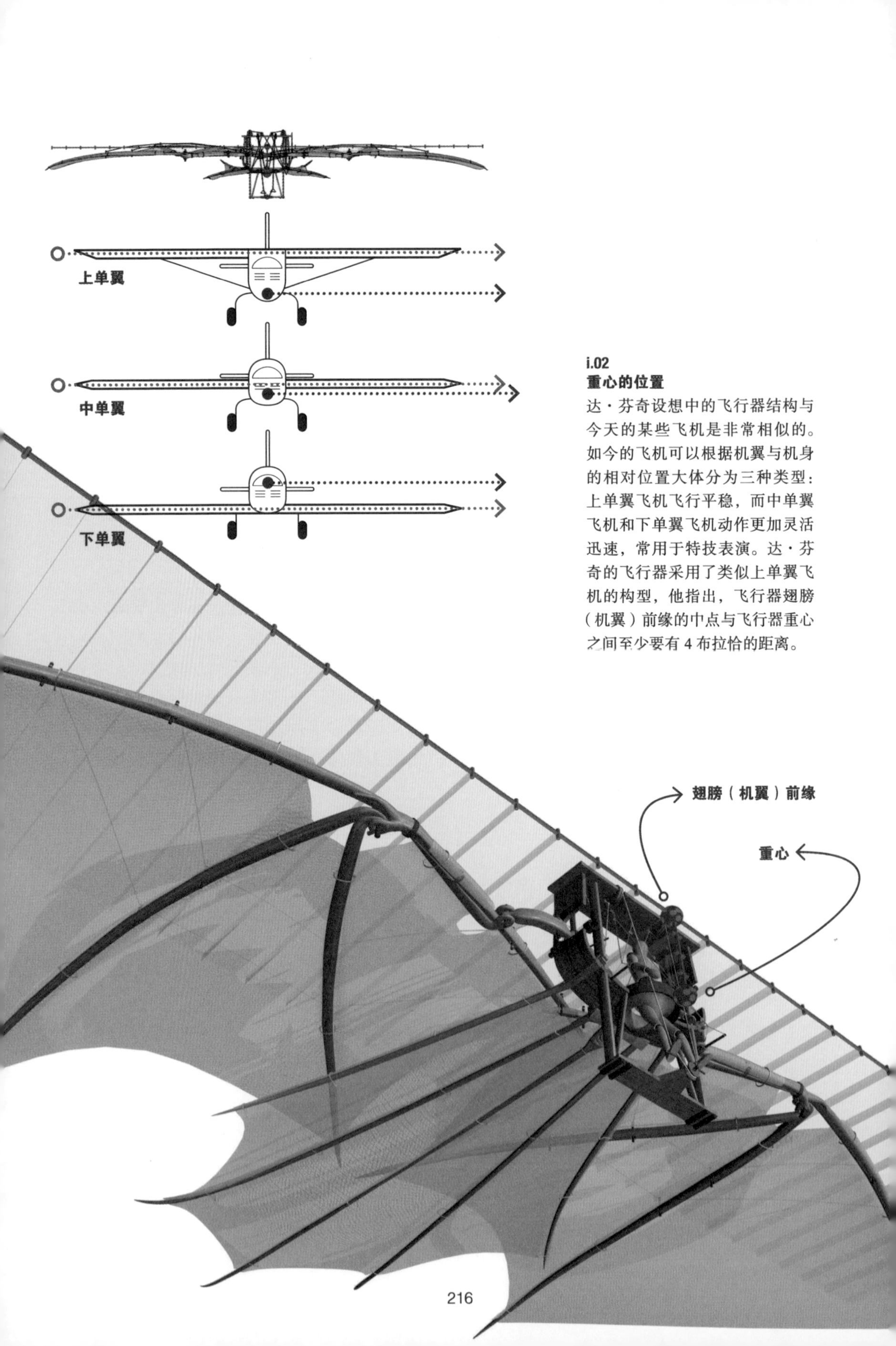

i.02
重心的位置

达·芬奇设想中的飞行器结构与今天的某些飞机是非常相似的。如今的飞机可以根据机翼与机身的相对位置大体分为三种类型：上单翼飞机飞行平稳，而中单翼飞机和下单翼飞机动作更加灵活迅速，常用于特技表演。达·芬奇的飞行器采用了类似上单翼飞机的构型，他指出，飞行器翅膀（机翼）前缘的中点与飞行器重心之间至少要有 4 布拉恰的距离。

第13张右页

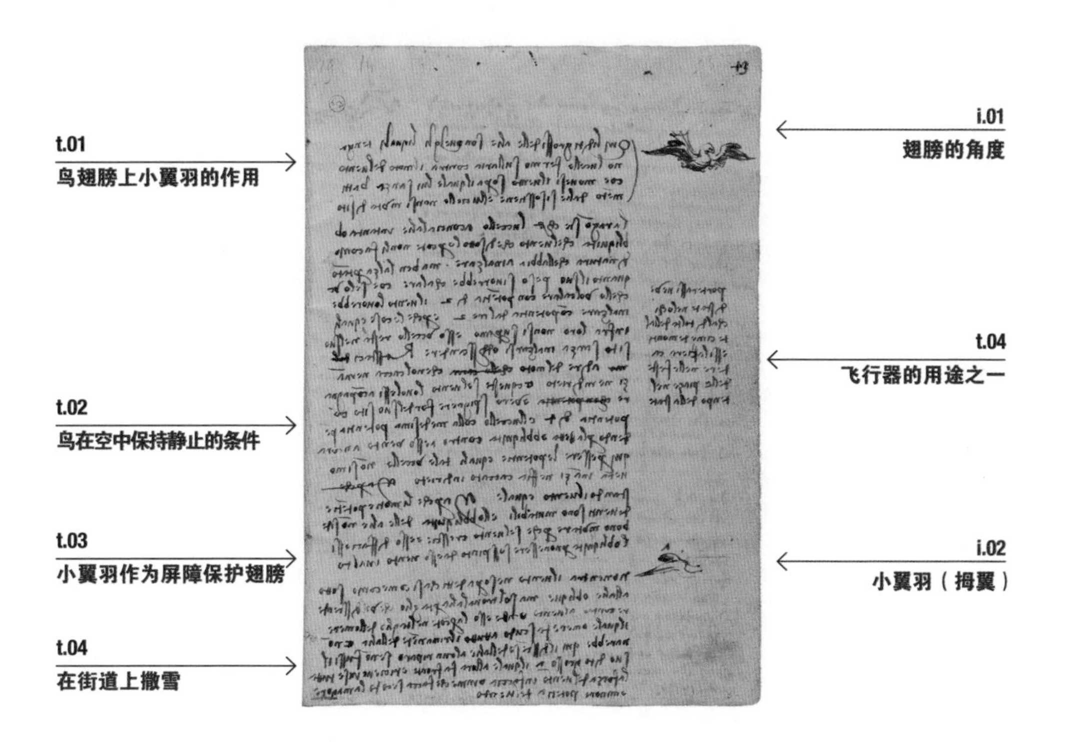

t.01 > *Qui li diti grossi delle alie son quegli li quali tengano l'ucello fermo sull'aria, contra il moto del vento; cioè, movesi il vento, sopra il quale lui, sanza battimento d'alie, si sostiene, e l'uciello non si muta di sito.*

t.01：在这里，翅膀上的“大手指”（为提高强度并为羽毛提供附着点，鸟翅膀外侧的手掌骨经过进化已经高度融合，原书注）使鸟在有风的情况下仍能在空中保持静止。当风吹过扇动着翅膀的鸟的身体时，这只鸟能在空中保持原位。

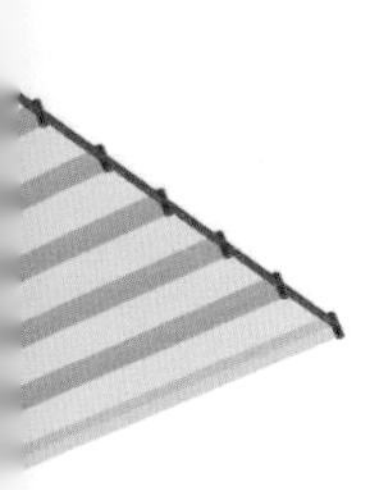

第13张右页

t.02 > *La ragion si è che l'uccello aconcia l'alie in tanta obbliquità, che 'l vento, che disotto lo percote, non li fa conio di natura che l'abbia a inalzare; ma ben l'alza pertanto quanto il suo peso si vorrebbe calare; cioè: se lo uccello vol calare con potenzia di 2, il vento lo vorebbe inalzare con potenzia d'altre 2, e perché le cose equali infra loro non si superano, esso uccello resta nel suo sito sanza inalzarsi o discendere. Restaci (del mio)a dire del moto (che lo caccia) che nol caccia né inanzi né indirieto; e quest'è se 'l vento lo volessi acompagnare (con potenzia) over spignere for del suo sito con potenzia di 4, e l'uccello, colla medesima potenzia, pendendo per la detta obbliquità contro a esso vento; ancora qui, per essere le potenzie equali, tale uccello non si moverà inanzi, né fia cacciato indirieto, (Ma perché) stando il vento equale. Ma perché li moti e potenzie de' venti sono mutabili, e l'obbliquità delle alie non si debono mutare, perché se 'l vento crescie, e esso diffaciessi l'obliquità, per non essere sospinto da esso vento in altro...*

t.02：鸟有时会将翅膀收起一定角度，这样来自其身体下方的风就不会像楔子一样将它举起来，而是施加一个与其身体重量相等的力。假如鸟打算降低飞行高度，并给自身“施加”了2个单位的向下的力。当风对鸟施加2个单位的向上的力时，由于这两个力的大小相等且方向相反，鸟会保持原来的高度，既不会上升，也不会下降。在我看来，这种状态下的鸟也不会前后移动。当风以4个单位的力使鸟脱离平衡状态，而鸟以之前提到的合适的角度对自身“施加”一个大小相等且方向相反的力时，上述情况就会发生。我要重申一遍，如果鸟没有在空中前后移动的话，则上述两个力应该大小相等且方向相反。然而，由于风施加的作用力的大小和角度（方向）在随时变化，而鸟翅膀的角度是相对固定的，当风的作用力增大时，鸟就要调整翅膀的角度，以免被风吹走……

t.03 > *Non entra il vento, ne' sopra detti casi, come conio sotto all'alie oblique, ma sol trova l'alia per taglio, che vol discendere contro al vento; onde esso la percote nel taglio dell'omere, il quale omere fa scudo a tutto il rimanente dell'alia; e non n'arebbe qui il discenso dell'alie alcun riparo, se non fussi il suo dito grosso a, il quale allora fa fronte, e ricieve in sé tutta la forza del vento in faccia, o in men che faccia, secondo la magiore o minore potenzia del vento.*

t.03：上述情况下，风不会像楔子一样作用在鸟收拢的翅膀之下，但会从侧面作用在鸟垂下的翅膀之上。风从侧面作用于鸟翅膀的肱骨区域，而肱骨区域就如同鸟翅膀的一道屏障。由于大手指“A”的存在，整个翅膀并不会承受风的全部作用力。大手指“A”承受了风全部的，或者绝大部分的作用力，这取决于风的作用力的大小。

t.04 > *Porterassi neve, di state, ne' lochi caldi, tolta dall'alte cime de' monti, e si lascierà cadere nelle feste delle piaze, nel tenpo della state.*

t.04：夏天，（凭借飞行器）你能从山顶收集积雪，并将积雪运送到炎热的地方，在夏日节那天将积雪从街道上空撒下。

i.01-02
翅膀的角度
鸟滑翔时，风的作用力并不足以像楔子一样作用于其翅膀下表面，将它托举起来。但由于鸟在风的下方飞行，当其水平飞行时，风的作用力与鸟所受的重力是可以平衡的。如果鸟在风的强度改变时仍想沿直线平飞，就要改变翅膀的迎风角度以平衡气流的冲击力。

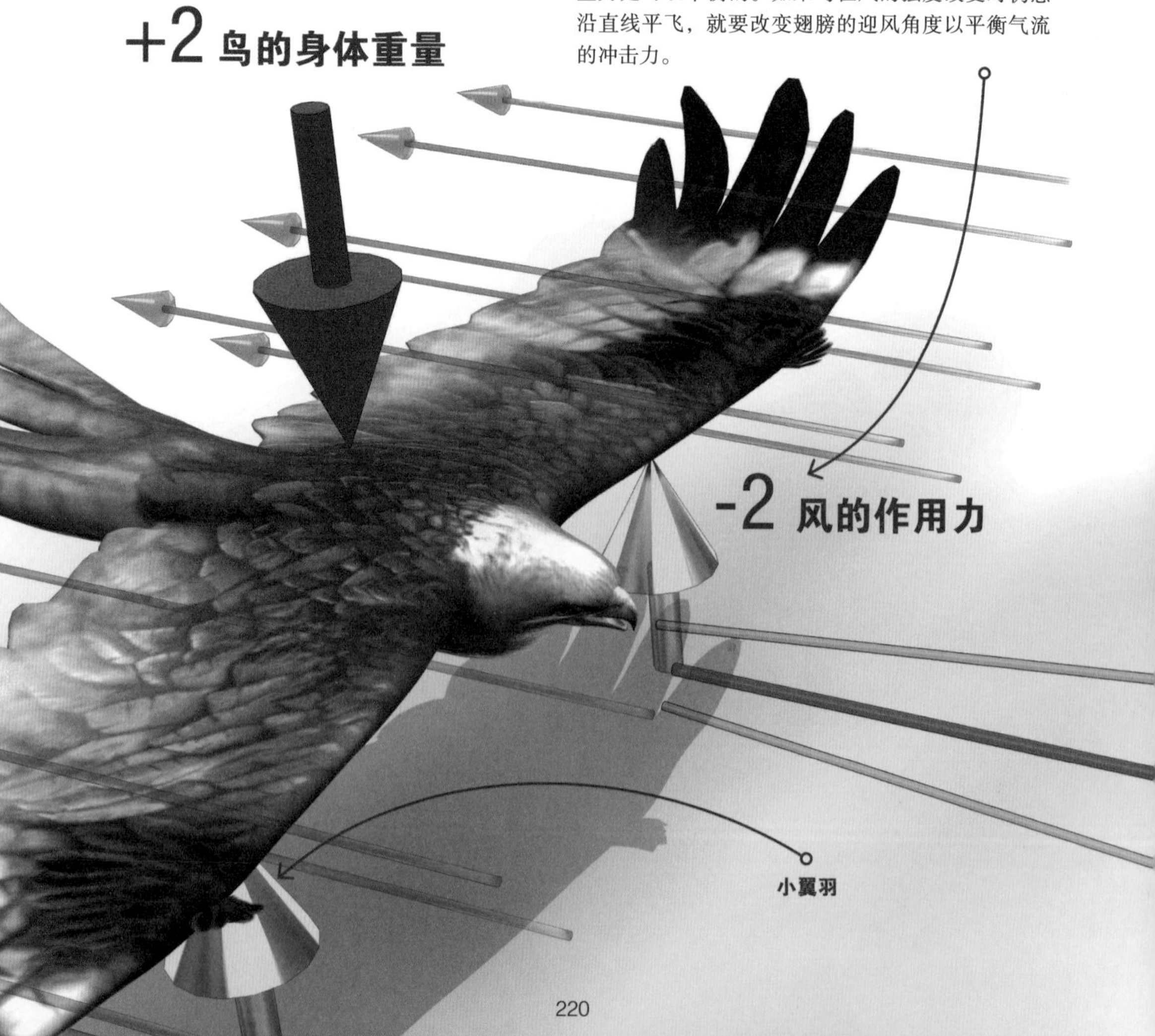

第13张右页

这一页的右边缘有八行文字注释，这可能是整卷手稿中最“奇幻”的内容之一，但并非毫无价值。达·芬奇幻想着自己的飞行器在很多场合“大展拳脚”。例如在炎热的夏日，（人们能驾驶）飞行器飞到山顶上收集积雪，在城市里的节日庆典中将积雪撒在广场上。这样的描述或许会令你会心一笑，却有力地证明了达·芬奇对自己的设计抱有极大的热情，并寄予厚望，他坚信这些纸面上的构想是完全可以实现的。达·芬奇在手稿中不止一次流露出这样的情感。例如第16张右页，达·芬奇为一整段论述附加的标题是“说服反对这个大胆设想的人”。在那段论述中，达·芬奇试图以对话的形式说服反对者，他的观点是在某些情况下，人是能够胜任“飞行器动力源”这一角色的（即依靠人力驱动飞行器）。

接着，达·芬奇又尝试分析一只赤鸢的飞行状态。他论述了小翼羽对控制气流的重要作用，即使在简单的滑翔中，也不能忽视这个作用。手稿这一页仅有的两幅插图描绘了鸟翅膀上的所谓“气流控制区”，它位于翅膀的桡骨和尺骨末端（对应着人类前臂上的桡骨和尺骨）。达·芬奇经常将鸟类翅膀末端比作人类的手，并将小翼羽比作“大手指”，这显然是比较贴切的。小翼羽对鸟类飞行的重要性非比寻常。鸟要通过小翼羽来控制整个翅膀的动作，以应对不同的飞行状态。达·芬奇将小翼羽的这项功能形容为“引导整个翅膀的运动”，意在强调小翼羽的动作能改变整个翅膀的姿态，进而改变鸟的飞行姿态。即使在滑翔时，鸟也要不断调整翅膀的迎风角度。

达·芬奇描述了一个实际案例。当鸟受到与自身所受重力大小相等且方向相反的风的作用力时，其翅膀会倾斜一定角度，以保持原有的飞行路线。但当风的作用力增大时（例如增大到4个单位的力），鸟如果还想维持原有的飞行路线，就要相应地，成比例地改变翅膀的迎风角度。有趣的是，现代飞机为保持平衡而进行的动作是与之类似的[㊀]。鸟通过小翼羽的动作来改变飞行姿态，而小翼羽足够坚韧且动作迅速，能及时捕捉气流，“楔”入气流中，与风的作用力（升力）平衡，进而改变整个翅膀的迎风角度。

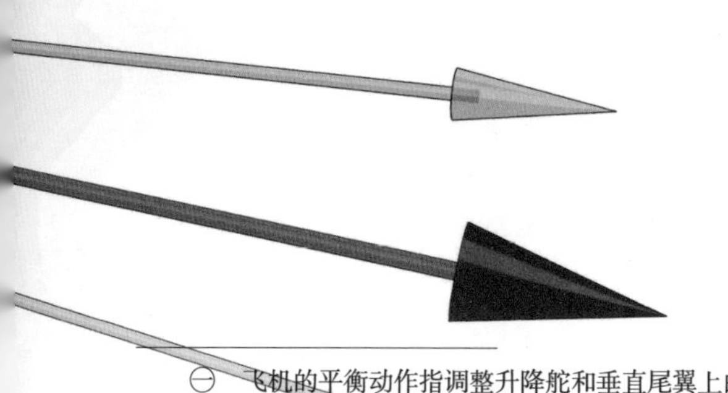

㊀ 飞机的平衡动作指调整升降舵和垂直尾翼上的活动面。

第13张左页

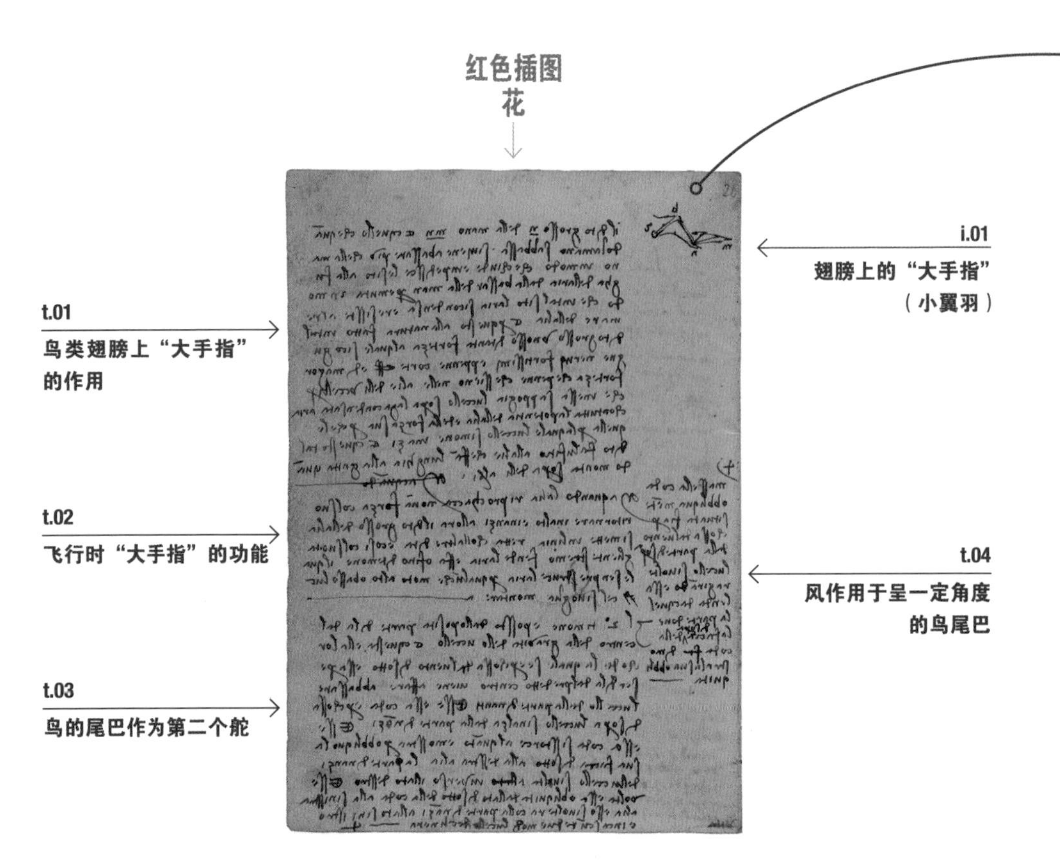

《飞行手稿》原文

t.01 > *Il dito grosso n, della mano m n, è quello che, quando la mano s'abbassa, si viene a bassare più che la mano, in modo che chiude e inpedisce l'esito alla fuga dell'aria, dall'abassar della man premuta, in modo che in tal sito l'aria si condensa e resiste al remare dell'alia; e per questo à la natura fatto in tal dito grosso un osso di tanta forteza, al quale si congiugne nervi fortissimi e penne corte, (ess) e di magior forteza che penne che sieno nelle alie delli uccelli, perché in essa s'appogia l'uccello, sopra la già condensata aria con tutta la potenzia dell'alia e della forza sua, perché l'è quella per la quale l'uccello si move inanzi; e cquesto tal dito fa l'ufizio all'alie, che fan l'unghia alla gatta, quando monta sopra delli alberi. (Ma quando)*

t.01：鸟类“手掌”MN上的“大手指”N是翅膀的一部分。当“手掌”放下时，“大手指”的位置比“手掌”其他部位都要低。而当鸟将“大手指”并拢在手掌上时，被它“聚拢”的空气是不能“逃逸”的。这样，鸟在放下“手掌”及并拢“大手指”的过程中，这一区域的空气就会被压缩，并阻碍翅膀的运动。自然赋予鸟类“大手指”，它与强壮的骨骼相连，外部是坚硬的凸起和一小撮羽毛。这些羽毛所受的阻力比翅膀其他部位都大。事实上，鸟正是依靠翅膀的这一部位，以及被其压缩的空气来控制整个翅膀的。这部分被压缩的空气为鸟向前飞行提供了动力。鸟飞行时运用“大手指”的方式与猫爬树时运用爪子的方式是相似的。

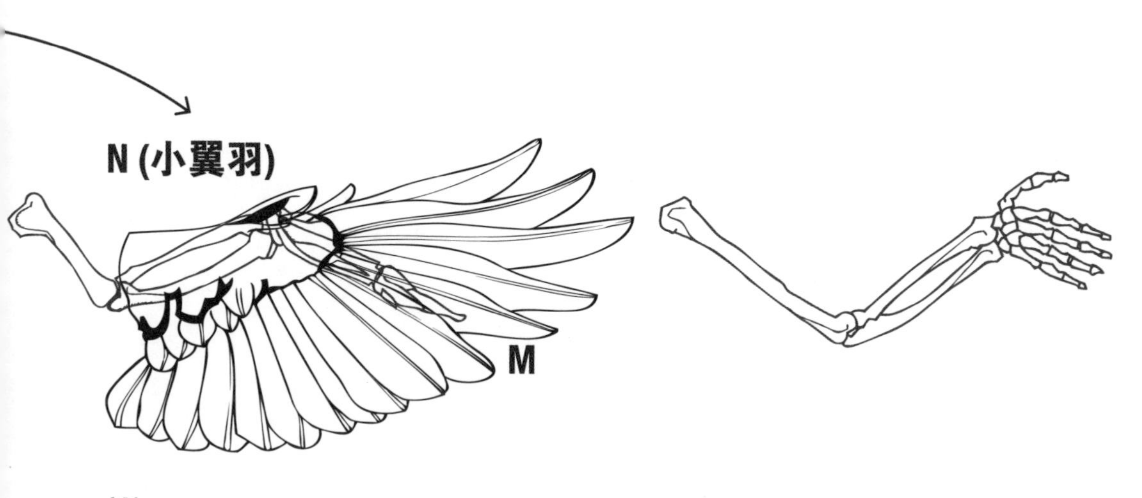

i.01
“大手指”
在这幅小插图上，达·芬奇描绘了鸟类翅膀的骨骼结构，并强调了小翼羽（N）和构成翅膀主体的“手掌”（NM）。鸟类前肢的进化与人类截然不同，但我们仍然存在一些共性。提到小翼羽时，达·芬奇用了“大手指”这个词，这原本指人类手上最强壮、功能最重要的一根手指——大拇指。

t.02 > *Ma quando l’alia riprocaccia nova forza, col suo ritornare in alto e inanzi, allora il dito grosso dell’alia si mette in linia retta coll’altre dita, e così, col suo tagliente stremo, fende l’aria, e fa ofizio di temone, il quale senpre sdruce l’aria, per qualunche moto, alto o basso, l’uc(ch)cel si voglia montare*

t.02： 但当翅膀可以利用其他能量时（例如翅膀抬起或向前运动时），“大手指”就会与其他手指并拢。这种情况下，鸟将自己的“手”像舵面一样侧向切入气流中，就能在任何方向上将气流分开，无论向上运动还是向下运动。

t.03 > *Il 2° timone è posto dall’oposita parte, di là dal centro della gravità dello uccello, e cquesta è la lor coda, la quale, se è percossa dal vento disotto, essa, per eser di là dal predetto centro, viene a fare abbassare l’uccello dalla parte dinanti. E se essa coda è percossa disopra, l’uccello s’inalza dalla parte dinanzi. E se essa coda si storce alquanto e mostra per obbliquo la sua faccia disotto alla destra alia, la parte dinanzi dell’uccello si volta (al lato) inverso il lato destro. E se volta essa obliquità dal lato di sotto della coda, alla sinistra alia, esso si volterà colla parte dinanzi al lato sinistro; e in ciascun de’ due modi l’ucello declinerà.*

t.03： 鸟类的尾巴是它们飞行时的第二个舵，在其身体末端，也就是在其身体重心之后。这也是为什么当鸟的尾巴受到下方风的作用时其身体会向前倾斜。但当鸟的尾巴受到上方风的作用时其身体会向后倾斜。如果鸟的尾巴稍微（向右侧）扭转，与右侧翅膀成一定角度的话，其身体前部就会向右侧转。相应地，如果鸟的尾巴稍微向左侧扭转，其身体前部就会向左侧转。在上述动作过程中，鸟的飞行高度都会下降。

t.04 > (-4) *Ma se la coda, obbliqua mente situata, fia percossa dal vento dalla parte disopra, l'ucello si volterà, girando essa lena da cquella parte, dove la faccia disopra della coda (si) dimostra la sua obbliquità.*

t.04：但当风作用于呈一定角度的尾巴上表面时，鸟的身体就会向着尾巴上表面朝向的方向旋转。

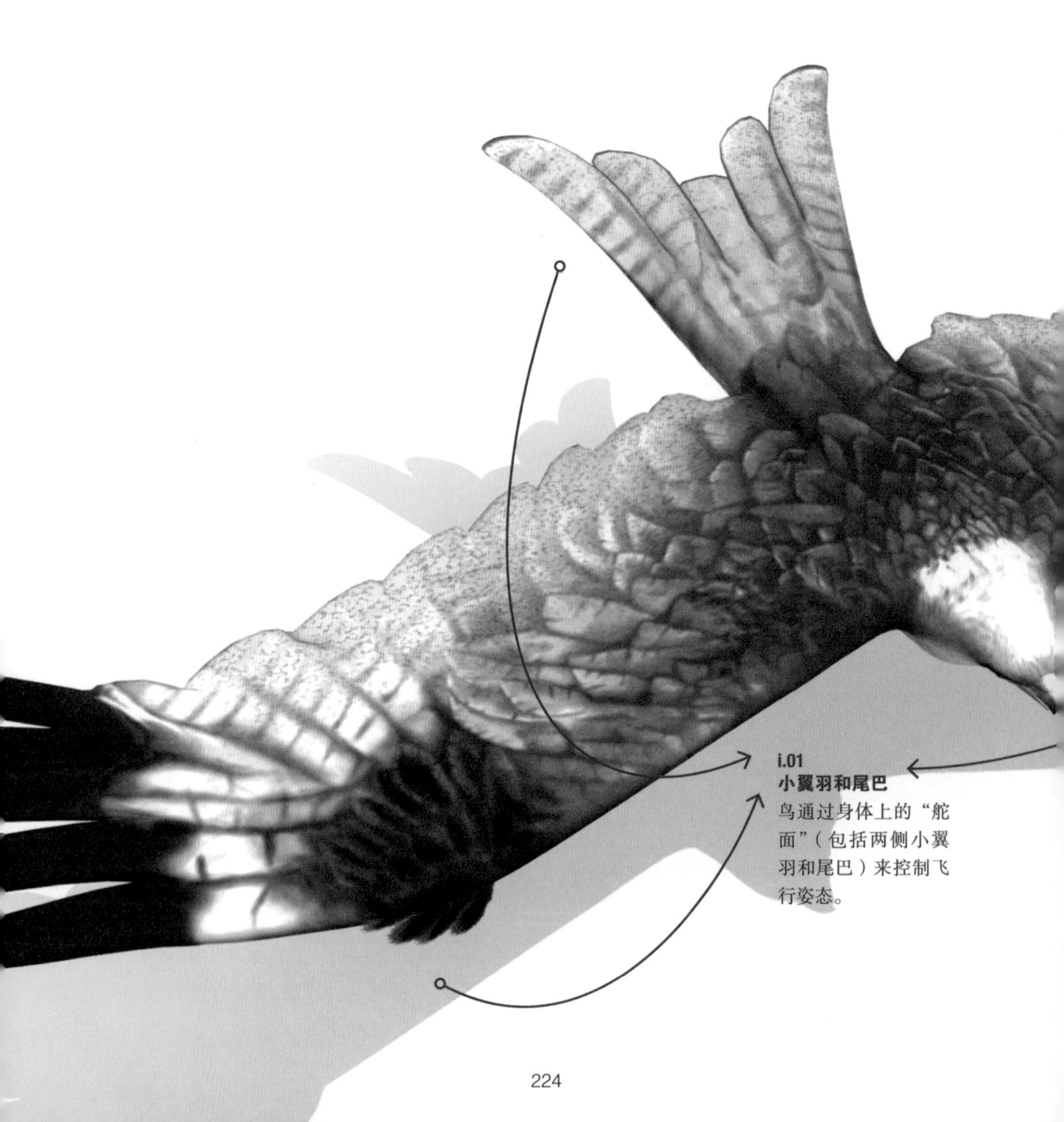

i.01
小翼羽和尾巴
鸟通过身体上的“舵面”（包括两侧小翼羽和尾巴）来控制飞行姿态。

第13张左页

这一页中，达·芬奇只在冗长的文字旁绘制了一幅插图。他试图分辨出鸟类身体中对飞行至关重要的结构。尽管如今我们很清楚鸟类的飞行动作是依靠其身体中几乎所有骨骼、肌肉的共同协作完成的，但对达·芬奇而言，他研究鸟类飞行的目的是将其“天然飞行特性”移植到自己的飞行器上，因此就有必要聚焦于一些“核心结构”，也就是他反复强调的小翼羽和尾巴。小翼羽，或者说鸟类“手掌”上的“大手指”，在插图中用字母N表示。小翼羽的动作对鸟类飞行姿态具有决定性影响，因为它能根据鸟类的“飞行需求”来切割气流。关于小翼羽的作用，达·芬奇作了一个生动的比喻：

Questo dito grosso è al servizio delle ali, allo stesso modo in cui le unghie servono al gatto quando si arrampica sugli alberi.

“鸟飞行时运用‘大手指’的方式与猫爬树时运用爪子的方式是相似的。”

小翼羽（对应着退化的第二指）要足够强壮且动作足够迅速。无论是鸟扇动翅膀时，还是滑翔时，它都对控制飞行姿态具有重要的作用。当鸟的翅膀受到风的作用时，其小翼羽的动作引导着整个翅膀的动作，同现代飞机和船舶的舵面一样。除小翼羽与翅膀的协同运动外，尾巴也对鸟的飞行姿态有重要的影响：

Il 2° timone è posto dall'oposita parte, di là dal centro della gravità dello uccello, e cquesta è la lor coda.

“鸟类的尾巴是它们飞行时的第二个舵，在其身体末端，也就是在其身体重心之后。”

达·芬奇在手稿第8张左页和第17张左页充分论述了鸟的尾巴动作与飞行姿态的关系。

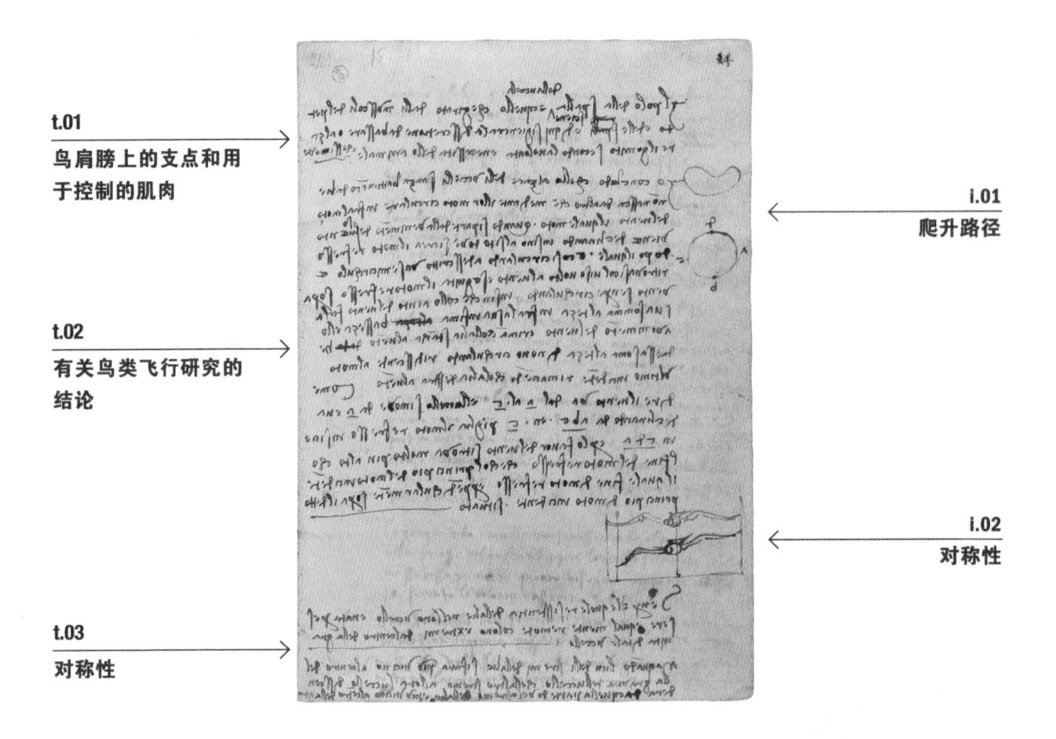

t.01 > *Il polo della spalla delli uccelli è cquello ch'è girato dalli muscoli del petto e delle (spali reni) schiene; e di qui si gienera la discrezione d'abassare o alzare il gomito, secondo la volontà e necessità dello animale che si move.*

t.01：对鸟类而言，肩膀上的支点是随胸部和背部肌肉的动作而改变的。这些肌肉根据鸟的飞行控制需要来使"手肘"抬起或放下。

t.02 > *Io concludo che lo alzare delli uccielli, sanza battimento d'alie, non nasca da altro che mediante il lor moto circulare in fra 'l moto del vento; il quale moto, quando si parte dall'avenimento d'esso vento, viene declinando insino al sito dove si crea il moto refresso, dopo il quale, e così circulando, à descritto un semicirculo, t, e seguita il moto refresso, sopra vento, senpre circulando, insin che, collo aiuto del vento, fa la sua somma alteza in fra la sua infima basseza e lo avenimento del vento, e riman coll'alia stanca*

t.02：接下来我们得出一个结论：如果鸟飞行时不扇动翅膀却越飞越高，那么它一定是利用了气流，沿着环形（螺旋形）路径上升。这股风会将鸟推到足够的高度上。在这个高度上，鸟开始有下降的趋势。当鸟到达那个将要下降的点（即上升过程与下降过程的"临界点"，译者注）时，它仍然在盘旋，在空中划过一个半圆形轨迹后，它将迎风飞行。

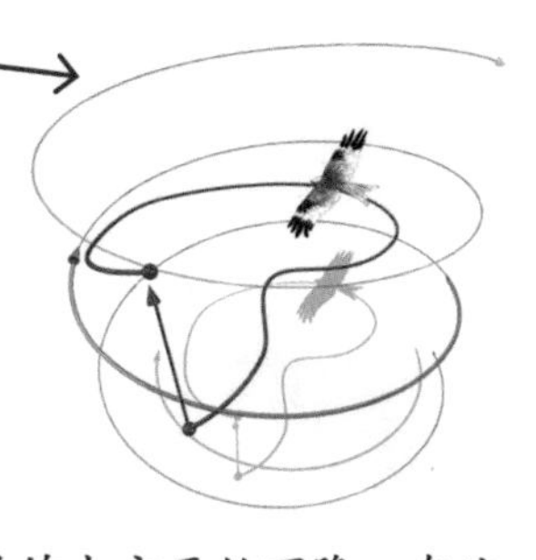

al vento; e da essa soma alteza, di novo circulando, ridiscende al moto ultimo incidente, rimanendo coll'alia destra al vento. Come dire: il vento va da l'a al c, e l'uccello si move da a, e va declinando da a b c, e 'n c piglia il moto refresso insino in c d a, e, per lo favor del vento, si trova molto più alto col fine del moto refresso, che col principio del moto incidente, il quale fine di moto refresso è perpendicolarmente sopra il detto principio di moto incidente situato.

然后，鸟在风的上方开始下降，在这一过程中依然保持盘旋状态，直到风的作用力将它推到这段飞行中的最高点。一阵微风就足以将一只在低空飞行的鸟推到一个很可观的高度。从这段飞行的最高点开始，鸟的身体上仰，但开始盘旋下降，且右侧翅膀始终迎风。如下图所示，风从 A 点吹到 C 点，而鸟从 A 点开始运动，沿 ABC 弧下降。到 C 点时，鸟的身体开始下倾，继续沿着 CDA 弧运动。受风的影响，鸟在下倾运动末段的高度会比上仰运动初段高得多，而且其下倾运动的结束位置就在上仰运动的起始位置正上方。

i.01
上升气流

鸟能利用上升气流在不扇动翅膀的情况下爬升。在这种情况下，鸟会使头部迎风并展开翅膀，进而沿着环形（螺旋形）或弧形路径爬升。

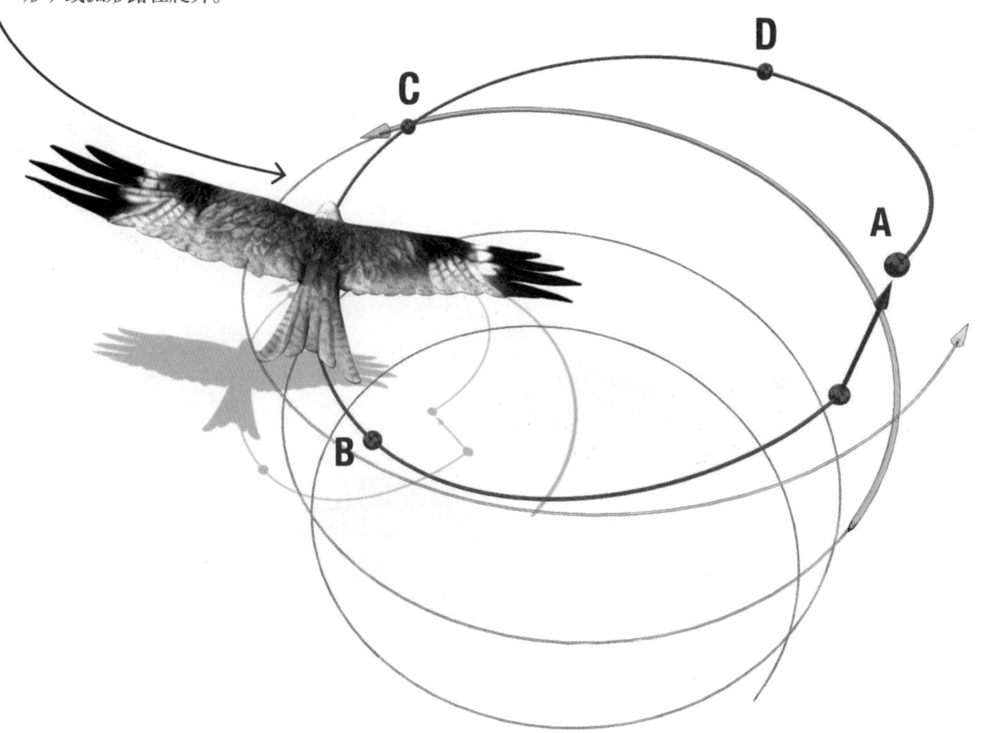

t.03 > *Senpre l'equle resistenza dell'alie nel loro uccello è nata per essere equal mente remote, co' loro extremi, dal centro della gravità di tale uccello. Ma quando l'un delli stremi dell'alie si farà più vicino al centro della gravità dell'uccello che l'altro stremo, allora l'uccello discenderà da cquella parte, dove lo stremo dell'alie è più vicino al centro della gravità.*

t.03： 鸟的两侧翅膀受到的空气阻力是相等的，两侧翅膀端部与鸟身体重心间的距离也是相等的。但当一侧翅膀端部移动到靠近身体重心的位置时，鸟就会朝着这一侧倾斜下降。

i.02

对称性

鸟的两侧翅膀长度相等，因此两侧翅膀端部与身体重心间的距离也是相等的。将一侧翅膀向身体收拢时，鸟会朝着这一侧倾斜下降。滑翔时，鸟通过这样的动作转向。

第14张右页

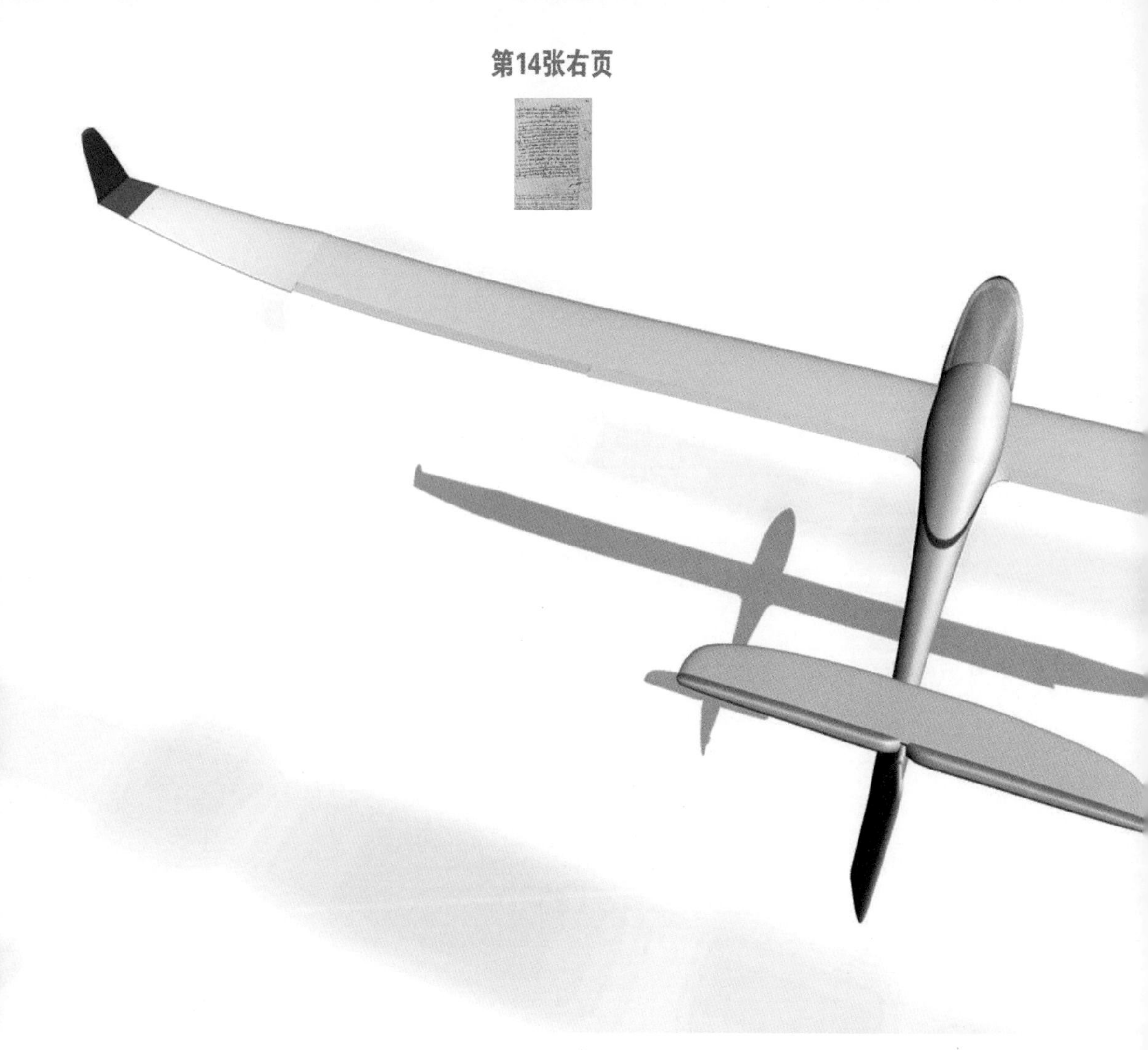

观察到鸟如何在风中不扇动翅膀滑翔爬升后，达·芬奇在手稿中记录了使鸟保持飞行状态的上升气流。现代滑翔机的操控也依赖上升气流。身处上升气流之中时，鸟会沿特定的路径上升，而这个路径与现代滑翔机遇到上升气流时的上升路径是一致的。

手稿这一页的插图让我们能更好地理解上述概念。中部的插图是一个几乎完美的圆形，其重要部位以字母 ABCD 标示（参见第 227 页）。上部的插图是一段不太规则的闭合曲线，配有详细的文字注释。当一只鸟离开 A 点时，最初它的高度会下降。但通过 B 点到达 C 点时，它遇到了沿直线 ADC 吹来的风。此时它将翅膀完全展开，并沿螺旋形路径爬升，直至到达 A 点上方的点。

在下部的插图中，达·芬奇绘制了一只鸟的正视图。他注意到翅膀的对称性，翅膀就像某种平衡装置一样，其支点在鸟的身体中心。达·芬奇观察到，鸟类能通过收拢或伸展一侧翅膀来打破这个平衡状态。这时，鸟会向收拢的翅膀那一侧倾斜下降。有趣的是，达·芬奇将鸟做出这一系列动作的最终状态和起始状态（这个状态描绘得更清楚）画在了一幅图中，这令它看上去像一幅动态图。

第14张左页

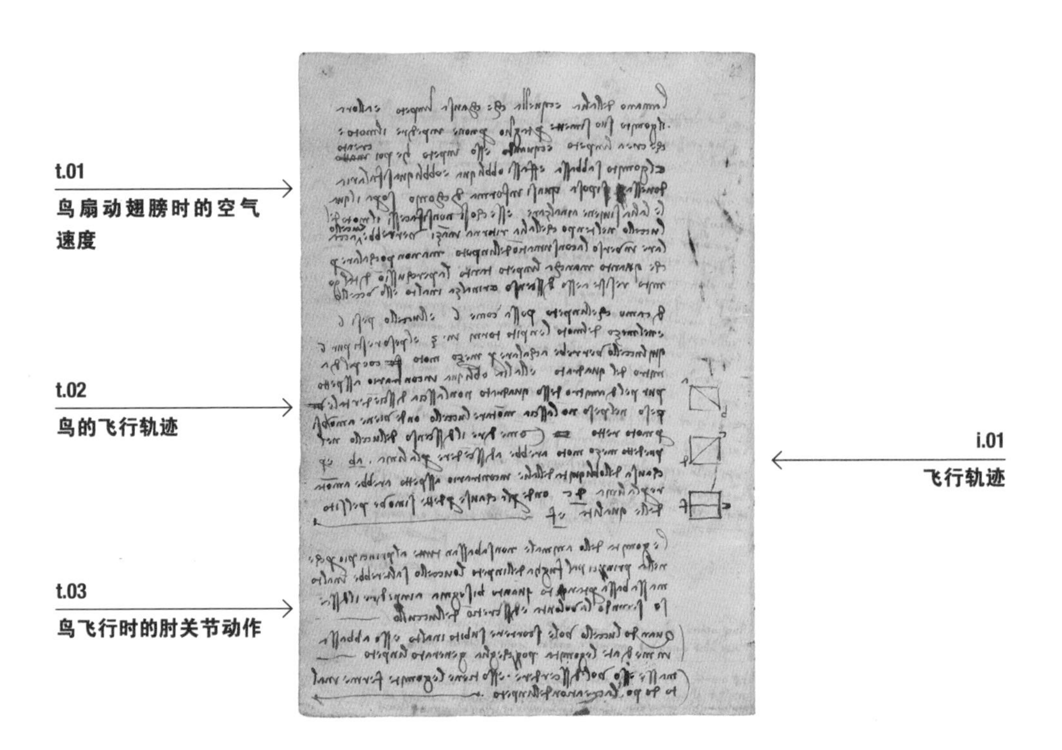

t.01 > *La mano dell'alia è quella che causa l'inpeto; e allora il gomito suo si mette per taglio, per none inpedire il moto che crea l'inpeto; e cquando esso inpeto è poi creato el gomito s'abbassa e fassi obbliqu, e obbliqua si fa l'aria dov'essa si posa, quasi in forma di conio, sopra il quale l'alia si viene a inalzare, e se così non si facessi, il moto dell'uccello, nel tenpo che l'alia ritorna inanzi, verrebbe l'uccello a calare in verso la consumazion dell'inpeto; ma non po calare, perché, quanto manca l'inpeto, tanto la percussion di tal gomito resiste a esso discenso,e rinalza in alto esso uccello.*

t.01 : “手”是鸟翅膀的一部分，用以“产生”飞行速度。当鸟向下扇动翅膀时，其肘部就会处于身体侧面，这样不会阻碍其翅膀“产生”速度的运动（指扇动翅膀）。在飞行中“积累”了一定的速度后，鸟会将肘部斜向下放下，这时空气会进入其翅膀（与躯干间的）区域，像楔子一样将翅膀抬升。如果不是这样，当翅膀向前运动时，鸟就会慢下来，速度会“耗尽”。事实上，鸟的高度在这个过程中并不会降低，因为鸟此时会快速扇动翅膀以“弥补”失去的速度。这样，鸟就避免了高度降低的危险，在飞行中重新上升。

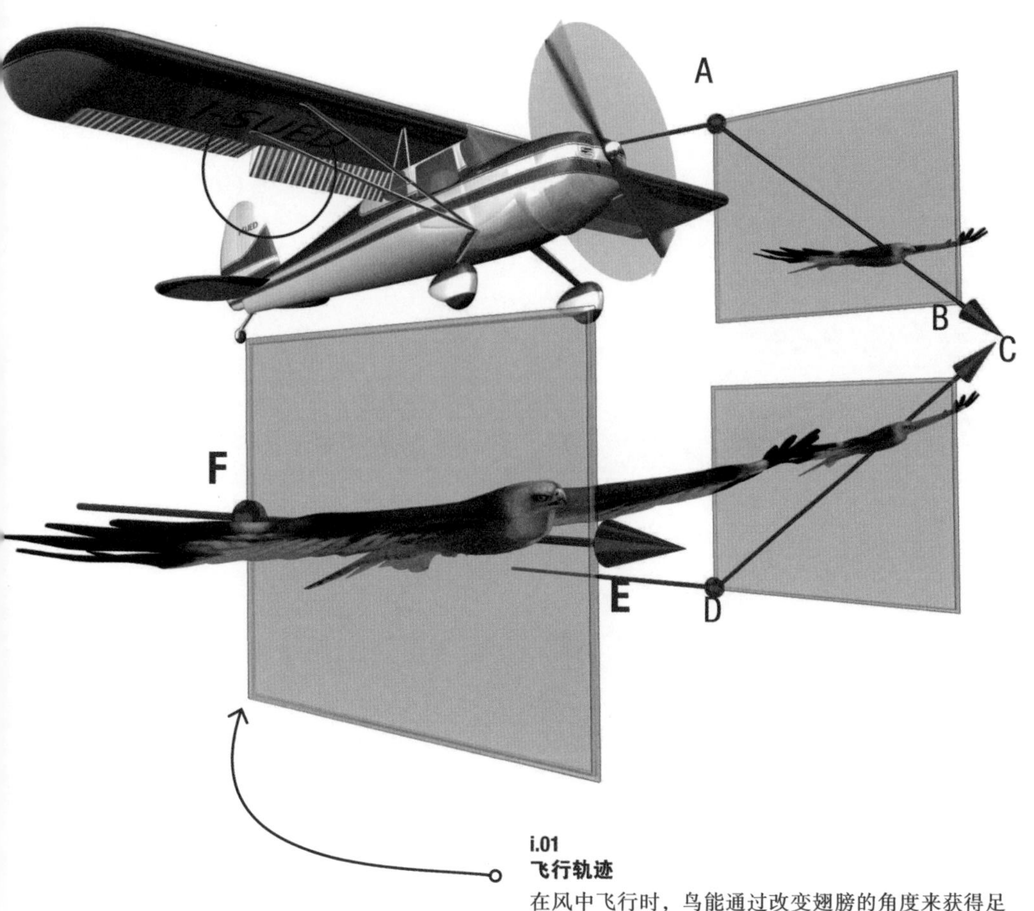

i.01
飞行轨迹
在风中飞行时，鸟能通过改变翅膀的角度来获得足够的升力，即使在速度降低的情况下。这与现代飞机在降落阶段放下襟翼以增大升力，防止因失速而坠毁的原理是一样的。

t.02 > *Diciamo che l'inpeto possa come 6, e l'uccello pesi 6, e nel mezo del moto l'enpito torni in 3, e 'l peso resti pur 6; qui l'uccello verrebe a calare per mezo moto, cioè pel diamitro del quadrato, e l'alia obiliqua in contrario aspetto, pur pel diamitro d'esso quadrato, non lascia disciender tale peso, né 'l peso non lascia montare l'uccello; onde viene a moversi per moto retto. Come dire: il discenso dell'uccello, nel predetto mezo moto, arebbe a discendere per la linia a b, e, per causa dell'obliquità dell'alie in contrario aspetto, arebbe a montare per la linia d c; onde, per le cause predette, si move pel sito dell'equalità e f.*

t.02：假设鸟的重量和速度都是6个单位。在飞行轨迹的中点，其速度减至3个单位，但其重量依然是6个单位。这时，鸟会沿对角线下降。但此时鸟的翅膀指向对角线的另一端，这（一状态）既不允许鸟沿对角线下降，也不允许鸟沿对角线上升。这种情况下，鸟会沿原来的路径飞行。这就好比说，鸟在前半程沿直线AB飞，但由于其翅膀指向相反的方向，它有沿直线DC上升的趋势。最终，按照之前的理由，鸟会沿中线EF飞行。

第14张左页

t.03 > *Le gomita dello animale non s'abassan tutte al principio, perché nella principal fuga dell'inpeto lo uccello salterebbe in alto, ma s'abassa per tanto quanto bisognia a inpedire il discenso, secondo la volontà e discrezione dell'ucclo. Quando l'uccello vole scorrere subito in alto, esso abbassa inmediate le gomita, po' ch'egli à generato l'inpeto. Ma se esso vol discedere, esso tiene le gomite ferme in alto, dopo la creazion dell'inpeto.*

t.03：（鸟这种）生物的肘部（在飞行时）是不可能完全放下来的。因为既然肘部"产生"了必要的速度，鸟就会在飞行中反复地向上"弹起"。鸟只会将翅膀以合适的幅度放下，以保持飞行高度。想迅速爬升时，鸟会立刻将肘部放下，以"产生"所需的速度。但下降时，如果有足够的速度，鸟会抬起肘部并保持不动。

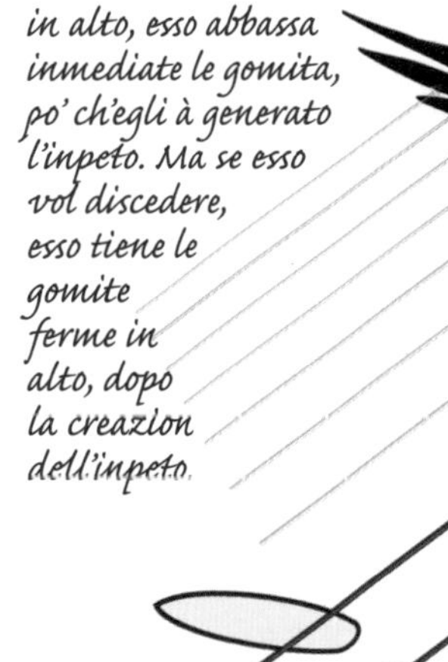

t.01
翅膀倾角
达·芬奇在这一页第一段中，论述了一个与第 18 张右页相同的问题。但这一页的描述相对更精确。达·芬奇注意到，鸟扇动翅膀的过程中，其翅膀倾斜角度是会发生变化的。鸟向下扇动翅膀时，翅膀是水平的（相对地面），这样它就能使足够多的空气向下流动，为其提供向前飞行所需的推力。鸟向上扇动翅膀时，翅膀前缘朝上，这样扇动翅膀所要克服的阻力最小。如果鸟在扇动翅膀的过程中不能调节翅膀的倾斜角度，就会在向上扇动翅膀时产生与推力大小相等且方向相反的力，从而抵消推力，使鸟无法向前飞行。

第14张左页

这一页中，达·芬奇观察到鸟如何扇动翅膀（第一段和第三段文字）以及如何调整翅膀倾角以满足不同飞行状态下的升力需求（第二段文字）。他在第18张右页会重拾这些问题。诸如楔形、倾斜、侧倾和动量（英文原文为Momentum，译者注）之类的概念在这一页中显得稀松平常。达·芬奇十分清楚速度，实际上是动量，对于鸟保持正常飞行状态具有不可或缺的作用。如果鸟在飞行中失去了速度，就会不可避免地坠向地面。实际上，这正是飞机失速时将要面对的情况。鸟在滑翔时，只要风的强度足以维持一定的升力，失速坠地的情况就不会发生。在唯一与插图对应的中间段中，达·芬奇分析了一只重6个单位的鸟，以6个单位的速度，或称动量，飞行时的情况。在某一特定点上，鸟的飞行速度（动量）降低到3个单位。随着飞行速度（动量）的降低，鸟将会沿直线AB坠向地面，除非它及时调整翅膀的迎风角度，以获得足够的升力，按照我们现在的说法，就是鸟要沿直线EF飞行才能保持高度。如果鸟能保持开始的飞行速度和翅膀倾角都不变，那么它就会沿直线DC爬升。我们可以将这种情况类比于一架飞机以极慢的速度飞行，且接近失速状态。达·芬奇对这一过程的描述很容易使我们联想到飞机改变襟翼倾角的动作，这是飞机在减速—下降—着陆过程中提高升力的常规动作。

鸟之所以能完成上述动作，在于其翅膀具有迎风倾转的能力，正如它在无风的情况下靠扇动翅膀爬升一样。

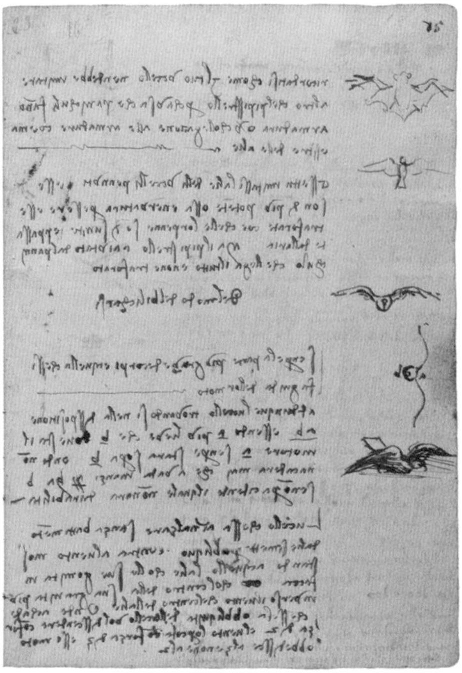

t.01

飞行器应该模仿蝙蝠而不是鸟

i.01

蝙蝠和赤鸢

t.02

如何保持平衡

i.02

失控翻滚

t.03

鸟身体中较轻的部分和较重的部分

i.03

逆风飞行

t.04

鸟逆风爬升时的路径

t.01 > *Ricordatisi come il tuo uccello non debbe imitare altro che 'l pipistrello, per causa ch'e paniculi fanno armadura, over collegazione alle armadure, cioè maestre delle alie. E se tu imitassi l'alie delli uccelli pennuti, esse son di più potente ossa e nervatura, per essere esse traforate; cioè che le lor penne son disunite e passate dall'aria. Ma il pipistrello è aiutato dal panniculo, che lega il tutto e non è traforato.*

t.01：记住，你的“鸟”（此处应该指飞行器，译者注）应该模仿蝙蝠的飞行动作，翼膜就像蝙蝠翅膀的“框架”（英文原文为framework，译者注），将主体结构连接在一起。如果你想仿制鸟的翅膀，就要明白，构成翅膀的骨骼和羽毛（英文原文为quill，中文本意为翮，指构成鸟类羽毛的中空硬管，译者注）都更强壮（相较于蝙蝠的翅膀，译者注）。更重要的是，鸟的翅膀是“能被气流穿透的”：羽毛之间并非紧密相连，气流能穿过羽毛间的空隙。相对而言，蝙蝠要靠翼膜飞行，而翼膜覆盖了整个翅膀，不能被气流穿透。

第15张右页

t.02 > *Del modo del bilicarsi.*

t.02： 如何保持平衡

t.03 > *Senpre la parte più grave de' corpi è cquella che si fa guida del lor moto. Addunque, l'uccello trovandosi nella disposizione a b, essendo a più lieve che b, dove sta il motore a, senpre starà sopra b, onde non acaderà mai che a vada inanzi (a) a b, se non per acidente, il quale non arà durabilità.*

t.03： 物体自身最重的部分会引导整个物体的运动。当鸟处于位置AB时，A点所处的部位比"发动机"B点所处的部位轻，较轻部位的A点总会在较重部位的B点之上，因此A点几乎永远不会在B点之前，除非发生事故，或仅仅在极短的时间内。

t.04 > *L'uccello che s'ha a innalzare, sanza battimento d'alie, si mette per obliquo contra al vento, mostrando a cquello l'alie colle sue gomita in faccia, col centro della sua gravità più in verso il vento che 'l centro dell'alie. Onde acadeche se la obbliquità dell'ucello vol discendere con forza di 2, e 'l vento lo percota con forza di 3, esso moto obbedisce al 3 e none al 2.*

t.04： 一只鸟如果想在不扇动翅膀的情况下爬升，就要转向逆风方向，并在这个过程中充分展开翅膀和肘部，使自身的重心更偏向风的方向，而非两个翅膀的中心。这种情况下，如果鸟用2个单位的速度以一定的角度下降，而风对它的作用力是3个单位，那么其运动路径就会偏向风的方向，并持续上升。

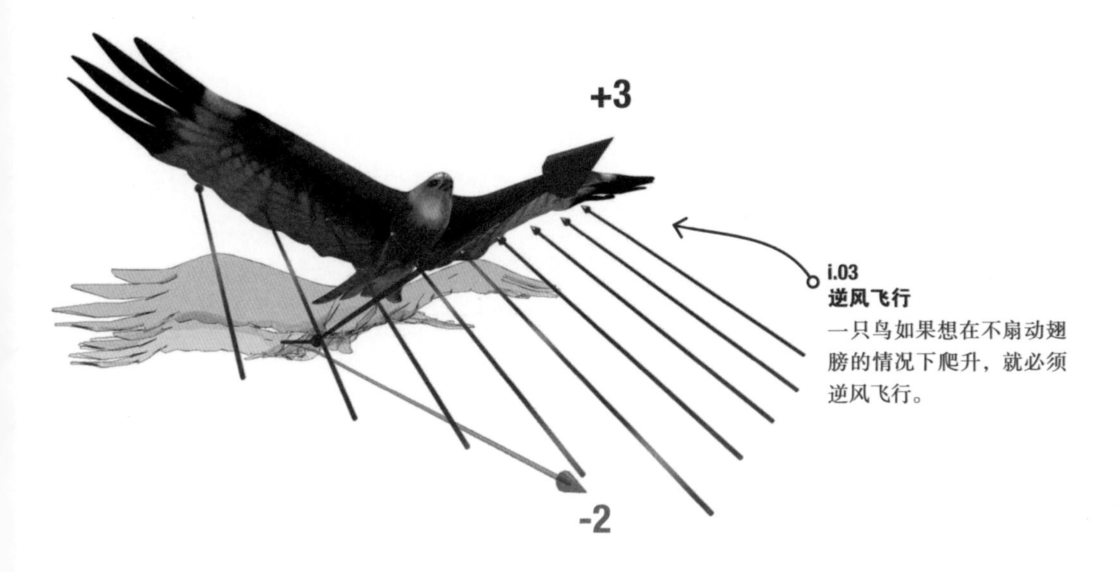

i.03
逆风飞行
一只鸟如果想在不扇动翅膀的情况下爬升，就必须逆风飞行。

第15张右页

这一页中，达·芬奇解决了三个问题。前两段文字中“隐藏”着对制造飞行器而言极为重要的信息。而在第三段中，达·芬奇观察到一只鸟（可能也包括他的飞行器）如何借助风力爬升。

最有趣的是达·芬奇在这一页右上角绘制的一只蝙蝠。除此前出现的赤鸢和第17张左页出现的希腊山鹑外，达·芬奇还详细描绘了蝙蝠这种会飞的小型哺乳动物，同时从它身上获得了诸多启示：

Ricordatisi come il tuo uccello non debbe imitare altro che 'l pipistrello.
“记住，你的‘鸟’应该模仿蝙蝠的飞行动作。”

这里，达·芬奇是想告诉未来的飞行器制造者，从解剖学的角度看，飞行器采用蝙蝠的翅膀结构比采用鸟的更合适。与鸟的翅膀不同，蝙蝠的翅膀主要由皮膜构成，这能为它提供更稳定的升力。与之相反，鸟的翅膀主要由羽毛构成，并非密不透风，总会有气流穿过羽毛间的空隙。达·芬奇此前耗费了大量精力研究赤鸢，但显然他同时也希望通过研究蝙蝠翅膀的结构和相关飞行原理，制造出在“效能”上超越鸟类翅膀的飞行器翅膀，这很值得我们关注。达·芬奇认为，正是强健的肌肉、筋腱和骨骼赋予了鸟类飞行的能力，而这些都是人类所不具备的。因此，他决定以蝙蝠的翅膀作为参考模板，缩小机械结构在“效能”上与鸟类“天然结构”的差距。那么，既然如此，达·芬奇为什么不在一开始就将研究对象锁定为蝙蝠呢㊀？这很可能是因为蝙蝠只能通过扇动翅膀来飞行，而且翅膀的扇动频率极高，在当时的技术条件下不可能用机械结构去模仿。

达·芬奇最终还是决定以“滑翔式飞行”作为突破口，因为至少这种情况下成功的概率会大一些。他通过观察赤鸢（以滑翔式飞行为主）的飞行姿态来探究飞行原理，而与此同时，他也从未放弃从其他飞行动物身上获取灵感的机会。事实上，他的确将蝙蝠扇动翅膀的“高效方式”部分运用到了自己的飞行器上，尽管后者不会真的像一只会飞的哺乳动物那样扇动翅膀。最终状态的飞行器能像现代滑翔机一样滑翔，它的帆布蒙皮结构翅膀与现代牵引式滑翔机很像，但看上去更像蝙蝠翅膀。

㊀ 实际上，达·芬奇对蝙蝠的飞行原理和特性也进行了大量研究，相关话题在他的很多手稿中反复出现（包括B手稿、E手稿、《阿什伯纳姆抄本》和《大西洋古抄本》）。

第15张右页

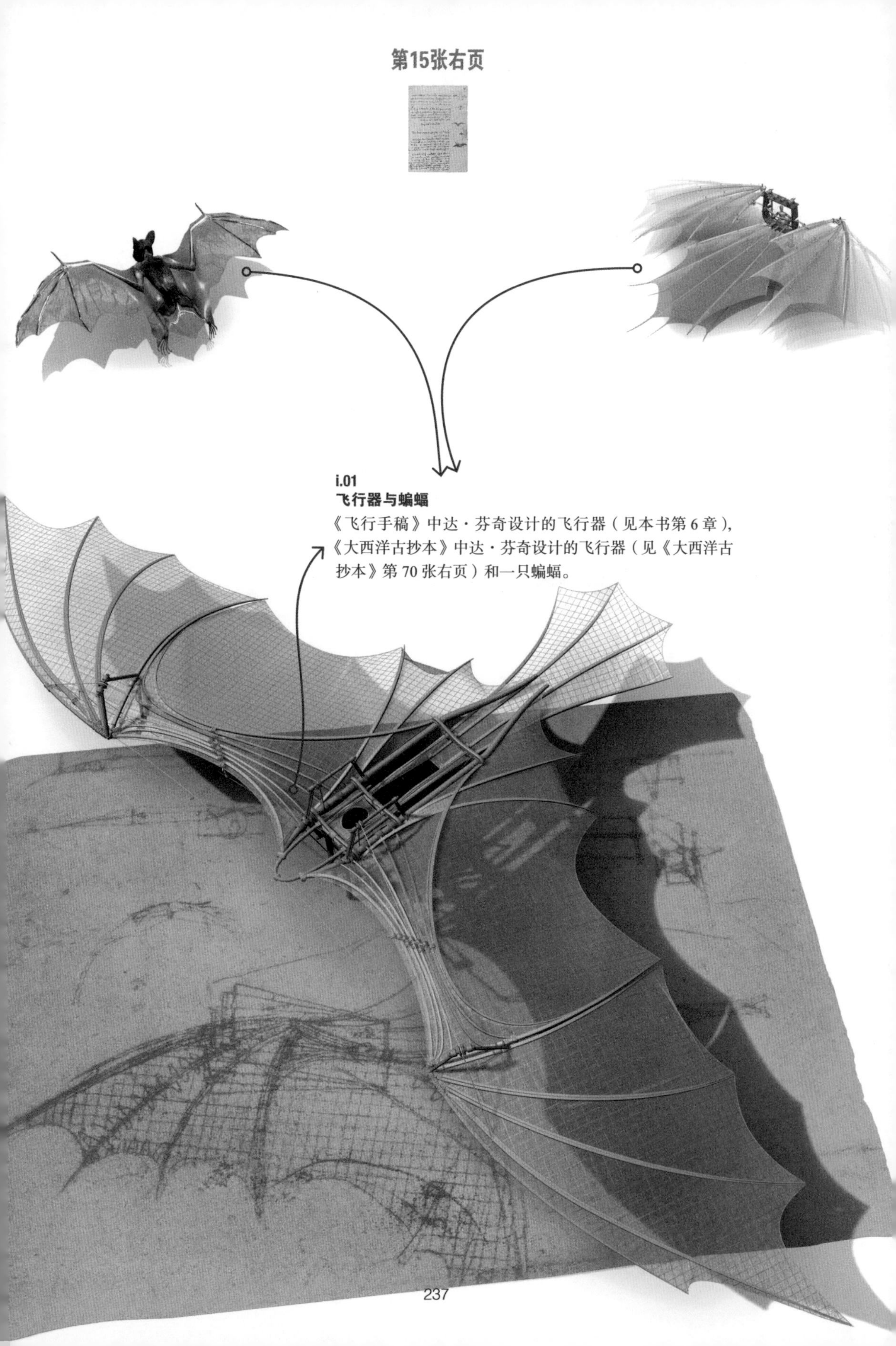

i.01
飞行器与蝙蝠
《飞行手稿》中达·芬奇设计的飞行器（见本书第6章），《大西洋古抄本》中达·芬奇设计的飞行器（见《大西洋古抄本》第70张右页）和一只蝙蝠。

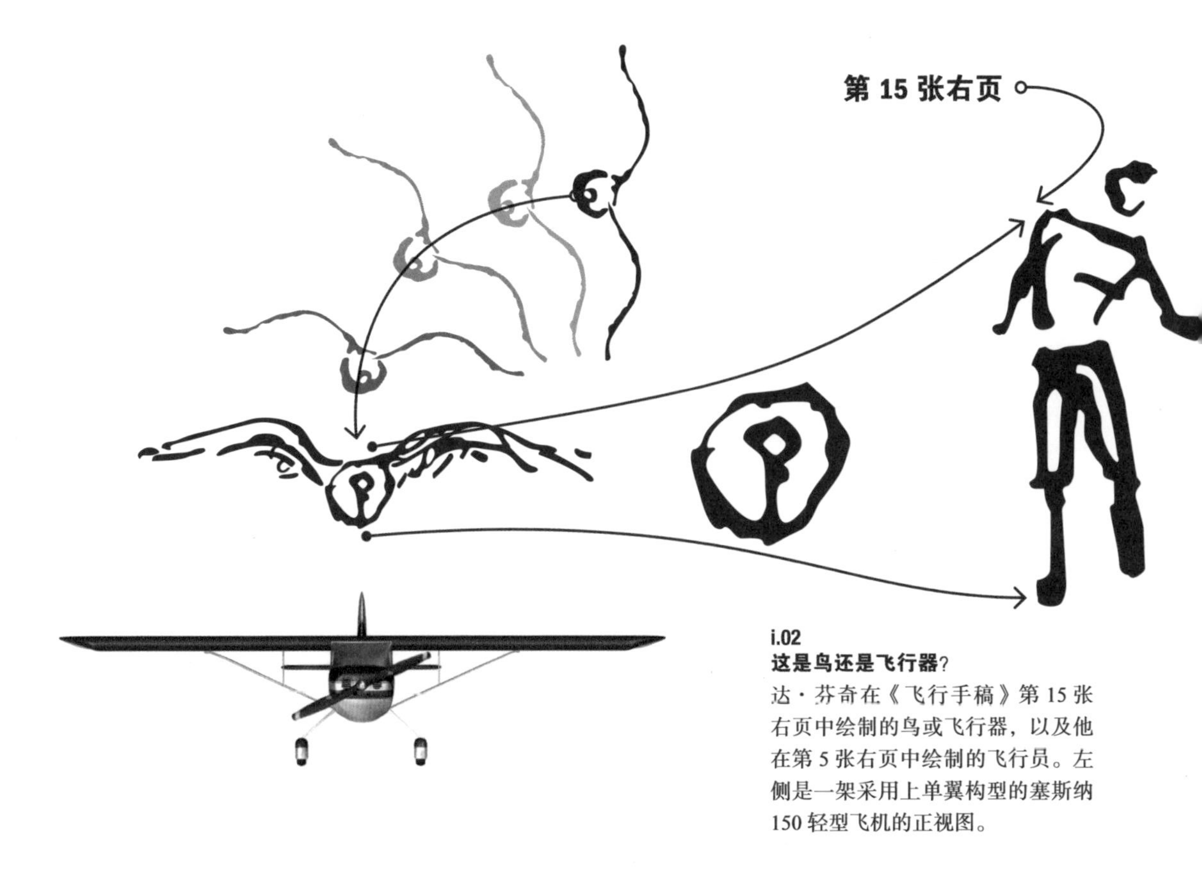

i.02
这是鸟还是飞行器?
达·芬奇在《飞行手稿》第 15 张右页中绘制的鸟或飞行器，以及他在第 5 张右页中绘制的飞行员。左侧是一架采用上单翼构型的塞斯纳 150 轻型飞机的正视图。

本书作者的评述

这一页的第三幅和第四幅插图描绘了一只鸟展开翅膀时的正视图。第一幅是鸟正常飞行时的样子，第二幅是侧转 90 度的样子。有些历史学家认为这两幅图描绘的是飞行器，而非鸟。在这个“物体”水平飞行的图（第一幅插图）中，我们能看到一个小圆圈，它下部连着一小段竖线，这整体上的确可以解读为飞行员的轮廓。显然，这是一个非常大胆的猜想。如果猜对了，那就意味着我们发现了目前仅存的两幅能展现达·芬奇飞行器全貌的手绘真迹，尽管它们看起来不怎么精确。且不论这个猜测到底正确与否，至少这一页内容涉及的概念是非常重要的。达·芬奇观察到，物体自身最重的部分会引导整个物体的运动，正如射向空中的箭，最终会以箭头，也就是整支箭中最重的部分着地。鸟自身的大部分重量都集中在躯干部位，即翅膀前缘之下。这样的身体构造，使鸟在空中失去平衡时，如图 i.02 所示，即整个身体侧向翻转

i.02
重心位置
较低的重心位置使鸟能在失去平衡或失控翻滚时自然地恢复平衡状态。

了 90 度，仍能利用相对更重的骨盆部位使身体重回平衡状态。

达·芬奇将这个场景深深地印刻在脑海中。在手稿第 12 张左页，他指出，飞行器的重心必须位于整体上较低，且在翅膀阻力中心以下至少 4 布拉恰的位置。达·芬奇飞行器在这方面与现代飞机的相似性不容忽视。机翼的安装位置是影响飞机飞行稳定性的主要因素。根据机翼与机身的相对位置，飞机可以分为下单翼、中单翼和上单翼三种构型。下单翼飞机的重心在其升力中心之上，这导致其飞行稳定性一般，但易于操纵。中单翼飞机结构相对更复杂，但机身外形所受阻力相对更小，飞行性能更好，这就是客机和滑翔机常采用这种构型的原因。上单翼飞机的飞行稳定性更好，因为其重心在升力中心之下，失去平衡时，它更容易恢复平衡状态。而达·芬奇飞行器的构型及鸟类的“天然构型”与上单翼飞机更为相似。

第15张左页

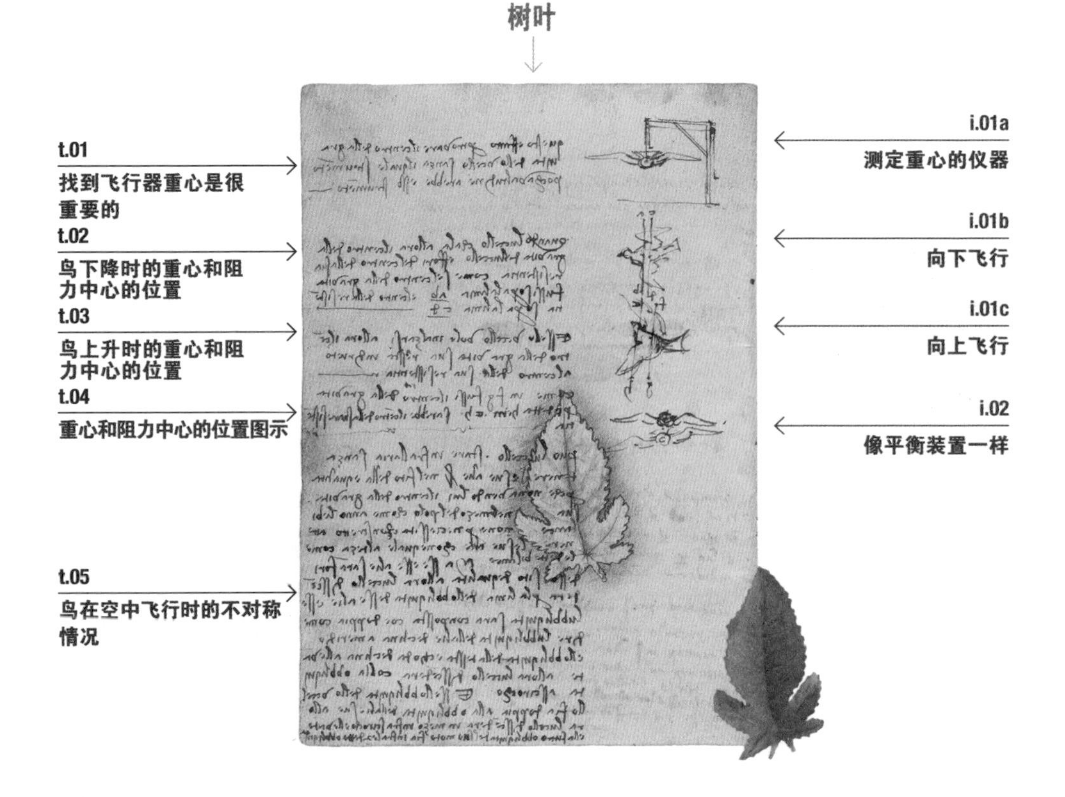

t.01 > *Questo è fatto per trovare il centro della gravità dello ucello, sanza il quale strumento, poca valtudine arebbe esso strumento.*

t.01：这样做的目的是找到装置的重心。没有这个步骤的话，制造出来的“鸟”是毫无用处的。

t.02 > *Quando l'uccello cala, allora il centro della gravità dell'uccello è fori del centro della sua resistenzia; come se 'l centro della gravità fussi sopra la linia a b, e 'l centro della resistenzia sopra la linia c d.*

t.02：当鸟下降时，它的重心与阻力中心是不重合的。在图中，鸟的重心在直线 AB 上，而阻力中心靠近直线 CD。

t.03 > *E se lo uccello vole inalzarsi, allora il centro della gravità sua resta indirieto al centro della sua restenzia.*

t.03：鸟要爬升时，其阻力中心的位置必须在重心之后。

第15张左页

t.04 > *Come in f g fussi il centro della gravità predetta, e in e h sarebbe il centro della sua resistenzia.*

t.04：之前提到的重心在直线 FG 上，而阻力中心在直线 EH 上。

t.05 > *Può l'uccello stare infrall'aria, sanza tenere le sue alie (s) nel sito della equalità, perché non avendo lui il centro della gravità sua nel mezo del polo, come ànno le bilance, non è per neciessità constretto a tenere le sue alie con equale alteza, come le dette bilance. Ma se esse alie saran fori d'esso sito d'equalità, allora l'uccello discenderà per la linia dell'obbliquità d'esse alie; e se l'ubbliquità sarà conposta, cioè doppia, come dire l'ubbliquità dell'alie declina a meridio, e l'obbliquità della testa e coda declina a levante, allora l'uccello discenderà colla obbliquità a sciroco. E se l'obbliquità dello uccello fia doppia alla obbliquità dell'alie sue, allora l'ucello discenderà in mezo, infra sciroco e levante, e la (sua o) obbliquità del suo moto fia infra le 2 dette obbliquità.*

t.05：鸟在空中飞行时，并不需要始终保持两侧翅膀处于平衡状态，因为其重心并不总是与几何中心重合。这种情况下，其两侧翅膀能像在一个平衡装置的两端那样取得平衡，而与一般平衡装置不同的是，鸟没有必要使两侧翅膀处在同一高度上。然而，如果翅膀处于非平衡位置，鸟就会朝（某侧）翅膀所指方向下坠。如果翅膀和头部所指方向不同，例如翅膀端部指向南方，而头部指向东方，鸟就会朝东南方下坠。如果身体所处角度是单侧翅膀所处角度的两倍，鸟就会朝东南方与东方之间的方向下坠，而飞行轨迹沿中线方向。

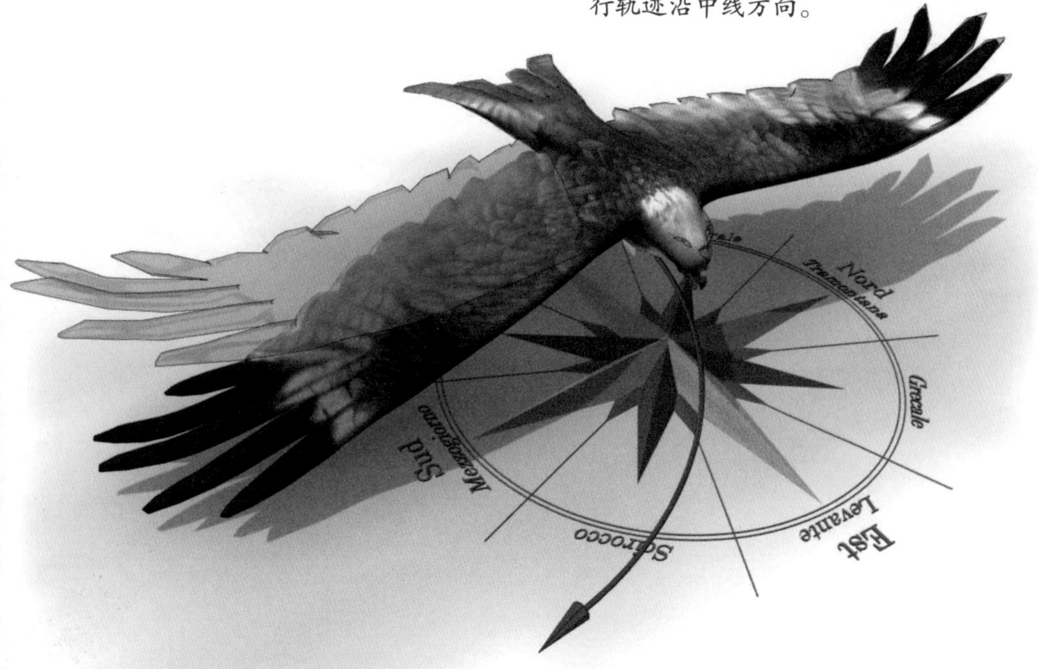

第15张左页

本书作者的评述

达·芬奇在这一页绘制的装置展现了他所采用的试验研究方法，他试图藉此探究鸟身体重心的位置与其空中运动状态（例如俯冲和爬升）之间的关系。达·芬奇设计了一个用于测定物体重心的装置，并且很可能实际造了出来。这一页上部的文字描述了这个装置的细节：一只悬吊在木质支架上的木鸟，其翅膀和躯干受绳索控制。这个试验方法与现代风洞试验很相似，即静态或动态物体模型在风洞中受到气流作用，藉此分析其受力和表面气流分布情况。

达·芬奇在鸟身体上标出了两个重要的点：身体重心和翅膀前缘中点（阻力中心）。这两点所在的虚拟直线之间的位置关系与鸟的飞行姿态存在相关性。例如，鸟俯冲时要将翅膀置于身体重心所在直线之后，这会导致“头部过重”的现象，使鸟有坠向地面的趋势。相应地，如果鸟准备爬升，就要将翅膀向身体前方移动，使尾巴下摆。此时风会像楔子一样吹向鸟的翅膀，推举着它向上爬升。

在这一页的第三段文字中，达·芬奇描述了鸟在空中的几种平衡状态。这与手稿前几页描述的情况类似，正如他所说：“像一个平衡装置一样。”

i.01a
阻力中心（CD）
达·芬奇在飞行状态下的鸟身上找到了两个重要的点：重心（AB）和阻力中心（CD）。后者处于一条与翅膀前缘平行的（虚拟的）直线上。

第15张左页

i.01b
重心（AB）

对一个实心物体（可以理解为现代物理学定义的刚体，译者注）而言，重心是一个固定的点。但对动物而言，随着身体某一部分的运动，重心是会变化的。例如，当两侧翅膀前后运动时，鸟会在某个方向上失去平衡。

i.01c
（鸟飞行时）会发生什么？

鸟身体的大部分重量都集中在躯干靠近重心的位置，而其翅膀显然要轻一些。当翅膀阻力中心（CD）与重心（AB）靠得很近时，鸟会处于平衡状态，例如它乘风滑翔时。但鸟这时可以通过调节翅膀的前后位置来调整飞行姿态。

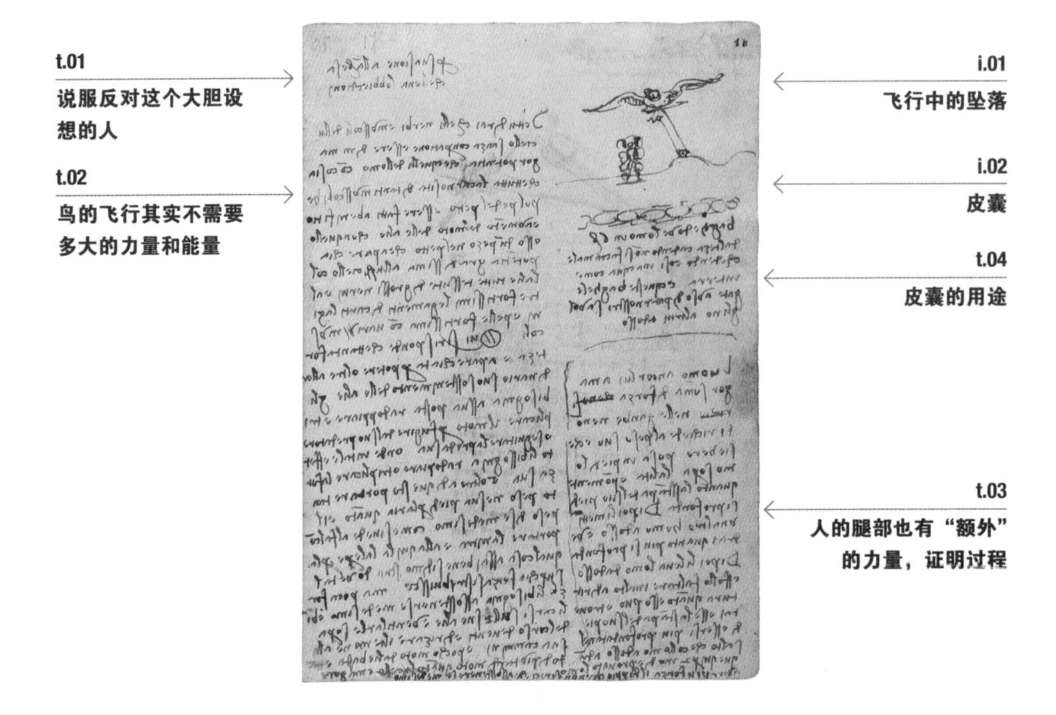

t.01 > *PERSUASIONE ALL'ANRESA CHE LEVA L'OBBIEZIONI.*

t.02 > *Se tu dirai che li nerbi e muscoli dell'uciello sanza conparazione essere di (m) magior potenzia che quelli dell'omo, conciosia che tutta la carnosità di tanti muscoli e polpe del petto essere fatti a benefizio e aumento del moto delle alie, con quello osso d'un pezo nel petto, che aparechia potenzia grandissima all'u(ch)ciello, coll'alie tutte tessute di grossi nervi e altr fortissimi legamenti di cartilagini e pelle fortissima con vari (v) muscoli; qui si risponde che tanta forteza è aparechiata per potere oltre all'ordinario suo sostenimento delle alie, gli bisognia, a sua posta, radoppiare e triplicare il moto, per fugire dal suo predatore, o seguitare la preda sua; onde, in tale effetto, li bisognia radopiare*

t.01： 说服反对这个大胆设想的人。

t.02： 有些人认为，鸟类的骨骼和肌肉具有的力量是人类骨骼和肌肉所难以比拟的。而鸟全身的肌肉，特别是胸部（肌肉）都用于驱动翅膀。鸟的胸部有一块单一的，极其强壮的骨头（指龙骨突，译者注），以及大而强壮的，以软骨连接的骨头，此外还有强韧的皮肤。对于这个问题，我的回答如下：（鸟身体的）这些部位所“释放”的力量不仅能满足鸟的一般飞行需求，还能在特殊情况下释放两倍甚至三倍于此的力量，例如鸟在摆脱天敌追捕或捕猎（其他动物）时。

o triplicare la forza sua, e, oltre a di questo, portare tanto peso ne' sua piedi, per l'aria, quanto è il peso di sè medesimo; come si vede al falcon portare l'anitra, e all'aquila la lepre, per la qual cosa assai bene si dimostra dove tal superchia forza si stribuisce; ma poca forza li bisognia a sostener sé medesimo, e bilicarsi sulle sue alie, e ventilarle sopra del corso de' venti, e dirizare il temone alli sua cammini; e poco moto d'alie basta, e tanto di più tardi moto, quanto l'ucello è magiore.

通过（观察）一些事例，我们就能理解鸟是如何运用这些力量的：有的鸟飞行时要用爪子提起与自身重量相等的重物，例如一只隼抓住了一只鸭子，或一只鹰抓住了一只野兔。实际上，鸟在空中保持平衡，或调整身体“舵面”利用上升气流飞行时所需的力量是很小的。（体型）越大的鸟越不需要靠扇动翅膀飞行。

t.03 > *L'uomo ancor lui à magior somma di forza (che non si richie) nelle ganbe e non si richiede al peso suo; e che sie vero, posa in piedi l'omo sopra la lita, e pon mente quanto la stanpa del suo piedi si profonda. Dipoi li metti un altro homo adosso, e vedrai quanto più si profonda. Dipoi li leva l'omo da dosso, e fllo saltare in alto, adirittura, quanto esso può, e troverai (esse) la stanpa del suo piedi essersi più profondata nel salto, che coll'omo adosso; adunque qui per 2 modi è provato l'omo aver più forza il doppio, che non si riciede a sostenere sé medesimo.*

t.03：人类腿部除具有支撑身体的“能量”外，还能释放额外的“能量”。为证明这个说法的真实性，让我们设想如下场景：让一个人站在细沙（地）上，观察他的脚印深度。然后，让另一个人趴在他背上，观察他的脚印深度，你会发现相比第一种情况更深。接着，让他跳得尽可能高（背上没有人，译者注），观察他的脚印深度，你会发现相比第二种情况又深了一点。综上，我们用两种不同的方式证明了人类腿部具有的实际“能量”，至少两倍于支撑身体所需的“能量”。

t.03
腿部的力量
达·芬奇在这一页的第三段（t.03）中论述的推理过程如左侧三幅图所示。

第16张右页

《飞行手稿》原文

t.04 > *Baghe, dove l'omo, in 6 braccia d'alteza cadendo, non si faccia male, c dendo così in acqua come in terra; e cqueste baghe, legate a uso di pater nostri, s'avoglino altrui adosso.*

t.04：当人（指飞行员，译者注）从6布拉恰的高度下坠时，无论落在水中还是地面，皮囊都能为他提供保护，避免受伤。这些皮囊会捆绑在他身上，如图所示。

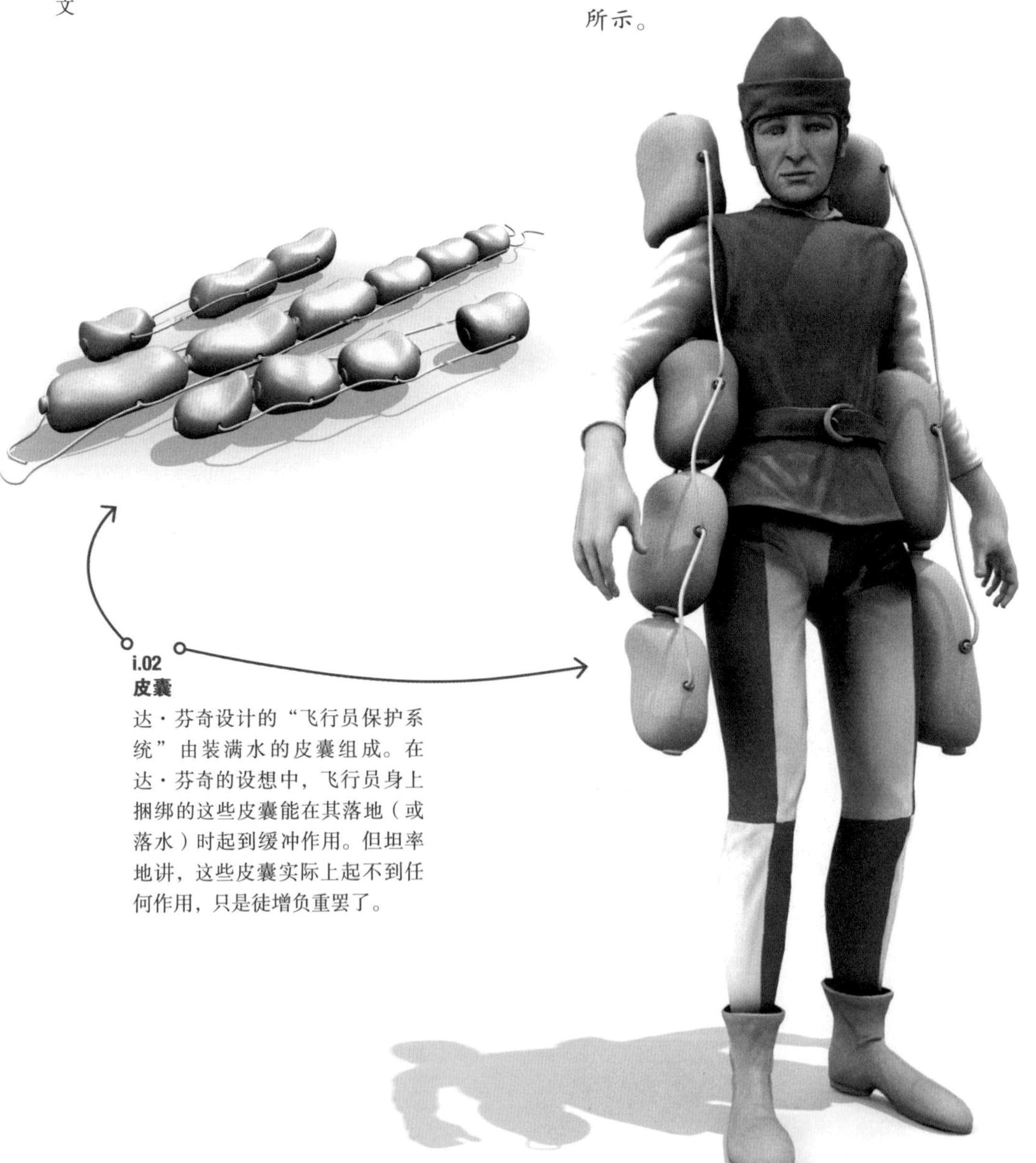

i.02
皮囊
达·芬奇设计的"飞行员保护系统"由装满水的皮囊组成。在达·芬奇的设想中，飞行员身上捆绑的这些皮囊能在其落地（或落水）时起到缓冲作用。但坦率地讲，这些皮囊实际上起不到任何作用，只是徒增负重罢了。

第16张右页

这一页内容被达·芬奇冠以“说服反对这个大胆设想的人”这一标题。为说服那些质疑自己观点的人，达·芬奇论述了鸟实际上只利用了身体的一部分“能量”来飞行。而大部分“能量”都被储存起来，以备不时之需，例如逃脱天敌的追捕。对猛禽而言，这部分“储备能量”主要用于捕捉猎物。猛禽甚至能将与自身重量相同的猎物带离地面。根据达·芬奇的推理，这正是人类能够凭借自身力量飞行的例证。人若想飞行，就要“成比例”地付出比鸟更大的努力（或者理解为释放更多的能量，译者注），而达·芬奇坚信这是能够实现的。这一页的最后一段文字（t.03）中，达·芬奇试图以“细沙地上的脚印深度实验”来证明这一点。大腿肌肉是人类身体上力量最强的肌肉，这部分肌肉的作用（一般情况下）只是支撑人体重量。如果让另一个人趴在这个人身上，细沙地上的脚印深度就会加深。而当这个人在没有负重的情况下，跳得尽可能高时，他的脚印深度会比前一种情况更深。这个实验中，细沙是作为“测量工具”存在的。达·芬奇通过这个实验证明了人的腿部肌肉能承受超过身体重量的负重（或理解为释放更高的能量，译者注）。因此，人的腿部肌肉实际上“储备”着足以驱动飞行器的能量，至少理论上是这样的。而实际上，一个今天公认的事实是，人类是不可能靠单纯模仿鸟类（运动）进行扑翼飞行的。无论达·芬奇之前还是之后，所有基于这个构想的飞行实验都失败了。即使之前的推理过程看似“天衣无缝”，达·芬奇也意识到了人类自身的能力极限，他选择研究一种“懒惰的”、“像风筝一样”的飞行动物，例如更擅长滑翔的赤鸢，恐怕也源于此。达·芬奇深入研究的人类腿部力量问题，在飞行中的滑翔阶段是能派上用场的，因为这时大部分腿部“能量”都要用来控制飞行器（此时的飞行器主要在风的“托举”下保持高度），或使飞行器转向，或收展翅膀，或恢复平衡状态。我们在研究《飞行手稿》中的飞行器设计（详见第6章）时，发现飞行员的腿主要用于收拢和伸展翅膀，这显然是最耗费“能量”的操纵动作。

第16张右页

本书作者的评述

这一页的插图位于页面顶部。这些插图很小，却非同寻常。达·芬奇设计了一套由装满水的皮囊组成的“飞行员保护系统”，用于避免飞行员意外坠落时受伤。这套系统的“设计目标”与今天的汽车安全气囊系统惊人地一致，而达·芬奇对飞行安全性的周全考量更是令我们折服。有关“飞行员安全”的话题在手稿中多次出现，例如达·芬奇建议飞行员驾驶飞行器时尽可能向高空飞，这样发生失控翻滚或其他危急情况时，就能有足够的冗余去调整恢复到平衡状态。上述问题无疑揭示了达·芬奇的两个重要特质：首先，他满怀人文主义精神，尊重生命，这体现在他对飞行员安全问题的重视以及为此做出的不懈努力上；其次，他非常自信且执着，认为自己那些经过严谨证明的设想一定是可行的，而他可能需要做的无非是“说服反对这个大胆设想的人”。

i.01

飞行中的坠落（神秘的线条）

手稿第16张右页的这幅插图颇具神秘色彩。我们能清楚地看到一个周身捆绑着皮囊的人上方有一只“鸟”。但那真的是一只鸟吗？有没有可能是一架“飞行器”，而那个人正是从“飞行器”上坠落下来的飞行员？将这只“鸟”或者说“飞行器”连接在山上的形似绳索和滑轮机构的东西有什么作用？如果那些真的是绳索，那么显然不该是连在真正的鸟身上的，因为被绑起来的鸟根本无法飞行。综上所述，我们认为最大的可能是，达·芬奇制造了一个巨型“风筝”，用于验证操纵飞行器的动作是否有效。

第16张左页

红色插图
叶子

t.01
下坠时的一个细节

i.01
机械翅膀的结构

t.02
用于操纵飞行器的杠杆

t.03
飞行器起飞时的一些细节

t.01 > *Se cadi da della baga duppia, che tu tieni sotto il culo, fa che con quella tu percoti in terra.*

t.01：如果坠落过程中你背上的皮囊脱落了，就要想办法落在包裹自己的其他皮囊上。

t.02 > *Perché l'alie ànno a remare in giù, e allo indirieto, per(ch) sostenere lo strumento in alto, e che esso camini innanti, e si fa il moto della lieva c d, per via obbliqua, guidato dalla cinglia a b.*

t.02：为升空并在空中前进，飞行器的翅膀必须向下同时向后扇动。这一动作靠杠杆 CD 实现，这根杠杆在绳索 AB 的引导下倾斜移动。

t.03 > *Io potrei fare che 'l piè, che prieme la staffa g, fussi quello che, oltre al suo ordinario ofizio, tirassi in basso la lieva f. Ma cquesto non sarebbe al proposito nostro, perché noi abiano bisogno che prima s'innalzi o discendi la li(nia)eva f, che la staffa g si muova di suo sito, acciò che l'alia, nel gittarsi innanzi e levarsi in alto (sia inprim) (nel tenpo che 'l già acquistato inpeto spinge per sé l'uccello innanzi, sanza battimento d'alie) possa mettere infrall'aria l'alie per taglio, perché, se così non facessi, la faccia dell'alie percoterebbe nell'aria, (e) inpedirebbe il moto, e non lascierebe portare innanzi all'inpeto l'uccello.*

t.03： 拉下杠杆F的那只脚，也可以踩下脚蹬G。但在我们讨论的这种情况下，这样做是没用的。因为这里先要抬起或拉下杠杆F，而脚蹬G要沿着（固定）路径前进。用这种方法，飞行器的翅膀可以向前同时向上运动。因为这时“鸟”已经“积累”了足够的速度，可以在不扇动翅膀的情况下爬升。此时，“鸟”的翅膀边缘要向上。如果这一切都没有发生，那么“鸟”翅膀的上表面可能向错误的方向“击打”了空气，而这会阻碍“鸟”的运动，不会使它前进并加速。

树叶

我们能辨认出这一页的红色插图是一片树叶，文字直接覆盖在插图上，而且整幅图是上下颠倒的。

第16张左页

这一页和随后一页中，达・芬奇用细腻的笔触描绘了飞行器中的一部分操纵机构。这些机械结构非常复杂，它们要尽可能“忠实”地还原鸟类翅膀的飞行特性。达・芬奇的精湛技艺在这项艰巨的任务中得以充分发挥。尽管有些部位的描述仍不那么确切，但整个翅膀的结构细节已经非常丰富了。这些高质量的示意图表明达・芬奇的研究进入了一个全新的阶段。这一过程中，达・芬奇提出了一些新颖的解决方案，同时放弃了一些既有的方案。

Io potrei fare che 'l piè, che prieme la staffa g, fussi quello che, oltre al suo ordinario ofizio, tirassi in basso la lieva f. Ma cquesto non sarebbe al proposito nostro, perché noi abiano bisogno che prima s'innalzi o discendi la li(nia)eva f...

“拉下杠杆 F 的那只脚，也可以踩下脚蹬 G。但在我们讨论的这种情况下，这样做是没用的。因为这里先要抬起或拉下杠杆 F......”

达・芬奇的研究课题充满挑战性，而且完美的解决方案总是若隐若现。达・芬奇提出的解决方案非常值得我们深入研究。对我们而言，有关这些解决方案是否切实可行的争论其实没有多大价值，更重要的是去探究达・芬奇如何在方案设计中实现自己的种种超前设想。或者说，无论结果如何，我们一定要搞清楚达・芬奇想要的到底是什么。造出或设计出机械翅膀后，达・芬奇试图让它模仿飞行动物的翅膀运动，在起飞阶段和正常平飞阶段能以不同的角度压缩空气。同时，翅膀还必须能收拢和伸展。

这一研究阶段中，达・芬奇绘制的翅膀上出现了一些机械结构。而这些结构如何与飞行动物的翅膀生理结构一一对应，仍令我们备感困惑。一方面，达・芬奇研究并分析了赤鸢的飞行和滑翔过程。另一方面，飞行器翅膀的这些机械结构要模仿鸟类飞行时的翅膀动作。当然，我们现在可以肯定的是，沿着这个思路走下去是不可能成功的。

我们可以这样推测，为增加滑翔飞行的比例，尽可能避免扇动翅膀的情况，无论达・芬奇如何努力地使自己的飞行器拥有与鸟类翅膀一样的运动自由度，无论他如何设计操纵机构，他的“大鸟”——飞行器，仍然要完成如下动作：弯曲并收拢翅膀，使翅膀前后往复运动，根据风向调整翅膀的倾角，在滑翔阶段保证可操纵性，甚至通过翅膀做出类似“划水”的动作来滞空。通过观察，达・芬奇认为一个人不需要“释放”出全部力量就能飞行（这里说的显然是力量与体重之比），正如鸟类那样，典型的如善于滑翔的赤鸢，它在正常飞行阶段不会使出全力，而“储备”起来的力量只在逃生或捕猎时“释放”：

... qui si risponde che tanta forteza è aparechiata per potere oltre all'ordinario suo sostenimento delle alie, gli bisognia, a sua posta, radoppiare e triplicare il moto, per fugire dal suo predatore, o seguitare la preda

第16张左页

sua; ... ma poca forza li bisognia a sostener sé medesimo, e bilicarsi sulle sue alie, e ventilarle sopra del corso de' venti, e dirizare il temone alli sua cammini; e poco moto d'alie basta, e tanto di più tardi moto, quanto l'ucello è magiore.

"……我的回答如下：(鸟身体的)这些部位所"释放"的力量不仅能满足鸟的一般飞行需求，还能在特殊情况下释放两倍甚至三倍于此的力量，例如鸟在摆脱天敌追捕或捕猎(其他动物)时……实际上，鸟在空中保持平衡，或调整身体"舵面"利用上升气流飞行时所需的力量是很小的。(体型)越大的鸟越不需要靠扇动翅膀飞行。"

本书作者的评述

机械翅膀必须保证飞行器能实现上述机动。如此看来，飞行员不需要频繁地扇动机械翅膀，因为这架飞行器显然不必"逃生"或"捕猎"。

达·芬奇绘制的机械翅膀结构分布在手稿这一页和下一页(第17张右页)中，两页的图需要合起来看。另外一幅有关翅膀连接点的小插图出现在手稿第18张右页的右上角。

这些有关机械翅膀构造的插图中，穿插了一幅源自手稿第17张左页顶端的驾驶舱结构图。它与其他细节整合后，就成为本书第6章中完整飞行器复原品的"蓝本"。

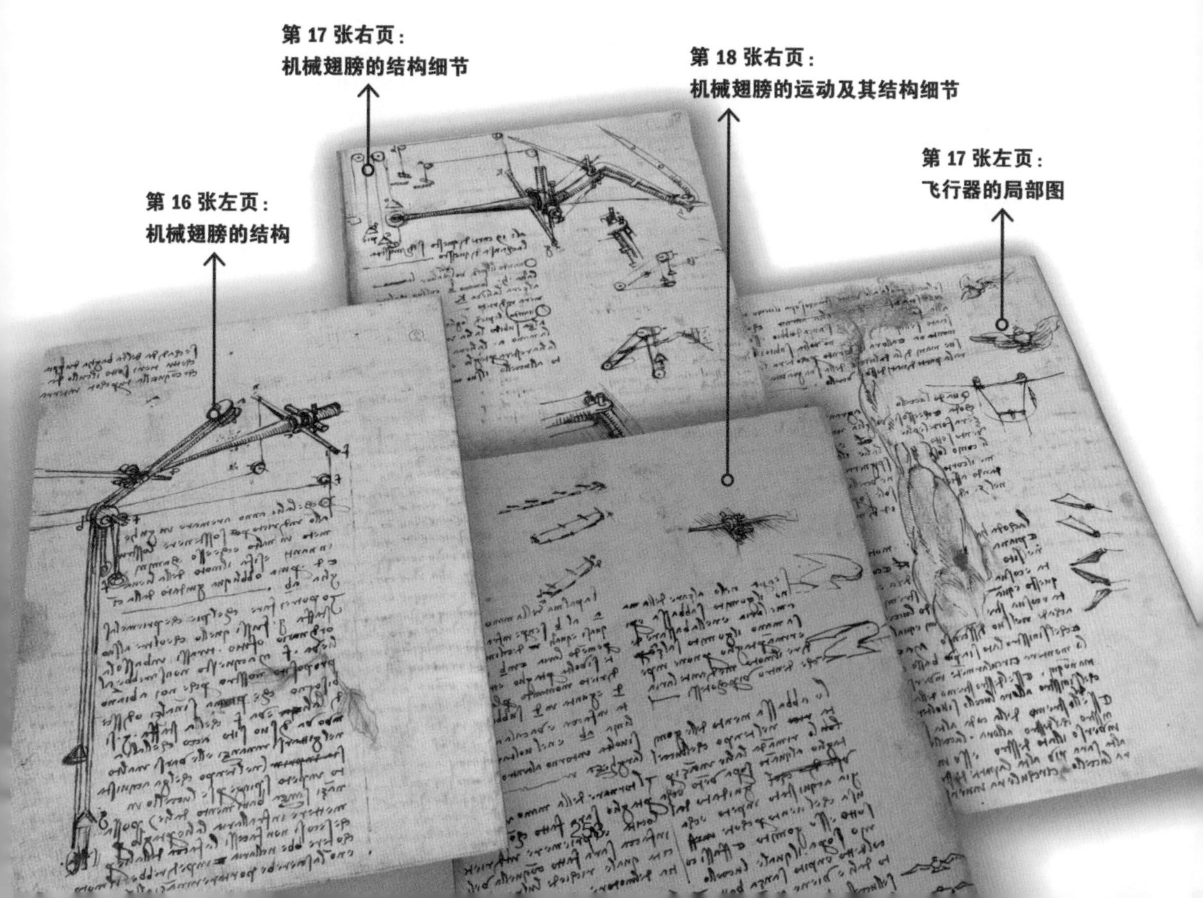

第16张左页

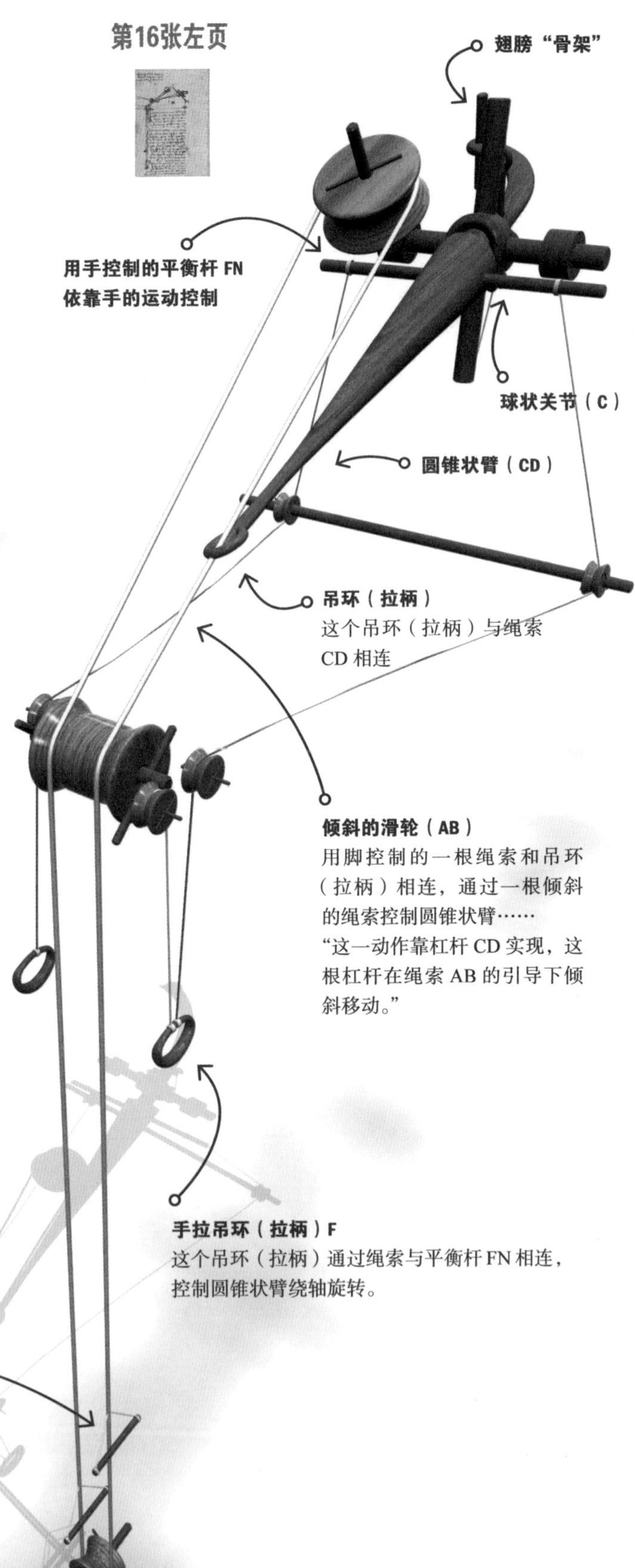

翅膀“骨架”
用手控制的平衡杆 FN
依靠手的运动控制
球状关节（C）
圆锥状臂（CD）
吊环（拉柄）
这个吊环（拉柄）与绳索CD相连
倾斜的滑轮（AB）
用脚控制的一根绳索和吊环（拉柄）相连，通过一根倾斜的绳索控制圆锥状臂……
“这一动作靠杠杆 CD 实现，这根杠杆在绳索 AB 的引导下倾斜移动。”
手拉吊环（拉柄）F
这个吊环（拉柄）通过绳索与平衡杆 FN 相连，控制圆锥状臂绕轴旋转。

i.01

机械翅膀的结构

从技术角度讲，手稿这一页展现的机械翅膀运作机构是非常复杂的。即使将这一机构以三维模型的形式重现，我们仍不能完全理解其运作原理。这一页文字中，达·芬奇清楚地解释了要想模拟鸟类扇动翅膀的动作，这一机构该如何运作。这幅图只展现了飞行器的一部分结构，而有关整架飞行器结构的图在整卷手稿中都难觅其踪。这一机构中的主要部件都标注了名称。尽管我们的复原工作已经尽可能“忠实”地重现了手稿第 16 张左页插图中的全部细节，但在不了解其运作原理的前提下，仍需要对各部件的相对位置进行反复调整，并对各部件间的联动关系进行反复调试，才可能让它如预想中的那样运作起来。此外，必须承认的是，面对如此复杂的设计，即使示意图已经足够精确完善，随后的实验过程中仍会面临难以想象的问题，而这肯定也是达·芬奇曾经面对的。

脚蹬（F）

两个脚蹬通过一根绳索相连，这根绳索同时与圆锥状臂的吊环（拉柄）相连。

第17张右页

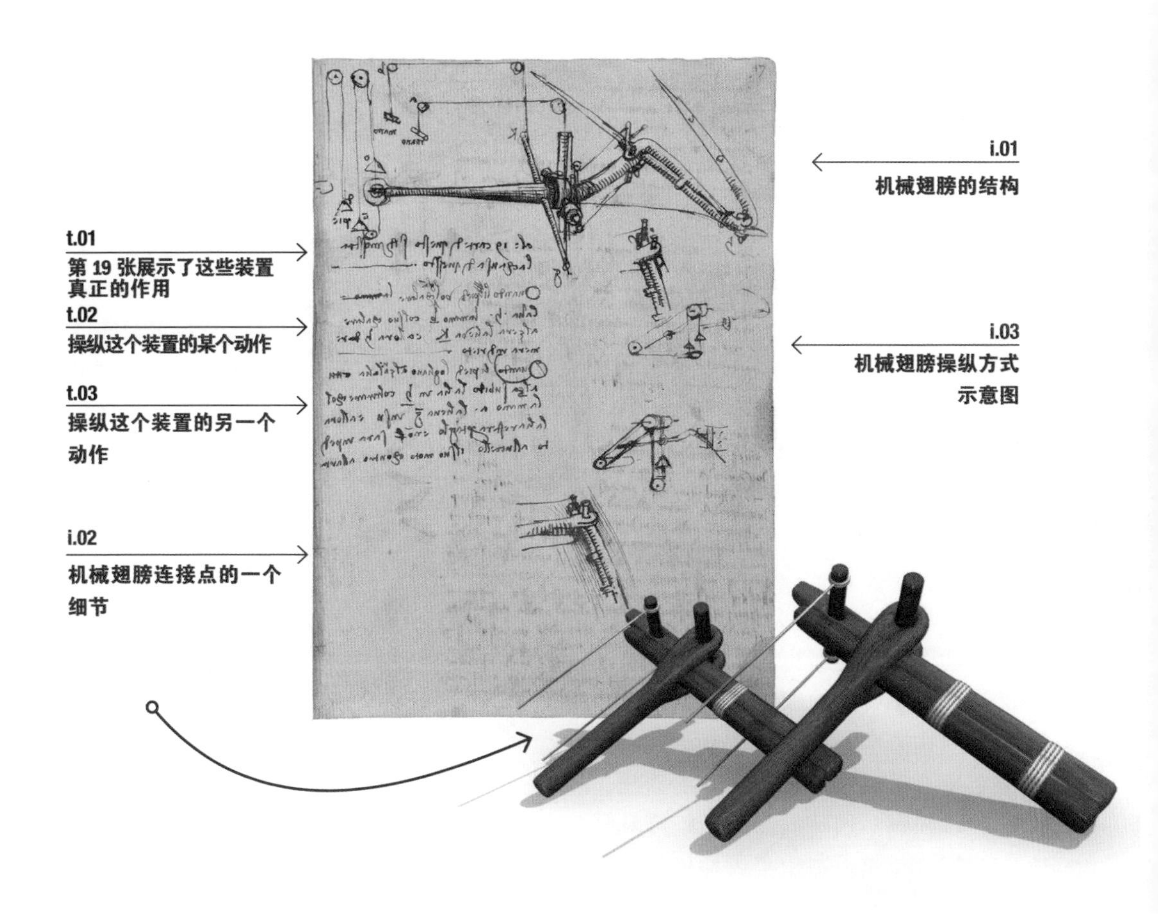

t.01 > *Alle 19 carte di questo si dimostra la causa di questo.*

t.01：手稿的第 19 张（实际是第 18 张右页）展示了这些装置的真正作用。

t.02 > *Quando li piedi voglian ca(lare) l'alia h, la mano b, col suo calare, alzerà la lieva k, remerà indirieto.*

t.02：通过双脚放下翅膀 H 时，手 B 下垂，抬起杠杆 K，向后划动。

t.03 > *Quando li piedi vogliano alzare l'alia, e tu subito l'alia in h, col tirare colla mano a la lieva g in su, e allora l'alia resterà per taglio, e non sarà inpedito all'uccello il suo moto contro all'aria.*

t.03：用脚将翅膀迅速移动到位置 H。双手上抬杠杆 G，此时翅膀侧面向上，这样，翅膀就不会妨碍“鸟”在空中的运动。

第17张右页

本书作者的评述

手稿上一页没有展现的结构出现在这一页中，达·芬奇还重绘了部分结构以示强调。例如，在这一页顶部的大幅插图中，我们能轻松辨认出一些圆锥状臂的结构，以及（操纵）拉柄末端用于控制这些圆锥状臂角度的绳索。将第 16 张左页与第 17 张右页的插图结合起来看，我们就能得到达·芬奇想要表达的完整结构（详见本书第 257 页）。达·芬奇在这两页绘制的拉柄旁清晰地标注了两个单词“mano”（意为手）。在这些插图中，绳索和滑轮的相对位置看起来不太明确，毕竟达·芬奇要利用有限的页面空间将整个机构都绘制出来。在这一页的插图中，连接机械结构和飞行员手部（拉柄）的滑轮组与上一页插图中的相同结构方向相反，因此复原过程中就需要重新调整。达·芬奇真的造出了这样的机构吗？这些插图的精确度和清晰度表明，他至少造出了缩比模型，并且很可能就是利用缩比模型来验证并改进自己的设计方案。在这一页靠近装订线（订口）的两幅描绘滑轮的插图旁，我们能清晰地看到一个单词“pie”（意为脚），这值得认真研究。这两幅有关滑轮的插图中，第一个滑轮是单独绘制的，而第二个滑轮通过特殊的方式用一根绳子与机械翅膀中的一个脚蹬连在一起，用于驱动一根圆锥状臂。当然，这种情况下，很多部件并非等比例的，在复原中需要重新计算尺寸。

支撑帆布的“指骨”位于机械翅膀末端，这部分结构在手稿第 16 张左页中没有展现。这类细节问题还有待我们进一步研究。毫无疑问，这个机械翅膀不仅要能完全收拢和展开，还要能绕圆锥状臂的轴旋转。

达·芬奇的主要目标是用机械重现鸟类翅膀的运动。鸟类翅膀向下扇动时完全展开，处于为其提供最大推力的位置。翅膀向上扇动时向躯干收拢，后缘向上，这能最大程度上减小阻力，做好爬升准备。达·芬奇设计飞行器时显然参考了这些细节，后文中甚至又精确且详细地描述了鸟类翅膀运动特点。

Alle 19 carte di questo si dimostra la causa di questo.

“第 19 张展示了这些装置真正的作用㊀。”

仔细看这幅示意图，我们会发现除飞行员用手脚控制的绳索外，飞行器（的结构中）还包含一些不受飞行员手脚控制的绳索，而这些绳索没有对应的文字注释。有关这些绳索的具体作用，有人推测是能在某种程度上“自动”控制翅膀的收展，但仍需要飞行员进行辅助操纵。为验证飞行器每个部分的运动是否符合设计预期，我们要遵循达·芬奇的方式来开展实验（机械科学，或者说关于机械原理的科学，是一门高贵的学

㊀ 这部分内容实际上在《飞行手稿》第 18 张右页中。

第17张右页

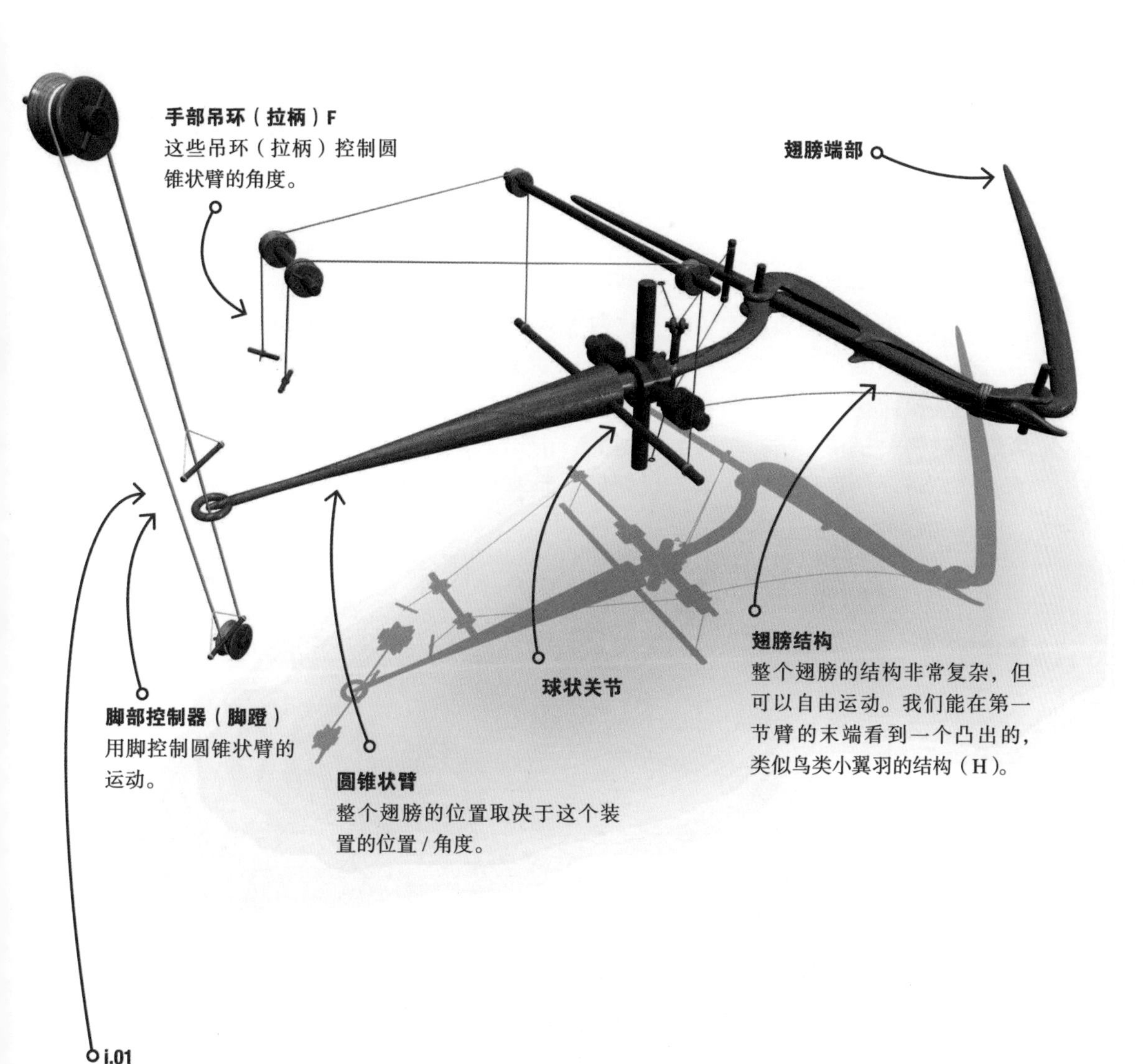

手部吊环（拉柄）F
这些吊环（拉柄）控制圆锥状臂的角度。
翅膀端部
脚部控制器（脚蹬）
用脚控制圆锥状臂的运动。
圆锥状臂
整个翅膀的位置取决于这个装置的位置/角度。
球状关节
翅膀结构
整个翅膀的结构非常复杂，但可以自由运动。我们能在第一节臂的末端看到一个凸出的，类似鸟类小翼羽的结构（H）。

i.01

机械翅膀的结构

手稿插图中的所有元素都展现在上方的3D复原图中。尽管其中的零件数量与达·芬奇的设计稿完全一致，但这些零件的最终安装位置很可能并非如此。即使对达·芬奇自己而言，这幅插图也仅仅是“临时性”的，他仍会对一些设计细节进行修改。事实上，这幅插图旁的注释文字看起来含糊不清，似乎为进一步的设计修改留下了很大空间。其中，最有趣的部分是机械翅膀与飞行器主体部分（图中未绘出）的连接处。某种球状关节能使机械翅膀朝任何方向运动，同时又与飞行器主体部分牢固相连。在达·芬奇的原稿中，手拉柄和脚蹬的接点旁分别清晰地标注了“mano”（意为手）和“pie”（意为脚）这两个单词。

第17张右页

问，比其他任何科学都有用）[一]，例如制造模型。如果实验获得成功，或至少部分成功，就能进一步坚定我们的判断，即达·芬奇真的制造了一架这样的飞行器。

这一页中的四幅小插图展现了两个重要机构。第一幅图和第四幅图是这两个机构的俯视图，描绘了靠近圆锥状臂末端的连接结构。第二幅图和第三幅图展现了这两个机构在飞行员脚部控制下的运作原理。尽管只是示意图，我们仍然能清晰地辨认出脚蹬和圆锥状臂的吊环（拉柄），它与手稿第16张左页的绳索CD相连。

将手稿第17张右页和第16张左页的内容结合起来，就能得到整个机械翅膀的结构。我们基于对称原则复原了飞行器的另一侧翅膀。而达·芬奇认为没有必要将一个对称结构全部画出来。基于镜像对称原则对整体结构进行复原并整合后，我们就可以掌握机械翅膀的实际样貌，以及运作原理。

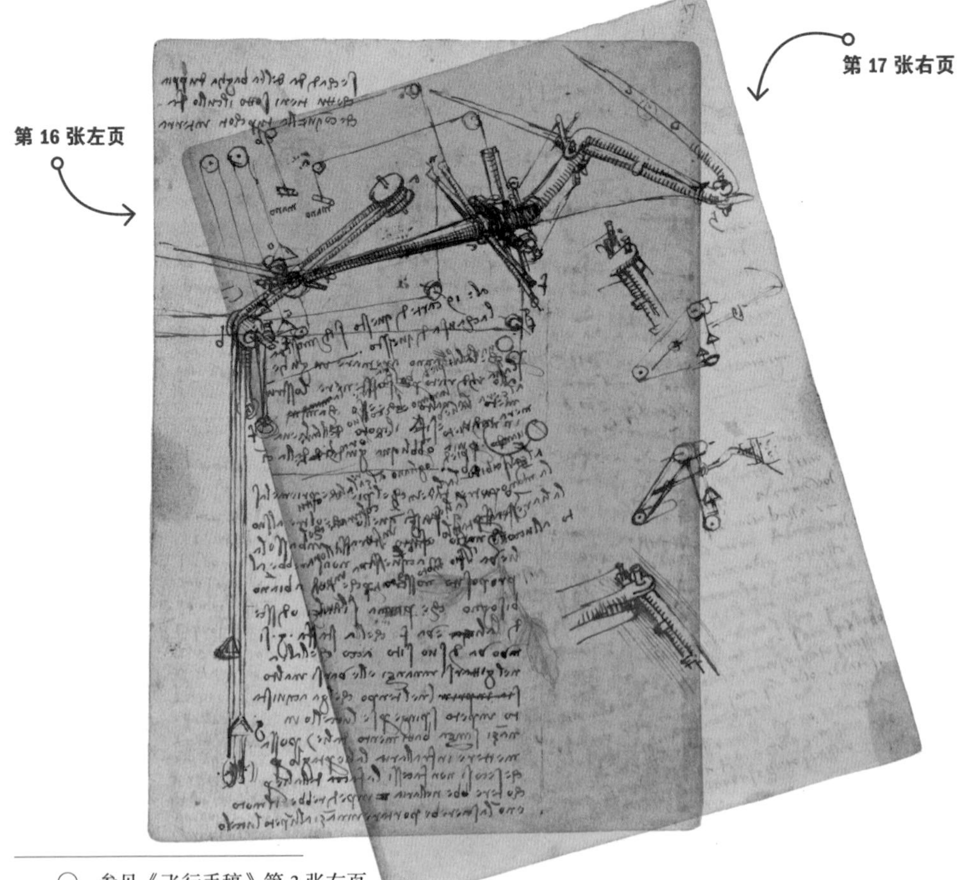

[一] 参见《飞行手稿》第3张右页。

i.01

机械翅膀的结构

（我们将）手稿第 16 张左页和第 17 张右页中的插图整合到一起，并按照第 16 张右页中的文字注释复原了相应的对称结构。这两页插图所展现的结构大体一致，只有几处不同。这其中最重要的差异在于飞行员的手部位置，此外，将绳索由拉柄引向插入圆锥状臂的杆的滑轮装置也有所不同。在第 16 张左页中，这个滑轮装置是朝下的，而在第 17 张右页中它是朝上的。在复原机械翅膀时，（我们）还要考虑到它的尺寸比例必须与飞行器主体尺寸相匹配（飞行器的翼展是 30 布拉恰，即 16 米或 52.5 英尺）。然而在这些插图中，我们会发现相比于零部件的尺寸，机械翅膀的整体尺寸显然太小了。

脚部动作

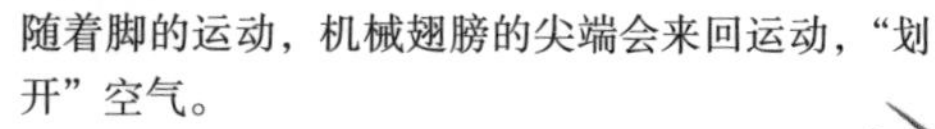

随着脚的运动，机械翅膀的尖端会来回运动，“划开”空气。

手部动作

随着手的抬起和放下，圆锥状臂会绕自身的中心轴旋转，进而改变机械翅膀的迎风角度，像飞机的升降舵一样。

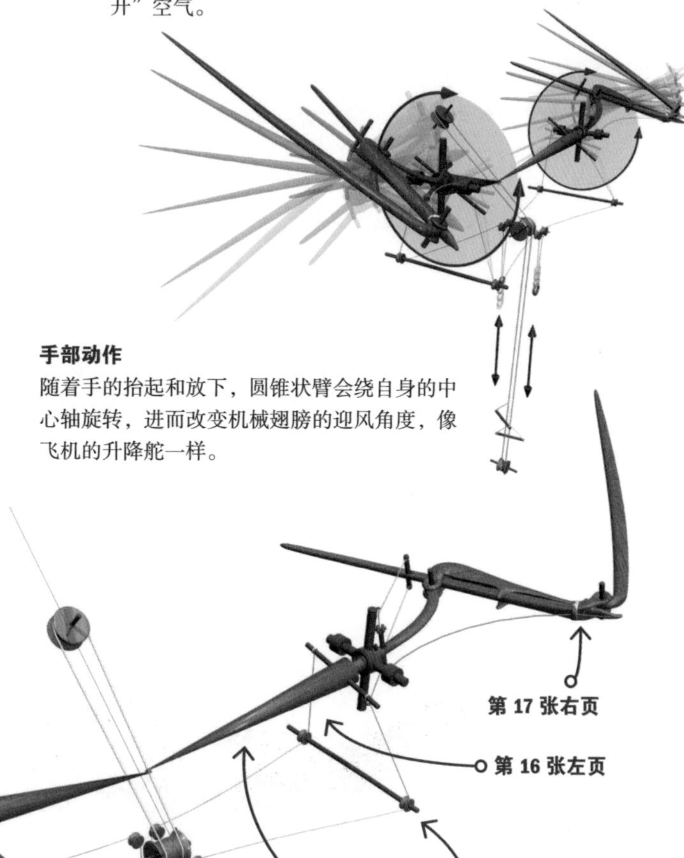

第17张左页

红色插图
人腿

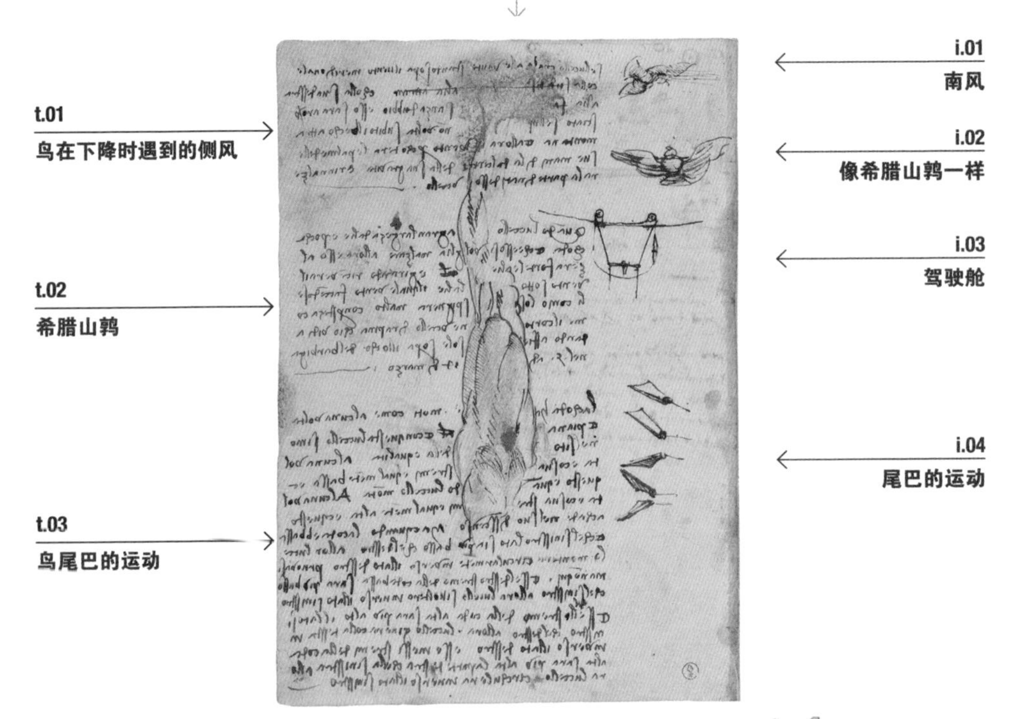

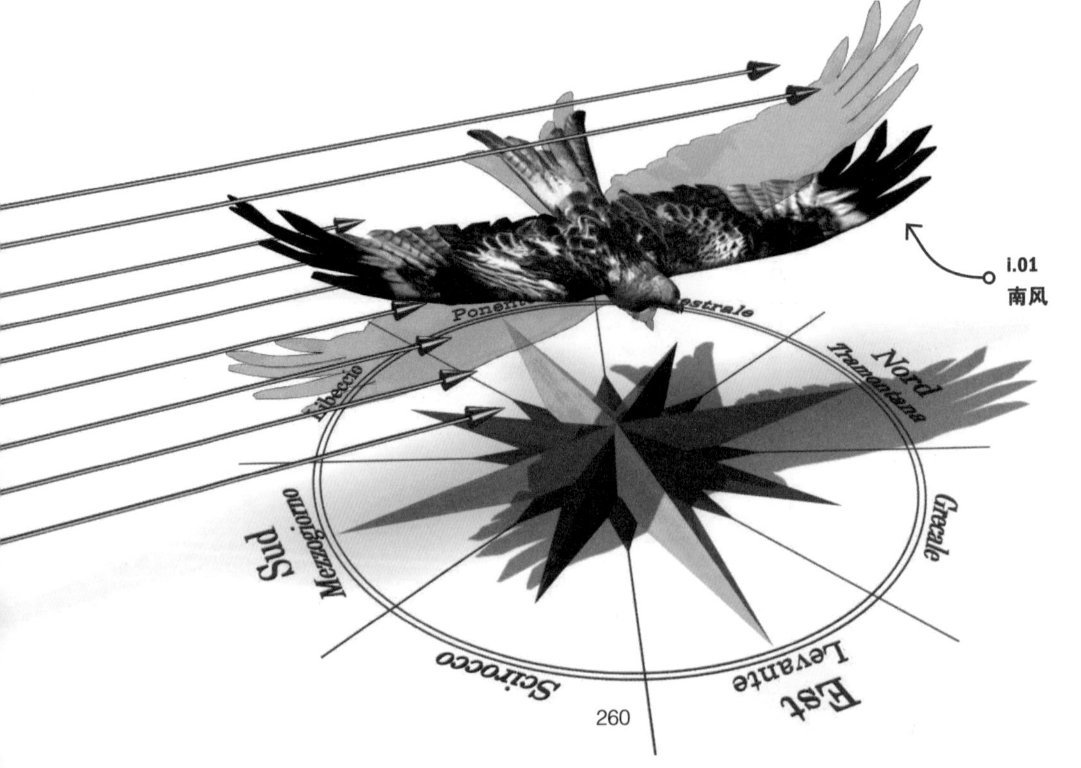

第17张左页

t.01 > *Se l'ucello cala a levante stando sopra il vento meridionale colla sua destra alia, sanza dubbio esso sarà aroversciato, se lui non volta subito il beco a tramontana; e allora il vento percoterà le palme delle sue mani di là dal centro della sua gravità e rinnalzerà la parte dinanti d'esso uccello.*

t.01：如果一只鸟向东方俯冲，而它的右侧翅膀又在南风之上，那么毫无疑问，它会被气流掀翻，除非它将头部迅速转向西方。这时，风的作用部位就会变成位于鸟身体重心之上的"手掌心"（英文原文为 palms of its hands），将鸟的身体前部抬起。

t.02 > *Quando l'uccello à gran largheza d'alie e poca coda, e che esso si voglia inalzare, allora esso alzerà forte le alie, e, girando, riceverà il vento sotto l'alie; il quale vento, faccendoseli conio, lo spignerà in alto con presteza, come il cortone, uccello di rapina ch'io vidi andando a Fiesole, sopra il loco del Barbiga, nel '5 adì 14 di març̧o.*

t.02：一只翼展很大、尾巴很短的鸟要想起飞，就要用力抬起翅膀，并将翅膀转过一个角度，使风作用于翅膀之下。这时风就会像楔子一样迅速将它"托举"起来，希腊山鹑就是这样起飞的。1505年3月14日，在去菲耶索莱的路上，我在巴比加庄园（Barbiga Estate）看到一只（正在这样起飞的）希腊山鹑。

t.03 > *La coda ha moti; come alcuna volta è piana, e con questa l'uccello si move nel sito della equalità, alcuna volta è co' sua stremi equalmente bassa, e questo è quando l'uccello monta; alcuna volta è co' sua stremi equalmente alta, e questo acade nel suo discenso. Ma quando la coda è bassa, e che 'l sinistro lato sia più basso che 'l destro, allor l'uccelo monterà circularmente inverso il lato destro; pruovasi, ma non qui. E se 'l destro stremo della coda bassa sarà più basso che 'l sinistro, allora l'ucello si volterà inverso il lato sinistro. E se delli stremi della coda alta sarà più alto il lato sinistro che 'l destro, allora l'uccello girerà colla testa inverso il lato destro; e se in essi stremi della coda alta sarà più alta la parte destra che la sinistra, allora l'uccello circulerà inverso il lato sinistro.*

t.03：鸟（指赤鸢，译者注）的尾巴能做出许多不同的动作。有时（尾巴）是平直伸展的，例如鸟在平稳飞行时；有时尾巴会下摆，例如鸟在爬升时；有时尾巴会翘起到（与下摆时）同样的高度（角度），例如鸟在俯冲时。但当尾巴下摆，且右侧（可理解为右侧羽毛，后同，译者注）高于左侧时（可理解为向左倾斜，译者注），鸟就会进入右倾向上的盘旋飞行状态。我们可以试着这么做，但不是这个时候。当尾巴下摆，且左侧高于右侧时（可理解为向右倾斜，译者注），鸟就会进入左倾向上的盘旋飞行状态。如果尾巴翘起，且左侧高于右侧时（可理解为向右倾斜，译者注），鸟就会向右转。而此时如果尾巴的右侧高于左侧（可理解为向左倾斜，译者注），鸟就会向左转。

本书作者的评述

第17张左页

尽管乍看之下平淡无奇，但第 17 张左页实际上蕴藏着整卷《飞行手稿》中有关飞行研究的最重要元素。这张页面中的文字环绕着一个用红色铅笔绘制的裸露着的人腿。这幅人腿图此后显然又被用书写《飞行手稿》文字的笔重描了一遍，注意这条腿是上下颠倒的。我们认为达·芬奇绘制这条腿的时间早于编写《飞行手稿》的时间。非常有趣的是，达·芬奇在书写这一页的文字时，特意绕过了这幅人腿图，并没有像对待手稿中其他红色线条图那样直接将文字覆盖上去。此外，达·芬奇采用的绘制手法和排版方式颇具现代感，已经有了几分工程制图的味道。在本书的这一页，我们模仿达·芬奇的手法，借助三维立体绘图技术构建了一个人体腿部模型，同时采用了达·芬奇的排版方式——文字环绕插图。在达·芬奇眼中，这幅图显然是话题的核心，他不仅没有用文字覆盖它，还用书写手稿文字的笔重描了一遍，这很可能与他在前几页所论述的内容有关。在手稿第 16 张右页（英文原文是 15r，但接下来的手稿原文出现在 16r，疑为笔误，译者注），达·芬奇提到腿是人类身体上唯一一个力量大到足以驱动飞行器的部位：

'uomo ancor lui à magior somma di forza nelle ganbe
“人类腿部拥有除支撑体重之外的能量。”

手稿这一页的其他内容都聚焦于鸟类飞行。达·芬奇用五幅插图描绘了赤鸢尾巴在不同状态下的动作。这一页的另一幅奇特且略带神秘色彩的插图没有文字注释，但对制造飞行器至关重要。

手稿这一页描述的第一只鸟是赤鸢，达·芬奇分析了它在某种特定情况下的飞行状态，与前文的分析方式如出一辙。这里，达·芬奇观察到这只赤鸢在受侧风影响时如何迅速反应，避免失控翻滚。

接下来描述的鸟被达·芬奇称作“cortone”，（我们认为）他指的可能是希腊山鹑。达·芬奇观察了

这种鸟的起飞方式，详细记录了这种鸟如何展开翅膀并迅速转向逆风侧，之后借助风将自己“托举”起来的过程。

... girando, riceverà il vento sotto l'alie; il quale vento, faccendoseli conio, lo spignerà in alto con presteza...

“一只翼展很大、尾巴很短的鸟要想起飞，就要用力抬起翅膀，并将翅膀转过一个角度，使风作用于翅膀之下。这时风就会像楔子一样迅速将它‘托举’起来……”

现代飞机逆风起飞比顺风起飞更容易，其原理与达·芬奇描述的情况是相通的。当飞机的机轮（或鸟的脚）离开地面时，其相对风的速度才是升力产生的源头，而不是其相对地面（即刚刚飞离的跑道）的速度。理论上讲，只要风力足够强，飞机是能够悬停在空中的。

达·芬奇在《飞行手稿》中不止一次提到了这个现象。描绘希腊山鹑的插图之所以意义重大，就在于与其相关的文字注释中透露了达·芬奇开展这些观察和实验活动的时间和地点。我们据此

i.02
“像一只希腊山鹑”

第17张左页

本书作者的评述

推断，这一部分《飞行手稿》的写作地点位于托斯卡纳的菲耶索莱，而写作时间是1505年3月14日（之后）。从“技术”上讲，尾巴的动作对鸟类飞行而言是十分重要的。然而，达·芬奇在描绘飞行器的插图中却经常会“忽略”其尾部，甚至在整卷手稿中都没有对飞行器尾部进行详尽描述。显然，在尝试复原达·芬奇飞行器的过程中，倘若忽视了尾部结构，必然会导致严重的错误。没有“尾巴”的飞行器都是不可控的，达·芬奇其实也很清楚这一点。因此，他选择从现实视角出发，用了一整页的文字和插图来分析尾巴动作在鸟类飞行中的作用。

手稿这一页中没有文字注释的神秘插图，恰恰是探寻飞行器制造方法的重要线索。本书这几页展示的飞行器复原图只是再现了相应的手稿内容，即达·芬奇飞行器的驾驶舱。有关这个话题的更详细的讨论将在本书第6章中展开。

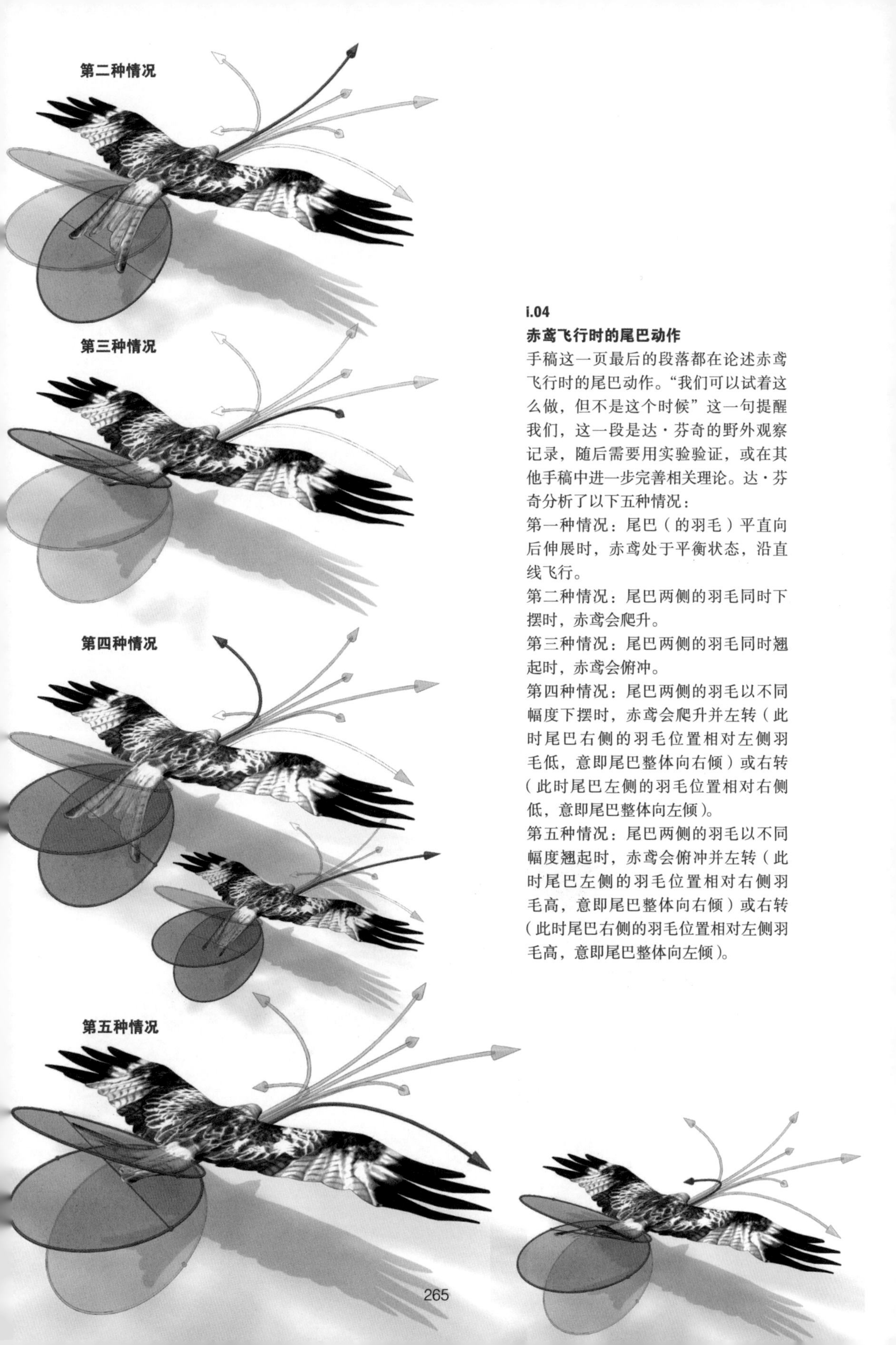

i.04

赤鸢飞行时的尾巴动作

手稿这一页最后的段落都在论述赤鸢飞行时的尾巴动作。“我们可以试着这么做，但不是这个时候”这一句提醒我们，这一段是达·芬奇的野外观察记录，随后需要用实验验证，或在其他手稿中进一步完善相关理论。达·芬奇分析了以下五种情况：

第一种情况：尾巴（的羽毛）平直向后伸展时，赤鸢处于平衡状态，沿直线飞行。

第二种情况：尾巴两侧的羽毛同时下摆时，赤鸢会爬升。

第三种情况：尾巴两侧的羽毛同时翘起时，赤鸢会俯冲。

第四种情况：尾巴两侧的羽毛以不同幅度下摆时，赤鸢会爬升并左转（此时尾巴右侧的羽毛位置相对左侧羽毛低，意即尾巴整体向右倾）或右转（此时尾巴左侧的羽毛位置相对右侧低，意即尾巴整体向左倾）。

第五种情况：尾巴两侧的羽毛以不同幅度翘起时，赤鸢会俯冲并左转（此时尾巴左侧的羽毛位置相对右侧羽毛高，意即尾巴整体向右倾）或右转（此时尾巴右侧的羽毛位置相对左侧羽毛高，意即尾巴整体向左倾）。

第17张左页

i.04
赤鸢飞行时的尾巴动作

如果我们想要对比鸟类与现代飞机的飞行特征，就要特别关注手稿第17张左页的内容。由于达·芬奇的研究灵感源于自然界，且其设计理论与现代飞机设计理论有诸多相通之处，将鸟类与现代飞机进行比较是有一定意义的。

现代飞机的操控依赖于（机体上的）若干个小型活动面（舵面），例如副翼、升降舵和方向舵。而这些活动面实际上都是在莱特兄弟的“飞行者 I ”号首飞后很多年才诞生的。“飞行者 I ”号（1903年）和路易·布雷里奥（Louis Bleriot）飞越英吉利海峡时驾驶的“布雷里奥”号（Bleriot，1909年）都没有装备这些活动面。这些早期飞机偏航（转向）时要利用机身侧倾来获得相应的力矩。尽管这种方式有效，但动作效率很低，因此最终被活动面所取代㊀。而鸟类身体上同样没有这些所谓“活动面”，它们控制自身飞行姿态的动作是转动或扭转翅膀。这些（翅膀）动作会导致鸟类身体重心移动，从而使它们在空中自如“航行”。事实上，达·芬奇《飞行手稿》的前四页都在讨论不同情况下的物体动态平衡问题。在手稿第17张左页的结尾段落中，达·芬奇论述了赤鸢飞行中的尾巴动作。他注意到，当尾巴两侧（的羽毛）下摆幅度相同时，赤鸢会爬升；而当赤鸢俯冲时，其尾巴两侧（的羽毛）会翘起相同的幅度。但这与现代飞机的情况是相反的：当升降舵向下偏转时，飞机会俯冲；而当升降舵向上偏转时，飞机会爬升。起初，我们注意到这一点时怀疑达·芬奇在这里犯了个错误。而事实显然并非如此——达·芬奇没有错。的确，飞机爬升时升降舵是向上偏转的，这看上去与赤鸢飞行时的动作是相反的。但实际上，飞机的整个尾部此时是处于下摆姿态的，与赤鸢下摆尾部的动作是一致的。机身上的各种活动面就如同鸟类身上的肌肉一样，能控制飞机尾部做出下摆或翘起的姿态，藉此改变飞机的飞行姿态。飞机是金属（或复合材料、木材，译者注）制成的，并不能像鸟类一样扭动整个尾部。准备爬升时，为使尾部下摆，飞机要借助气流的力。升降舵“翘起”后，飞机尾部会在气流作用下下摆，这会改变飞机所受的升力，使其开始爬升。上述分析表明，达·芬奇观察到的现象是符合自然规律的。

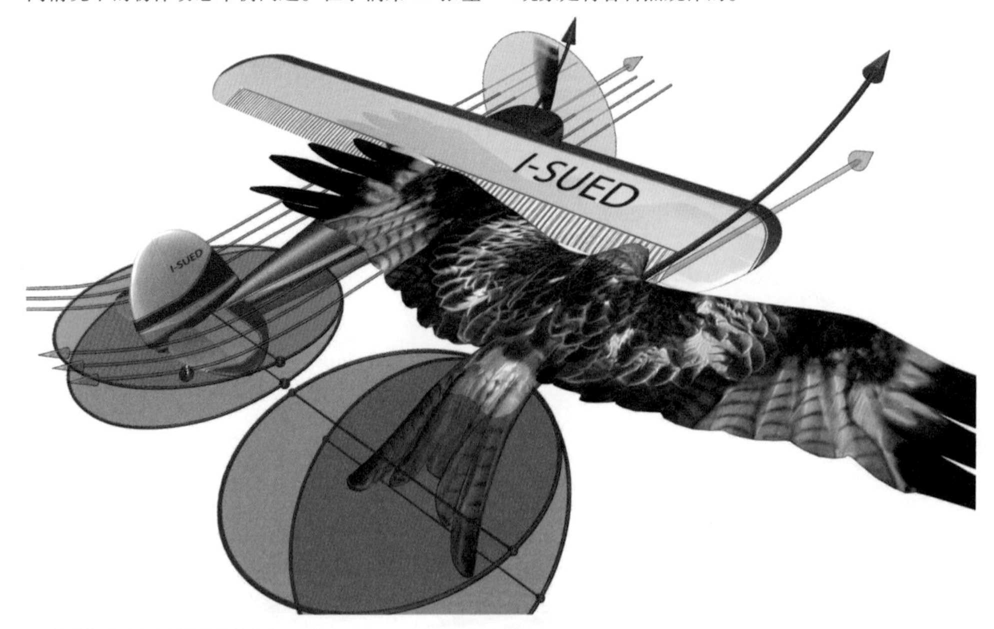

㊀ 现代飞机的副翼由苏格兰人亚历山大·格拉汉姆·贝尔（Alexander Graham Bell，1847—1922年）和法国人罗伯特·艾斯诺·皮尔特里（Robert Esnault Pelterie，1881—1957年）分别独立发明。

i.04

尾部的动作：拉起

为实现爬升运动，飞机必须调整姿态，使尾部下摆，首部上抬。鸟的尾巴能多方向灵活运动，而飞机机身显然是无法大幅度弯曲的。当飞机直线平飞时（图 1），飞行员要将操纵杆向后（即向飞行员自身方向，译者注）拉起，使升降舵向上偏转（图 2）。这会减小飞机尾部所受升力，同时使其受到一个方向向下的作用力，进而改变飞机的飞行姿态。随后，飞机尾部实现下摆动作（图 3），飞机在发动机的驱动下开始爬升。与之相反，当升降舵向下偏转时，飞机尾部上抬，飞机开始俯冲，如同达·芬奇观察到的赤鸢所做的动作。

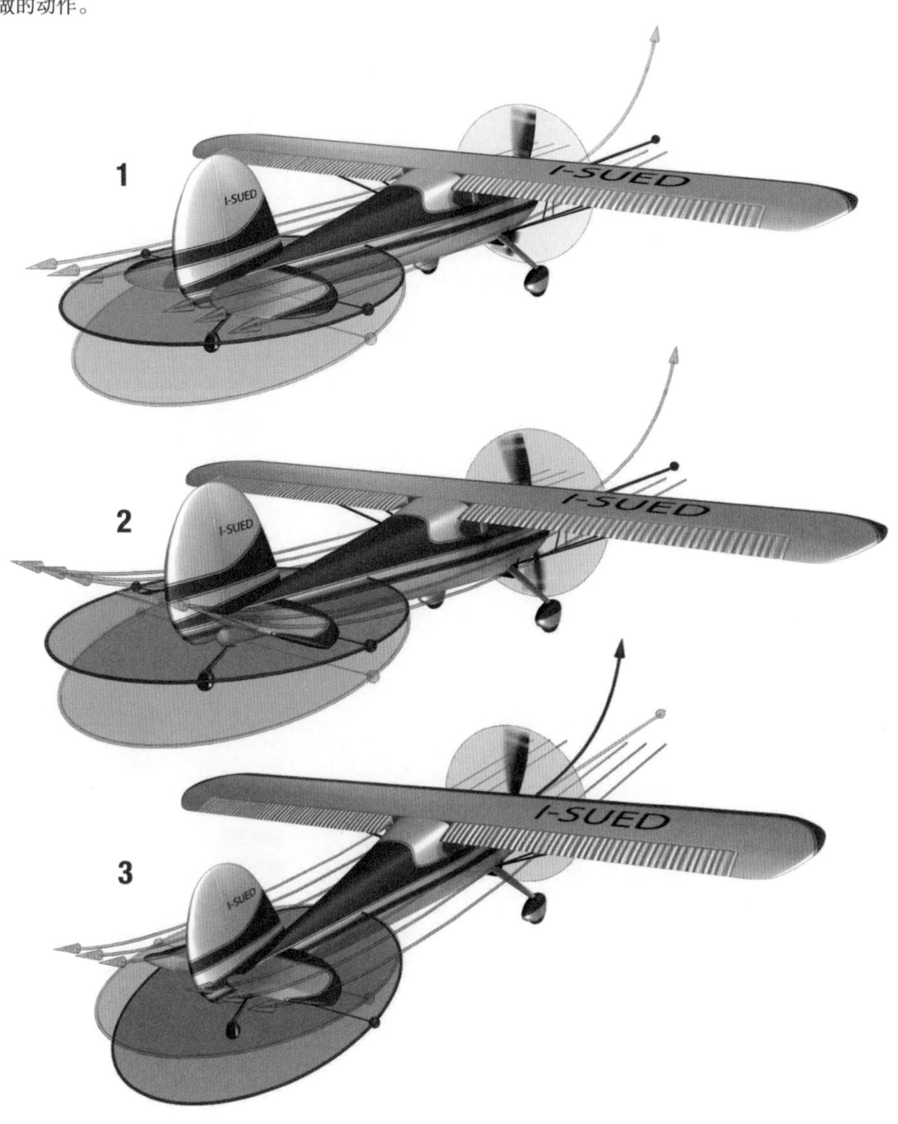

第17张左页

本书作者的评述

手稿这一页中的最后一幅插图颇为关键，有必要专门解释。这幅小素描包含了如何将手稿中所有已知元素组合到一起制造飞行器的重要线索。在前两页中，达·芬奇绘制了机械翅膀的结构，而相关细节大多“散落”在手稿其他页面中。例如，在手稿第5张右页，他清晰地绘制了一个位于“驾驶舱”中的飞行员，而那个“驾驶舱”的结构与这一页的相应结构如出一辙。那是一幅非常小的插图，但我们很容易将它与本页的插图联系起来。如果我们认真通读整卷手稿，就能梳理出有关达·芬奇飞行器的尺寸参数和制造方法，甚至还有相应的材料。

这一页中出现的“驾驶舱”素描虽然足够清晰，但缺乏很多细节元素。好在解决方法已经跃然纸上——只要我们将这幅图与第5张右页的图结合在一起，就能得到“潜藏”于达·芬奇脑海中的真实结构。这个结构的上半部分是滑轮组的安装平台。这些滑轮组负责将动力传递给机械翅膀。而这个结构的下半部分有一个环绕飞行员腰部的固定带。达·芬奇当然不会忘记，飞行员的腰部以上肢体必须能自由活动，这样他才能在飞行中通过自身的移动来使飞行器保持平衡。在复原图右侧，我们画出了机械翅膀与驾驶舱的连接结构。

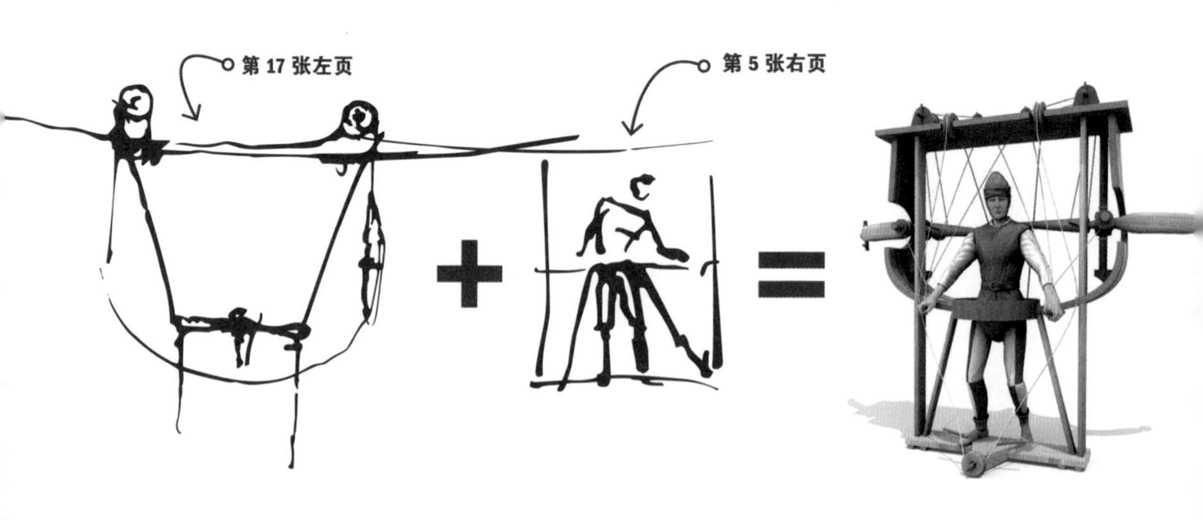

第17张左页

i.03a
滑轮组的安装平面

手稿第5张右页和第17张左页中的插图都能展现出滑轮组的安装平台。这些滑轮上连接着飞行员用手和脚控制的绳索。尽管达·芬奇只画出两个滑轮，但实际上应该更多。

i.03b
翅膀和飞行器的连接结构

手稿第17张左页插图（那幅飞行器驾驶舱图，译者注）的右侧有一些交叉的线条，这就是飞行器翅膀与驾驶舱的连接结构。我们能看到一个类似十字架的梁，它支撑着前一幅图中描绘的圆锥状臂（手稿第16张左页和第17张右页的插图）。

i.03c
飞行员的位置

插图正中是为飞行员准备的支撑结构。飞行员的腰部以上肢体能自由活动——这位勇敢的飞行员坐在一个可能由皮革制成的类似椅子的装置上。他所坐的位置能让自己身体的所有部位活动：通过手和脚的动作来操纵绳索。飞行员通过躯干的运动使飞行器在飞行中保持平衡。如此看来，操纵这架飞行器实在是一个相当复杂的过程。

i.03d
控制绳索

为模仿鸟类翅膀的运动，机械翅膀应该能完成一些复杂的动作。为此，达·芬奇在飞行器中设置了若干个控制机构，并使飞行员能通过手、脚和躯干的动作来操纵飞行器。手稿中没有详细交代的飞行器尾部，很可能也是由飞行员身体来控制的。

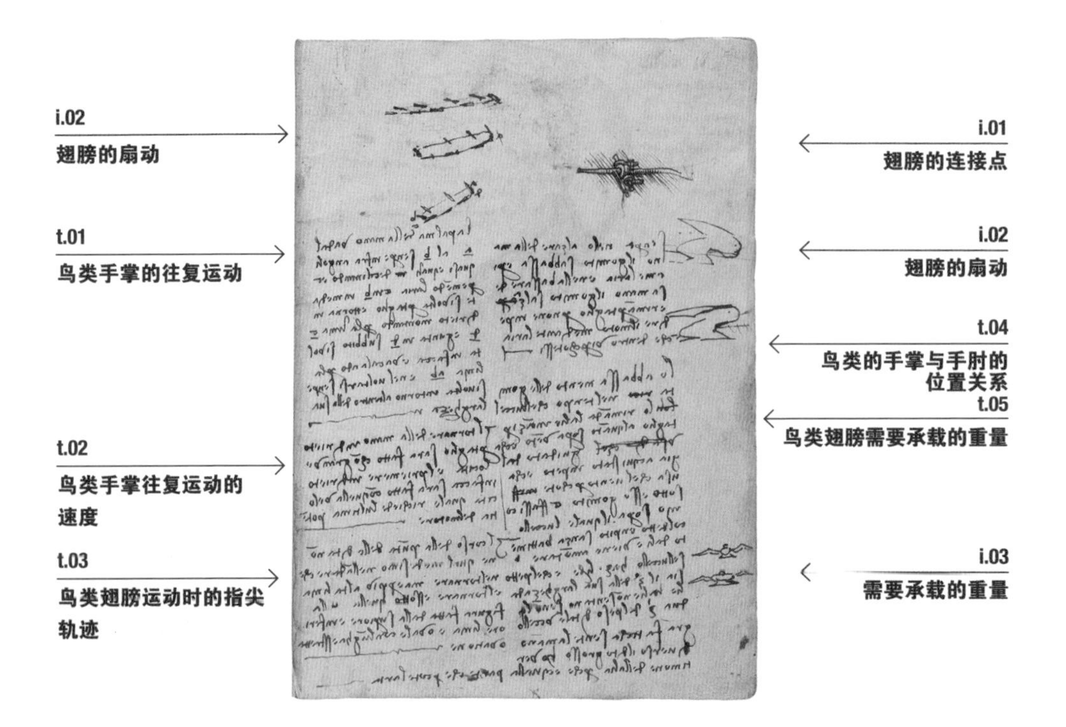

t.01 > *La palma della mano va dall'a al b, senpre infra angoli quasi equali, (in) declinando e (c) premendo l'aria, e in b inmediate si volta per taglio e torna indirieto, montando per la linia c d, e giunta in d, subbito si volta in faccia, e va calando per la linia a b, e nel voltarsi, senpre si volta intorno al centro della sua largheza.*

t.01：（鸟类的）手掌从A点运动到B点，这一过程中其角度不变，并在下降过程中对空气施压。到达B点时，手掌立即变平并沿直线CD向回运动。到达D点时，手掌立即转变角度，并沿直线AB继续下降。当手掌如此往复运动时，翅膀也会以其宽度（方向）的中点（中心线）为轴往复运动。

t.02 > *Il tornare della mano indirieto, per taglio, sarà fatto con gran velocità, e 'l prieme-re indirieto, in faccia, sarà fatto con quella velocità, quale richiede l'ultima pontenzia del motore.*

t.02：由于鸟类手掌是平的，其向回运动的速度会非常快。但其向下压缩空气的过程会因动力大小而产生差异。

第18张右页

t.03 > *Il corso della punta delle dita non è quel medesimo nell'andare che nel tornare, ma è per più alta linia el tornare; e sotto quella è la figura fatta dalla superiore e inferiore linia, e ovale con lunga e stretta ovazione.*

t.03：鸟手指尖（指翅膀上退化的手指，译者注）划过的轨迹在其翅膀向下扇动时和返回原位时是不同的。翅膀返回原位的过程中，手指尖的运动轨迹更靠上。无论翅膀向下扇动还是返回原位，鸟手指尖的运动轨迹都呈拉长的椭圆形。

t.04 > *Senpre nello alzare della mano, il gomito s'abbassa e prieme l'aria, e nell'abassare d'esa mano, il gomito s'alz(a)a (per) e riman per taglio, per nome inpedire il moto mediante l'aria, che dentro vi percotessi.*

t.04：鸟抬起手掌时，手肘总是放下的，以将空气向下压。而手掌放下时，手肘会抬起，并保持侧面向上，这样就不会妨碍受翅膀压缩的空气的运动。

t.05 > *Lo abbassamento delle gomita, (rice) nel tenpo che l'uccel(lo il) lo rimanda l'alie inanzi per taglio alquanto sopra vento, (è causa di che 'l) guidato dal già acquistato inpeto, è causa che 'l vento percote (in ess) sotto esso gomito e fassi conio, sopra il quale l'uccello, col detto enpito, sanza battimento d'alie, viene a montare; e se l'uccello è 3 libre, e che 'l petto sia il terzo della sua largheza d'alie, l'alie non sentano se non le dua 1/3 del peso di tale uccello. Gran fatica sente la mano di verso il dito grosso, o ver timone dell'alia, perché è quella parte che percote l'aria.*

t.05：鸟在风上方飞行时，如果已经获得足够的速度，那么当它将翅膀边缘前伸时，手肘的位置就会降低。这就是风总是作用于翅膀下表面的原因。此时的风像楔子一样，而鸟靠着之前获得的速度，在不扇动翅膀的情况下飞越这个楔子（风）。如果鸟的体重是3磅，且其躯干宽度是翼展的三分之一，则其两侧翅膀都不应承载超过体重三分之一的重量。这种情况下，鸟翅膀“大手指”附近的手掌区域（鸟翅膀上真正的“舵”所在的区域）就会变得非常疲劳，因为风对翅膀的作用区域正位于此。

第18张右页

本书作者的评述

这一页的论述主要围绕在第16张左页和第17张右页出现的机械翅膀结构展开。机械翅膀的设计基于对鸟类翅膀运动的研究，而这正是这一页文字和插图所要阐述的内容。达·芬奇将这些插图编排在手稿第18张中，紧随与机械翅膀构造相关的内容。这就证实了我们之前的观点，即《飞行手稿》各部分是达·芬奇分开独立创作的，最后才装订到一起。此外，由于他习惯用左手书写，需要两页纸面空间时总是先从左侧页面开始书写。

无论这一页手稿是何时创作的，它都具有举足轻重的地位，因为其内容揭示了达·芬奇的研究方法：首先观察，然后理解（观察结果），最后设计机械结构。达·芬奇分析鸟类的行为，特别是翅膀在飞行过程中的动作，并以示意图的形式进行记录。他记录道（正如他在手稿第10张右页、第13张右页、第14张左页、第16张左页和第17张右页记录的那样），当鸟扇动翅膀时，翅膀获得升力的（动作）路径与回归原位的（动作）路径是不同的。翅膀在“搅动”空气的过程中，要以一定的倾斜角度来获得最大推力。而翅膀在回归原位的过程中，总是侧面先到达原位（达·芬奇在这里的用词是di taglio，对应英文中的cutting edge或sideways，直译为边缘，译者注），以尽可能减小空气阻力。翅膀的上述动作能使鸟在无风的情况下保持前飞状态。此时，鸟用翅膀“划动”空气的效果，与水手用船桨划动河水的效果是一样的。达·芬奇的观察结果显然是符合自然规律的。换言之，如果鸟在扇动翅膀时不改变其角度，就不可能前飞，因为翅膀向下扇动时“积蓄”的能量会在向上扇动时消耗掉。

除改变（倾斜）角度外，鸟类翅膀在扇动过程中还要完成伸展和收拢的动作（向下扇动时伸展，向上扇动时收拢），这展现在手稿本页边缘的两幅翅膀平面图中。

记录下观测结果后，达·芬奇立刻投入设计工作。他绘制了一幅有关手稿第16张左页和第17张右页出现的机械部件的细节草图。由图可知，他打算设计一个能朝各个方向运动的球形“关节”（连接结构）。飞行器的

翅膀与主体就通过这种结构相连，如此一来，翅膀就能做出各种复杂动作。这看起来是机械翅膀拥有接近飞行动物翅膀活动自由度的唯一方式。

最后，达·芬奇考虑了翅膀需要承载的重量，以及这一重量与飞行器翼展及其他部分宽度的比值关系。他假设一只鸟的体重是3磅，其翅膀宽度与躯干宽度是相等的。根据他的推算，这只鸟的两个翅膀都不能承载超过三分之一体重的重量，即1磅。这是一个略有夸张的简化计算过程，因为达·芬奇设想中的这只鸟在自然界是很难找到的。有趣的是，达·芬奇从这里开始考虑鸟所承载的重量与翅膀结构之间的关系问题，希望藉此来指导飞行器的设计工作。

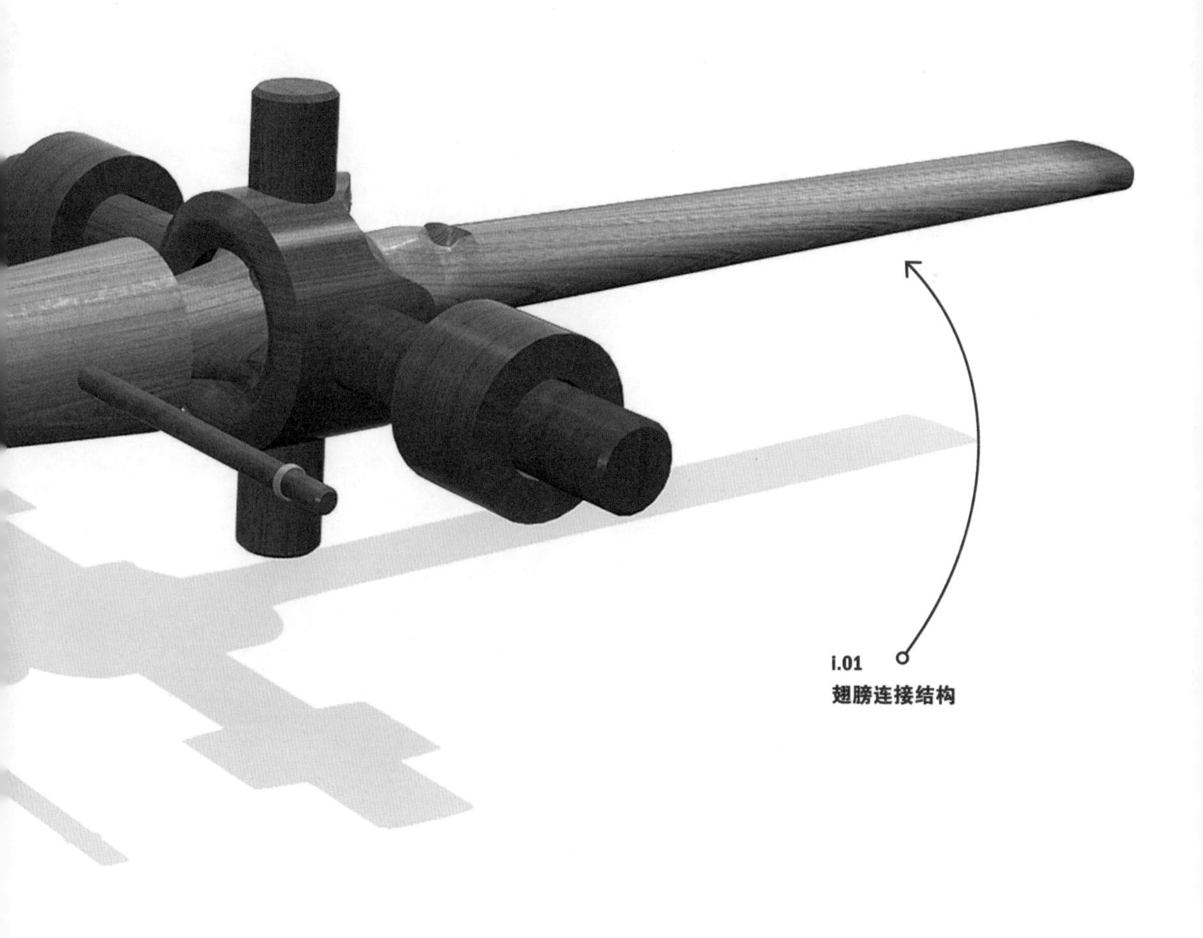

i.01
翅膀连接结构

第18张右页

i.02
翅膀扇动的轨迹

达·芬奇利用三幅带有文字注释的草图来描述鸟类扇动翅膀的过程。在这些草图中，他只画出翅膀的侧面或截面。首先，翅膀沿轨迹 AB 向下运动，有力地向下扇动空气，“积蓄”推力。此时，（鸟）要获得足够大的推力，就要使翅膀具有一定的攻角（也称迎角，对飞机而言，指机翼弦线与速度 / 气流方向的夹角，在这里就是鸟翅膀的弦线与速度 / 气流方向的夹角，可以将弦线想象为翅膀截面中连接前缘和后缘的直线，译者注），这一角度保证了翅膀扇动空气的“效率”。然后，翅膀又沿轨迹 CD 向上运动。这时，鸟会通过旋转翅膀来改变迎角，以减小所受空气阻力。最后，鸟将翅膀收拢至原位，为再次沿轨迹 AB-CD 扇动翅膀，获得升力做准备。在这个过程中，鸟翅膀的迎角和位置同时在改变。向下扇动翅膀时，鸟会将翅膀充分伸展，以增大对空气施加作用力的面积；向上扇动翅膀时，鸟就逐渐将翅膀收拢，以减小所受空气阻力。手稿这一页顶部的三幅翅膀截面图展现了不同状态下的迎角，而这一页右侧边缘的两幅翅膀俯视图展现了翅膀的两个运动阶段 / 状态：向下扇动时伸展，向上扇动时向躯干侧收拢。

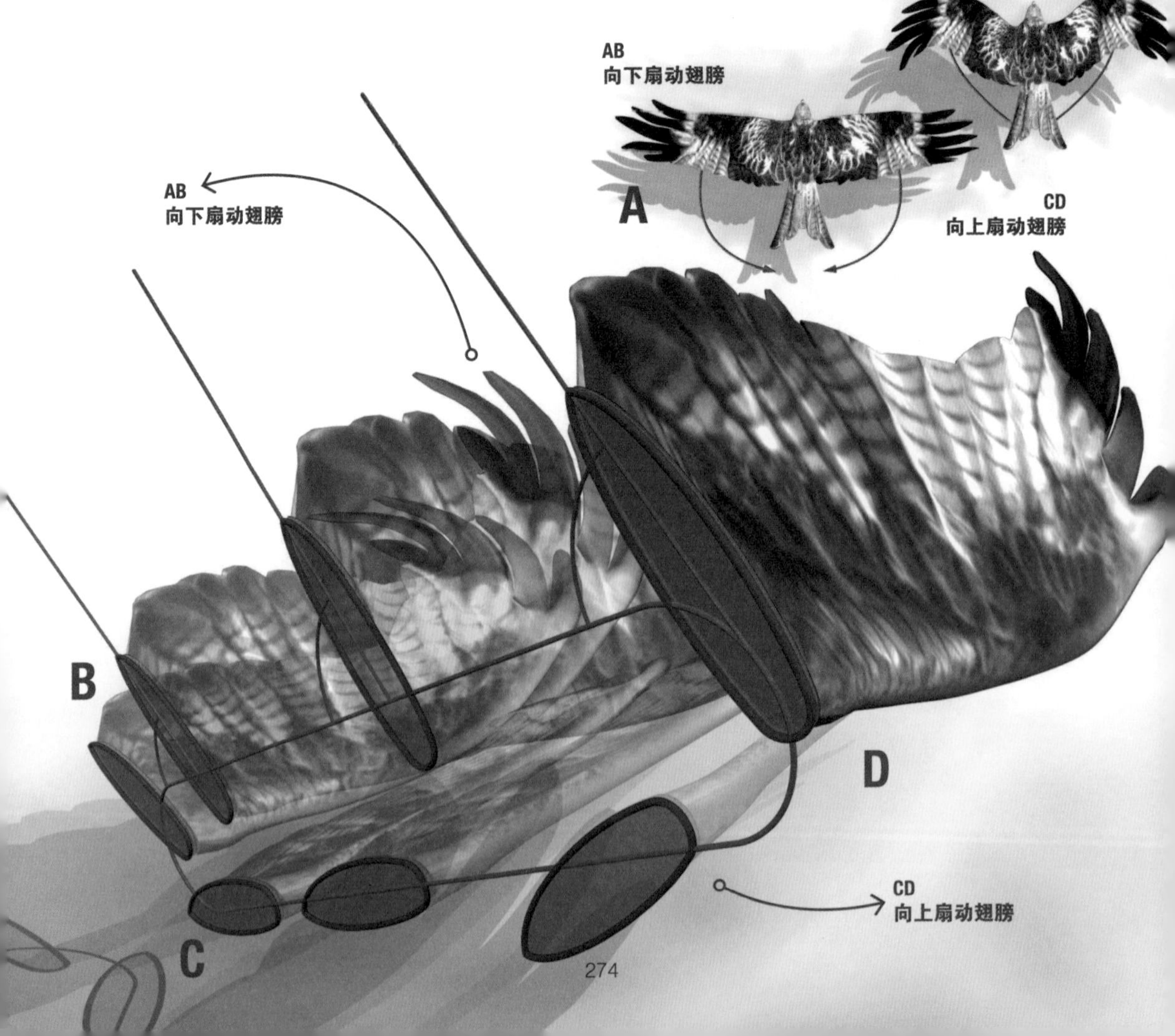

第18张右页

i.03

翅膀要承载的重量

从一个容易引起争议的解剖学推论（鸟类躯干的宽度是其翼展的三分之一）开始，达·芬奇对承载重量与飞行器翅膀强度的关系进行了一个有趣的推理。实际上，类似的数据计算对现代飞机的飞行安全同样至关重要。在一型飞机正式试飞前，设计人员要在其翼尖上放置配重以测试翼载荷。早期的飞机制造者通常用沙袋当配重，甚至会让工人爬上翼尖充当配重。飞行中，鸟身体的不同部位所承载的重量与其大小是成比例的。对此，达·芬奇写道，如果一只鸟的体重是3磅，躯干宽度是其翼展的三分之一，那么单侧翅膀至多能承载其体重的三分之一，即1磅重量。这个数据显然是需要推算论证的，它不仅影响着仿生飞行器的操控特性和制造过程，还能辅助确定飞行员需要承载的重量。

i.03

1/3,1/3,1/3

然而，达·芬奇引用的鸟类身体比例在自然界中是很难找到完美实例的。例如赤鸢的翼展就远不止躯干宽度的三倍，即使是看似符合标准的燕子实际上也与此相距甚远。

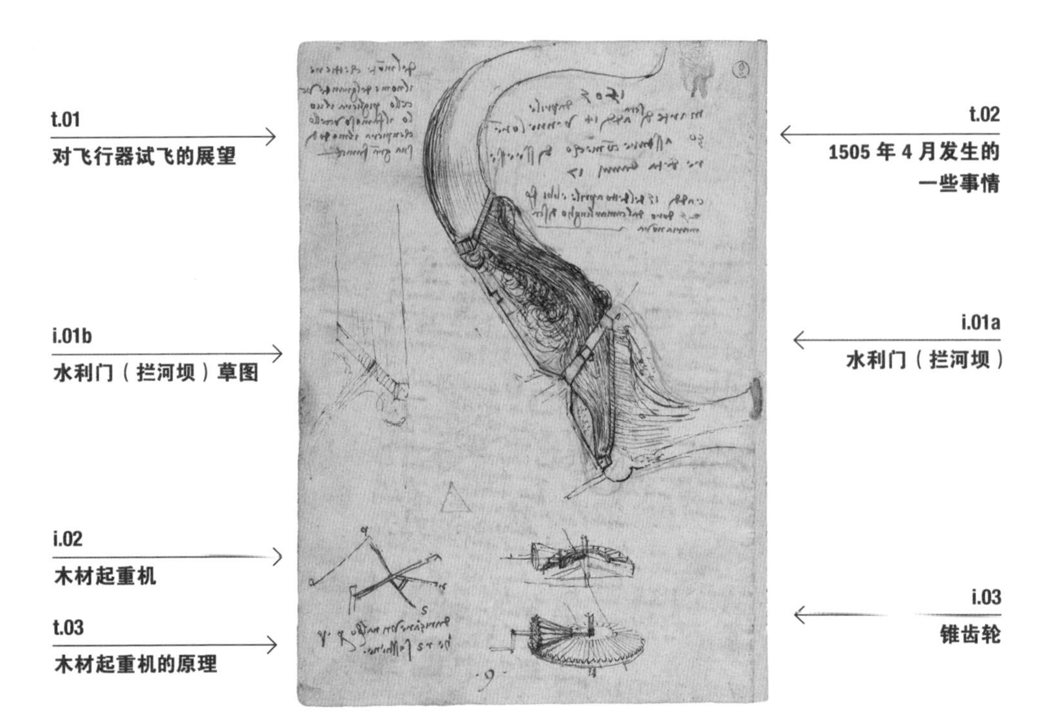

t.01 > *Del monte, che tiene il nome del grande uccello, piglierà il volo il famoso uccello, ch'enpierà il mondo di sua gran fama.*

t.01：“大鸟”完成首飞后，它的名字将享誉世界，助力首飞的那座山峰也将以“大鸟”的名字来命名。

t.02 > *1505, martedì sera, addì 14 d'aprile, venne Lorenzo a stare con meco; disse essere d'età d'anni 17. E addì 15 del detto aprile, ebbi fiorini 25 d'oro dal camarlingo di San[ta] Maria Nova.*

t.02：1505 年 4 月 14 日，周二晚上，洛伦佐来看我，他说他已经 17 岁了。同一个月（4 月）的 15 日，我从新圣玛利亚医院（Santa Maria Nova）那里收到了 25 弗罗林。

t.03 > *Da rizare un albero per p, e r S sostiene.*

t.03：将树举到 P 点，R（点）和 S（点）作为支点。

手稿这一页中的插图都与飞行主题无关，展现了三个彼此毫无联系的设计方案。第一个设计方案是一种将水引向运河的拦河坝（所谓水利门）。达·芬奇很可能考虑了在引流过程中通过加快水流速度来获得能量的问题。在页面左侧的角落中，我们能看到一个类似拦河坝的设计草图。而在这一页靠下的部分，有两个笔触相对精准的处于相互啮合状态的锥齿轮，以及一个利用杠杆原理吊起木材的装置。后者堪称天才设计，由于所需的材料无非是木棍和小树干，往往只要就地取材就能搭建起来，用于相对轻松地举起庞大的树干。

与插图相比，这一页的文字更加有趣。在页面右上部分，我们"结识"了一位达·芬奇的客人——洛伦佐，他于1505年4月14日拜访了达·芬奇[㊀]。第二天，也就是15日，达·芬奇从新圣玛利亚医院的职员那里拿到了25弗罗林金币。这些记录对于确定《飞行手稿》的编写时间很有帮助，也证实了达·芬奇在16世纪初结束了在米兰的长期居留后回到佛罗伦萨的事实。

页面左上角，在由六行文字组成的段落中，包含了一句广为人知的《飞行手稿》"名言"。达·芬奇在手稿下一页中又写下了意思相同的话，他满怀激情地称自己的飞行器为"大鸟"（great bird），并坚信这架飞行器必将享誉世界。

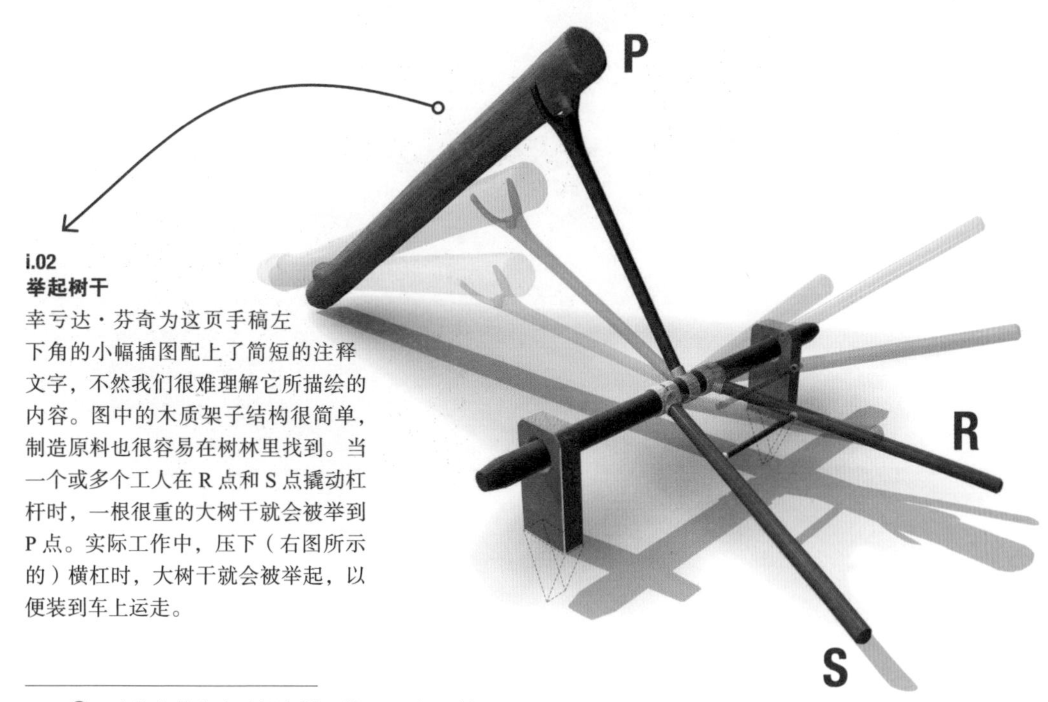

i.02
举起树干
幸亏达·芬奇为这页手稿左下角的小幅插图配上了简短的注释文字，不然我们很难理解它所描绘的内容。图中的木质架子结构很简单，制造原料也很容易在树林里找到。当一个或多个工人在R点和S点撬动杠杆时，一根很重的大树干就会被举到P点。实际工作中，压下（右图所示的）横杠时，大树干就会被举起，以便装到车上运走。

㊀ 这件事的发生时间实际上是1505年4月15日。

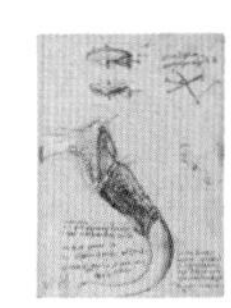

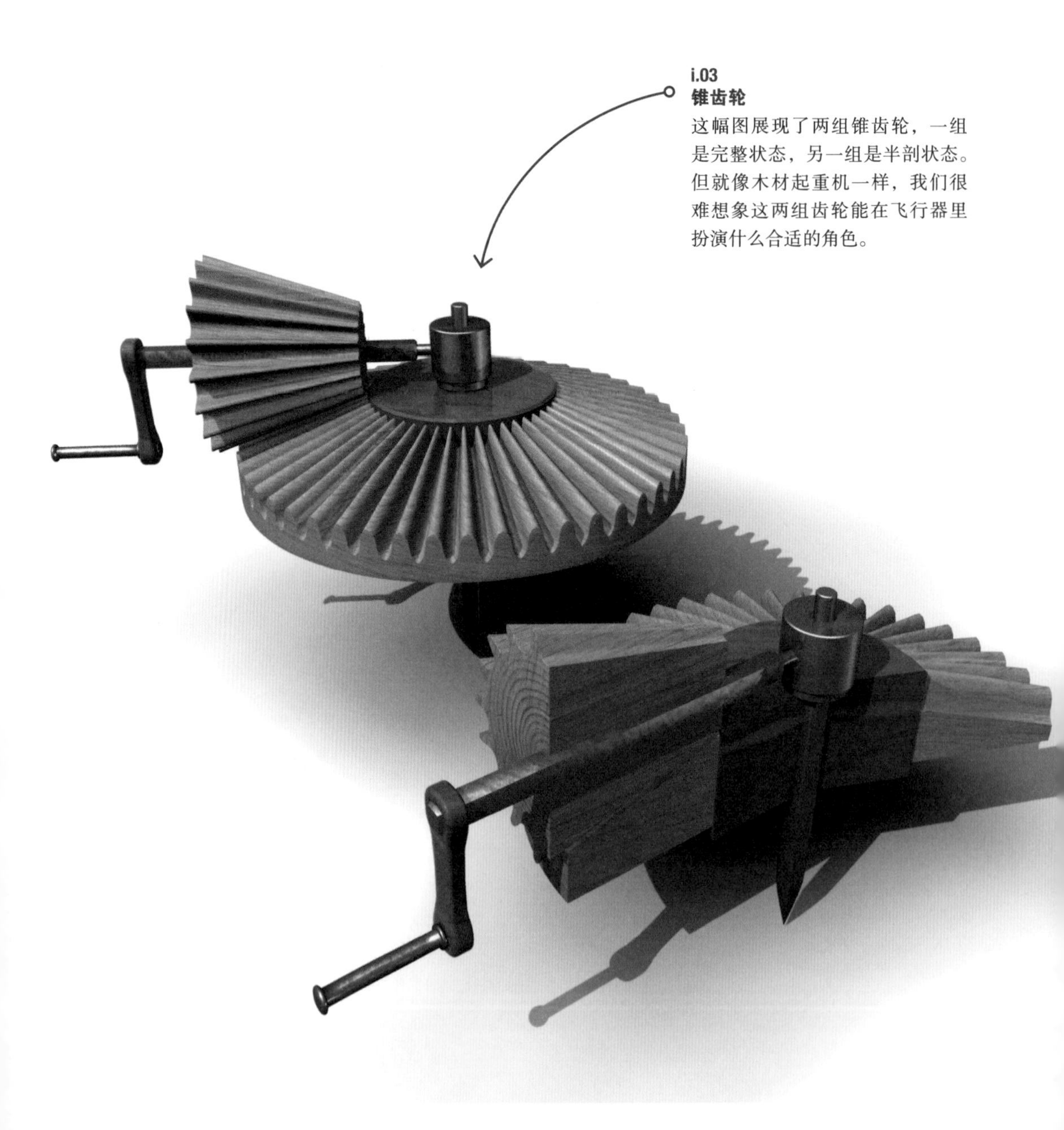

i.03
锥齿轮

这幅图展现了两组锥齿轮，一组是完整状态，另一组是半剖状态。但就像木材起重机一样，我们很难想象这两组齿轮能在飞行器里扮演什么合适的角色。

第18张左页

i.01a

拦河坝

一幅河道图占据了手稿最后一页的中心位置，有些线条还延伸到封底背面（即封三）。尽管这幅图与飞行无关，但仍然值得我们研究。正如前文所说的那样，达·芬奇作为一个优秀的观察者，已经习惯于将自己日常的所见所闻和所思所想记录下来。我们可以这样推断，达·芬奇设想将河水分流，利用水流的能量来驱动磨盘或其他水利机械。人类利用水流能量的历史源远流长，而达·芬奇显然对如何驾驭这种能量了如指掌。在这幅图中间，我们能看到水流被导向一段人工河道，而这段人工河道的宽度相对自然河道明显缩小，以提高水流的流速和冲击力。此时，水流的动量是非常可观的。在这个装置的后段，一段缓坡将水流的流速又降低到初始水平。毫无疑问，达·芬奇很可能借助高速水流的能量来驱动自己发明的很多机械装置。

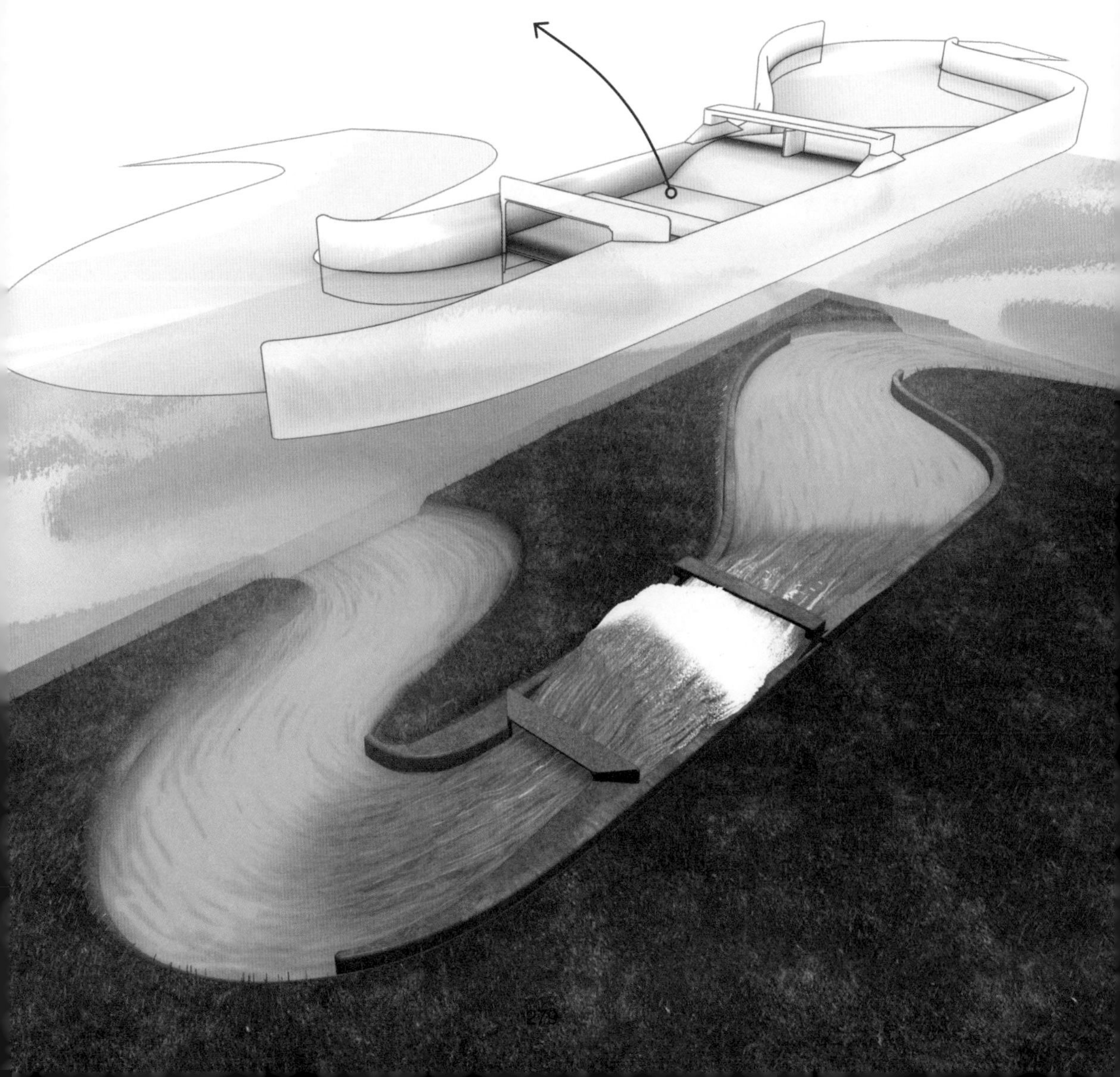

封底背面

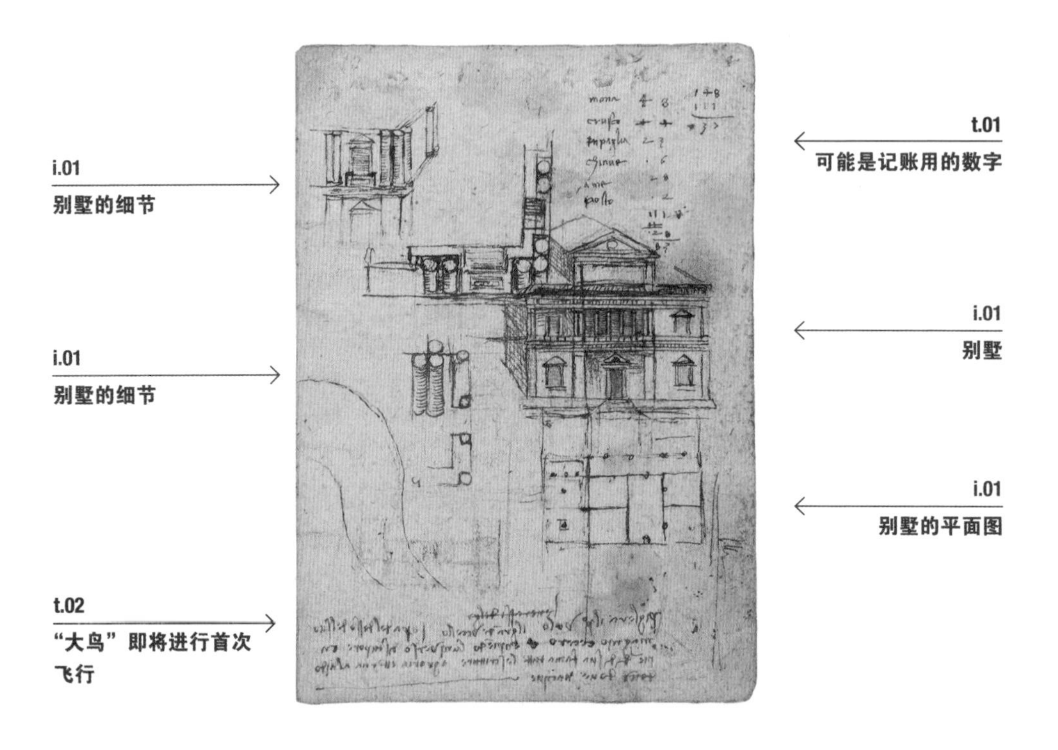

t.01 >

		148
mona	*48*	*111*
cusca	*(4)4*	*037*
in paglia	*23*	
chiave	*. 6*	
a me	*28*	
pollo	*. 2*	
	111 (8)	
	(11)	
	.28	
	83	

t.01：

		148
女人	48	111
糠	~~44~~	037
稻草	23	
钥匙	6	
对我	28	
鸡	.2	
	111 8	
	~~11~~	
	.28	
	83	

t.02 > *Piglierà il primo volo il grande uccello, sopra del dosso del suo magnio cecero, e enpiendo l'universo di stupore, enpiend di sua fama tutte le scritture, e grogria eterna al nido dove nacque.*

t.02：“大鸟”将在切切罗山（Cecero，如今称为 Ceceri，切切里山）的山顶进行首次飞行。它必将震惊世人，有关它的报道必将传遍每一寸土地，它的荣耀将永驻世间。

封底背面

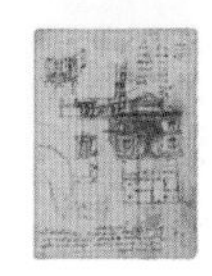

手稿这一页的大部分页面都被一幅别墅设计图所占据。这可能是查理·德·安布瓦兹（Charles d’Ambroise）的别墅。他是当时米兰城的总督（作为法国国王的代理人）。这座别墅坐落于米兰城外，紧邻威尼斯门（Porta venezia）。这幅图是用轴测法绘制的，别墅窗户和支柱的细节都得以展现。别墅的第一层有相应的俯视设计图。手稿上一页的拦河坝图延续到这一页的左侧。在这一页的右上角，有一些含义不清的数字，可能与生活账目有关（提到了糠、稻草和鸡），还有给一位女士的赔偿款。

整卷手稿中最具标志性的一句话出现在这一页底部。达·芬奇坚信，他的飞行器自切切里山巅腾空而起的那一刻，世界将为之震惊，这将是人类编年史上浓墨重彩的一笔，而达·芬奇这个名字也将因此而远播四方。

封底

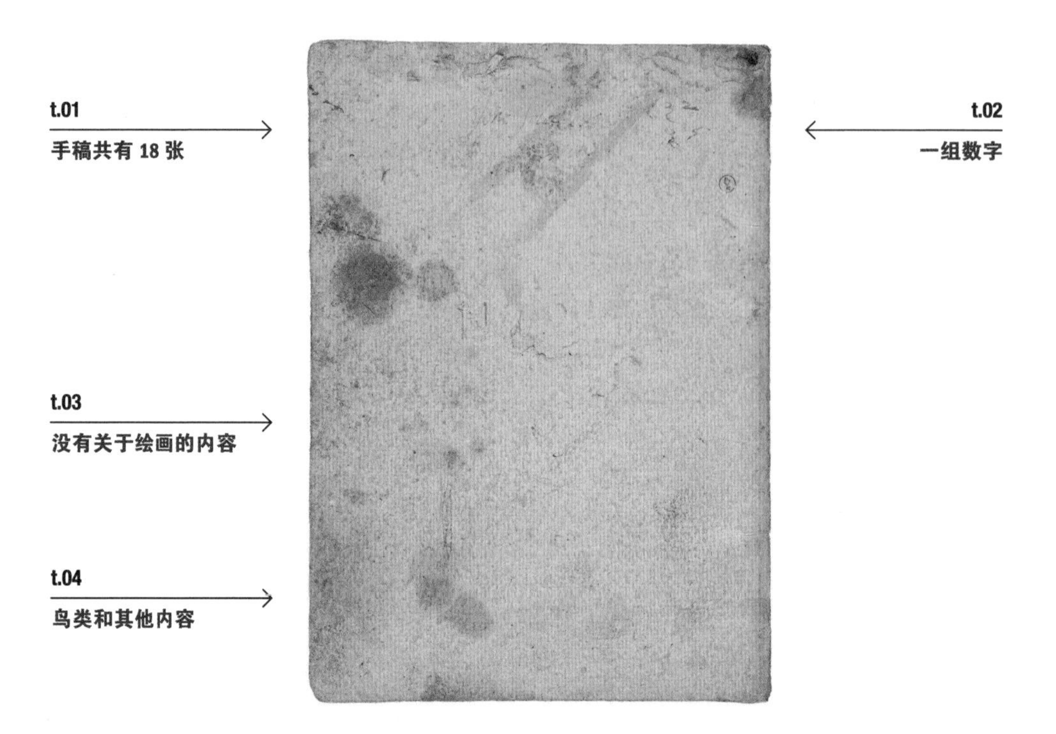

t.01 > *sono folie 18.*

t.02 > *32*
35

t.03 > *N. di P.*

t.04 > *Uccelli et altre cose.*

t.01：手稿共有 18 张。

t.02：32

35

t.03：没有关于绘画的内容。

t.04：鸟类和其他内容。

t.01-02-03-04
看不见的字迹

手稿这一页的字迹并非清晰可见。正文的最后，即靠近页面底部的部分非常模糊，只能在紫外线下看到。达·芬奇的真迹"N. di P"亦是如此。封面和封底的纸张稳固且厚实，很好地保护了手稿的正文页。即使如此，我们仍能通过这些模糊不清的字迹和污损之处想象出《飞行手稿》的"沉浮身世"。

封底

封面正面和封底正面（即封一和封四）算得上整卷手稿中的“特例”，达·芬奇没有在上面留下任何文字和图画。封底正面的字迹并非达·芬奇本人所写，并且已经难以辨认。仅就我们可见的部分而言，封底正面顶部的模糊文字是：手稿共有 18 张。这明确告诉我们《飞行手稿》的张页数量。这行文字以下的一些字迹只能在紫外线照射下识别，大概说明了手稿的主要内容：鸟和其他东西。

“N. di P”（完整格式是 Nulla di Pittura，对应的英文是Nothing about paintings，直译为“没有关于绘画的内容”）出现在这一页的中间位置，这很可能是出自弗朗切斯科·梅尔齐之手的“备忘记录”，而《飞行手稿》的确不包含与绘画艺术有关的内容。

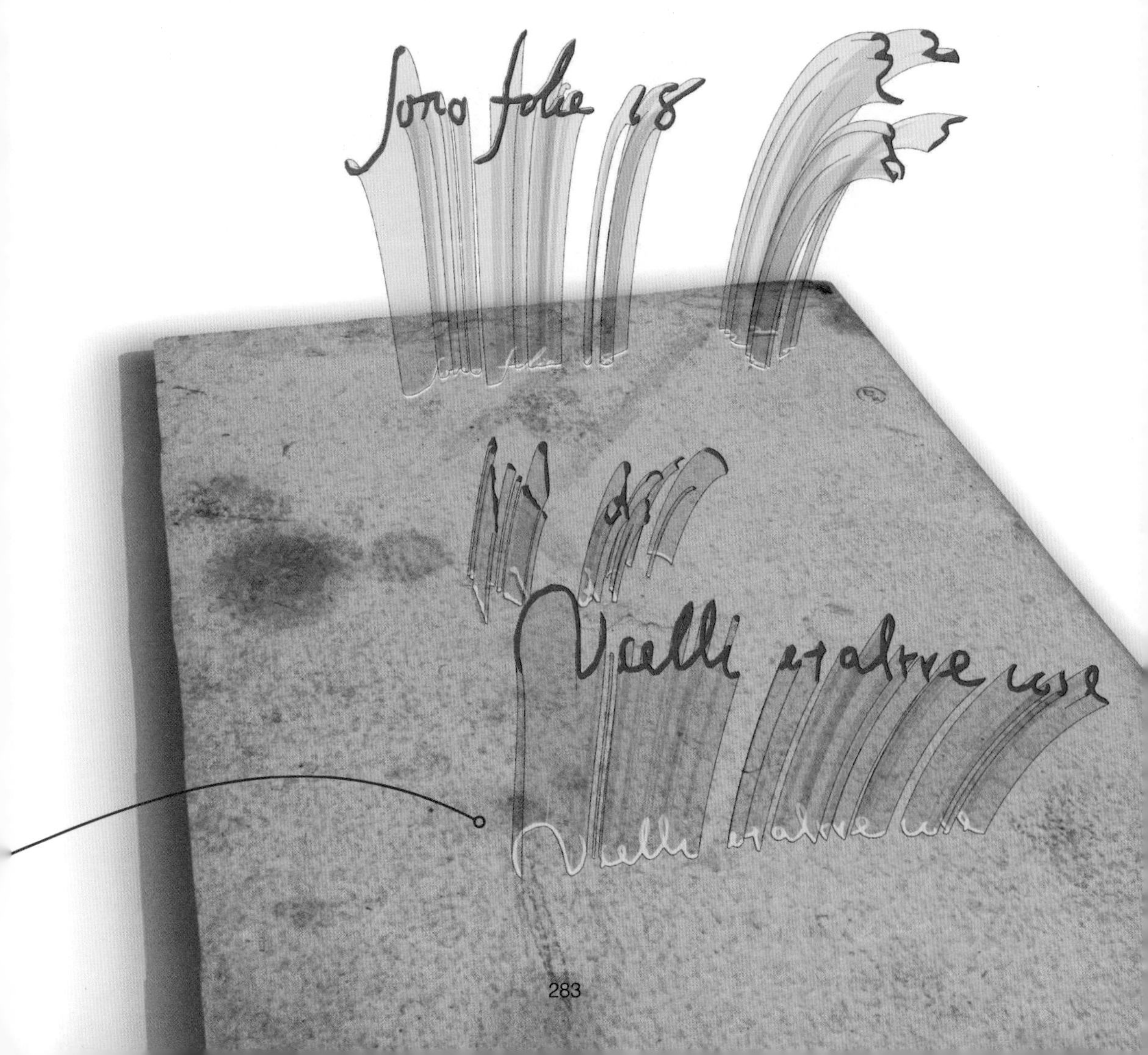

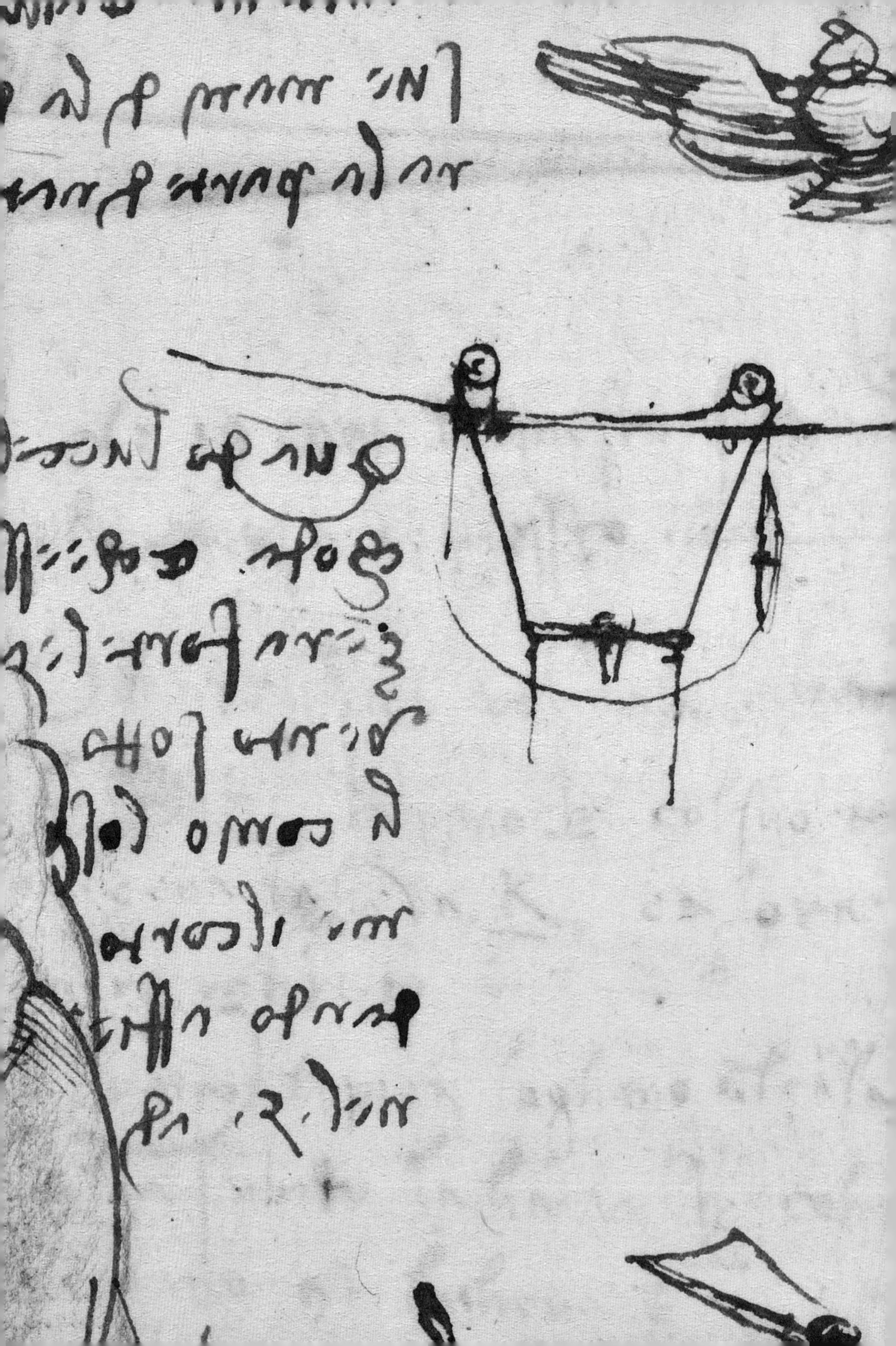

第 6 章

达 · 芬奇飞行器：从证据到复原

“观察自然之后，你就会坚信这样一件事，那就是飞行不仅是人类可为的，更是人类应为的。”这句话并非出自达 · 芬奇笔下，而是出自奥托 · 李林塔尔（Otto Lilienthal），世界上第一位制造出可控飞行器的人。尽管没有文献证据支持，但（我们认为）李林塔尔与达 · 芬奇之间有很高的相似度。身为德国人的李林塔尔（1848—1896 年）不可能在达 · 芬奇的《飞行手稿》基础上展开自己的研究，因为《飞行手稿》的第 1 版（指摹本，由俄国人萨巴克尼科夫出版）出版于 1893 年，而李林塔尔的相关著作出版于 1889 年㊀，他于 1891 年完成了首次驾机飞行（李林塔尔在 1896 年 8 月 9 日的一次飞行事故中丧生）。相隔 400 年的两个人，却在研究方式上“心有灵犀”。他们都试图通过观察和分析鸟类来探究飞行的奥秘，并藉此验证自己构想的可行性，区别只在于达 · 芬奇的观察对象是赤鸢，而李林塔尔的观察对象是鹳。当然，我们必须承认，相比李林塔尔，达 · 芬奇的研究工作更为艰辛，因为他生活的时代没有任何可供参考的研究文献和案例，而这些资料在李林塔尔生活的时代并不罕见。事实上，在 19 世纪后期，飞行器实验已经蔚然成风，尽管其中大部分都是在无人驾驶状态下进行的。成为“飞天第一人”的欲望与信念激励着众多学者、科学家和意欲名垂青史的冒险家们投身飞行事业。显然，生活在文艺复兴时期的达 · 芬奇不可能感受到这种催人奋进的竞争氛围，也不可能从那些所谓的“航空先驱”或同时期的研究者那里获得什么有益的启示。

达 · 芬奇的研究源于其众多手稿中对自然现象和突发灵感的点滴记录，尽管其中很多内容如今看起来不那么科学和理性。正如他对于一个离奇的儿时梦境的描写：

Questo scriver si distintamente del nibbio par che sia mio destino, perchè nella prima ricordazione della mia infanzia e mi parea che, essendo io in culla, un nibbio venissi a me e mi aprissi la bocca colla sua coda e molte volte mi percotessi con tal coda dentro le labbra.

“我的目的就是用文字对赤鸢进行直观描述。因为在我刚记事时，一只赤鸢飞到了我的摇篮上，用它的尾巴撬开了我的嘴，而且多次试图用尾巴拍打我的嘴唇。”

这段文字出自《大西洋古抄本》第 186 张左页，弗洛伊德（Sigmund Freud）曾用这个案例将达 · 芬奇当作心理病人来分析㊁。

㊀ 奥托 · 李林塔尔，作为航空基础的鸟类飞行研究（Der Volgelflug als Grundlage de Fliegekunstird），柏林，1889。此书的英文版，Birdflight as the basis for aviation，由 Markowski International Pub 出版社于 2001 年出版。

㊁ 弗洛伊德，对达 · 芬奇儿时记忆的分析（Eine Kindheitsserinerung des LeoLeonardo da Vinci），莱比锡，1910；维也纳，1914。此书的英文版，Leonardo da Vinci : a memory of his childhood，由 Routledge 出版社于 1983 年出版。

终其一生，达・芬奇都在探究人类飞天的方法。因此，他在一卷聚焦于飞行研究的手稿中没有给出一架飞行器的完整设计图稿，是多少有些令人疑惑的。但正如前文分析的那样，即使没有详尽的设计图，我们也能确信，在《飞行手稿》的字里行间“埋藏”着一架神秘的飞行器，只是它的本真面貌仍有待考证。在《飞行手稿》中，达・芬奇对这架飞行器的文字描述大都是非常精准的，因此（我们可以推断），他可能准备将《飞行手稿》中的文字与其他手稿中的设计图整合在一起，但不幸的是相关的手稿如今已经难觅其踪了。达・芬奇用相对严谨的方式描述了这架飞行器的机身尺寸、制造材料和重心位置，甚至不厌其烦地多次强调飞行员的安全问题。我们可以这样假设，在已经遗失的达・芬奇手稿中（可能有数千张之多），潜藏着相比《飞行手稿》第 16 张左页和第 17 张右页中插图更为详细的飞行器设计图。因为对达・芬奇而言，绘制这样的图稿需要专注和耐心，绝非一时冲动。

事实上，《飞行手稿》中的多数文字也并非首次出现，而是誊抄自其他手稿或笔记，作为所谓的最终版。例如，有关托斯卡纳山区的观察记录就能在 K 手稿和 L 手稿中找到。达・芬奇在这样一卷口袋大小的手稿中（指 K 手稿，第 3 张右页）表达了打算归纳一套完整飞行理论的想法，这绝非巧合。他写道，在有关这套理论的著作的最后一章，将论述机械飞行话题，而这正是他梦想中的巅峰——制造一架飞行器[㊀]。

那么，达・芬奇亲手“埋藏”在《飞行手稿》中的飞行器到底是怎样一副面貌，又是如何飞行的呢？显然，答案就藏在那些古老的意大利文字中，只是解读的过程将异常艰辛。《飞行手稿》中至少有 10 张记录了飞行器的相关线索，对一卷仅有 18 张的手稿而言，这一比例已经相当可观了。而我们所做的有关这些线索的梳理和分析工作，绝对是原创性的。在此之前，没有人开展过类似研究。此外，我们对手稿内容的解读并非基于主观判断，而是基于非常严谨的科学方法。这一过程中，我们对《飞行手稿》中相互关联的插图进行了整体分析，并在缺失某些证据的情况下参阅达・芬奇的其他手稿。历时一年有余的飞行器复原工作始于《飞行手稿》第 17 张左页的一幅小插图。我心怀敬意地称这架飞行器为“巨鸢”。那幅小插图没有任何文字注释，因此很少有科学史研究者会注意到它。我们能从这幅图中获得的信息十分有限，因此接下来的工作就是全面梳理相关细节，同时开展相应的复原工作。达・芬奇在手稿中对有关飞行器制造的关键要素毫不掩饰，反而是热切地希望与我们这样的读者分享自己

㊀ 详见《飞行手稿》第 18 张左页和封底背面内容。

针对这一领域的发现和思考。正如前文所述，有关这架飞行器的详细设计图可能早已遗失。

类似的事也发生在达·芬奇设计的“机械狮子”上[⊖]。我们断定达·芬奇造出了这个自动装置，因为有相关记载为证。

飞行器的复原工作应该忠实于达·芬奇的本意。尽管没有这架飞行器的完整设计图，但《飞行手稿》中相对详尽的文字描述，实际上并没留给我们太多自由发挥的空间。与飞行器制造相关的要素，例如机身尺寸、制造材料和重心位置等，都是如此。达·芬奇的设计方案并非一成不变，而是在不断修改和完善。事实上，按照《飞行手稿》的写作顺序，我们会发现一些机械结构的设计方案在逐渐优化，而相应的功能也在更新或拓展。正如达·芬奇在手稿第16张左页中写道的：

potrei fare che 'l piè, che prieme la staffa g, fussi quello che, oltre al suo ordinario ofizio, tirassi in basso la lieva f. Ma cquesto non sarebbe al proposito nostro, perché noi abiano bisogno che prima s'innalzi o discendi la li(nia)eva f...

“拉下杠杆F的那只脚，也可以踩下脚蹬G。但在我们讨论的这种情况下，这样做是没用的。因为这里先要抬起或拉下杠杆F……”

任何情况下我们都应该意识到，达·芬奇已经在思考与制造和操纵飞行器相关的问题，这表明了其研究的进展程度。

然而，飞行器的运作原理仍旧披着一层神秘的面纱，由此引发了我们的诸多猜测。按照《飞行手稿》中的描述，这架飞行器最可能采用的飞行方式是滑翔。但与此同时，《飞行手稿》中的机械翅膀构造图文字注释，却明确无误地表明这架飞行器能像鸟一样靠扇动翅膀飞行（见第18张右页）。而《飞行手稿》第16张和第17张中的插图，整体上为我们呈现了一种可模仿鸟类翅膀复杂运动的机械结构/装置，例如能在一定力的作用下旋转、伸展和收拢的机械翅膀。

必须承认的是，达·芬奇设想的这种机械结构（在现实运用中）只可能导致灾难性的后果。即使在今天，以我们现有的材料和技术，想要制造一架达·芬奇式的仿生飞行器仍是困难重重。因此我们能确信的是，达·芬奇为这架飞行器预设的主要飞行方式是滑翔，只在某些特殊情况下模仿鸟类扇动翅膀。他对很多原理已经了如指掌，而且研究方式非常超前，因此我们很难想象他会不太“明智”地要求自己的飞行器以扇动翅膀的方式起飞。更现实的情况是，这架飞行器要在风向和风速有利的条件下从一段缓坡上滑跑起飞。达·芬奇对

⊖ 马里奥·塔代伊（Mario Taddei）的著作《I Robot di Leonardo》（Leonardo 3，Milan，2007）中对此有详细描写，该书简体中文版《邂逅达·芬奇：破解手稿中的机器人密码》由机械工业出版社出版。

此心知肚明，并在《飞行手稿》中不止一次提到这个问题。例如第 18 张右页，他提到这架飞行器会从切切里山山顶起飞，这与现代滑翔伞的起飞方式是一样的。

这架飞行器的操纵方式异常复杂。这里的“复杂”不仅意味着对强劲肌肉力量的要求（当然，飞行器处于滑翔阶段时并不需要多强的肌肉力量），还意味着飞行员在很多情况下要同时执行多个操纵动作。飞行员的手和脚固定在相关操纵部件上。其中，手的任务最为“艰巨”，要通过不同的动作来实现一系列功能。例如，飞行员要通过伸缩手臂来拉动操纵手柄，以控制翅膀的伸展或收拢，或通过抬放手臂来改变翅膀的（迎风）角度，以控制飞行器进行爬升或俯冲。后者属于复合操纵动作，因为两侧翅膀要同时改变（迎风）角度。此外，控制飞行器偏航（转向）也属于复合操纵动作，需要两脚（腿）协调运动。

飞行员踩下左侧脚蹬，抬起右侧脚蹬时，就会使（飞行器的）一侧翅膀抬起，另一侧翅膀放下，从而使飞行器转向。《飞行手稿》只论述了赤鸢尾巴在飞行中的作用，而没有相应说明飞行器尾部的运作原理。当然，即使如此（我们仍可以确信），达·芬奇对这一问题应该是有深入研究和理解的，而且的确在设计中考虑了相关问题。《飞行手稿》第 5 张右页中，他提到飞行员腰部以上的肢体必须能自如活动，以应对风的影响。看到这里，我们也许能得出一个推论，即飞行器的尾部与飞行员的躯干是（通过某种机械结构）连接在一起的。当飞行员做出头部或躯干的俯仰动作时，飞行器的尾部就会相应翘起或下摆；当飞行员做出躯干的左 / 右扭转动作时，飞行器的尾部就会朝相应的方向扭动。类似的操纵动作在《飞行手稿》第 17 张左页中有充分说明。此外，达·芬奇在 B 手稿（第 75 张右页）中也设计了一个类似的操纵方式，他甚至将那架飞行器的尾部与飞行员的颈部和头部连在了一起。莱特兄弟（Write Brothers）在他们的“飞行者 I ”号上也采用了类似的飞行员身体动作操纵方式：飞行员趴在一个平板上，通过身体的左右移动来使一侧机翼扭转，进而使飞机转向。显然，达·芬奇飞行器的尾部操纵方式与此异曲同工。

我们不仅利用计算机制图软件构建了“巨鸢”的数字模型，还制成了“巨鸢”的实体模型。第一个 1 ： 10 比例的实体模型于 2008 年 2 月制作完成，但我们发现这架模型机的操纵机构仍存在一些问题。接下来制成的几个模型（见本书第 318 至 325 页）是 1 ： 5 比例的完整缩比模型，此外还有与实物等比例的驾驶舱模型。这些都是在 2009 年 4 月（前）完成的。通过这一系列的复原工作，我们得出以下结论：达·芬奇在《飞行手稿》中设计的飞行器并不能真的（靠扇动翅膀）飞起来。这源于两个“天然”的结构性缺陷：其一，从技术上讲，机械翅膀的结构过于复杂且脆弱；其二，复杂的机械翅膀导致整架飞行器严重超重。如此看来，对这架飞行器而言，唯一可行的飞行方式就只剩下滑翔了。

达·芬奇对人力的极限似乎是有所了解的。在《飞行手稿》完成前20年，达·芬奇设计了一个由弹簧驱动的自动机械。我们能在《大西洋古抄本》中看到相关的设计图（见第1051张左页和第1059张左页），这台机械能在两个类似卷簧（弹簧的一种形式，常作为自动机械钟表的动力源，译者注）的圆柱体驱动下前进。如果达·芬奇想要将这样的机械运用到航空领域，那么很可能就是他（设计）的飞行器。事实上，在《大西洋古抄本》第1051张左页和第1059张左页上，我们分别能清晰地看到“驱动”（英文原文是cause of movement）和“鸟”（英文原文是bird）这样的字眼。不过，达·芬奇在《大西洋古抄本》中绘制的飞行器与《飞行手稿》中的“巨鸢”是截然不同的。《大西洋古抄本》（完成年代是1480—1485年）中的飞行器装有两对翅膀，就像出现在第1051张左页（指《大西洋古抄本》）中的蜻蜓一样，它结构复杂的翅膀也能以任意（迎风）角度扇动，亦如《飞行手稿》第18张右页插图展现的飞行姿态：翅膀在向下扇动的过程中保持水平，而在向上扇动的过程中同时向上倾斜一定角度。

这架飞行器（指《大西洋古抄本》中的）配有两具“发动机”（即前文所说的以卷簧驱动的自动机械），一具“发动机”驱动一对翅膀。独特的锥轮结构上缠绕着与“发动机”相连的“传动索”，“发动机”通过“传动索”将“动力”（即弹簧力）传递给锥轮，进而以一种相对流畅的方式驱动飞行器。然而，我们并不能简单地将这台自动机械视为“巨鸢”的一部分。

《大西洋古抄本》，第 1051 张左页

这一页的内容聚焦于飞行器研究，可见这架飞行器的“发动机”采用了中置布局。

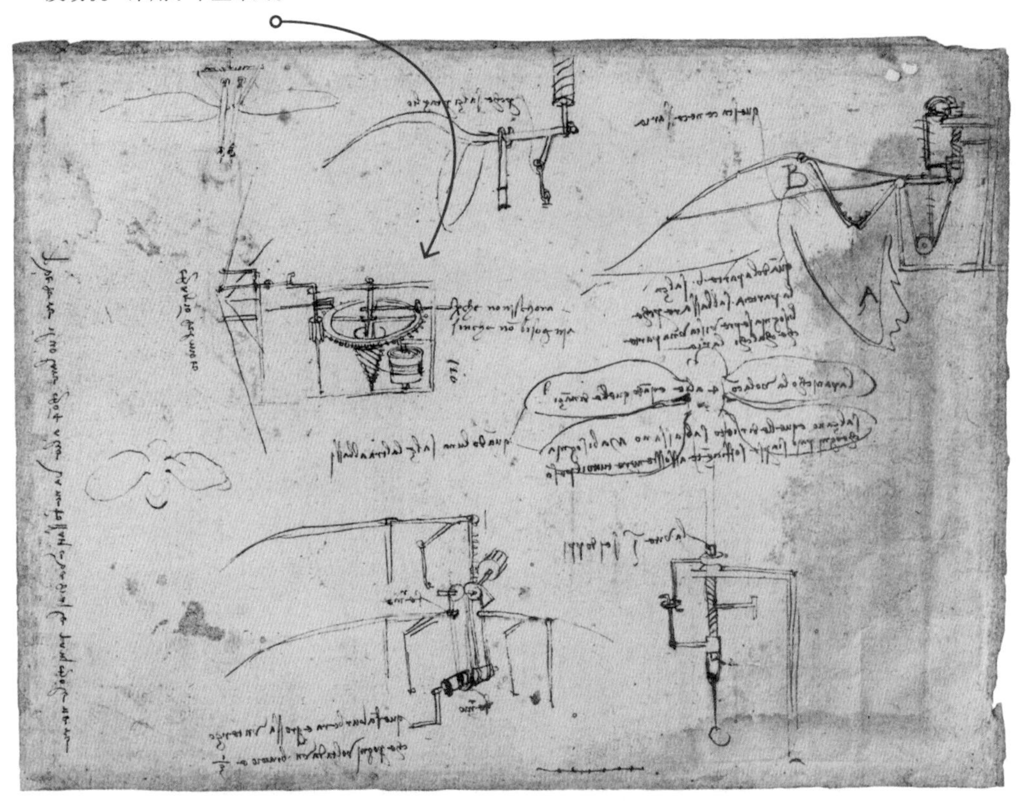

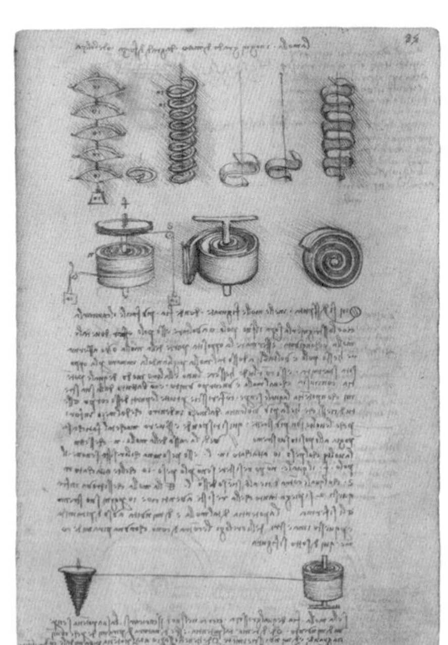

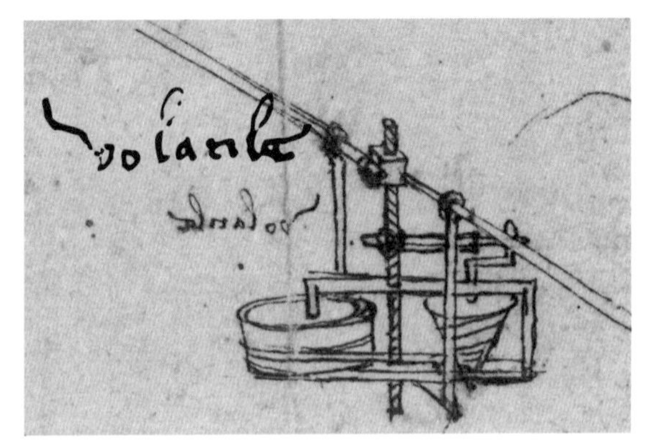

《大西洋古抄本》，第 1059 张左页

与第 1051 张左页类似的“发动机”插图旁写有“鸟”字（意大利文原文是 volatile）。

《马德里手稿》，第 85 张右页

卷簧 - 锥轮结构细节

第一台航空发动机？

我们是否能将《大西洋古抄本》第1051张左页中展现的所谓自动机械，视为人类历史上第一台航空发动机呢？我们能清晰地辨识出，达·芬奇绘制了一台装有弹簧驱动机构的机械㊀。不过这并不是达·芬奇的原创设计，他的创新之处在于首次明确提出将这台机械运用到飞行器中。《大西洋古抄本》中包含“鸟”和“驱动”两词的内容可以证明我们的推断。这台复杂机械显然值得深入研究，我们不难发现，连接在其上部的四个翅膀既能上下扇动，也能改变（迎风）角度，如同《飞行手稿》第16张右页描述的那样，确保向下扇动时“积蓄”的“驱动力”不会在向上扇动时消耗掉。在这台机械中，一个锥轮安置在卷簧和连接翅膀的传动机构之间。这组驱动-传动机构能使卷簧稳定地“释放”能量，为飞行器提供源源不断的动力。基于上述分析，我们推断这台机械并非达·芬奇飞行器的唯一动力源，它可能更多扮演着弥补飞行员力量不足缺陷的辅助角色。

㊀ 埃德瓦多·扎农与伊曼努埃尔·德格利·安东尼（Emanuele Degli Antoni）一起对这台机械进行了研究。

机械？抑或“玩具”？

在《飞行手稿》中，达·芬奇深入研究了赤鸢，并试图以机械模仿其飞行姿态，打造出相应的载人飞行器。而《大西洋古抄本》第1051张左页中展现的机械（旁边为我们绘制的复原图），则表明了达·芬奇以机械方式模仿蜻蜓飞行姿态所做的尝试。不过，也许只有将这台机械等比例缩小后，其真实度才可能更高一些，因为它看起来更像是一种纯粹的实验工具，而非实用产品。尽管“达·芬奇为一架飞行器设计了发动机”这一推论足以令人欣喜若狂，但我们必须清醒地意识到其中存在的一些问题。例如，如何使作为“动力源”的卷簧“储备”足够多的能量（可以理解为如何给钟表上发条，译者注）？为获得足够大的驱动力，卷簧要多厚、多长才合适？如果真的造出了满足要求的卷簧，那么它的重量是否能与飞行器相匹配？让我们把达·芬奇设计的这架飞行器想象为一只巨大的机械蜻蜓，沉重的卷簧所释放出的“微弱”力量，真的能驱动着它展翅翱翔吗？显然是不可能的。达·芬奇设想中的包含翅膀在内的整套机械结构恐怕连“支撑自身重量”这个最基本的任务都难以完成。大象的腿非常粗壮，而小鸟的腿非常纤细，一只拥有大象般庞大身躯而腿却依旧纤细的小鸟可能站起来吗？这是很好解答的问题。当动物身体的体积增大时，其体重是呈几何级数增长的，而非线性增长的。例如，如果一只鸟的翼展是10厘米（0.1米），体重约100克，则其翅膀在翼展方向上每平方厘米要承载的重量是10克（这实际上指的是“翼载荷”这一现代航空学基础概念，代表飞机的重量与机翼的有效升力面积之比，它是决定飞机飞行性能的重要参数之一，译者注）。但如果这只鸟的翼展是100厘米（1米），则其重量并不是“简单”地增大到100克（10克 ×10），而是会增大到10000克（10千克）。此时其翅膀在翼展方向上每平方厘米要承载的重量就会增大到100克，即此前的10倍之多[一]。基于同样的原因，我们才推断达·芬奇设计的机械蜻蜓可能只是实验工具，它只有在机身尺寸足够小，甚至真的要像蜻蜓那么大时才可能飞起来。也只有这样，达·芬奇才可能用他所描述的那些轻薄的材料来打造这架仿生飞行器。而这也是我们能想象的，让这架机械蜻蜓展翅翱翔的唯一方式。

不过，即使我们断定这架飞行器只是用于实验的“玩具”，也不能否定其历史价值。

㊀ 参见汤姆森（D’arcy W Thompson），On growth and from，Cambridge University Express，1992。

复原飞行器的证据

所有指导我们复原达·芬奇飞行器的证据都罗列于此。

L'uomo ne' volatili ha stare libero da la cintura in su per potersi bilicare, come fa in barca, acciò che 'l centro della gravità di lui e dello strumento si possa bilicare e strasmutarsi, dove necessità il dimanda, alla mutazione del centro della sua resistenzia.

第 5 张右页，飞行员

有关飞行员的插图位于这一页的右上角。第一段文字解释了飞行员腰部以上肢体必须能自由活动的原因，只有这样，他才能使飞行器保持平衡。

... accò che possin sicura mente resistere al furore e inpeto del discenso, colli anti detti ripari, e le sue giunture di forte mascherecci, e li sua nervi di corde di seta cruda fortissima; e non si inpacci alcuno con ferramenti, perché presto si schiantano nelle lor torture, o si consumano, per la qual cosa non è da 'npacciarsi con loro.

第 7 张右页，（制造飞行器）所需的材料

达·芬奇给出了制造飞行器所需材料的建议：用非常坚韧的丝绸制作（传动）绳索。飞行器上不能有任何金属部件，否则就会产生结构损坏。

Come la magnitudine dell'alia non si adopra tutta nel priemer l'aria e che sia vero, vedi e traforamenti delle penne maestre essere molto di più larghi spazi che la propia lalghezza delle penne; addunque, tu, speculatore de' volatili, non mettere nella tua calculazione tutta la grandeza dell'alia, e nota diverse qualità d'alie in tutti li volatili.

第 8 张左页，翅膀面积

为制造飞行器而观察鸟类飞行的人都应注意以下事实：不能将鸟类翅膀的表面积等同于有效升力面积，因为鸟类翅膀并不是密不透风的，空气能穿透羽毛间的缝隙。

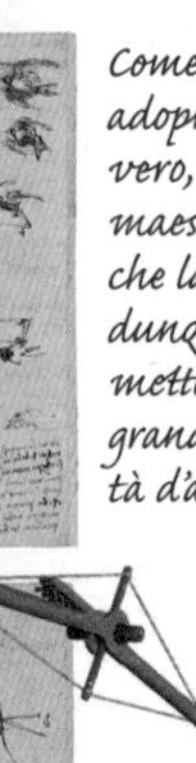

第 11 张左页，翅膀结构和驾驶舱

这页手稿中的插图遵循了一个非常有意思的顺序，从一个写实的鸟类翅膀（底部插图）过渡到一个机械翅膀（顶部插图）。从下向上数的第三幅插图中包含一条代表驾驶舱的曲线。

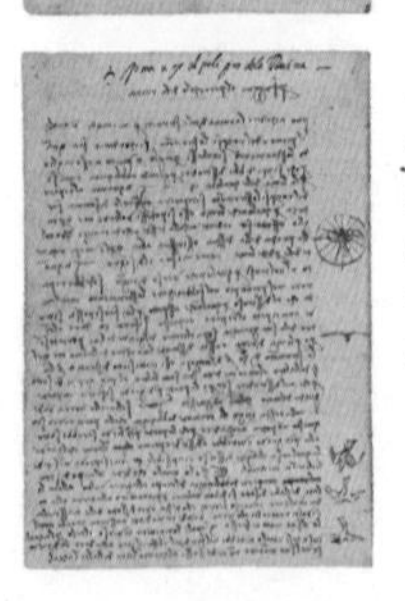

... nello strumento di 30 braccia di largheza, essi centri sieno distanti 4 braccia l'un (s) dall'altro, e l'un com'è detto, stia sotto l'altro, e 'l più grave di sotto,perché, nel discendere, senpre la parte più grave si faccia in parte guida del moto.

第 12 张左页，飞行器的机身尺寸和重心位置

达·芬奇给出了飞行器的机身尺寸和重心位置：翼展为 30 布拉恰，重心在距翅膀下部至少 4 布拉恰的部位。

第 15 张右页，蝙蝠和重心位置

飞行器（翅膀）应模仿蝙蝠翅膀的结构（制造），因为蝙蝠翅膀有一层空气无法穿透的翼膜。这一页的第三幅和第四幅插图可能是飞行器的正视图。

Ricordatisi come il tuo uccello non debbe imitare altro che 'l pipistrello, per causa ch'e paniculi fanno armadura, over collegazione alle armadure, cioè maestre delle alie. E se tu imitassi l'alie delli uccelli pennuti, esse son di più potente ossa e nervatura, per essere esse traforate; cioè che le lor penne son disunite e passate dall'aria. Ma il pipistrello è aiutato dal panniculo, che lega il tutto e non è traforato.

第 16 张右页，飞行安全问题

达·芬奇想用在飞行员体侧放置皮质水囊的方式来保护飞行员，避免其坠地时受伤。飞行员从 6 布拉恰的高度坠地时，就如同落在水中一样。

Baghe, dove l'omo, in 6 braccia d'alteza cadendo, non si faccia male, c dendo così in acqua come in terra; e cqueste baghe, legate a uso di pater nostri, s'avoglino altrui adosso.

第 16 张左页，机械翅膀结构

有关机械翅膀复杂结构的插图出现在这一页中。但这幅插图只展现了机械翅膀的内侧结构，即与驾驶舱相连的一部分，另一部分位于下一页。

第 17 张右页，机械翅膀结构

这一页的插图是上一页插图的延续，展现了机械翅膀与驾驶舱的一部分连接结构，以及一些细部结构。

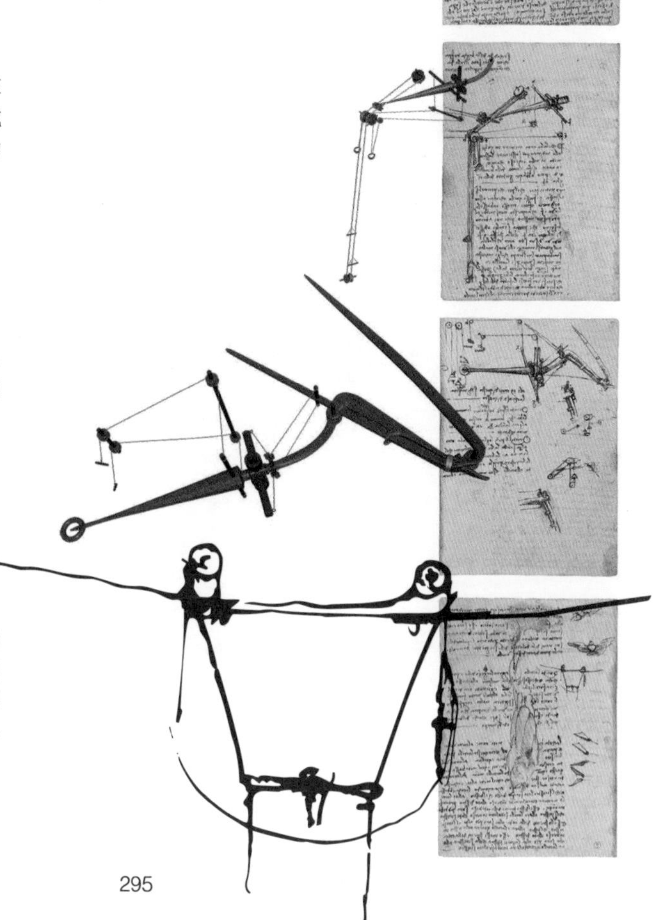

第 17 张左页，驾驶舱

有关飞行器设计的最为重要的一幅插图位于这一页，但很遗憾，这幅插图没有任何文字注释。这是一幅飞行器的正视图，驾驶舱与机械翅膀连在一起。

确认证据

这幅 3D 图展现了《飞行手稿》中的各类线索 / 证据与飞行器复原工作的关系。

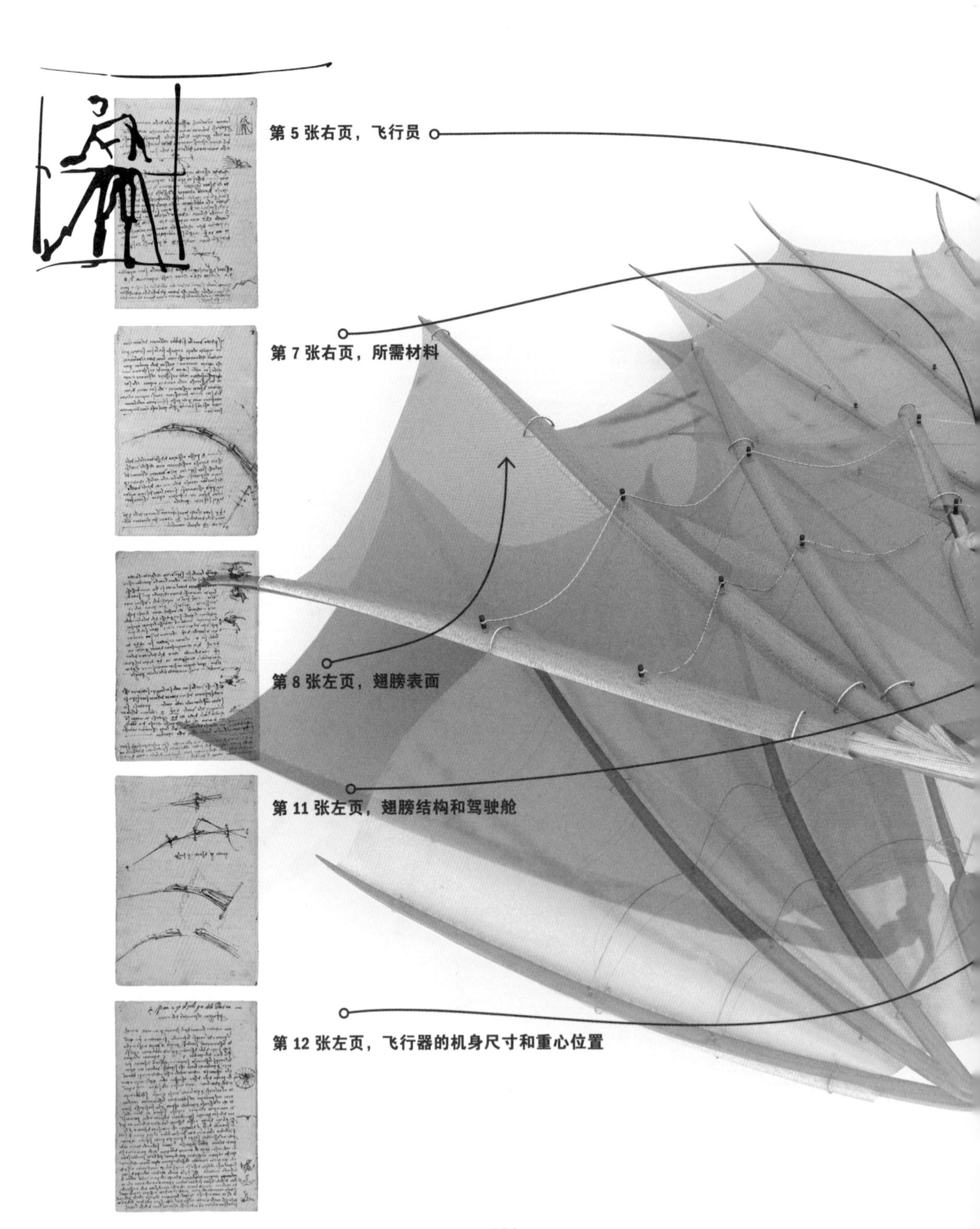

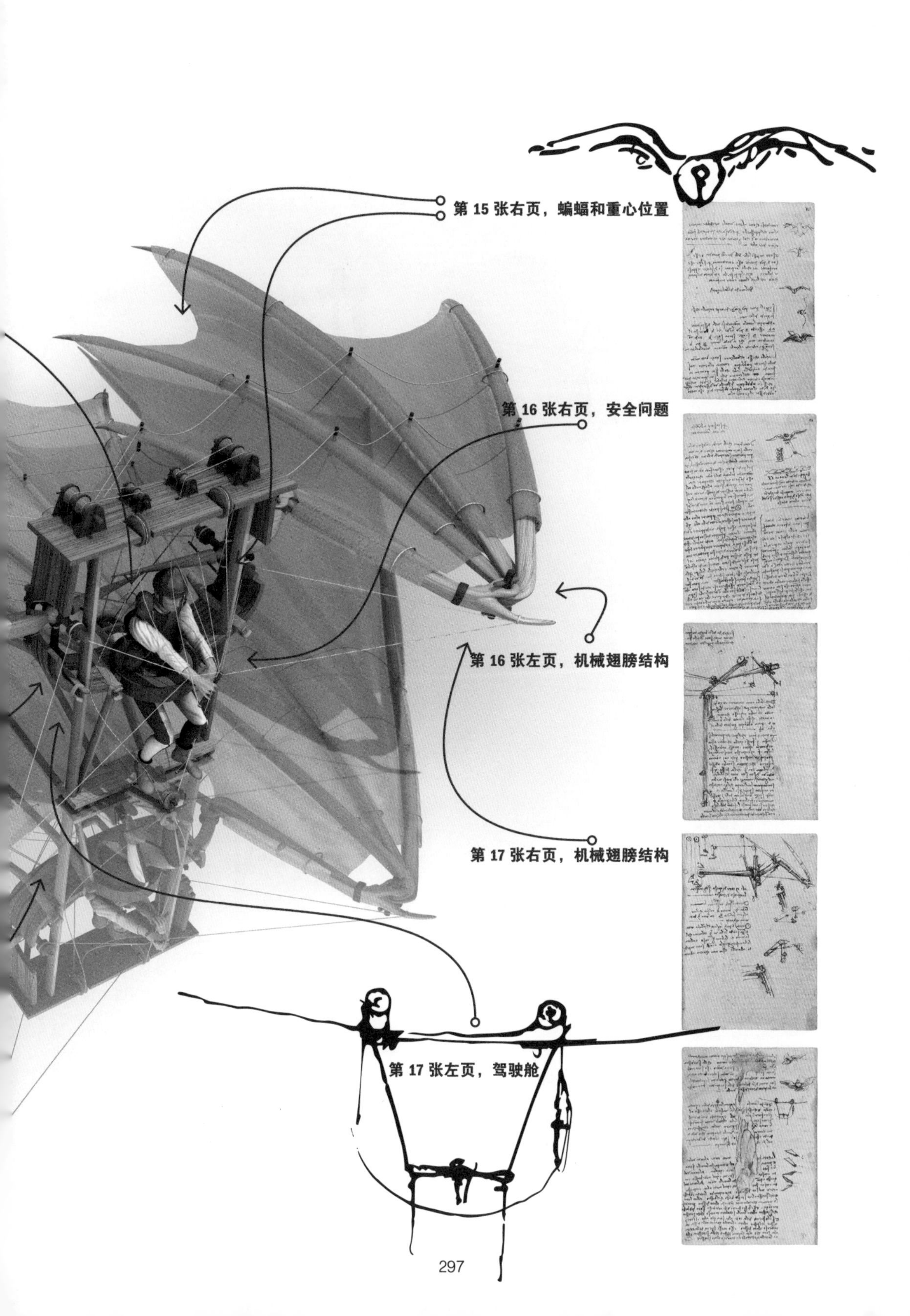
第 15 张右页，蝙蝠和重心位置
第 16 张右页，安全问题
第 16 张左页，机械翅膀结构
第 17 张右页，机械翅膀结构
第 17 张左页，驾驶舱

飞行器的复原步骤

飞行器的复原工作遵循了一条严格的时间线。当然，这其中的每个步骤都源自《飞行手稿》第 17 张左页中的小插图。

证据 1：驾驶舱

《飞行手稿》第 17 张左页的小插图是飞行器复原工作的起点。这幅飞行器正视图只展现了驾驶舱的一部分。我们虽然无法看到驾驶舱的后部，但能清晰地看到驾驶舱顶部平台上有一对滑轮，以及位于画面右侧的驾驶舱与翅膀的连接结构。

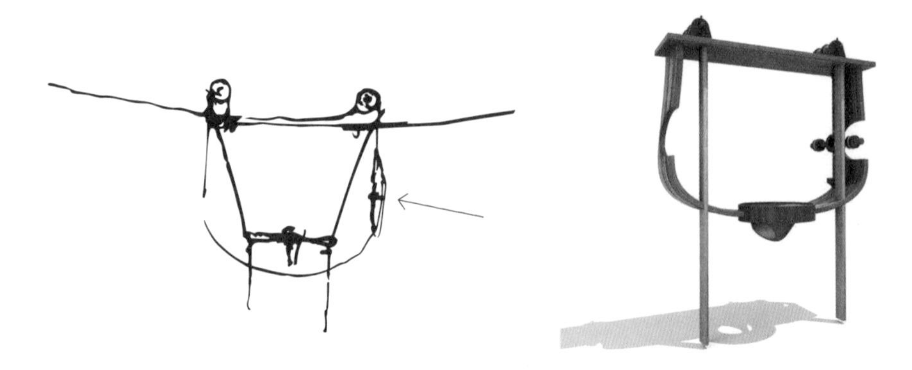

证据 2：驾驶舱和飞行员

《飞行手稿》第 5 张右页的插图展现了第 17 张右页插图中“缺失”的部分。我们能看到驾驶舱下部有一些明显的以斜交线条表示的加强结构，它们撑起了飞行员乘坐的小椅子。

证据 3：机械翅膀的结构

《飞行手稿》第 16 张左页和第 17 张右页的插图清晰地展现了飞行器机械翅膀的结构。球状关节结构（第 17 张右页）能使机械翅膀上下扇动，或以任意角度转动，并能以前缘迎风。在第 17 张左页的插图中，达·芬奇描绘了机械翅膀与驾驶舱的连接方式。

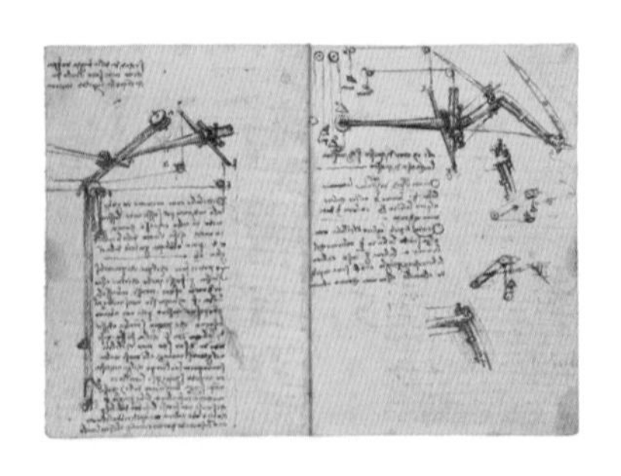

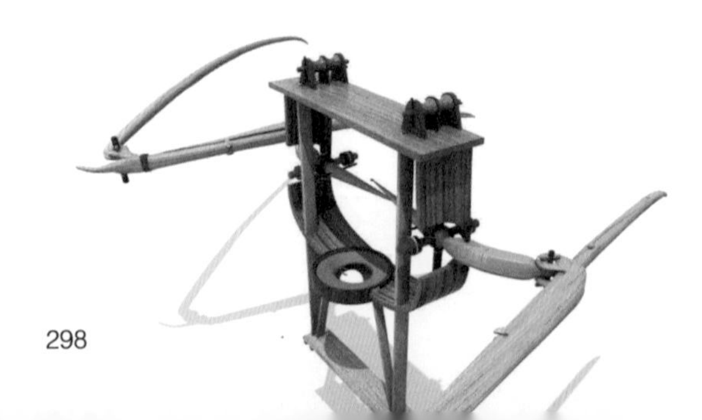

证据 4：翅膀的控制

《飞行手稿》第 17 张右页的插图展现了机械翅膀的末端结构。达·芬奇在前一页（第 16 张左页）绘制了操纵机械翅膀的机构。圆锥状臂是连接飞行器操纵机构与执行机构的关键所在。将这些机构组装起来后，可以在其顶部的平台装设滑轮组和相应的操纵（传动）绳索。达·芬奇在第 16 张左页和第 17 张右页的插图中，画出了位于这一机构四个关键部位的脚蹬和手柄。

证据 5：飞行器的机身尺寸和重心位置

《飞行手稿》第 16 张左页和第 17 张右页中展现的（飞行器）结构尺寸并不准确。在这些插图中，达·芬奇并没有留意不同部件尺寸的比例关系。而在第 12 张左页，他提到了飞行器的重心位置和翼展（30 布拉恰）。

证据 6：帆布和尾部

为使整体结构保持完整，应使用帆布覆盖翅膀表面，并以位于（翅膀）中间位置的“指骨”来支撑（帆布）。达·芬奇建议模仿蝙蝠的翅膀结构（来制造飞行器翅膀）。在第 17 张左页中展现的尾部设计也应纳入飞行器整体结构中。

其他证据

飞行器的某些结构要素，例如关节、转轴、支撑结构和绳索的位置，都要根据达·芬奇在《飞行手稿》中提到的制造建议进行优化（详见《飞行手稿》第 7 张右页、第 8 张左页、第 11 张左页、第 12 张左页、第 15 张右页、第 16 张右页、第 16 张左页、第 17 张右页和第 17 张左页）。

达·芬奇绘制的插图

这幅 3D 图中，彩色部分代表达·芬奇在《飞行手稿》中明确提到的飞行器部件，灰色部分代表为真正复原飞行器而必须“增加”的部件：一些滑轮、帆布，以及机械翅膀和尾部的内部结构。正如前文所述，达·芬奇没有画出这架飞行器的尾部结构，只画出了写实的赤鸢尾巴，但他对鸟类翅膀和尾巴作用的相关描述，证明了他实际上已经意识到尾部对飞行器而言是不可或缺的结构。同样，达·芬奇也没有画出飞行器翅膀上的帆布蒙皮，但这个部件显然也是不可替代的，因为达·芬奇认为飞行器的翅膀应具有同蝙蝠翅膀般的翼膜。在 B 手稿中，他进一步指出，作为蒙皮使用的帆布应采用浆洗过的塔夫绸（B 手稿第 74 张右页）或亚麻材料（第 83 张左页）制造。

额外的部件

这幅图中展示的是达·芬奇在《飞行手稿》中没有画出，但以文字描述过的部件（图中红色部分）。尽管达·芬奇在《飞行手稿》中从未画出这架飞行器的全貌，但我们在梳理过手稿中的文字和插图线索后，仍然能尽可能忠实地还原它的本真样貌。

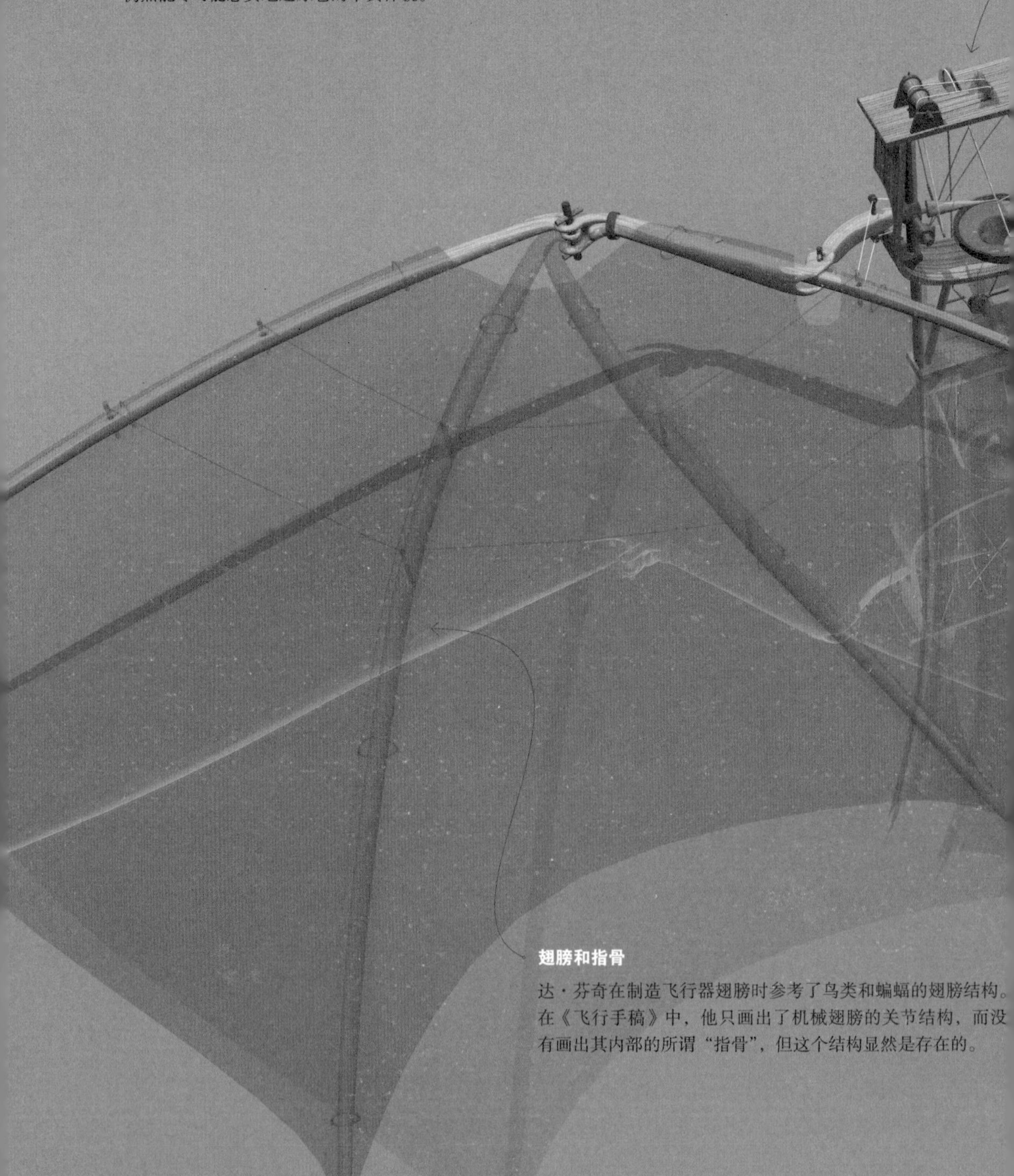

翅膀和指骨

达·芬奇在制造飞行器翅膀时参考了鸟类和蝙蝠的翅膀结构。在《飞行手稿》中，他只画出了机械翅膀的关节结构，而没有画出其内部的所谓“指骨”，但这个结构显然是存在的。

帆布蒙皮

达·芬奇飞行器的翅膀应使用浆洗过的塔夫绸（一种丝绸）覆盖，就像覆盖蝙蝠翅膀的翼膜一样。

尾巴

达·芬奇非常清楚尾巴对鸟类飞行的重要性，对飞行器也如是，没有合理尾部结构的飞行器是无法操纵的。毫无疑问，基于达·芬奇对赤鸢尾巴作用的正确描述，他的飞行器必然具有相应的结构。

飞行器的机身尺寸

在《飞行手稿》第 12 张左页，达・芬奇提到了飞行器的机身尺寸：翼展至少 30 布拉恰（约 18 米，59 英尺）。同时，他还提到飞行器的重心应位于翅膀的安装线以下。基于这些参数，我们推算出这架飞行器的机翼面积（即前文的翅膀表面积）是 110 平方米（361 平方英尺）。这比现代悬挂式滑翔机的机翼面积大多了。此外，我们还能推算出这架飞行器的翼载荷，即机体重量与机翼（有效升力）面积之比。当然，这需要适当的近似计算和推测。整架飞行器的重量，考虑到大量木质部件的运用，大概是 250 千克（551

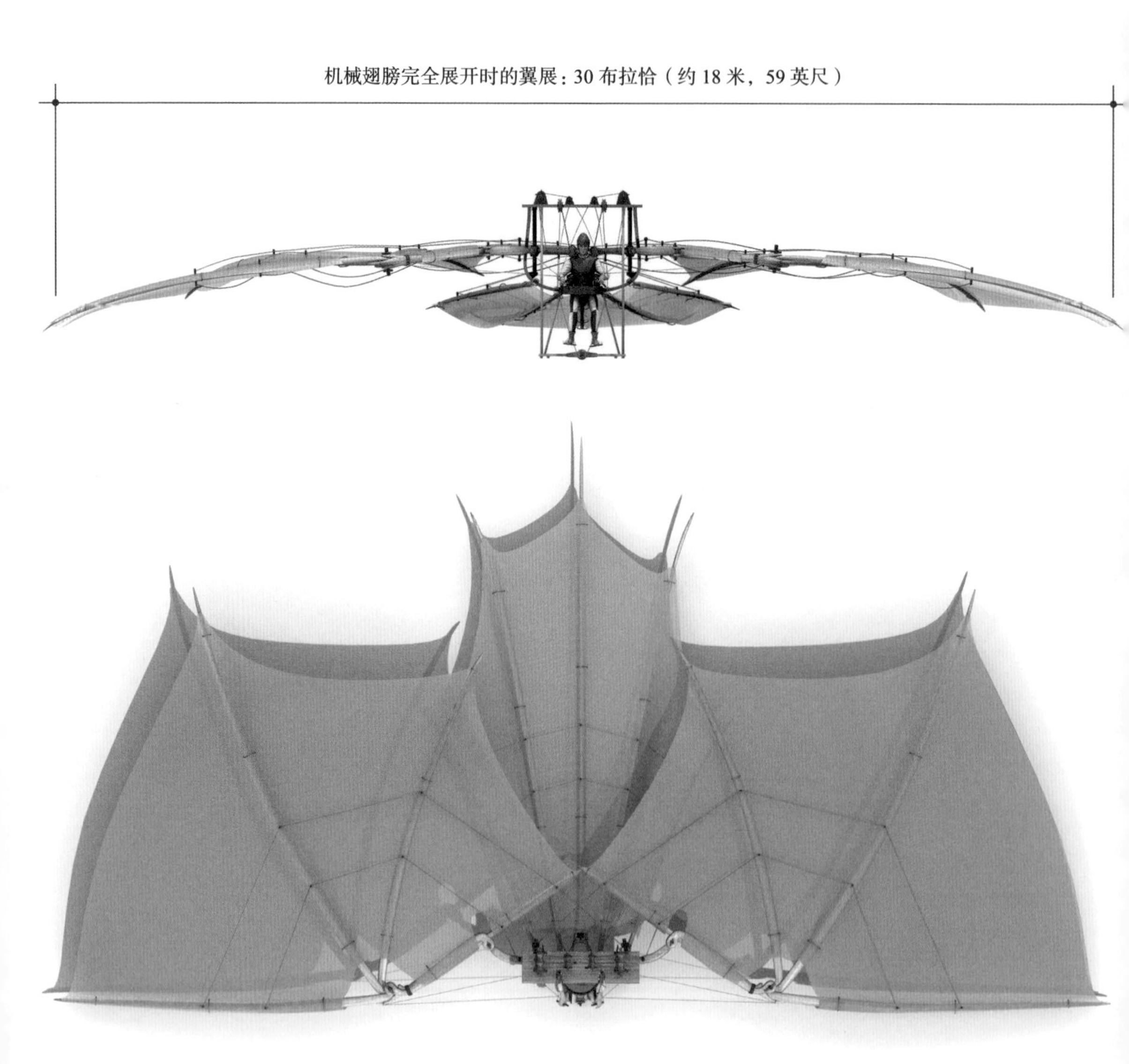

磅）。加上飞行员的体重 60 千克（取平均水平），飞行器的起飞重量就是约 320 千克（705 磅，如果按空重 250 千克，飞行员体重 60 千克计算，起飞重量应为 310 千克，但原文数据如此，为保证后续计算数据合理，未做更正，译者注）。综上，可得飞行器的翼载荷是大约 3 千克 / 平方米（即 320 千克除以 110 平方米）。我们由此发现了一个有趣的问题，现代悬挂式滑翔机（最接近达・芬奇设计理念的飞行器）的翼载荷普遍在 4~8 千克 / 平方米之间，高于达・芬奇飞行器的翼载荷。而一架活塞式发动机驱动的塞斯纳轻型飞机的翼载荷是 50~80 千克 / 平方米。从这个角度看，达・芬奇的“巨鸢”显然是非常高效的飞行器（翼载荷越小，升力越大，飞行器越容易起飞，译者注）。

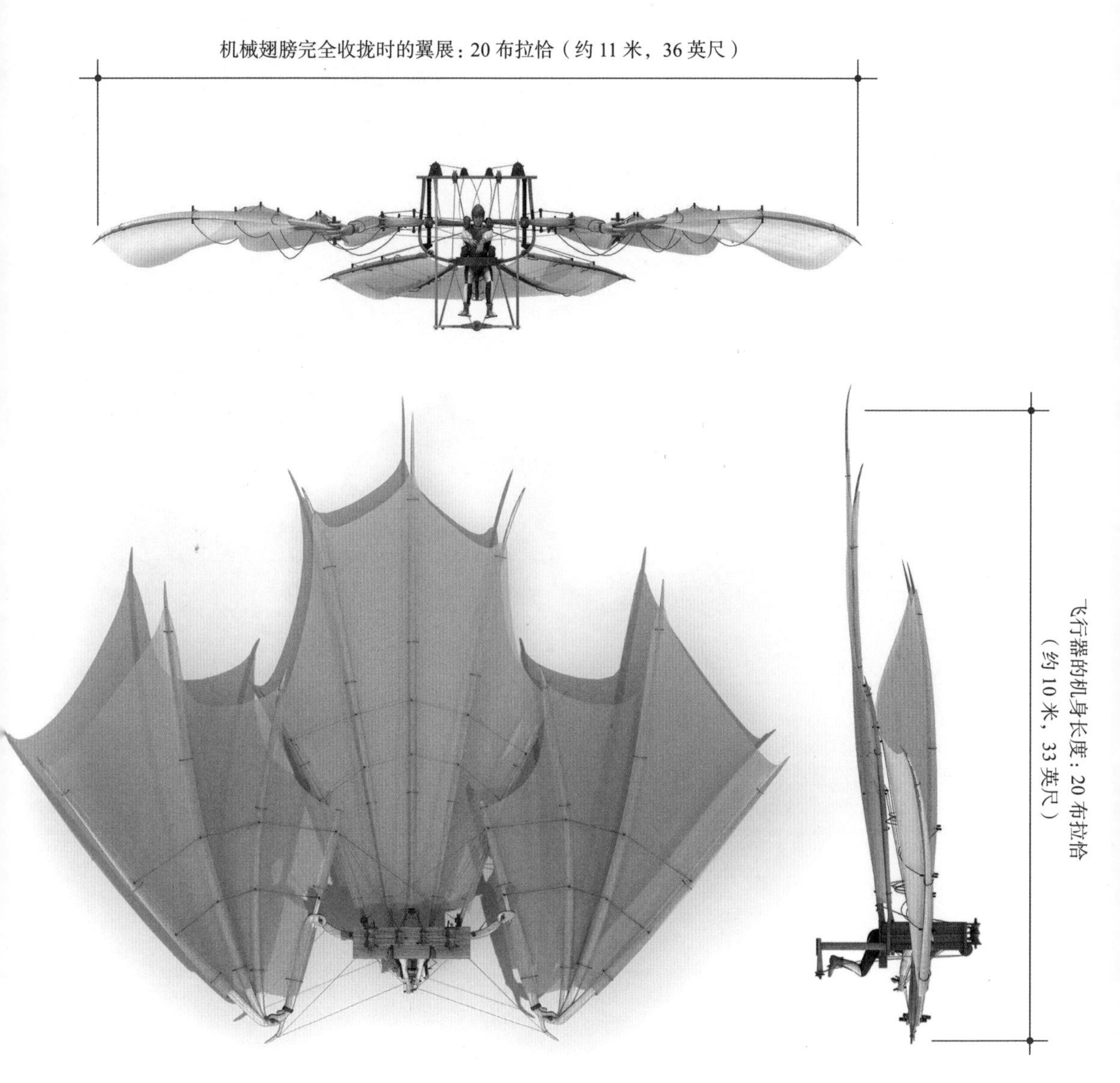

飞行器的构造

达·芬奇的飞行器由数百个零部件组成，我们在3D复原图中标出了主要零部件。

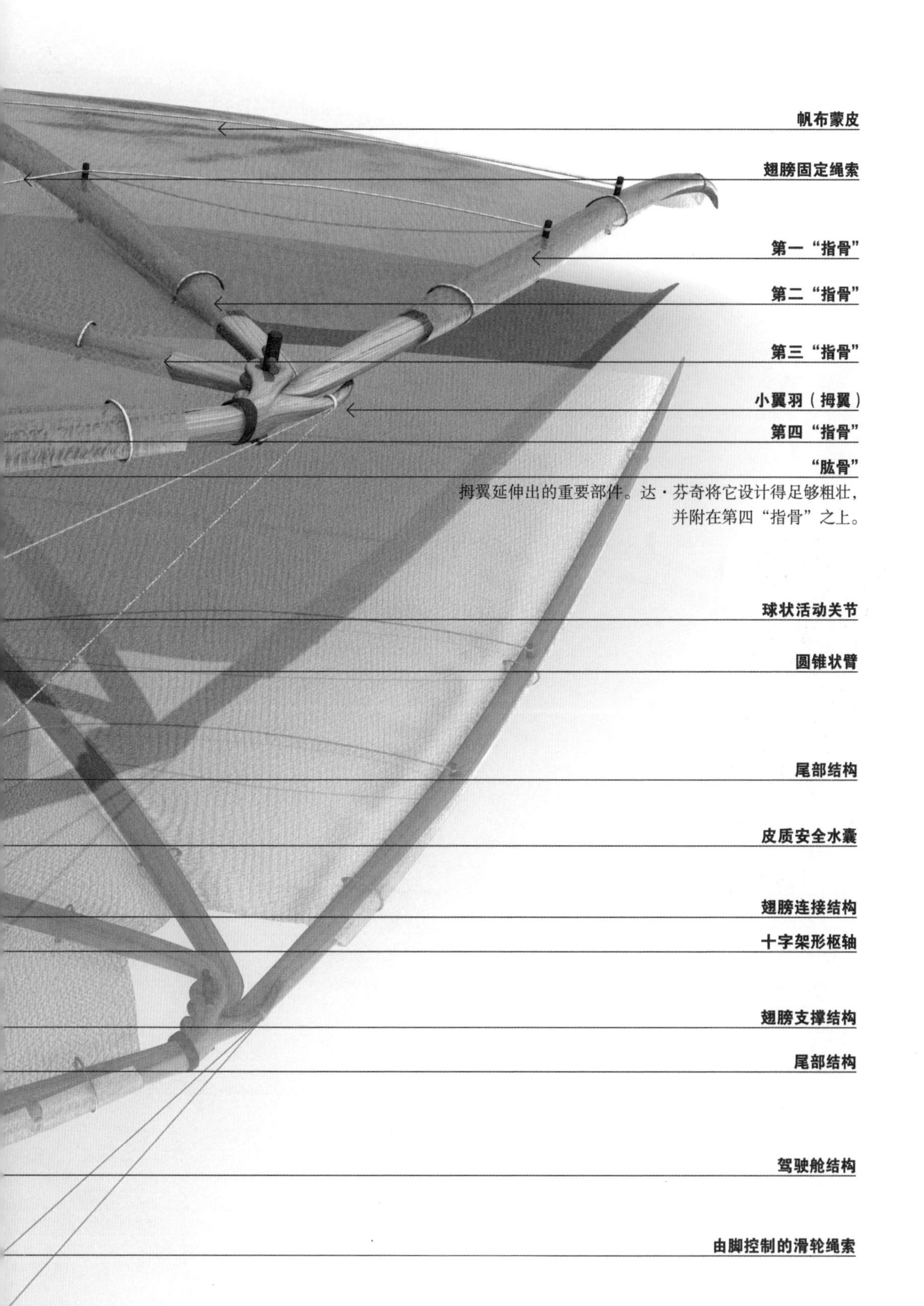

帆布蒙皮
翅膀固定绳索
第一“指骨”
第二“指骨”
第三“指骨”
小翼羽（拇翼）
第四“指骨”
“肱骨”
拇翼延伸出的重要部件。达·芬奇将它设计得足够粗壮，
并附在第四“指骨”之上。
球状活动关节
圆锥状臂
尾部结构
皮质安全水囊
翅膀连接结构
十字架形枢轴
翅膀支撑结构
尾部结构
驾驶舱结构
由脚控制的滑轮绳索

驾驶舱的组成部分

驾驶舱是飞行器的重要组成部分之一，所有操纵（传动）绳索都汇聚于此。

滑轮组安装平台

这个平台上安装了多个滑轮，连接到翅膀上的操纵（传动）绳索缠绕在滑轮上，使飞行员能以较小的力来改变翅膀的（迎风）角度。

驾驶舱底部

《飞行手稿》第 11 张左页的插图展现了这一结构，它用于保护飞行员及加固驾驶舱结构。

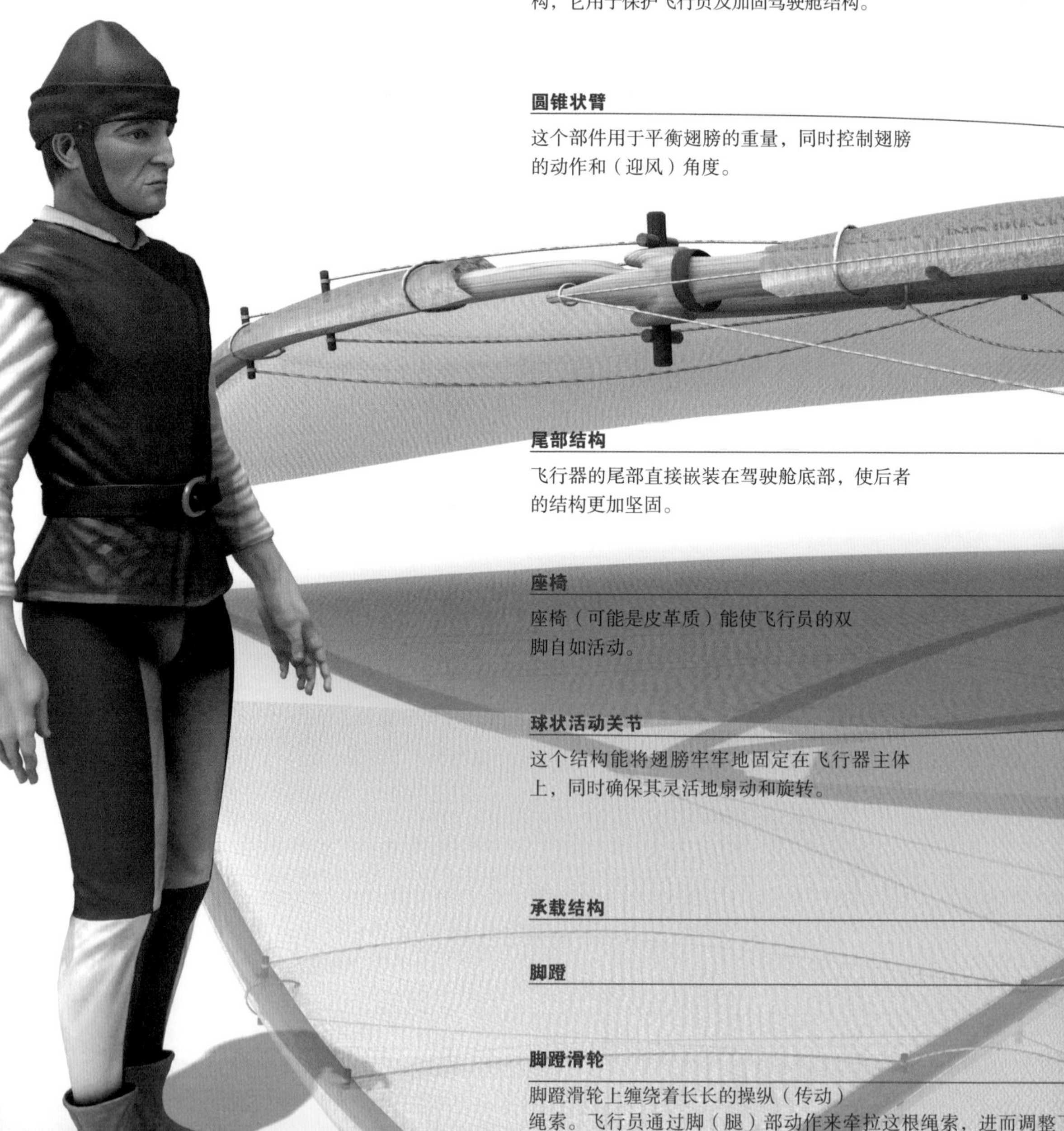

圆锥状臂

这个部件用于平衡翅膀的重量，同时控制翅膀的动作和（迎风）角度。

尾部结构

飞行器的尾部直接嵌装在驾驶舱底部，使后者的结构更加坚固。

座椅

座椅（可能是皮革质）能使飞行员的双脚自如活动。

球状活动关节

这个结构能将翅膀牢牢地固定在飞行器主体上，同时确保其灵活地扇动和旋转。

承载结构

脚蹬

脚蹬滑轮

脚蹬滑轮上缠绕着长长的操纵（传动）绳索。飞行员通过脚（腿）部动作来牵拉这根绳索，进而调整飞行器的航向。

收拢翅膀

飞行员将手臂前伸就能使飞行器的翅膀收拢。他可以根据需要选择同时收拢两侧翅膀，或只收拢一侧翅膀。例如在《飞行手稿》第 9 张左页，达·芬奇提到了鸟或飞行员的一个动作：收拢一侧翅膀，避免失控翻滚。

“但如果一侧翅膀受到风力作用，鸟就要调整飞行姿态，使身体处于风的上方或下方，且与风向成一定角度。在风的作用下，这种控制方法是有可能实现的。这时，风以不同的方式对翅膀的端部施加作用力，而翅膀动作的幅度与翅膀端部的大小是成正比的。”

翅膀的（迎风）角度

飞行员通过抬起或放下手臂来同时调整飞行器两侧翅膀的（迎风）角度，使飞行器实现爬升或俯冲动作。连接着飞行员身后圆锥状臂的两根操纵（传动）绳索，经过驾驶舱顶部平台上的四组滑轮，再连接到驾驶舱内的飞行员手柄上。此时，飞行器两侧翅膀的（角度变换）动作必须是协调一致的，飞行员不能只改变一侧翅膀的（迎风）角度。飞行员手臂处于中间位置时，飞行器翅膀保持水平姿态。

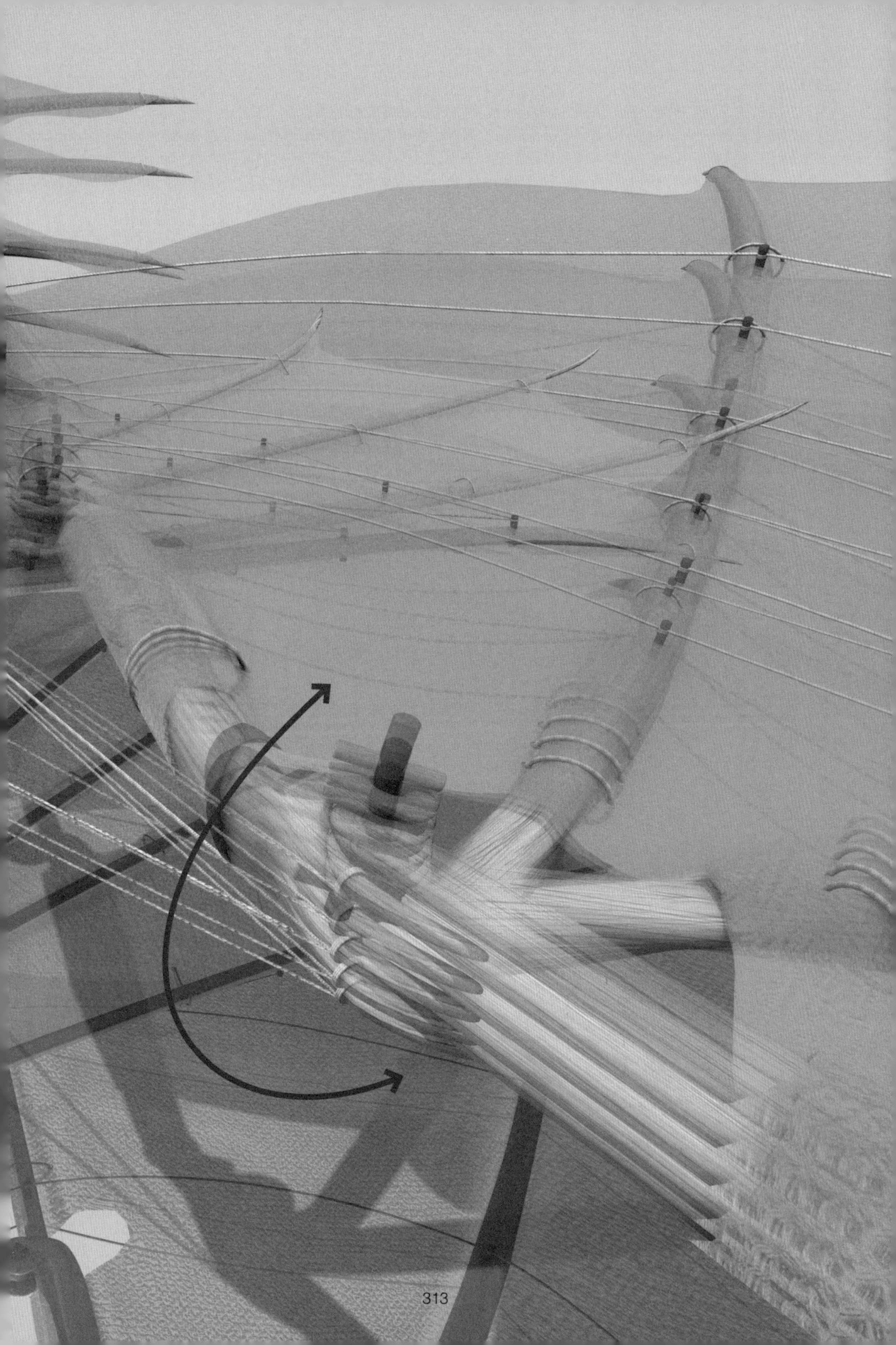

偏航（转向）

飞行员通过抬起或放下脚（腿）来分别调整飞行器两侧翅膀的动作，使飞行器实现转向动作。连接着飞行员身后滑轮的一根操纵（传动）绳索，经过驾驶舱顶部平台上的两个滑轮，再连接到驾驶舱内的飞行员脚蹬上。由于操纵（传动）绳索只有一根，飞行员踩下一侧脚蹬时，另一侧脚蹬必然抬起。例如，飞行员踩下右脚蹬时，飞行器右侧翅膀向下扇动，同时左侧翅膀向上扇动，使飞行器向右转。此时，飞行员的两脚（腿）必须同时动作。上述操纵方式间接证明了“飞行员需要坐着操纵飞行器”这一推论，尽管针对这一问题达·芬奇没给我们留下任何图画和文字实证。

飞行器尾部动作

飞行员通过躯干动作来调整飞行器的尾部动作。尽管达·芬奇在《飞行手稿》中没有明确描述飞行器的尾部动作，但基于他对赤鸢的尾巴动作描述，我们仍然能相对容易地推断出飞行器的尾部动作方式。连接飞行器尾部末端的操纵（传动）绳索很可能一直延伸到飞行员背部的操纵机构上。当飞行员做出躯干俯仰动作时，飞行器的尾部会翘起或下摆。当飞行员做出躯干扭转动作时，飞行器尾部会“卷曲”（详见《飞行手稿》第17张左页）。

达 · 芬奇飞行器的“涅槃重生”

在我们看来，复原“巨鸢”是一项意义非凡的工作。达 · 芬奇从未正式对外展示过这架飞行器，因此有关它的“秘密”直到五个世纪后的 2009 年 5 月 4 日才公之于众——Leonardo3 公司的展览为世人首次揭开了“巨鸢”的神秘面纱。

复原“巨鸢”时的一些细节

我们等比例复原了“巨鸢”的驾驶舱，其中有一些有趣的细节。达·芬奇强调飞行器中不包含任何金属部件，因此就要用麻绳将不同部件捆绑连接在一起。本页下部的照片展示了“巨鸢”驾驶舱中的飞行员手柄。

等比例驾驶舱

2009 年 4 月，我们按照达·芬奇在《飞行手稿》中记录的参数，成功等比例复原了“巨鸢”的驾驶舱。

复原模型

2009 年 4 月，这架 1 ： 5 比例的“巨鸢”模型诞生于 Leonardo3 公司的工作室。

BIO REALE

模型展示

2009年5—7月，在利沃诺地中海自然历史博物馆（the Natural History Museum of the Mediterranean）举办的“达·芬奇与飞行”展览（Leonardo and Flight）中，这架缩比模型首次向公众亮相。

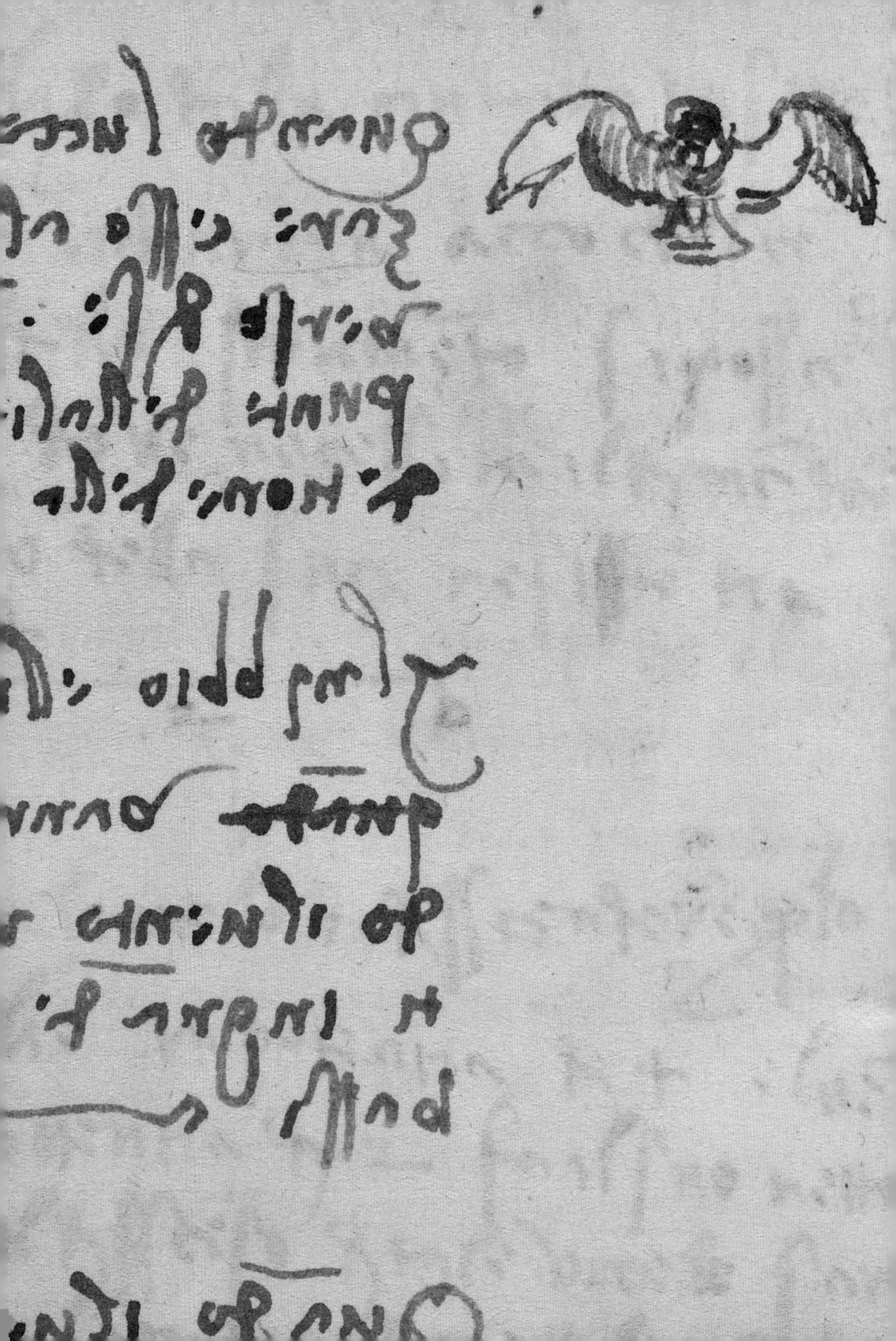

第7章
赤鸢与鸟类飞行研究

达·芬奇对鸟类飞行的研究影响深远。正如我们所看到的，他在《飞行手稿》中记录了大量观察结果，并对此进行了详尽分析，从最复杂到最普遍的情况，几乎面面俱到。例如他在《飞行手稿》第14张右页写下的：

Io concludo che lo alzare delli uccielli, sanza battimento d'alie, non nasca da altro che mediante il lor moto circulare in fra 'l moto del vento.

"接下来我们得出一个结论：如果鸟飞行时不扇动翅膀却越飞越高，那么它一定是利用了气流，沿着环形（螺旋形）路径上升。"

达·芬奇不仅是一名敏锐的观察者，还是一名善于归纳分析的记录者。需要强调的是，达·芬奇开展的观察工作，绝不仅仅是"观鸟"那么简单，他必须理解鸟类飞行时每一个动作的作用，并对这些动作的前因后果进行解读。更重要的是，与今天的研究者相比，达·芬奇所能利用的设备工具可谓匮乏至极，他没有照相机、摄像机和望远镜，只能靠自己的双眼和天赋，靠纸、笔和超越常人的耐心。我们能笃定的是，达·芬奇一定非常享受这种沉浸于自然研究中的时光。我们能想象的是，当夜幕降临，鸟儿们相依而眠时，达·芬奇正伏在书案上，借着微弱的烛光，画下白天刚刚观察到的一朵野花，或为自己心爱的"巨鸢"勾勒新的"身躯"。

赤鸢（鸢属，拉丁文名为Milvus milvus，命名于1758年）是一种大型猛禽，翼展可达140~150厘米（55~59英寸）。其体型比黑鸢大一些，这两种鸟很容易被混淆。两者最显著的区别在于赤鸢的尾巴更长且分叉，羽毛呈鲜红色。赤鸢的飞行方式是非常典型的，其翅膀自然向下弯曲一定角度，尾巴的活动自由度很大。

赤鸢分布在整个欧洲、近东、远东和北非地区，以及北大西洋东部的一些岛屿上。在意大利，它主要分布在南部地区（包括拉齐奥、坎帕尼亚、莫利塞、普利亚、巴西利卡塔和卡拉布里亚）和大型岛屿上（西西里岛和撒丁岛）㊀。赤鸢栖息于多种环境类型，包括开阔的乡间和林地。它的食物多样化，包括小型活体动物、动物尸体，甚至人类垃圾，这就是它能在人类城市中安居的原因。不幸的是，如今亚平宁半岛的赤鸢种群数量正在逐渐减少。在托斯卡纳地区已经没有赤鸢的筑巢证据了。赤鸢种群数量减少的原因包括繁殖地的偷猎、巢穴被毁坏，以及人类活动的干扰。《飞行手稿》第5张左页中，达·芬奇在没指明物种名的情况下描绘了一只鸢：

Il nibbio e li altri uccelli, che battan poco le alie, (quando) vanno cercando il corso del

㊀ 整个欧洲的赤鸢种群数量是17000~35000对（1994年数据）。意大利的赤鸢种群数量是315~400对（2001年数据）。

vento, e cquando il vento regnia in alto, allora essi fieno veduti in grande altura, e se regnia basso, essi stanno bassi

“与鸢相似的鸟类飞行时并不怎么扇动翅膀，它们善于利用风。有强风时，你总能看到这些鸟飞得很高，而风很弱时，它们就飞得很低。”

这段文字中，达·芬奇描述的既可能是赤鸢也可能是黑鸢。而鉴于这只鸢飞行时又慢又稳，我们推测更可能是赤鸢。黑鸢（拉丁文名为 Milvis migrans，命名于1783年）的羽毛呈暗淡的褐色，而羽端是黑色的。它的尾巴不像赤鸢那样分叉，且在飞行中可用作“舵”（从这点看，达·芬奇在《飞行手稿》第4张左页中的描述对象更像赤鸢）。相比赤鸢，黑鸢飞行时更灵活，且滑翔时翅膀保持平直状态。黑鸢的栖息地主要分布在欧洲和非洲。其种群数量在意大利比赤鸢多，主要分布在波河河谷、阿尔卑斯山山脚、坎帕尼亚、巴西利卡塔、普利亚和卡拉布里亚的山区、托斯卡纳和拉齐奥的沿海地区，此外还有一些大河流域，包括拉齐奥和翁布里亚地区。目前，黑鸢的种群数量也在减少，这主要源于它的腐食性，临近人类活动区的动物尸体很容易被有毒化学制剂污染。然而，在西欧和地中海地区广泛分布的垃圾填埋场对黑鸢而言却是难得的“福音”。

达·芬奇在《飞行手稿》中描述的第二种鸟出现在第17张左页：

Quando l'uccello à gran largheza d'alie e poca coda, e che esso si voglia inalzare, allora esso alzerà forte le alie, e, girando, riceverà il vento sotto l'alie; il quale vento, faccendoseli conio, lo spignerà in alto con presteza, come il cortone, uccello di rapina ch'io vidi andando a Fiesole, sopra il loco del Barbiga, nel '5 adì 14 di março.

“一只翼展很大、尾巴很短的鸟要想起飞，就要用力抬起翅膀，并将翅膀转过一个角度，使风作用于翅膀之下。这时风就会像楔子一样迅速将它“托举”起来，希腊山鹑就是这样起飞的。1505年3月14日，在去菲耶索莱的路上，我在巴比加庄园（Barbiga Estate）看到一只（正在这样起飞的）希腊山鹑。”

达·芬奇很难将希腊山鹑（cortone）作为研究对象。他提到这种鸟的原因可能只是恰巧看到了它的起飞过程。按照现代物种命名规则，这种鸟的正式名称应该是欧石鸡（拉丁文名为 Alectoris graeca，命名于1804年）。这种鸡形目鸟类与鸢有很大差异。相比鸢，其身体尺寸更小，身长约35厘米（14英尺），翼展50~55厘米（20~22英尺）。16世纪时，欧石鸡还分布在莱茵河两岸，而如今，其栖息地范围已经缩小到阿尔卑斯山、意大利、土耳其、希腊和小亚细亚一带。这种鸟很灵巧，机智且好斗的性格令人印象深刻。此外，它移动迅速，善于攀爬，飞行姿态很优雅。在达·芬奇的时代，欧石鸡就因肉质鲜美而遭到大量捕杀。还有证据表明彼时的欧洲人会专

门用欧石鸡来举办斗鸡比赛。达·芬奇在设计飞行器时，不太可能以行动敏捷、性情焦躁的欧石鸡作为参考对象。行动略显迟缓但性情稳重内敛的赤鸢显然更适合作为飞行研究对象。

在《飞行手稿》中，达·芬奇还认真研究了蝙蝠[㊀]。他没有分析蝙蝠的飞行动作和姿态，原因很简单，在没有现代影像记录设备辅助的情况下，我们仅凭肉眼甚至连蝙蝠的飞行动作都很难看清。但可以肯定的是，达·芬奇一定用蝙蝠尸体做过精确的解剖学研究。事实上，蝙蝠在很多手稿中都是达·芬奇的灵感源泉，例如《大西洋古抄本》、E手稿和《阿什伯纳姆手稿》。在《飞行手稿》第15张右页中，他写道：

Ricordatisi come il tuo uccello non debbe imitare altro che 'l pipistrello.

"记住，你的'鸟'应该模仿蝙蝠的飞行动作。"

蝙蝠扇动翅膀的频率非常高，而且只在夜晚飞行，因此几乎不可能靠肉眼观察来深入研究其飞行方式。显然，达·芬奇对蝙蝠的研究一定另有目的：借鉴它翅膀的质地和独特结构。达·芬奇发现，蝙蝠的翅膀主要由翼膜构成。从气动效率角度看，由翼膜构成的翅膀，要比由羽毛覆盖的翅膀效率高得多，因为后者是透风的。

但实际上，羽毛透风的特性对鸟类飞行是有利的，这绝非鸟类的生理缺陷。无论如何，为弥补飞行器的结构性缺陷和人类肌肉力量的不足，达·芬奇决定模仿蝙蝠翅膀的结构，给飞行器翅膀覆上一层"帆布膜"，在形制上与现代悬挂式滑翔机的机翼相似。这一仿生设计与人造机械的巧妙结合体，令我们不得不为达·芬奇泉涌般的创新思想所折服，同时为他在科学探索道路上一往无前的求知精神而肃然起敬。《飞行手稿》中的"巨鸢"与《大西洋古抄本》中的"机械蝙蝠"（第70张右页，它也许是达·芬奇设计的最高效的飞行器）在形制上其实都模仿了蝙蝠，这并非巧合。显然，《飞行手稿》的写作目的在于解决（飞行器）借助风力爬升的滑翔问题。在（编写《飞行手稿》）之前的一段时间（1487年前后），达·芬奇曾希望打造以扇动翅膀为主要飞行方式的飞行器，那时他模仿的主要对象是蜻蜓（《阿什伯纳姆手稿》第1卷，第10张左页）。在构思、设计飞行器的过程中，达·芬奇不知疲倦地调动着大脑的潜能，双眼和双手协作，创造了极高的工作效率。他凭一己

㊀ 蝙蝠是唯一一种能飞行的胎盘类哺乳动物，也是现存的除鸟类外唯一一种能飞行的脊椎动物。它的翅膀主要由一层薄膜构成，这层薄膜称为翼膜（英文原文是patagium，译者注）。蝙蝠的前肢骨和第二至第五指骨对翼膜起支撑作用。第二指骨之后，第三指骨、第四指骨和第五指骨在翼膜上依序展开。第一指骨，即所谓拇指（达·芬奇称为"大手指"，形似鸟类的小翼羽），可以自由活动。大部分蝙蝠是有爪子的。这样的身体结构使蝙蝠翅膀的弧面有明显变化，极大改善了它飞行时的身体空气动力学特性。

飞天第一人

奥托·李林塔尔与达·芬奇在航空研究领域达成的“穿越时空式”共识，恐怕再也无人能复制。他“心有灵犀”地遵循着达·芬奇的研究方式，开展了数千次滑翔飞行试验。

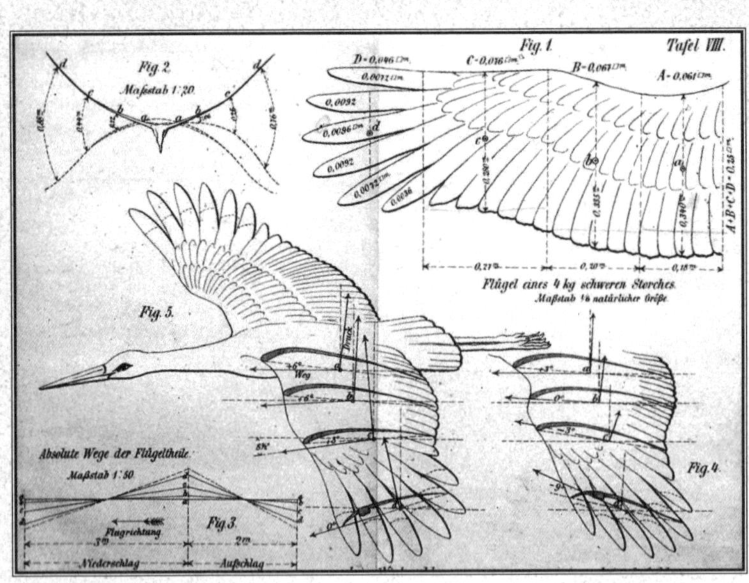

之力完成的工作，放在如今也许需要一个由多位不同领域专家组成的团队才能完成：一名专注观鸟[㊀]的摄影师、一名生物学家、一名绘图师和一名航空器设计师。别忘了，这还只是理论分析阶段。在制造飞行器的阶段（我们断定达·芬奇至少制造了一些飞行器模型），还需要一名工业设计师、一名航空工程技师和一名木匠。此外，如果想要将这些成果以大众能理解的方式发表，那么我们就还需要一名美工师，他要如达·芬奇一般细致耐心地为设计方案的文本排版。

本书第 334 页列出了两个改写鸟类飞行研究史的仪器。后者甚至与史上第一次载人飞行关系密切。飞天第一人，德国人奥托·李林塔尔（1848—1896 年），"心有灵犀"地遵循着达·芬奇的方式研究鸟类飞行，这并不是偶然。当然，李林塔尔的研究得益于一些达·芬奇无缘获得的新技术。但他与达·芬奇的思路几乎完全一致，最初也"天真"地认为人类能利用模仿鸟类飞行原理的机械实现飞天梦，因此制造了一些可扇动翅膀（机翼）的飞行器。好在李林塔尔最终同样意识到，对人类而言，滑翔也许才是唯一可行的飞天方式。在李林塔尔制造的所有飞行器中，最高效的一个要算双翼滑翔机。而在一些闻名于世的设计图稿中，李林塔尔特别强调了鹳的翅膀剖面，正如达·芬奇在《飞行手稿》（第 9 张左页）中对赤鸢的翅膀剖面所进行的分析。

两位发明家的另一个共同点在于，他们都拥有一种人类最为宝贵的精神——乐于分享。达·芬奇告诉那些打算自己制造飞行器的人，模仿蝙蝠生理结构制造的飞行器最为高效，同时要使用坚韧且安全的制造材料。如此诚挚的分享精神，融入了他每一卷手稿的字里行间。达·芬奇很清楚，要完成如此繁重而伟大的事业，不可能真的仅凭一己之力。传承了达·芬奇式分享精神的李林塔尔也曾写道：

Queste ricerche che abbracciano un periodo di 23 anni ora possono essere portate a coclusione sicura, e solo ora, dopo aver messo in ordine i risultati, si può fare un ragionamento più completo, come è essenziale per un'analisi dei fenomeni sul volo degli uccelli, e perciò una spiegazione, anche se non trattata a fondo, è di sicuro aiuto per iniziare È insito nell'attività della mente umana cercare di scoprire quali mezzi sostituiranno ciò che la natura ci ha negato.

"这项研究已经持续了 23 年，终于能得到令人满意的结果了。然而，只有在将一些研究成果按照一定顺序呈现出来后，我们才可能得到更完善的推理过程，这对鸟类飞行研究而言是不可或缺的。无论多么肤浅的释义，最初一定都有其存在价值。自然没有赋予我们飞行的能力，因此我们要努力寻求变通之法，而这一过程恰是人类最应珍视的遗产。"

㊀ 在英文中，bird watching 与 birding 是同义词，都代表"观鸟"。只是后者在美国使用更广泛。观鸟不仅指观察和研究鸟类行为，还包括聆听它们的叫声。

扑翼飞行器

这张照片摄于 1894 年 8 月 16 日。此时的李林塔尔已经有能力打造非常接近达・芬奇设想的飞行器了。

至此，我们不禁感叹，达・芬奇在编写《飞行手稿》时，难道不是抱着同样的目的吗？他难道不是想将自己的想法梳理成集，使自己的研究成果惠及后人，才做出如此努力的吗？在研究达·芬奇的航空成就与理论时，奥托・李林塔尔是一个非常关键的"参考样板"，因为他恰如一位现代版"达・芬奇"，如果达・芬奇能拥有他所拥有的一切，包括时间、资料和设备，那么也许人类的航空史就会是另一番面貌了。

这一章以多幅赤鸢飞行时的照片结束。我们想让读到此处的你，将这些照片与达・芬奇联系起来，请试着想象达・芬奇当年看到的景象，试着与他进行一次穿越时空的"交流"。

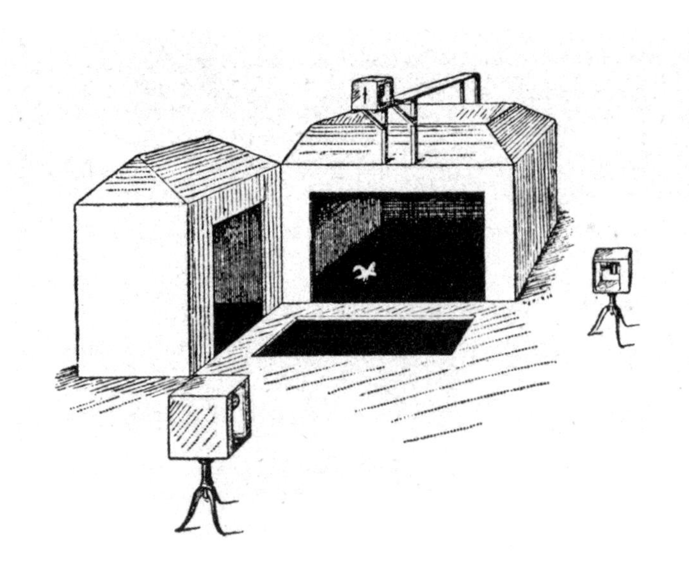

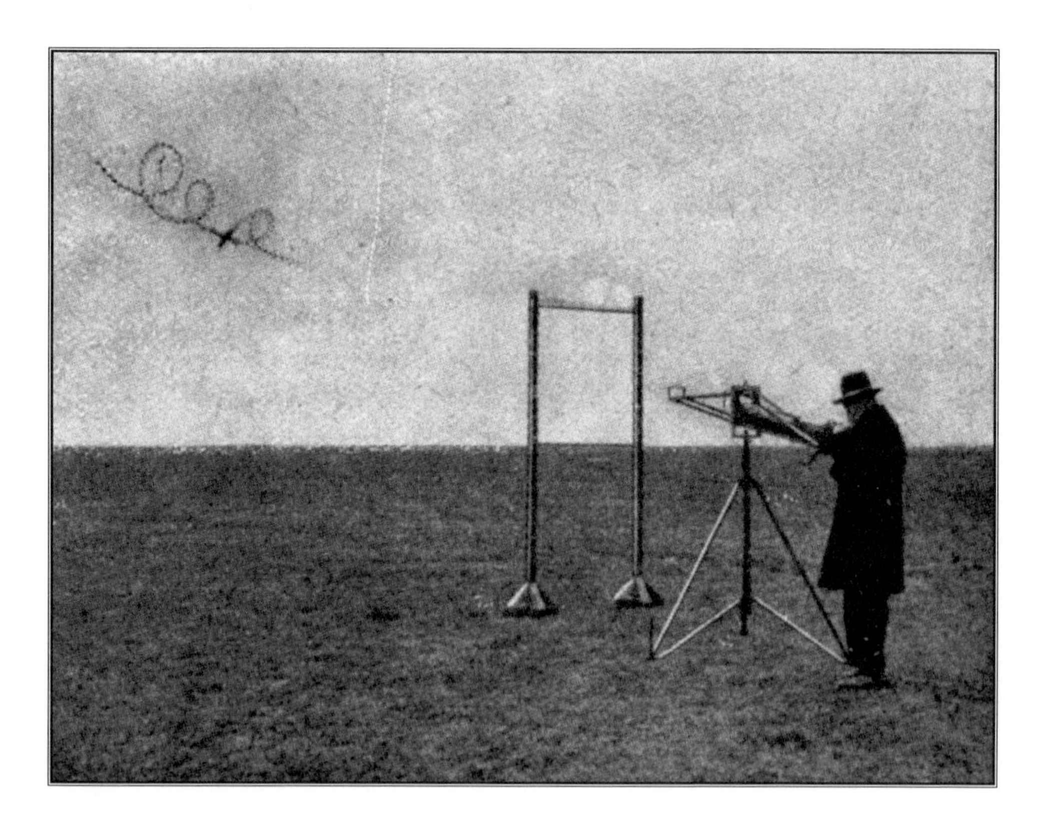

摄影枪

本页展示的摄影设备诞生于19世纪末期，全称为固定底片式连续摄影机，也称摄影枪，能“捕捉”到鸟飞行时的影像。其发明者是法国科学家艾蒂安·朱尔·马雷（Etienne Jules Marey，1830—1904年）。马雷还发明了一套复杂的摄影系统，利用两台正交放置的摄影机同时记录鸟飞行时的影像（左上图）。他的发明极大地促进了我们对鸟类飞行原理的研究，类似下一页中的展现鸟类飞行连续动作影像的图片很快便出现在大众出版物中。

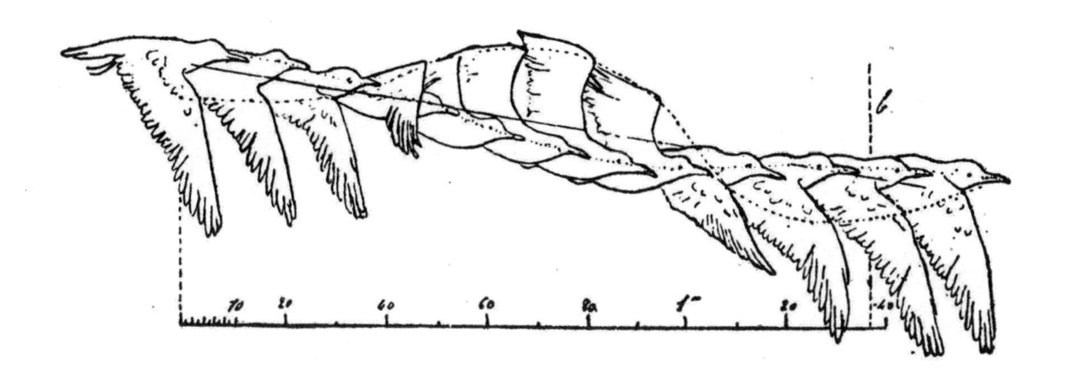

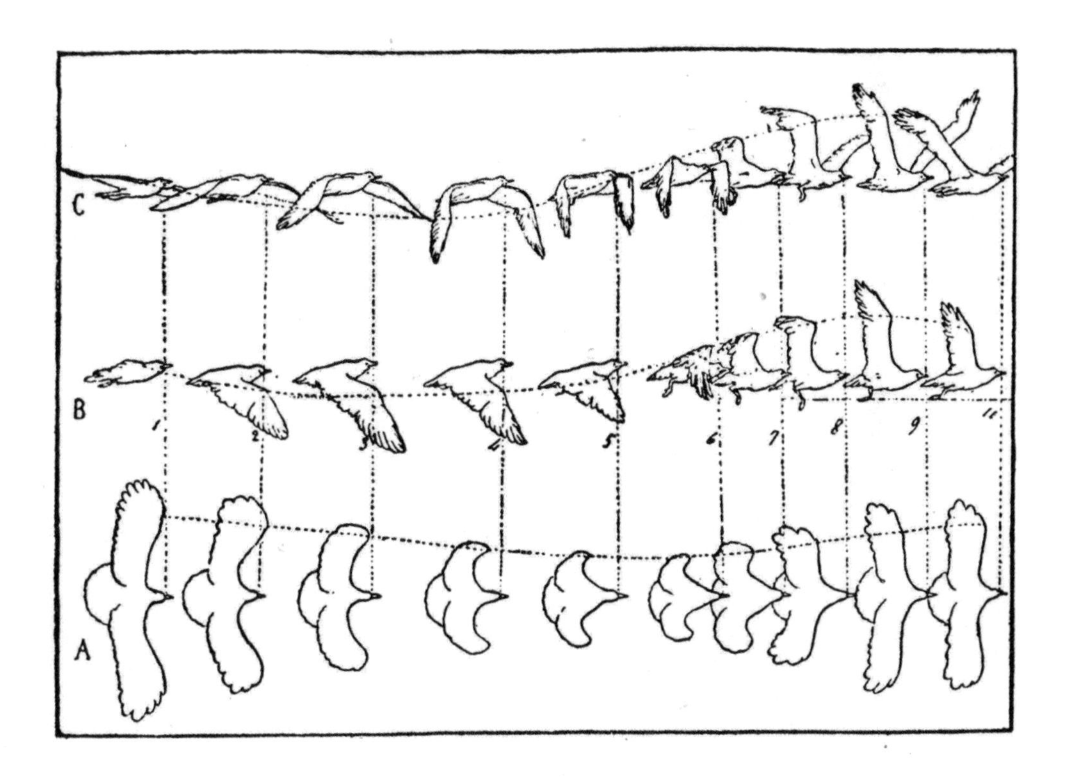
C
B
1
2
4
5
6
7
8
9
A

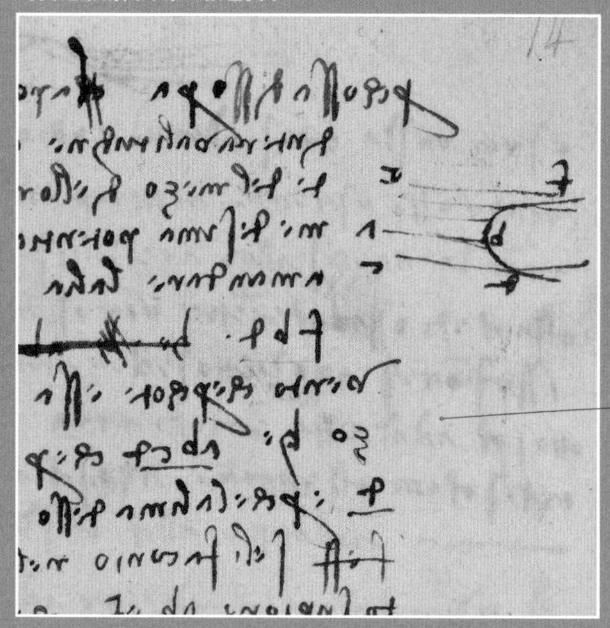

Percossa disopra, (ch) la potenzia del vento, che la percote disopra, non è d'intera calitudine, conciosia che 'l conio (di) del vento, che si divide del mezo di el l'omero ingiù, leva l'alia insù, quasi colla medesima potenzia che si sia quella che fa il vento superiore a mandare l'alia ingiù.

……风力不会作用在鸟翅膀上表面的所有部位。因为一部分风像楔子一样“钻”到翅膀下面。风在翅膀下表面分开，大概在肱骨边缘的中点附近，这样就产生了对翅膀的升力，它与鸟翅膀上表面所受的风的下压力几乎是相等的。

飞行中的爬升（第 12 张右页）

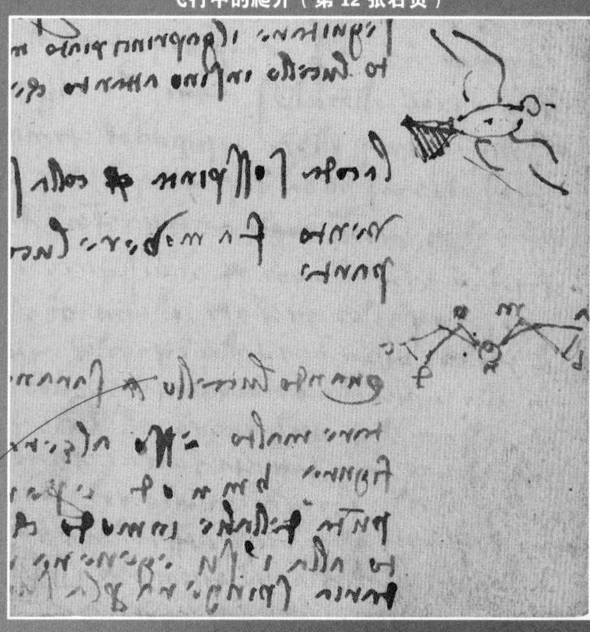

Quando l'uccello (a) sarà nella disposizione a n c, e vorrà montare in alto, esso alzerà li omeri m o, e troverassi nella figura b m n o d, e premerassi l'aria infralle coste e la punta dell'alie, in modo che la condenserà e daralle moto all'a isu, e genera inpeto nell'aria, il quale inpito d'aria spingerà, per la sua condensazione, l'uccello allo in su.

图中的鸟处于飞行姿态 ANC（此处以字母表示飞行姿态，译者注），想要爬升。它会抬起肱骨 MO。这种情况下，它的飞行姿态如示意图中的点 B、M、N、O、D 所示。这个飞行姿态会对鸟身体两侧和翼尖处的空气起推动作用，因此这些区域的空气被压缩并向上流动。这会使空气具有速度，由于空气处于被压缩的状态，这一速度会使鸟上升。

鸟类飞行中尾巴的运动（第 17 张左页）

La coda ha moti; (...) E se 'l destro stremo della coda bassa sarà più basso che 'l sinistro, allora l'ucello si volterà inverso il lato sinistro.

鸟的尾巴能做出许多不同的动作……而此时如果尾巴的右侧高于左侧（可理解为向左倾斜，译者注），鸟就会向左转。

鸟类飞行中的爬升（第 15 张左页）

E se lo uccello vole inalzarsi, allora il centro della gravità sua resta indirieto al centro della sua restenzia.

鸟要爬升时，其阻力中心的位置必须在重心之后。

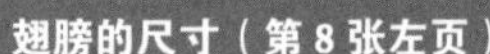

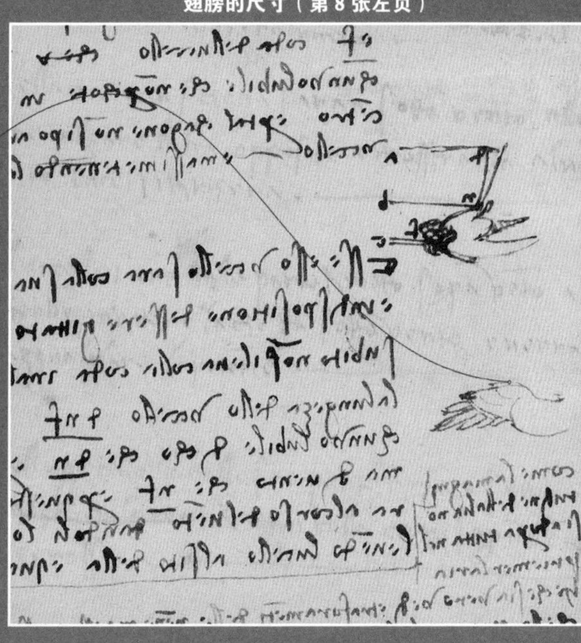

Come la magnitudine dell'alia non si adopra tutta nel priemer l'aria e che sia vero, vedi e traforamenti delle penne maestre essere molto di più larghi spazi che la propia lalghezza delle penne; addunque, tu, speculatore de' volatili, non mettere nella tua calculazione tutta la grandeza dell'alia, e nota diverse qualità d'alie in tutti li volatili.

鸟扇动翅膀时，整个翅膀并不是都用来压缩空气。为证明上述说法是正确的，看一看鸟的初级飞羽吧，这些初级飞羽的面积比其他羽毛大得多。因此你们（伟大的鸟类观测者）在计算时不要使用整个翅膀的面积！另外，不要忘记观察不同鸟类的不同翅膀类型。

鸟类的力量（第 16 张右页）

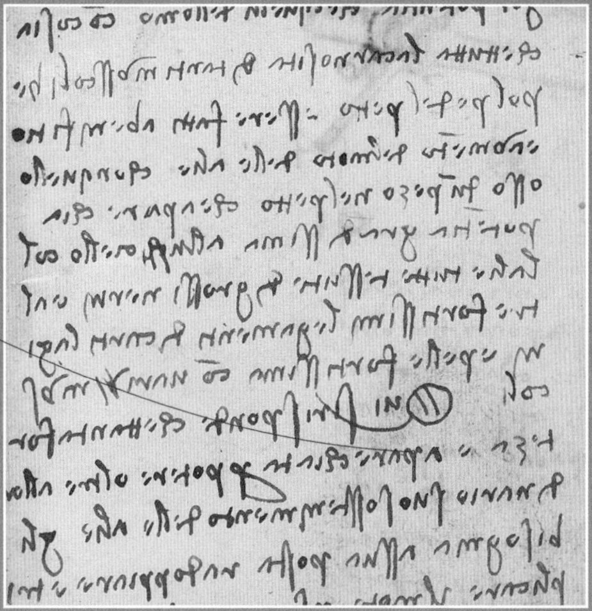

Se tu dirai che li nerbi e muscoli dell'uciello sanza conparazione essere di (m) magior potenzia che quelli dell'omo, conciosia che tutta la carnosità di tanti muscoli e polpe del petto essere fatti a benefizio e aumento del moto delle alie, (...) ; qui si risponde che tanta forteza è aparechiata per potere oltre all'ordinario suo sostenimento delle alie, gli bisognia, a sua posta, radoppiare e triplicare il moto, per fugire dal suo predatore, o seguitare la preda sua.

有些人认为，鸟类的骨骼和肌肉具有的力量是人类骨骼和肌肉所难以比拟的。而鸟全身的肌肉，特别是胸部（肌肉）都用于驱动翅膀。鸟的胸部有一块单一的，极其强壮的骨头（指龙骨突，译者注），以及大而强壮的，以软骨连接的骨头，此外还有强韧的皮肤。对于这个问题，我的回答如下：（鸟身体的）这些部位所“释放”的力量不仅能满足鸟的一般飞行需求，还能在特殊情况下释放两倍甚至三倍于此的力量，例如鸟在摆脱天敌追捕或捕猎（其他动物）时。

作为平衡装置的翅膀（第 15 张左页）

Può l'uccello stare infrall'aria, sanza tenere le sue alie (s) nel sito della equalità, perché non avendo lui il centro della gravità sua nel mezo del polo, come ànno le bilance, non è per neciessità constretto a tenere le sue alie con equale alteza, come le dette bilance.

鸟在空中飞行时，并不需要始终保持两侧翅膀处于平衡状态，因为其重心并不总是与几何中心重合。这种情况下，其两侧翅膀能像在一个平衡装置的两端那样取得平衡，而与一般平衡装置不同的是，鸟没有必要使两侧翅膀处在同一高度上。

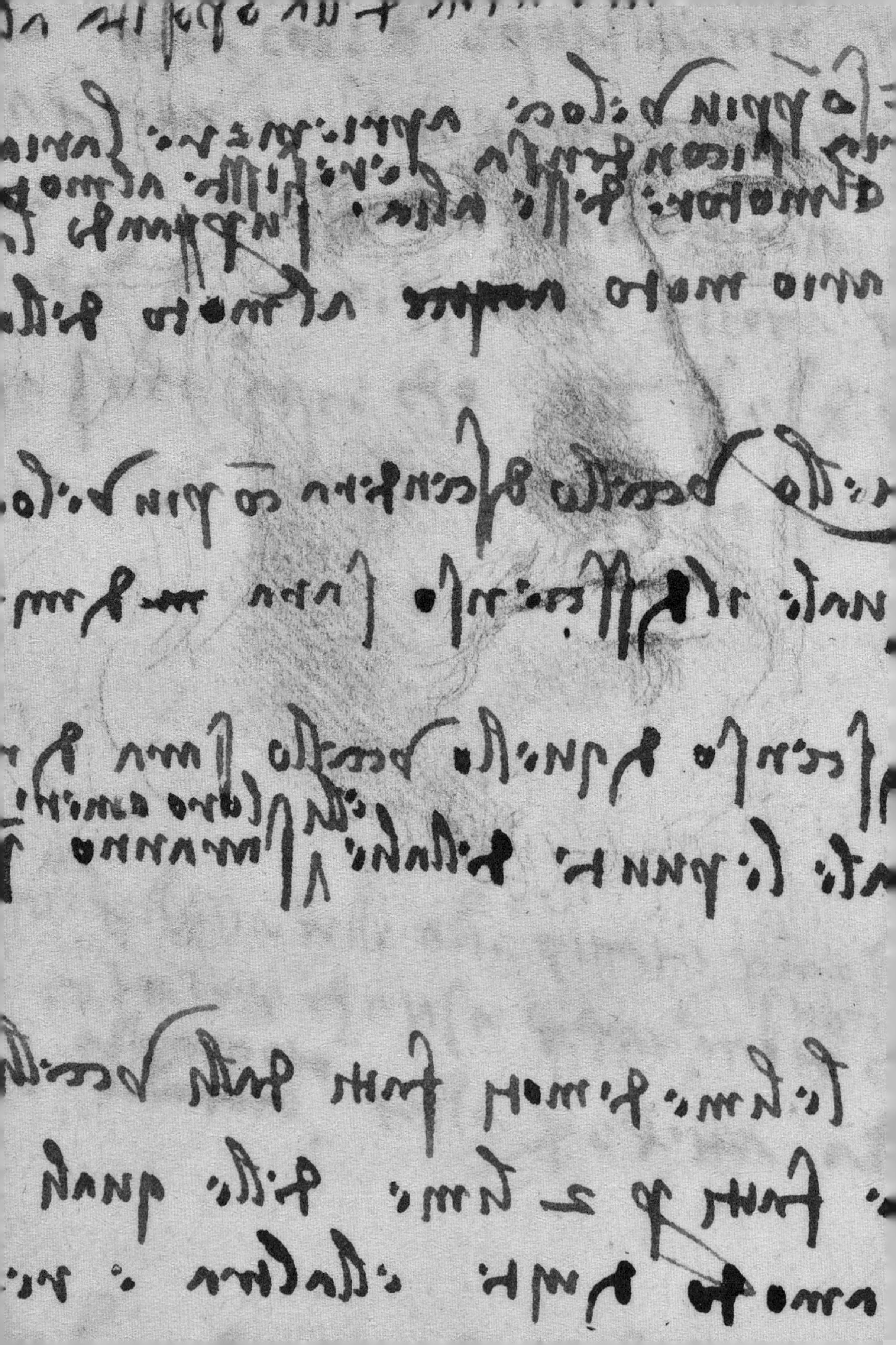

第 8 章

鸟类飞行手稿中的红色插图

《飞行手稿》中包含着 7 幅达·芬奇用红色铅笔绘制的插图：植物叶片、花、人面肖像，以及一条裸露的人腿。这些插图虽然都不大清晰，但看得出笔法非常精纯，只是联系手稿核心内容看会令人难解其意。这其中有两幅插图相对清晰，因为达·芬奇用书写《飞行手稿》的墨笔重新描过。上述插图分布在《飞行手稿》的第 10 张、第 11 张、第 12 张、第 13 张、第 15 张、第 16 张和第 17 张。绘制这些插图的铅笔笔芯由含铁的红色矿物质制成，在纸面上将其碾碎成粉时，就会呈现红色。我们推断这些红色插图是达·芬奇在编写《飞行手稿》前就已经绘制完成的，因为其中大多数都被《飞行手稿》的黑色正文字迹所覆盖。显然，达·芬奇编写《飞行手稿》时重复利用了自己保存的一些旧稿纸。他可能认为这些插图相较《飞行手稿》的内容而言已经无足轻重了。被黑色字迹覆盖的插图包括一株茉莉的叶片、一朵紫罗兰花，以及一幅“神秘”的人面肖像。有些人认为这张肖像展现的是达·芬奇年轻时的真实面貌，意即他的自画像。在手稿第 15 张左页，达·芬奇煞费苦心绘制的叶片，比例恰当、细节丰富且明暗关系合理，但他显然并没打算把这幅插图保存下来。达·芬奇唯一想要完整保留的一幅红色插画位于第 17 张左页，即我们在前文特别强调过的裸露的人腿。这并不是什么“即兴之举”，达·芬奇想藉此论述自己的观点，他认为拥有强劲肌肉力量的大腿是人类身体中唯一能驱动飞行器的部分。

接下来，我们将以 3D 建模的形式为你展现《飞行手稿》中的所有红色插图。

第10张左页
红色插图
人面肖像

一个年轻人的脸

手稿这一页中，我们能勉强分辨出被黑色文字部分覆盖的一幅人面肖像。在所有红色插图中，这无疑是最有趣的一幅。经过耐心的复原工作，我们成功地将这幅肖像从手稿字迹中分离出来。历史学家路易吉·费尔博（Luigi Firpo）曾写道："这幅画描绘了一个轮廓凸出的人面。这个人的鼻子非常凸出，显得生动且活泼，眼袋很重。总体来看，这是一副饱经沧桑的脸庞。这幅画与收藏在都灵的达·芬奇自画像关系密切，但并非达·芬奇自画像的草稿㊀。"费尔博的观点值得商榷，因为我们能找到一些证据，表明这幅画可能就是达·芬奇自画像的草稿。我们将这幅画覆盖在藏于都灵的达·芬奇自画像（随后会提到这幅画像）上，发现两副脸庞惊人地相似（眼睛、鼻子和嘴唇）。两幅画的整体构图、两副面庞的视角、面部骨骼比例等，都是几乎完全一致的。那么，这真的就是达·芬奇年轻时的自画像吗？面对这样一幅未完成的画作，我们很难给出肯定的答案。《飞行手稿》中记录的日期只能部分佐证这一推断。达·芬奇编写《飞行手稿》的时间是1505年左右，那时他已经50岁了，显然比这幅肖像的主人公老得多。但我们说过，这幅红色插图的绘制时间要比文字的书写时间早得多，甚至比整卷手稿的编写时间也早得多。我们梳理了很多历史学家有关都灵那幅达·芬奇自画像的争论，有人认为它是1495年左右绘制完成的，甚至有人认为它并非达·芬奇的自画像。无论如何，如果我们能证明藏于温莎城堡的所谓达·芬奇画像（《温莎手稿》第12726张）是弗朗切斯科·梅尔齐（达·芬奇最得意的学生）所绘，由于那幅画像与都灵的达·芬奇自画像具有无可置疑的相似性，那么就能证明都灵的自画像是达·芬奇的真迹，并由此直接解决《飞行手稿》第10张左页的肖像是否是达·芬奇本人这一问题。接下来，我们将以史无前例的精度还原这副神秘脸庞。

㊀ 这段话出自费尔博的著作 Codice sul Volo degli ucceli di Leonardo da Vinci（Alpignano：Alberto Tallone Editore，1991）。

3D 复原

《飞行手稿》第 10 张左页的人面肖像复原图（本页）和 3D 数字模型（下页）。

两幅自画像?

这两页展现了现存的最著名的达·芬奇自画像（下页），以及它与《飞行手稿》第 10 张左页的插图叠放后的图像（本页），可见两副脸庞的相似度是很高的。它们目前都存于都灵皇家图书馆。

茉莉叶片

一株茉莉（Morus alba）的叶片。相似的叶片还出现在《飞行手稿》第15张左页中。这两个叶片的外形看上去有些差异，而事实上不同品种茉莉的叶片外形本就不同。

第12张左页
红色插图
花

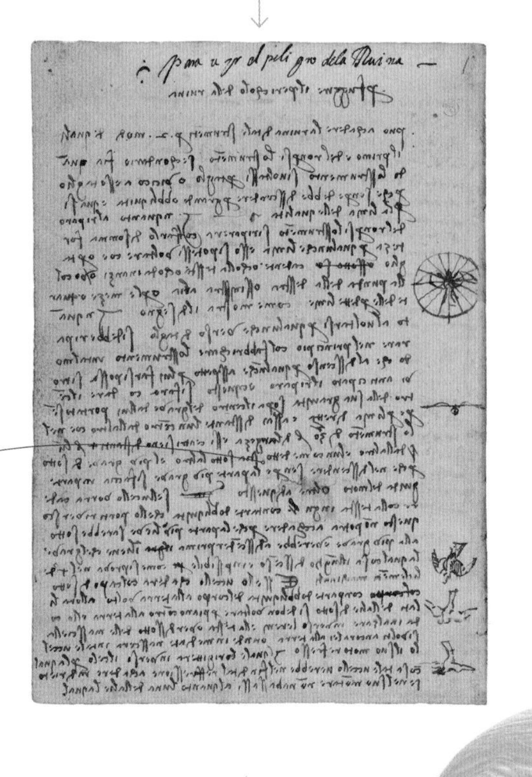

花瓣

《飞行手稿》这一页出现的花瓣可能源自鸢尾或紫罗兰。达·芬奇只画了几片花瓣，其中一片的细节更丰富。

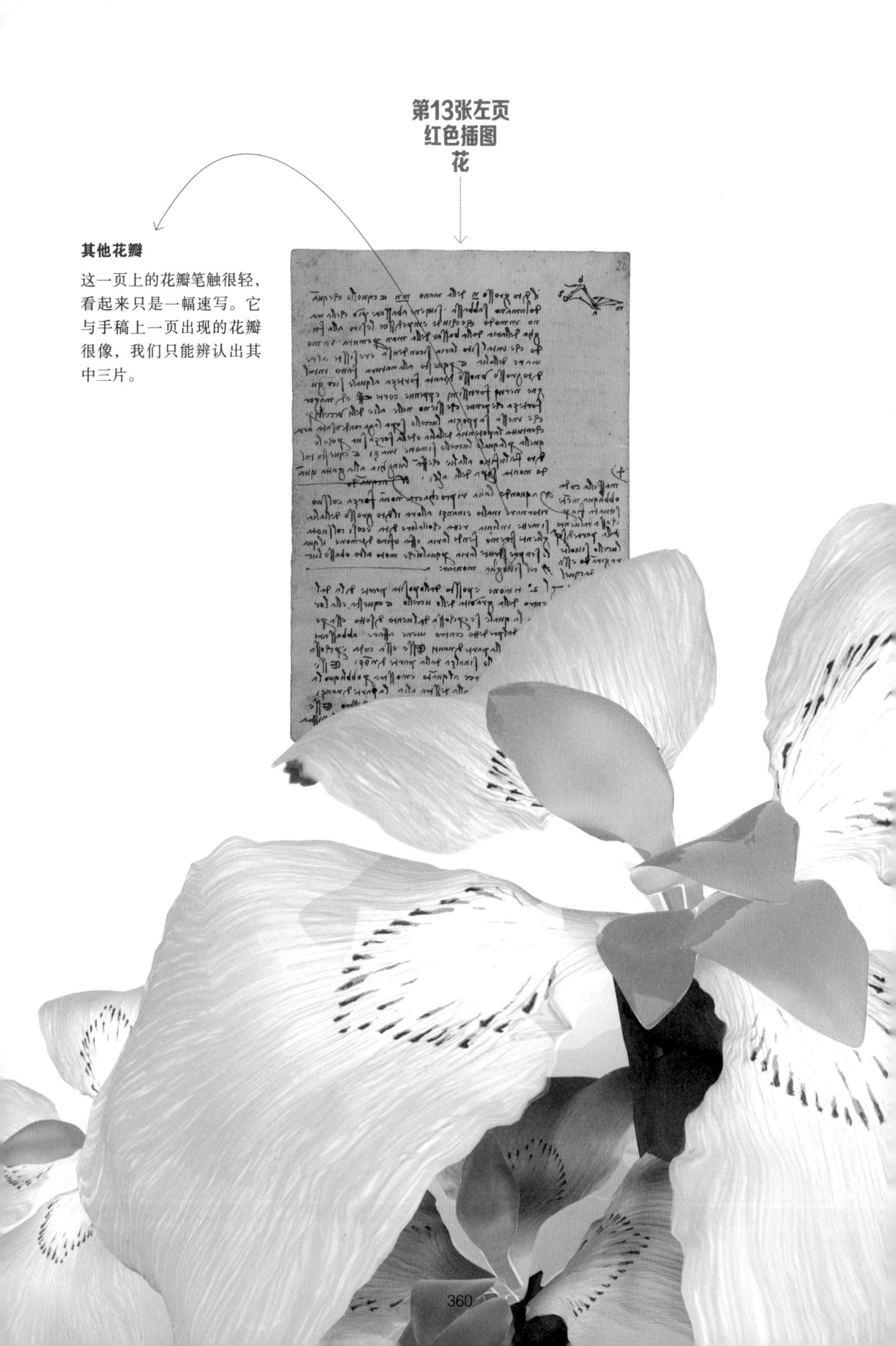

第13张左页
红色插图
花

其他花瓣

这一页上的花瓣笔触很轻，看起来只是一幅速写。它与手稿上一页出现的花瓣很像，我们只能辨认出其中三片。

第15张左页
红色插图
叶片

茉莉叶片

在《飞行手稿》展现的所有红色叶片中，只有第15张左页的茉莉叶片㊀（原文是拉丁文 morus，译者注）用墨笔勾过边，且表现出了明暗关系，其红色阴影甚至透过了纸面。

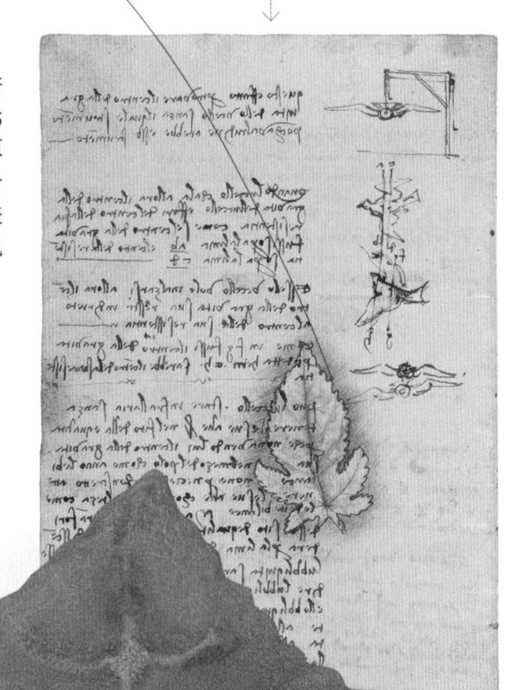

㊀《飞行手稿》第11张左页、第12张左页、第13张左页和第15张左页出现的红色插图中，植物叶片和花瓣的精确归类是由学者卡洛·佩德雷蒂（Carlo Pedretti）做出的，他参考了威廉·埃姆博登（William Emboden）发表在《达·芬奇研究和生平》（Journal of leonardo studies and bibliography of Vinciana，Vol.2，ed）上的一些研究成果。佩德雷蒂重印了一部分目录：Leonardo genio e visione in terra marchigiana，ed.（Foligno：Cartei&Bianchi Edizioni，2006）。

第16张左页
红色插图
叶片

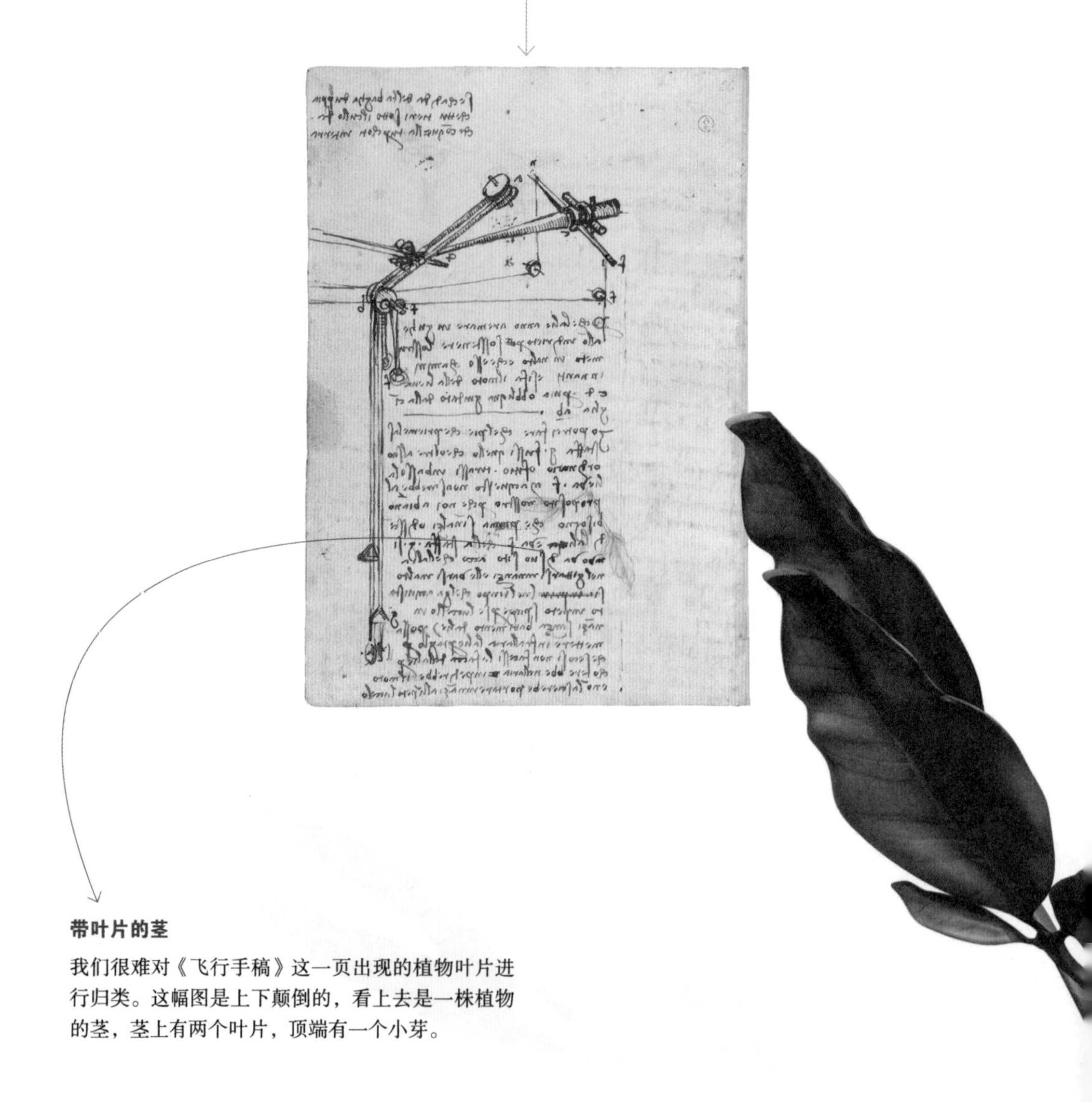

带叶片的茎

我们很难对《飞行手稿》这一页出现的植物叶片进行归类。这幅图是上下颠倒的，看上去是一株植物的茎，茎上有两个叶片，顶端有一个小芽。

第17张左页
红色插图
人腿

腿部肌肉

在《飞行手稿》这一页，达·芬奇绘制了一幅肌肉感很强的人腿侧视图。这是手稿中唯一没有被黑色字迹覆盖的红色插图。原图在页面中间，而且是上下颠倒的。

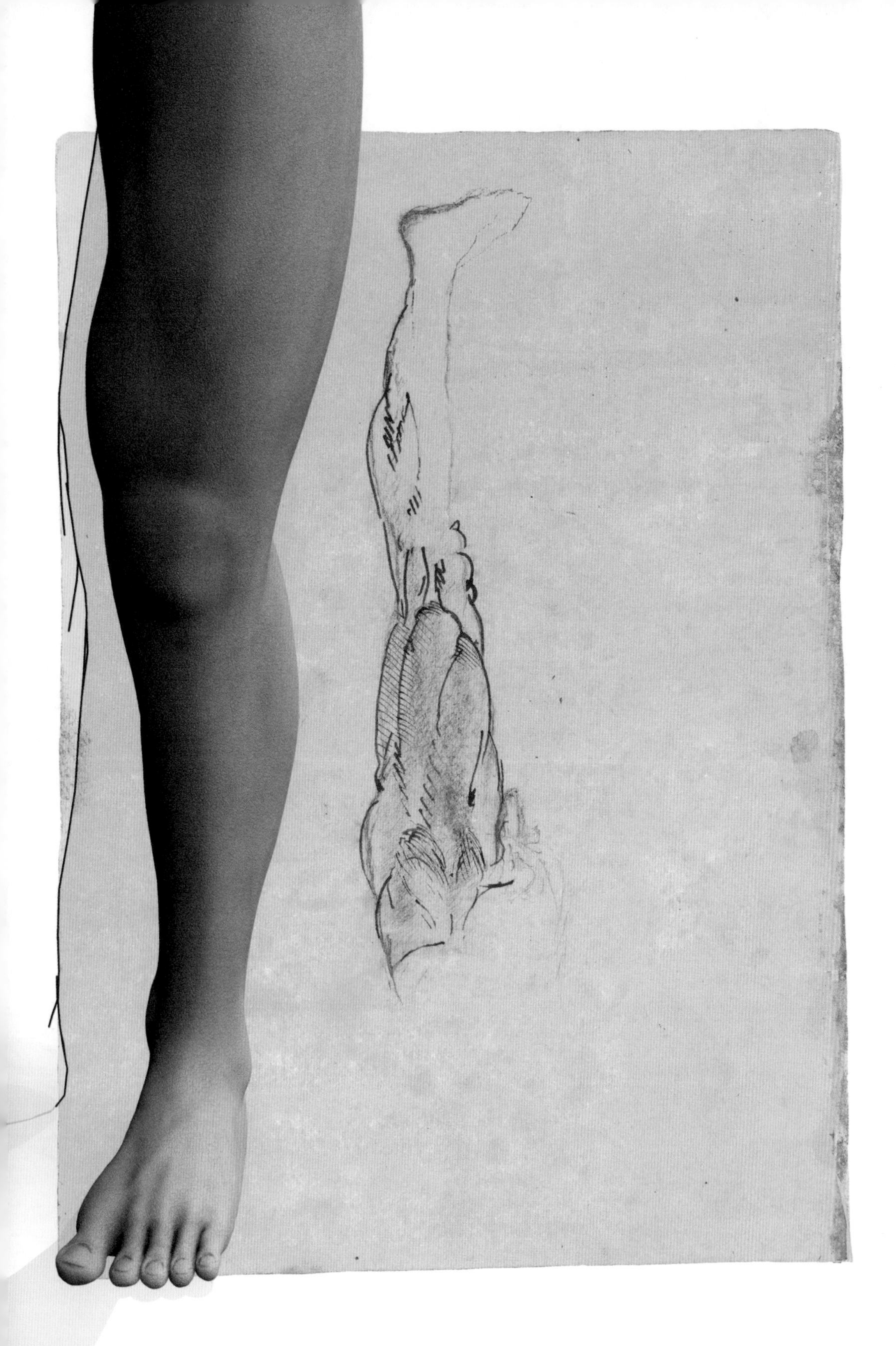

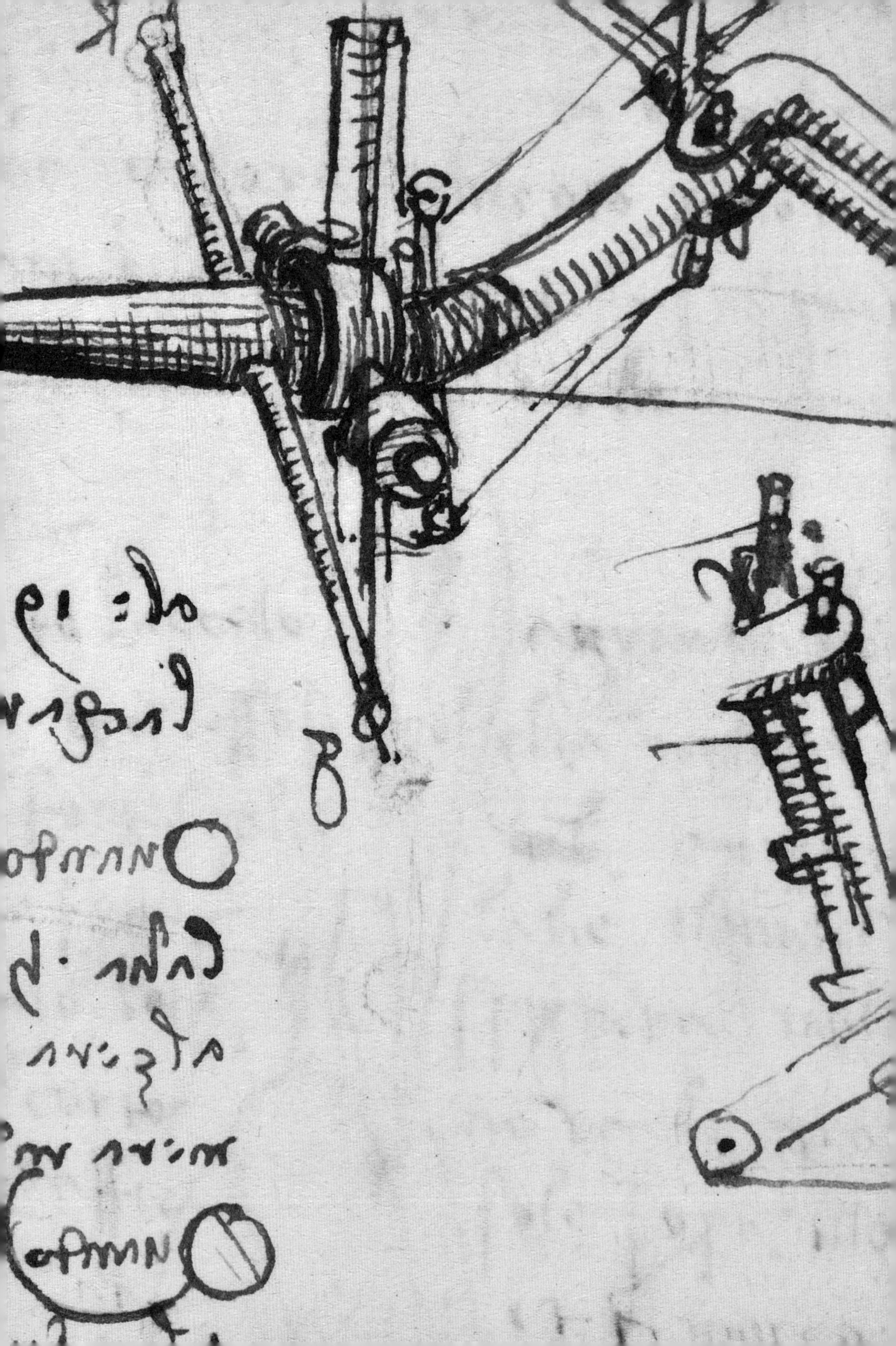

第 9 章

达·芬奇之后的人类飞天尝试

关注人类飞行史的人们通常只着眼于达·芬奇和莱特兄弟的成就，相隔四百年的意大利天才和美国兄弟拥有如此声望并不足为奇，但他们的确抢了很多人的风头。这四百年间，很多人都为人类实现飞天梦做出了难以磨灭的贡献，有些人甚至付出了生命的代价，而遗憾的是他们中的大多数并没有得到应有的认可。事实上，在莱特兄弟的“飞行者 I”号首飞前的几个世纪，尤其是几十年间，人类社会一直弥漫着一股近乎狂热的飞行风潮。热烈的竞争氛围激励着每一个身在其中的冒险家，他们都期待着自己青史留名的那一刻。受工业革命的影响，19 世纪末期的科学技术创新迎来了高峰，这为人类实现飞天梦提供了坚实的基础。因此，在充分认可这一时期众多飞行先驱的才智与贡献的前提下，我们也应该看到，这些人可谓生正逢时。在科学研究成为高尚之举的时代，他们能潜心于科学实验，同时与他人毫无阻隔地分享自己的成果。达·芬奇所处的时代显然与此截然不同。彼时，人类的科学技术研究尚处于萌芽阶段，除了信件外，几乎没有任何远程分享信息的手段，而整个人类社会似乎也尚未做好准备，去迎接一系列伟大的创新。在《飞行手稿》第 16 张右页中，达·芬奇写下的那句“说服反对这个大胆设想的人”，使我们足以想见达·芬奇身处何种鄙夷，甚至敌视的氛围中。而他毕生的研究事业都是在这种氛围中进行的，他一直试图向那些贬损者阐明，自己所做的工作具有何等宝贵的价值。

在讲述莱特兄弟之前的人类飞行史时，我们既要看清达·芬奇与其他研究者间的差异，也要看到他们（包括达·芬奇）所做的飞行实验大都不可能成功这一事实。用科学的方式获得飞行的能力，是需要大量研究和实验来铺垫的，绝非心血来潮似的尝试就能实现的。这正是莱昂纳多·达·芬奇（Leonardo da Vinci，1452—1519 年）、乔治·凯利（George Cayley，1773—1857 年）、奥托·李林塔尔（Otto Lilienthal）等飞行先驱走过的路。

1783 年 6 月 5 日是人类历史上值得铭记的日子。这一天，拜热气球这一伟大发明所赐，人类首次得以在空中俯瞰自己生活的家园，而这样的壮举对生活在公元 8 世纪的查理大帝而言还只能是幻想。众所周知，早期热气球的局限性在于其姿态和航向无法为人所控，因此这恐怕还算不上真正的自由翱翔。

“现在人类能飞行了。但那个空气汇成的海洋真的被征服了吗？人们只不过是像在澡盆中一样在气流中漂浮，无法自如转向。这真的能算是征服吗？但人们仍然将热气球看作伟大的发明（原文是法文 fait accompli，译者注）。下一步，人们需要做的是为热气球配上帆和桨，这样就能飞到自己想去的地方了[㊀]。”

㊀ 保罗·卡尔森（Paul Karlson），人类的飞行（Der Mensche Fliegt），柏林，1937 年。

事实上，这所谓的下一步——为热气球配上发动机和控制面（舵面），已经是很久之后的事了。装有发动机和舵面的飞艇诞生于1884年，其发展历程由盛及衰，不乏一些骇人听闻的悲剧性事件。其中最严重的一次是发生在1937年5月的“兴登堡”号（Hindenburg）空难，事故造成35名艇上人员丧生。这次事故在社会舆论中引起轩然大波，也对民众的信心造成了极大冲击，甚至可以说宣告了飞艇作为交通工具时代的终结。

纵观人类飞行史，莱特兄弟的“飞行者Ⅰ”号首飞前不久的一段时间，是最具研究价值的一个阶段。与达·芬奇一样，莱特兄弟也用科学的方式对待飞行问题。他们对李林塔尔的工作非常熟悉，并纠正了其若干错误，优化了机翼的外形[㊀]。

有趣的是，达·芬奇与19世纪末期那些航空先驱之间的相似之处远不止于此。尽管达·芬奇自己的研究似乎也佐证了他的飞行器在技术上很难实现，但失败的飞行器并不能埋没他惊人的创造力和源源不断的动人灵感，这已经足以证明他拥有超越时代的才智。例如，梳理这一时期的众多飞行器设计方案后，我们会发现不计其数的采用达·芬奇式设计的扑翼机（当然这并不是说那些飞行器制造者抄袭了达·芬奇的设计，因为有关达·芬奇飞行器的资料在19世纪末期尚未全面公开）。此外，很多人的研究方式也与达·芬奇的方式如出一辙（李林塔尔和莱特兄弟都制造过用于确定飞行器阻力中心和重心位置的装置）。

如果19世纪末的那些飞行研究者能有幸看到达·芬奇的研究成果，想必能从中汲取不少灵感。

福斯特·弗兰契奇（Faust Vrancic，1551—1617年）

福斯特·弗兰契奇出生于达尔马提亚，他是那个年代公众眼中最具想象力且最聪明的人之一。1595年，他出版了一部颇具威望的著作《新式机械》（英文原文是machine novae，译者注）。书中，他声称（使用）一块裁剪合适的帆能降低（物体）下落速度，这样的话，人从高处坠落时，就不会笔直地迅速坠地，而是会以类似飘落的方式缓慢坠地。弗

㊀ 1903年“飞行者Ⅰ”号首飞后，莱特兄弟并没有马上出名。随后几年，在很多欧洲人开始尝试用飞机开展飞行活动后，他们才声名鹊起。此后，财富也滚滚而来（这其中有一部分源于他们与美国陆军签订的合同）。兄弟俩于1911年12月向李林塔尔的遗孀捐赠了1000美元，以此向为飞行事业献身的李林塔尔表达敬意。

兰契奇很可能对达·芬奇的研究工作一无所知。人们普遍认为他是降落伞的发明者，因为他的书中包含了一幅描绘类似降落伞物品的插图——也许是已知最早的降落伞设计方案。弗兰契奇亲自测试了自己的“降落伞”，他背着“降落伞”从威尼斯的一座高塔上跳了下去。

保罗·圭多蒂（Paolo Guidotti，1569—1629年）

在《最古怪和欢乐的托斯卡纳人的生活》（Lives of the Most Bizzare and Jocund Tuscan Men）一书中，博学的佛罗伦萨人多米尼加·玛利亚·曼尼描述了身为艺术家和科学家的圭多蒂，于1628年利用一架装有一对翅膀的飞行器进行的一次飞行实验。这架飞行器的机身框架由鲸鱼骨制成，周身插满了鸟的羽毛。

“在这次飞行的最后四分之一英里，圭多蒂其实不是在飞，而是在坠落。当然，他的坠落速度比起没有翅膀时要慢得多。”

圭多蒂坠落在屋顶上，摔断了一条腿[㊀]。

加斯帕尔·肖特（Gaspar Schott，1608—1666年）

这位德国科学家因对空气动力学和真空的研究而闻名。他在《自然和艺术的普遍魔力》（原文是Magia universalis naturæ et artis，译者注）一书中，论述了利用比空气轻的物体在空中飞行的可能性。他写道：

“如果一种超越人类认知的力量将这种（比空气轻的）物体充入最薄的材料制成的薄囊中，并将它放在空气中，那么毫无疑问，这个薄囊既不会下降，也不会坠落。”

蒂托·利维奥·布拉蒂尼（Tito Livio Burattini，1617—1681年）

布拉蒂尼生于威尼斯，是一名聪明且多才多艺的工程师。1647年，他设计了一架名为“飞龙”（英文原文是flying dragon，译者注）的飞行器，能搭载一名飞行员。1648年1月29日，这架飞行器在华沙进行了实验。不幸的是，或

㊀ 与达·芬奇生活在差不多同一个世纪的吉罗拉莫·卡达诺（Gerolamo Cardano，1501—1576年），也在自己的著作《De substitrate》中论证了人类飞行的可能性，尽管他的观点相对当时的技术条件而言有些过于超前。他在书中提到了两次飞行实验，其中一次是吉安·巴蒂斯塔·丹提（Gian Battista Danti，见本书第20页）开展的飞行实验，而另一次实验没有写明具体人物，研究者认为可能指的就是达·芬奇。事实上，卡达诺的父亲认识达·芬奇。有趣的是，万向节（英文是Cardan joint），这种今天很多工业产品中几乎不可或缺的机械连接结构，是以卡达诺的名字命名的，可其实早在他之前，达·芬奇就在《马德里手稿》第1卷第64张右页（folio 64r of the Codex Madrid Ⅰ）中的滑翔机设计方案中应用了相似的结构。

受风的影响，或因结构上的缺陷，这架飞行器在实验中失控坠毁。

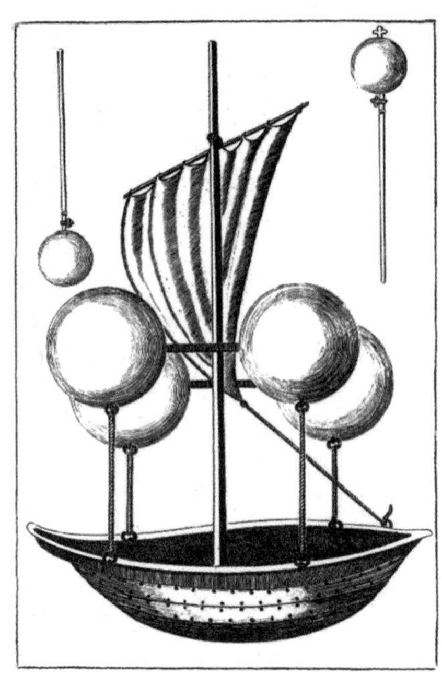

弗朗切斯科·拉纳·德·泰尔齐（Francesco Lana de Terzi，1631—1687年）

泰尔齐生于布雷西亚，是一名耶稣会的哲学家、神学家，在自然科学、物理学、数学和地理学领域也颇有建树。1670年，他出版了著作《启示录》（英文原文是Harbinger，译者注），又名《论一些新发明》（英文原文是An essay on some new inventions，译者注）。书中，他认为人类能造出飞行器。在达·芬奇之后，他是对飞行研究最深入的人之一。不过，没有证据表明他亲自开展了飞行实验。泰尔齐设想的飞行器装有四个大型中空球体，这些球体用非常薄的材料（很可能是铜）制成。依据阿基米德的浮力定律，这架飞行器理论上能飘浮在空中，因此人们认为它是现代热气球的雏形。同时，这架飞行器还装有帆，（飞行员）能控制它的飞行方向，并运载5~6名乘客。泰尔齐的一些观点非常有趣，他对自己的飞行器真的能飞这一点深信不疑，以至于与达·芬奇一样，他非常担心人们会将这架飞行器投入战争。

“那些读过我著作的聪慧之人无法在我的论述中找出破绽，他们只是想亲眼见证一个能在空中自发上升的球体。倘若不是坚守宗教信仰导致的清贫让我无法承担100杜卡特（Ducat，当时的金币，译者注）的开销，我早就能这么做了。有关这项发明，我（几乎）没发现任何能阻碍它实现的因素，除了以下我要说的这个因素，因为它比其他因素都重要得多，所以上帝决不允许这样的机器（指飞行器，译者注）现世，这样就能避免许多文明和政权毁灭的恶果……一旦这样的机器诞生，没有城市能在突袭下保全。这样的‘飞船’能在任何情况下出现在城市的中心广场上空，并让船上的人跳下去。类似的情况在庄园、私宅和在海上航行的船上也会发生。即使‘飞船’上的人不下来，他们也能纵火，或用加农炮和炸弹攻击船只和建筑，甚至城堡和城市。而且可以肯定的是，从高空投掷这些东西的人会毫发无损。”

皮埃尔·贝尼耶（Pierre Besnier，1648—1705年）

1678年，这位法国锁匠发明了一架装着四个翅膀的飞行器（或许称为飞行装置更合适，译者注）。在《学者月刊》（法文原文是Journal des savants，译者注）中，他对这个飞行装置进行了如下

描述：

“……两根长杆两端分别连着两个丝质的长方形构件。这四个长方形构件折叠下垂，看上去像枯萎的树叶一样。为了飞行，操纵者要用肩膀控制这两根长杆，这样这四个长方形构件中，两个在前，两个在后。身体前方的两个长方形构件用手操纵，而身体后方的长方形构件通过绳子绑在脚上，用脚操纵。”

根据一名当时的编年史学家的说法，这位锁匠从没试图利用这个飞行装置飞离地面。但贝尼耶保证说，他利用这个装置能从高处飞越一条比较宽的河，因为他已经用它从不同高度飞了相当远的距离。贝尼耶声称，他的第一次飞行实验是从高脚凳上起跳的，然后他尝试了从桌子上跳下，接着是从低矮的窗户上跳下，甚至是从二楼的窗户上跳下，最终，他从谷仓顶上起跳，滑翔着飞过邻居的房子。

巴尔托洛梅乌·德·古斯芒（Bartolomeu de Gusmao，1685—1724年）

古斯芒是来自葡萄牙科英布拉（Coimbra）的科学家和数学教授。他将泰尔齐的观点进一步推进，认为利用热空气能达到同样的目标。他在葡萄牙国王约翰五世（King John V of Portugal）面前展示了自己发明的飞行装置。约翰五世对此十分赞赏，并于1709年4月19日授予其发明专利。古斯芒此后继续研究，甚至制成了一个等比例的，与半个世纪后蒙戈尔菲耶兄弟发明的热气球十分相似的飞行装置模型。有关古斯芒的飞行装置，已知编年史中并未详细记述。但文献记载了一个特别法庭指控古斯芒施展了邪恶魔法，并因此焚毁了他的所有相关文稿和图纸，这或许能佐证古斯芒取得了某种超越时代认知的成就。

蒂贝里奥·卡瓦洛（Tiberio Cavallo，1749—1809年）

卡瓦洛是一名来自那不勒斯的物理学家。他融汇了古斯芒和泰尔齐的观点，声称在一个封闭的容器内灌注氢气，就能使这个容器飘浮在空气中。最早的飞艇使用的就是氢气，后来才换用氦气。

米哈伊尔·瓦西里耶维奇·罗蒙诺索夫（Mikhail V.Lomonosov，1711—1765年）

罗蒙诺索夫是俄国现代科学研究事业的奠基人之一。他曾经制造过一架以弹簧作为“发动机”的飞行器，与“飞钻”（达·芬奇在B手稿第83张左页描述的装置）异曲同工。罗蒙诺索夫多才多艺，他不仅精通物理学、化学、天文学、地质学和地理学，还在飞行研究领域颇有造诣，一直梦想着造出一架直升机。1754年7月，他制作了一架直升机模型，并在俄国科学院进行了展示。俄国科学院的相关记录如下：

“令人尊敬的罗蒙诺索夫展示了他的新发明，他将这项发明命名为‘空气动力机’（英文原文是Aerodynamics，译者注)。这个装置利用水平相向旋转的两具机翼压缩空气，机翼旋转的动力源自类似钟表发条（卷簧）的装置。通过旋转机翼，这个装置能在空气中上升。”

然而，罗蒙诺索夫发明的直升机是无法自如飞行的，它要靠一根绳索牵引，以避免失控坠毁。

亚历克西斯·让·皮埃尔·波顿（Alexis Jean Pierre Paucton，1736—1798 年）

波顿在专著《阿基米德螺旋的原理》中设计了一种飞行器。这种飞行器装有两具推进器（发动机）。其中一具垂直安装在（飞行器机身）中心位置，能使飞行器上升，另一具水平安装在（飞行器机身）中心位置，能使飞行器改变航向。

梅尔希奥·鲍尔（Melchior Bauer，1733—？）

鲍尔在德国制造了一架飞行器。这架飞行器的长翼以二面角（从一条直线出发的两个半平面组成的图形称为二面角，译者注）形式用绳索和撑杆连接在机身上，这样做可能是为提高飞行稳定性（这是凯利后来发展出的理论）。

M·比安弗尼和 M·洛努瓦（M.Bienvenu and M.Launoy，18 世纪）

这两个法国人一起制造了一架类似现代直升机的飞行器。这架飞行器并非玩具且意义非凡。它的两具旋翼在结构设计上解决了飞行时的反扭矩问题。倘若不解决这一问题，直升机飞行时，旋翼朝一个方向旋转，机身就会朝另一个方向旋转。这架飞行器的主体是一根长杆，其两端分别装有一具旋翼。两根缠绕在长杆上的弦通过扭转-释放的过程，驱动两具旋翼相向旋转，进而使飞行器升空。请不要被这架飞行器的简单外形所迷惑，它与古老的飞

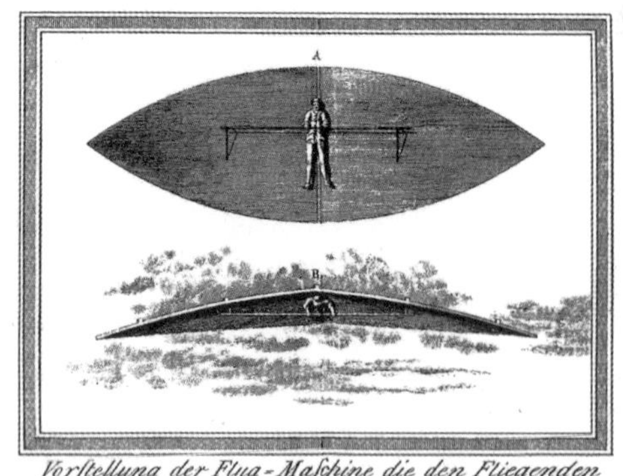

Vorſtellung der Flug-Maſchine die den Fliegenden ſowohl von vorne Lit:A als auch in vollem Flug Lit:B Zeiget. Erfunden von G:Fr:Meerwein Hochf:Margg:Bad:Land-Baumeistern.

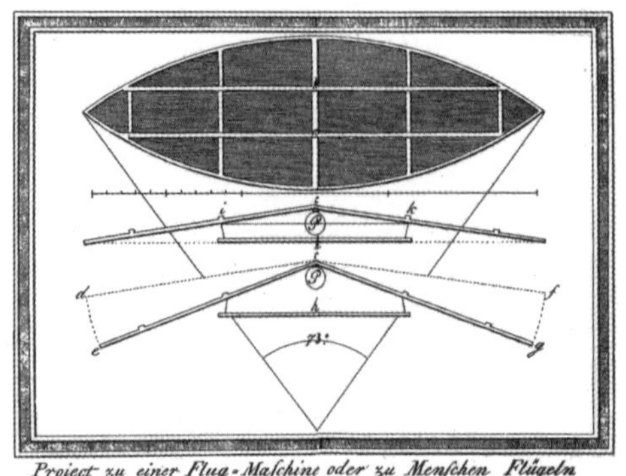

Project zu einer Flug-Maſchine oder zu Menſchen Flügeln erfunden und herausgegeben im Iahr 1782. von Carl Friederich Meerwein Hochfürſtlich Marggräflich Baadiſchem Land Baumeiſtern in Emmendingen

行玩具——竹蜻蜓有本质上的不同，因为它是靠自身动力升空的，而非人力。

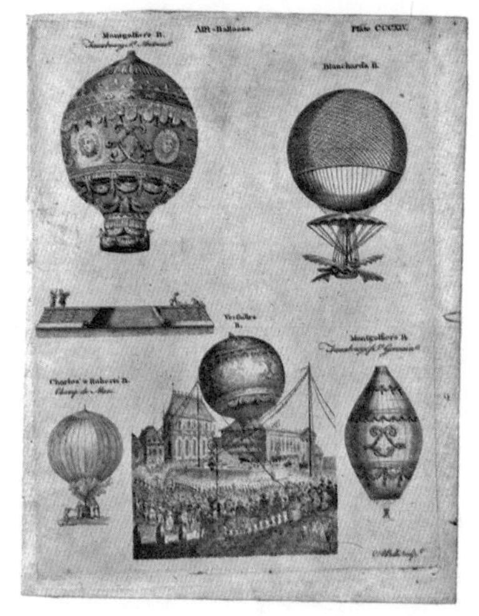

卡尔·弗里德里希·梅尔温（Karl Friedrich Meerwein，1737—1810年）

这位德国发明家绘制的飞行器图稿很详细，其中包括一架巨型滑翔机及其机身框架设计方案。鉴于这架滑翔机拥有巨大的机翼以及独特的翼型，我们认为它有可能产生足够托举一个人升空的升力。不过，有关梅尔温飞行器的详细资料在其他历史文献中并无记载，这与半个多世纪后李林塔尔的相关发明形成了鲜明对比。

约瑟夫·蒙戈尔菲耶（Joseph Montgolfier，1740—1810年）**和雅克·蒙戈尔菲耶**（Jacques Montgolfier，1745—1799年）

法国的蒙戈尔菲耶兄弟于1782年发明了热气球，这开启了人类征服天空的新纪元。在法语和意大利语中，"热气球"一词其实就是两兄弟的姓氏（法语是Montgolfiere，意大利语是Montgolfiera）。1783年6月5日，兄弟俩采用直径11米（36英尺）的热气球进行了首次公开表演。几个月后在法国国王面前展示时，这具热气球底下吊挂了一个篮子，篮子里载着三只动物：一只绵羊、一只鸭子和一只公鸡。它们也许是地球史上第一批乘坐热气球飞行的"动物乘客"。而它们肩负的任务是测试高空中的空气是否可供生物呼吸。蒙戈尔菲耶兄弟的成功极大鼓舞了那些心怀飞天梦的人，很多人随后开始设法改进热气球的制造工艺和材料。

让·弗朗索瓦·皮拉特·德·罗齐耶（Jean Francois Pilatre de Rozier，1754—1785年）

1783年11月21日，罗齐耶成为人类历史上有记载的"飞天第一人"。他的这次热气球飞行之旅闻名世界。在官方记录中，这位法国人以1000米（3280英尺）的高度飞越了巴黎，与他同行的是马基·德·阿朗莱·弗朗索瓦·洛朗（Marquis d' Arlandes Francois Laurent）。这次飞行持续了25分钟，里程为20千米（12英里）。实际上，在这次飞行之前一个月，罗齐耶就已经完成了首次升空实验，只不过那次热气球通过绳索固定在地面上。罗齐耶在1785年的一次热气球事故中丧生，他当时试图驾驶热气球飞越英吉利海峡，但热气球意外起火焚毁。

热气球的成功激发了人们飞天的热情，特别是在法国，热气球作为交通工具飞速发展。当然，频繁的飞行活动也伴随着一些悲剧性事故，这主要源于早期热气球在起飞阶段容易起火。

热气球飞行活动蔚然成风，以至于法国政府不得不作出特殊规定，只有获得特殊许可的人才能乘坐热气球。与此

同时，热气球也引起了各国军方的兴趣。有记载的第一次针对军事目标的热气球飞行活动发生在1894年6月2日。当时，驻防莫伯日要塞（Moubeuge）的法国军队被奥地利军队所围，法国物理学家让·马里·约瑟夫·库泰勒（Jean Marie Josophe Coutelle，1748—1835年）奉命乘坐“奋进者”号（Entreprenant）热气球在空中侦察战况。这次历史性行动为法军最后解围莫伯日要塞提供了重要情报。

尽管人类此时已经能靠热气球俯瞰大地，但真正意义上的动力飞行依然是一个有待征服的领域。一直以来（至今也是），热气球飞行都存在难以逾越的鸿沟，这主要源于热气球比空气轻，很难在空中实现受控转向。正因如此，热气球的“飞行员”也许称自己“操作员”才更贴切些。人类想要真正征服天空，开发出比空气重的飞行器是必由之路。著名摄影师加斯帕尔·费利克斯·图尔纳雄（Gaspard Felix-Tournachon，1820—1910年，也称纳达尔，Nadar）曾说：

“我们必须比空气重，这样才能与空气斗争，同理，飞行时的鸟也比空气重。空气应屈从于人类。人类则理应接受并控制来自空气的这种暴虐的且不寻常的反抗，而空气藉由这样的反抗已经对人类多年来许多失败的尝试发出了无情的嘲笑。我们应反过来奴役它，就如我们在水上行舟一般，就如我们在地上行车一般。”

19世纪时，思想的解放与相关工业技术（主要是蒸汽机和电力技术）的进步，使人类得以将飞天梦转化为触手可及的理想。

乔治·凯利（George Cayley，1773—1857年）

凯利是公认的现代空气动力学奠基人，也是“飞机”（英文原文是airplane，译者注）这一概念的创造者。这个英国人是第一个坚信人类能够制造在空气中自如飞行的机器的人。他设想中的飞行器能在空中像船在平静海面上航行一般翱翔：

“通过空运，我们能以比水运更安全的方式远行，或运送我们的家人，我们的货物和财产，我们在空中运动的速度是20~100英里/时。”

凯利的预言是准确的，而且肯定比达·芬奇在《飞行手稿》中的“畅想”要真实得多——达·芬奇甚至幻想着在夏日狂欢节里从山顶上转运雪，撒在城市里（见《飞行手稿》第13张右页）。凯利受过良好的教育，他的论断建立在精确计算的基础上。他专门制造了实验装置，用以测量斜向放置的平面所受空气阻力的中心。当机翼承受如下作用力时，这就是可能发生的情况了：

“换言之，所有问题都与这些限制性条件有关。在空气阻力作用下，想让一个平面承载一定重量的话……1 平方英尺的区域会承受 1 磅阻力，当它以垂直于自身的方向在空气中以 21 英尺 / 秒的速度运动时……17.16 英尺 / 秒的速度会导致 8 盎司的阻力㊀。”

这些实验结果使他得以更准确地估计速度与空气阻力间的关系：两者显然是二次方关系，意即如果速度变为原来的两倍，则空气阻力会相应地变为原来的四倍。

上述研究成果激励着凯利制造尺寸不断增大的模型。达·芬奇开展飞行研究时可能遵循了同样的方式。例如《飞行手稿》第 16 张右页中，我们可以将那条把“鸟”系在地面上的绳索看作研究缩比模型时的控制绳索（因为很难想象一只鸟在脚拴着的情况下还能飞）。在凯利的诸多飞行研究项目中，最具实用价值的是飞行器尾部的可动舵面，这显然源于他的模型实验。凯利亲自操纵（装有活动舵面的）飞行器进行了试飞，但最初的几架验证机只飞了很短的距离就失控坠地了。

“看着这只白鸟‘庄重’地从山顶向低处滑翔，是一件非常美妙的事。根据舵面的角度，仅依靠自身所受的重力，它就能以相对水平面 18 度的倾角下落。”

事实上，凯利也曾试图为飞行器寻找比重力作用更“强大”的动力源。但当时谈论这些都为时尚早，蒸汽机虽已成熟，但过于笨重，热效率极低，不足以作为飞行器的动力源。1849 年，他制造了一架所谓的“帆翼机”（sail-plane）来验证自己的理论。这架滑翔机飞行了若干次，甚至将一个十岁的孩子带上天飞了很短一段距离。几年后，凯利试图让自己的马车夫重复这一壮举，但没能成功。凯利的孙女记录下马车夫的滑稽反应：

“求求您了，乔治爵士。我想提醒您，我是来给您驾马车的，不是为您试飞的。”

凯利的众多设计成果，包括复杂的有机身和起落架的垂直起降飞机，以及其他航空器设想，为后人的研究打下了坚实的基础。

㊀ 凯利的研究成果分三次以《论空中航行》（On Aerial Navigation）为名，于 1809 年和 1810 年发表在尼克尔森（Nicholson）的《哲学月刊》（Journal of phylosophy）上。

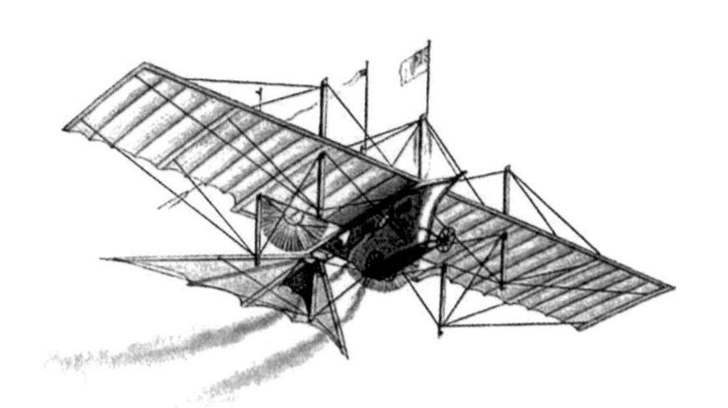

威廉·S·亨森（William S·Henson，1812—1888年）

这位英国人于1842年9月12日获得了制造“蒸汽动力飞机”的专利。这项专利借鉴了凯利的一些理念。亨森将这架飞机命名为“天卫一”号（英文原文是Ariel，代表天王星的第一颗卫星，译者注）。这架飞机的翼展达50米（164英尺），有一个与鸟尾巴外形相似的水平尾翼，还有一个垂直方向舵，整体形制已经非常接近现代飞机。然而，蒸汽机的尺寸和重量使这架飞机的飞行性能大打折扣。亨森与约翰·斯特林费洛（John Stringfellow）一起制造了一个缩比模型，但模型只能以缓慢的速度滑翔下落，未能实现真正的动力飞行。这次失败之后，汉森彻底放弃了自己的飞行事业。

约翰·斯特林费洛（John Stringfellow，1799—1883年）

斯特林费洛是威廉·S·亨森的研究合伙人。但这名来自谢菲尔德（Sheffield）的航空先驱并没有如亨森一样在失败的打击下放弃一切，而是继续开展相关研究，致力于提高蒸汽机的热效率，并努力实现小型化。据他儿子回忆：

“（他）在1848年早些时候完成了另一架小型缩比模型，租下了纺织厂的一个大仓库。那年6月，他把那架小模型挪到仓库里进行实验。”

这架模型的翼展为3米（10英尺），加上水和燃料后的重量不足4千克（8磅），两具螺旋桨由蒸汽机驱动。当然，这台蒸汽机的动力还比不上一匹马。

“（这架模型）尽可能地以‘飞行的姿态’冲了出去，坠地前飞了40码。”

斯特林费洛随后又制造了更大的模型，并将它们放在伦敦西德纳姆山（Sydenham Hill）的水晶宫里进行展示。尽管出自斯特林费洛之手的这些“飞机”模型能勉强依靠蒸汽机“飞行”，但没有任何人愿意真的搭乘它们实现飞天梦。

雅各布·德根（Jacob Degen，1760—1848年）

这位维也纳的钟表匠利用达·芬奇的一些概念设计了一架飞行器。这架飞行器的翅膀上装有很多能开闭的阀门。要知道，如果飞行器的翅膀在结构上是固定的，那么其向上扇动时产生的作用力就会与向下扇动时产生的作用力相互抵消，无法使飞行器飞行。德根和达·芬奇都意识到这一点，并想到了相同的解决方法，也就是使翅膀在向下扇动时变得密不透风，而在向上扇动时能让空气透过表面缝隙。不同的是，达·芬奇的设计方案是给翅膀装上一种“门”（B手稿，第74张右页），而德根的设计方案是给翅膀加装控制阀门。他的飞行器翼展为6.7米（22英尺），厚度达2.5米（8.2英尺），其翅膀上共有3500个阀门。

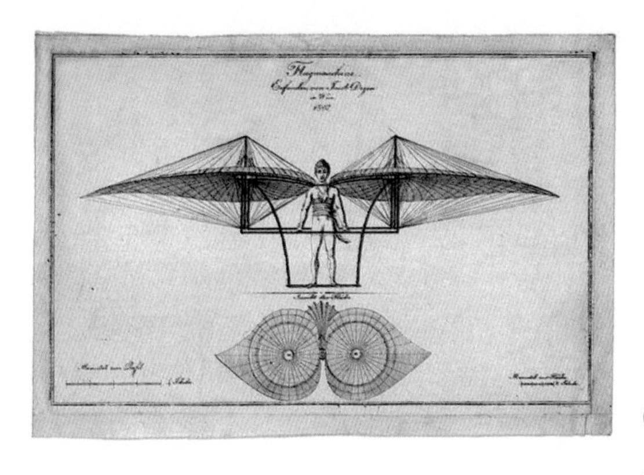

这些阀门会在翅膀向下扇动时关闭，向上扇动时打开。机身由彩色纸覆盖，重约 12 千克（26.5 磅）。这架飞行器要靠飞行员的身体力量驱动。不过，与达·芬奇一样，德根不久后就承认，人的肌肉力量是不足以驱动飞行器的。当然，德根并未因此而放弃，他不计一切代价地证明自己的观点至少从概念上是可行的。1807 年秋，一群人聚集在维也纳大学的报告厅里，德根声称他能（驾驶飞行器）上升到屋顶㊀。最终，他成功地使自己在 10 米（33 英尺）的高度悬停了 30 秒，尽管这是在 40 磅（18 千克）配重辅助下实现的。德根设想中的飞行器扇动翅膀产生的作用力，确实能将一定重量的物体“托举”升空，但它所能“托举”的重量，明显小于人的体重和飞行器的自身重量。

此后，德根又试图在户外利用气球重复这项飞行实验，怎奈天公不作美，加之气球充气不足，他在实验中连同飞行器一起坠落到地面上。这令众多旁观者大失所望，甚至一拥而上彻底捣毁了他的飞行器，他们嘲讽德根的飞行器简直就是“一种新型犁地工具”。尽管这次实验失败了，但德根的尝试至少证明了人类是能利用某种装置悬停在空中的。

阿方斯·佩诺（Alphonse Penaud，1850—1880 年）

佩诺是法国的飞机之父，他在航空领域做出的贡献值得我们大书特书，但只因时运不济，他并没有获得应有的认可。尽管他于 1871 年发明的橡皮筋动力飞行器（planophore）如今只是孩子们的玩具，但这实际上是经过深思熟虑和精心设计的重要飞行研究成果。那一年，他在法国航空委员会的成员面前展示了一架橡皮筋驱动的单翼飞行器模型。这架飞行器上扭紧的橡皮筋在放松过程中会“释放能量”，进而驱动螺旋桨旋转，推动飞行器在空中以 10 秒时间飞行 60 米（197 英尺）。佩诺的研究（至少在微型飞行器上）表明，航空发动机的动力必须足够强劲，驱动飞行器这一“重任”不是钟表上的卷簧发条所能完成的，因为它们效率过低且结构复杂，也太重了。这一问题显然也曾困扰过达·芬奇。佩诺解决飞行器稳定性的方法与凯利、亨森和斯特林费洛如出一辙，尽管他很可能并不知晓这些前辈的研究成果。

“我终于为解决这个问题想出了一个简单的装置。在飞行器的翅膀后面装设一个水平安装的舵面，这个舵面要能以一定的角度向地面倾斜……还要有一

㊀ 摘自彼得·祖普夫（Peter Supf）的著作，《德意志飞行家列传》（Das buch der Deutschen Fluggeschichte），Berlin-Grunnewald，H. Klemm，1935。

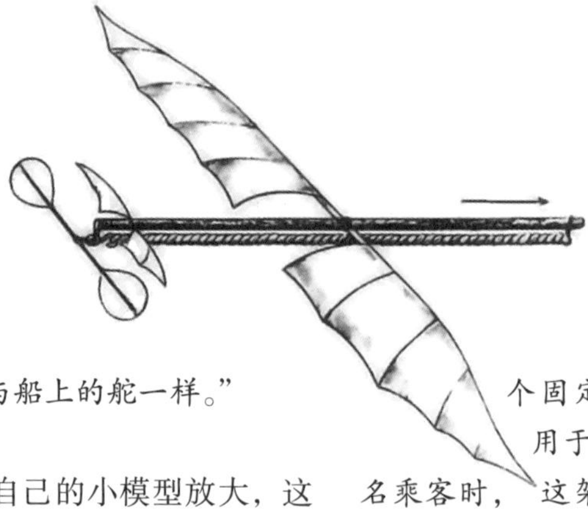

个垂直的舵面，与船上的舵一样。”

佩诺希望将自己的小模型放大，这样就能实现载人飞行了。1876 年，他为一项复杂的设计申请了专利。有关这项专利的文字描述看起来非常怪异：

“在它后部有两个水平舵面和一个垂直舵面用以控制方向。这三个舵面由前部的飞行员控制。椭圆形的机翼内部有骨架结构作支撑，并以织物覆盖上下表面。机翼的长度大于宽度。两具大小相同、转速相同的螺旋桨（推进器）安置在机翼前缘，它们相向旋转以驱动飞行器。为驱动这两具螺旋桨，需要 1~2 台发动机。动力源可以是蒸汽、热空气、膨胀的空气或空气与燃料的混合物（燃料可以是石油、酒精或乙醚）。飞行员可以坐着或站着，他面前有玻璃风挡。飞行员用双手操纵飞行器，通过拉动或推动某个装置，或将这个装置转向一侧来操纵舵面（这个装置就是现代飞机上的操纵杆）。”

最后一段的描述尤为令人惊讶：

“飞行员需要一个水平仪、一个罗盘和一个金属气压计，以备导航之用。垂直方向舵受控于磁针产生的电磁力，这样它就能自动保持一个固定的角度。一个风速计用于显示飞行速度。携带两名乘客时，这架飞行器的重量是 1200 千克（2645 磅），发动机功率为 25~30 马力（18~22 千瓦）。飞行速度是 25 米 / 秒（90 千米 / 时，56 英里 / 时）。这架飞行器的翼展是 18~30 米（60~100 英尺）。”

为获得足够的资金和技术支持，佩诺四处寻求帮助，但他遭遇的大多是严词拒绝，而鲜有人关注他的研究成果。他的设想也许太过超前于自己的时代了。1880 年，时年仅 30 岁的佩诺在绝望中选择了自杀，他那原本有希望改写人类飞行史的伟大设想也一道消逝在历史长河中。

海勒姆·马克沁（Hiram Maxim，1840—1916 年）

马克沁是一个在英国长大的美国人。投身航空事业时，他已经是颇有名望且财力雄厚的发明家了。马克沁在英国肯特郡搭建了一个长轨道，并在轨道上放置了一架由两具大型螺旋桨驱动的飞行器。飞行器的动力源自一台 300 马力（223 千瓦）的蒸汽机，这在当时是绝无仅有的设计。

这架飞行器外形硕大，翼展达 30 米（98.5 英尺）。有趣的是，马克沁似乎只对测试蒸汽机的功率感兴趣，而对飞行器是否能飞并不关心，因此他干脆将这架数吨重的飞行器绑到了轨道上。1894 年，马克沁亲自操纵这架飞行器沿轨道滑跑，同时不断加速。尽管整个过程看起来“踉踉跄跄”，但这架飞行器最终勉强飞离了地面。马克沁在离地的刹那关闭了蒸汽机，飞行器在落地过程中轻微受损。马克沁对飞行实验结果和蒸汽机的动力表现都很满意，于是终止了相关研究。在他看来，升力不足与推力过大是此后需要解决的问题。

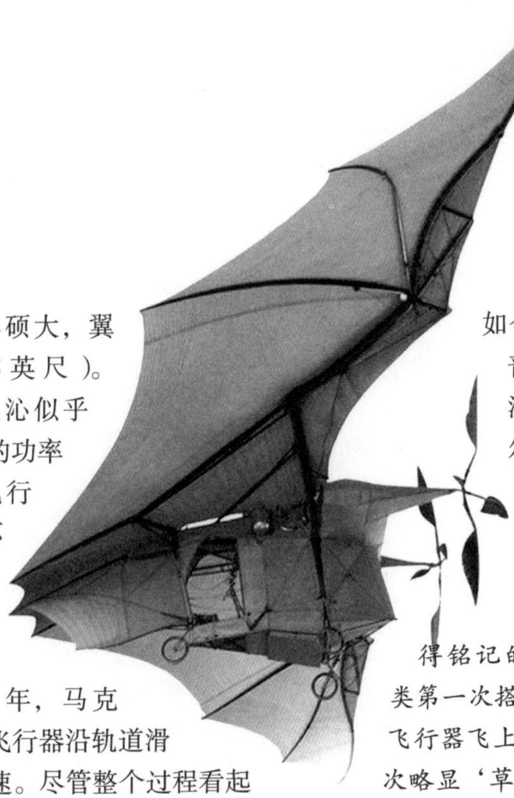

克莱芒特·阿德尔（Clement Ader，1841—1925 年）

在很多法国人看来，阿德尔才是动力飞机的发明者。他制造了一架靠四桨叶螺旋桨驱动的身形巨大的飞行器，并将其命名为“艾奥洛”（Eolo）。

1890 年 10 月 9 日，阿德尔的飞行器进行了首次试飞。事后，他声称这架飞行器的飞行高度达到了距地面约 30 米（164 英尺）。倘若阿德尔的话是真的，那就意味着这才是人类有史以来完成的首次动力飞行，比莱特兄弟的壮举早了 13 年。不过，这个所谓的“事实”至少如今仍没有为史学界所普遍接受。尽管如此，法国历史学家查理·多尔菲斯（Charles Dollfus）还是写道：

“1890 年 10 月 9 日是人类航空史上值得铭记的日子。那一天，人类第一次搭乘着由发动机驱动的飞行器飞上天空。当然，这是一次略显‘草率’的飞行，几乎可以说是贴地飞行。但毫无疑问，这一荣耀时刻属于克莱芒特·阿德尔。”

此后，阿德尔在军队和其他机构的资助下继续开展飞行研究，并很快启动了一个全新的飞行器项目——“飞行者Ⅲ”号（Avion Ⅲ）。这是一架由两具四桨叶螺旋桨驱动的双发动机单翼飞行器。它看起来非常像蝙蝠，这让人不禁联想起达·芬奇在《飞行手稿》第 15 张右页中给出的“飞行器应模仿蝙蝠”的建议。这架飞行器专门设置了可容纳飞行员的驾驶舱。首次试飞完成于 1897 年 10 月 12 日，但并未成功。法国军方在耗费了 25 万法郎后终止了对阿德尔项目的资助。阿德尔因此倍感失望，随即放弃了所有飞行研究工作。

维克托·塔蒂（Victor Tatin，1843—1913 年）

塔蒂与阿方斯·佩诺是好友，两人

同为法国航空先驱。佩诺去世后，塔蒂选择继续推进他遗留下的研究项目。塔蒂用橡皮筋驱动的飞行器模型进行了一系列实验，此外还制造了一架有趣的压缩空气驱动的飞行器实验模型。

恩里科·弗拉尼尼（Enrico Forlanini，1848—1930年）

这位意大利科学家因发明了第一架能飞离地面的小型蒸汽动力直升机而闻名。他的直升机装有两具螺旋桨，其中直径较小的一具位于直径较大的一具（直径2.8米）之上。两具螺旋桨由一台双缸蒸汽机驱动，由此产生的升力能使重约3.5千克（7.7磅）的物体悬空。弗拉尼尼对航空学的发展前景抱有坚定的信心，他写道：

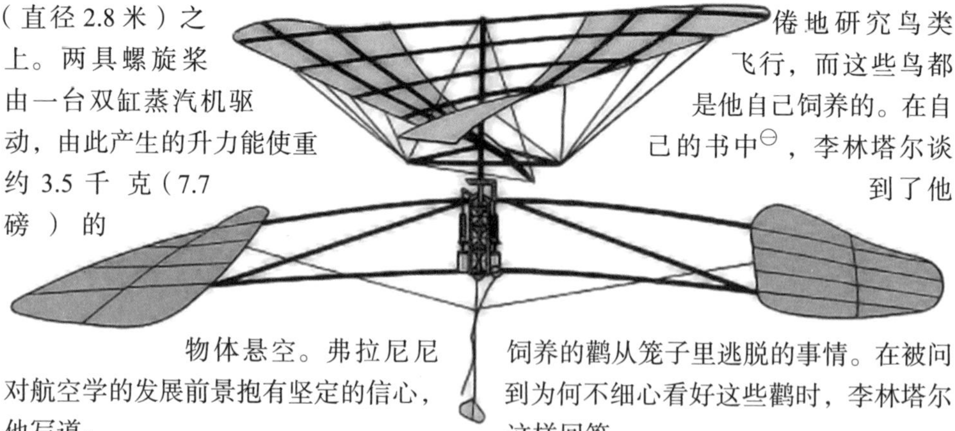

“考虑到所有因素，谈论到人员和邮件的快速运送问题时，飞行器会在不久的将来成为火车的强有力竞争者。”

奥托·李林塔尔（Otto Lilienthal，1848—1896年）

自达·芬奇逝世后，到莱特兄弟实现首次动力飞行前，德国人奥托·李林塔尔是众多飞行先驱中利用自制飞行器完成可控飞行壮举的第一人。事实上，李林塔尔也是众多权威史料中明确记载的真正意义上的“飞天第一人”。他曾写道：

“在谈论飞行技术时，我们总是计算太多，而实践太少。”

某种程度上看，李林塔尔的飞行研究手段与达·芬奇非常接近。他不知疲倦地研究鸟类飞行，而这些鸟都是他自己饲养的。在自己的书中[1]，李林塔尔谈到了他饲养的鹳从笼子里逃脱的事情。在被问到为何不细心看好这些鹳时，李林塔尔这样回答：

“如果你真的看到了我的鹳是如何飞行的，比如最近几天它们如何振翅扶摇，你就再也不会有把它们关进笼子里的想法了。看着它们可爱的黑色眼睛，它们那么渴望飞行，你怎么能阻止它们呢？”

[1] 详见李林塔尔的著作，Der Vogelflug als Grundlage der Fliegekunstird，Berlin，1889。

李林塔尔建造了一个斜坡，以利用从各个方向吹来的风。他不厌其烦地操纵着滑翔机从斜坡上起飞，在数千次飞行实验中，他的最远飞行距离达到300米（984英尺）。此外，他还制造了扑翼机[一]。1896年8月9日，李林塔尔在一次飞行事故中丧生。当时，他在距地面15米（49英尺）的高度受阵风影响失去平衡，不幸径直摔向地面。

奥克塔夫·夏尼特（Octave Chanute，1832—1910年）

夏尼特生于法国，但一生中的多数时光都在美国度过。他编写了一本非常著名的书——《飞行器的进步》（Progression of flying machines）[二]。书中，夏尼特回顾了以往的飞行器研究成果，并对其发展前景进行了展望。由于对李林塔尔从事的工作极度痴迷，夏尼特自己也在尝试制造滑翔机。他致力于制造一种能在飞行中自动保持稳定的飞行器。尽管夏尼特的飞行器看上去与李林塔尔的非常像，但我们不能否认他也进行了很多改进和创新，例如他曾制造过五翼滑翔机。夏尼特利用这些滑翔机进行了很多次飞行实验，而这些滑翔机都要靠飞行员身体动作来控制。

塞缪尔·皮尔庞特·兰利（Samuel Pierpont Langley，1834—1906年）

兰利是一名天文学家，晚年才开始对飞行产生兴趣，并决定效仿斯特林弗洛和佩诺开展相关研究，而此时他对这两位在飞行领域取得的成果已经有深入了解。1896年，兰利制作了一架以蒸汽机为动力的飞行器模型。实验中，这架飞行器依靠自身动力飞行了超过1千米（4200英尺），而且最终坠落的原因只是燃料耗尽。尽管曾遭到很多人的批评，兰利仍决定继续向实现载人飞行的目标迈进，而美国国防部也恰逢其时地向他的项目资助了5万美元。在兰利的计划中，最重要的环节是选择一台动力足够强劲的发动机。他最后选择了一台53马力（40千瓦）的燃气发动机，这是飞行器发展史上燃气发动机首次取代蒸汽机成为飞行器的动力源。

兰利制造了一架巨大的实验飞行器，并计划从波托马克河（Potomac River）沿岸的一处平台起飞。1903年

㊀ 有关李林塔尔飞行器的更多信息，详见以他名字命名的博物馆网站（www.lilienthal.de）。

㊁ 此书首次出版于1894年，后于1998年由多弗（Dover）再版。

10月9日，一切准备就绪。兰利的助手查尔斯·M·曼利（Charles M.Manly）坐到了飞行器驾驶位上。《华盛顿邮报》对此描述道：

“距离一些民用船几码的地方就停泊着新闻记者们的船。这些船停在这里已经三个月了。记者们挥舞着手臂，曼利看到了他们，并报以热情的微笑。但准备起飞时，曼利的表情变得异常严肃。这次飞行可能给他带来荣誉，也可能置他于死地。螺旋桨的桨叶在他头顶上方1英尺（0.3米）的地方以1000转/分的速度旋转。位于前方的人发射了两枚火箭，而河上的拖船以‘嘟嘟’的汽笛声回应。此时，只见一个装置掉落下来，切断了飞行器与弹射器之间的固定绳索，紧接着就是咆哮声和尖锐的摩擦声。兰利的飞行器从那些民用船旁边跌落水中，沉没在16英尺（5米）深的河水中。它就像水泥做的一样，一头扎进了水中。”

经历这次惨败后，兰利并没有放弃。他将飞行器修复后又进行了第二次试飞，但结果依然是失败。

威廉·克雷斯（Wilhelm Kress，1836—1913年）

克雷斯致力于制造安全、稳定的飞行器。他在奥匈帝国制造了一架三翼（机身前部、中部和后部各有一副机翼）“水上飞机”。与同时代的飞行实践者一样，克雷斯也在为飞行器寻找足够强劲的动力源。出于一颗执着的爱国心，他希望找到一台完全由奥匈帝国自主制造的发动机，但一直未能如愿。1900年，奥匈帝国皇帝慷慨资助了他5000克朗，让他自己想办法造出一台航空发动机。克雷斯的目标是造出一台自重不超过240千克（529磅），功率24马力（18千瓦）的发动机，但最终的成品功率只有20马力（15千瓦），自重却达到900千克（1984磅）。尽管遭遇重大挫折的克雷斯没有放弃飞行研究，但他也从没尝试将那台沉重的发动机装到自己准备多年的飞行器上。此后，克雷斯只是利用自己的飞行器开展一些空气动力学实验。他的飞行器从未升空，最终在一次实验中损毁。

珀西·皮尔彻（Percy Pilcher，1866—1899年）

这位英国企业家被李林塔尔的执着精神所感召，同时也从李林塔尔那里得到许多建议。李林塔尔慷慨地与皮尔彻分享自己的飞行研究成果，甚至让皮尔彻操纵自己的飞行器。1895年，皮尔彻制成了自己的第一架飞行器，并将其命名为“蝙蝠”（Bat）。两年后，他又制成了一架带起落架的飞行器，并将其命名为“老鹰”（Hawk）。皮尔彻驾驶“老鹰”创造了当时的飞行距离纪录——230米（755英尺）。在将滑翔技巧烂熟于心后，皮尔彻开始尝试着给自己的飞行器加装发动机。但他也面对着无合适发动机可用的窘境，最终只是又造出了一架无动力三翼飞行器。1899年9月，在一次展示飞行中，皮尔彻驾驶的“老鹰”受风雨影响失控坠毁，他因此不幸丧生。

卡尔·雅托（Karl Jatho，1873—1933年）

雅托制造的滑翔机与李林塔尔的很相似，他在掌握操纵滑翔机的技巧后，打算给一架三翼滑翔机加装发动机。这位德国人同样陷入了无合适发动机可用的窘境。对此，雅托在日记中写道：

“1903年春，在磨坊旁竖起了大篱笆，飞行器的总装工作就在这片场地进行。多年来，我一直寻访制造机械和发动机的公司，希望找到满意的发动机，却一无所获。”

雅托最终找到一台法国产发动机，其功率为12马力（9千瓦），自重只有64千克（141磅）。1903年8月16日，雅托用加装发动机的飞行器进行了第一次缓慢滑行实验。此后的每一次实验效果都更加理想，这架飞行器的“跳跃”距离越来越长。雅托在日记中写道：

“现在，我的飞行器由三翼面变成了双翼面。事实上，在有风的情况下，这种构型更容易操纵。1903年11月，我完成了几次短距离飞行，每次飞行距离约60米（197英尺），飞行高度约2.5米（8.2英尺），有时飞行高度会达到3.5米（11.5英尺）。尽管实验进行了很多次，但想要飞得再远些、再高些已经不可能了，因为发动机太孱弱了。”

雅托可能比一些飞行前辈们要幸运得多，但我们很难将他的飞行器所实现的“跳跃”式滑跑定义为真正意义上的飞行，换言之，他选择的那台发动机恐怕每次也只能工作那么长的距离。

威尔伯·莱特（Wilbur Wright，1867—1912年）

奥维尔·莱特（Orville Wright，1871—1948年）

1903年12月17日，由发动机驱动的，比空气重的飞行器，第一次在人类的操纵下飞上了天空。这次壮举发生在美国北卡罗来纳州小鹰镇（Kitty Hawk）的沙滩上。莱特兄弟早年从事自行车制造和维修工作，两人因与奥克塔夫·夏尼特相交甚好，才受其影响投身航空事业。莱特兄弟与夏尼特一直保持着书信往来，而后者之所以在航空界声名远扬，更多是源于其大力推进的航空科普工作，而非科研成果。在他们的一封信中，莱特兄弟告诉夏尼特，鸟类转向时会收拢翼尖。这与达·芬奇的观察结果非常吻

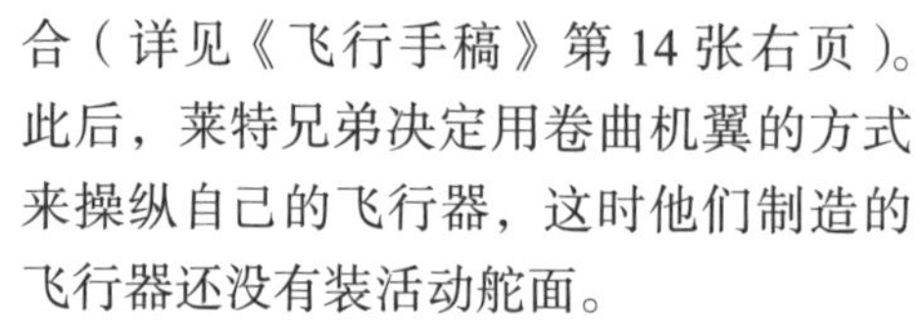

合（详见《飞行手稿》第14张右页）。此后，莱特兄弟决定用卷曲机翼的方式来操纵自己的飞行器，这时他们制造的飞行器还没有装活动舵面。

正如前文提到的，莱特兄弟的飞行器要靠飞行员的身体动作来操纵：飞行员趴在一个平板上，这个平板与两侧翼尖相连。飞行员通过左右扭动身体来向操纵装置施力，进而使机翼卷曲，改变形状，控制飞机完成相应动作（这一点与达·芬奇的理念具有无可争议的相似性，详见《飞行手稿》第14张右页）。

在“飞行者Ⅰ”号前，莱特兄弟的飞行器制造工作是按计划分步展开的。他们首先制造了风筝和滑翔机，以便熟悉无动力飞行器的操纵技巧。然后才尝试给飞行器加装动力装置。两人制造的风筝翼展达1.5米（4.9英尺），由绳索控制。他们确信通过扭动翼尖可以使风筝做出相应的动作。这让人不禁联想到达·芬奇在《飞行手稿》第16张右页绘制的那幅插图：一架像鸟一样的飞行器通过控制绳索与地面相连。

莱特兄弟制造出第一架载人滑翔机后，决定搬到小鹰镇的沙滩上工作。根据华盛顿气象局的报告，那里的阵风非常强劲。两人制造的滑翔机一架比一架大，因此他们决定在沙滩附近建造一个小营地。1901年，他们试飞了第二架有人操纵的滑翔机。但这架滑翔机存在很多设计缺陷，且很难操纵。当夏尼特来探望他们时，威尔伯抱怨道：

“一千年之内人类都不可能飞上天。”

此后，兄弟俩制作了一些分析机翼剖面的工具，以及一个小型风洞，用以测试不同翼型的气动特性。第三架滑翔机的飞行实验进展非常顺利，总共进行了近1000次飞行。直到这时，兄弟俩才准备好为自己的飞行器加装动力装置。

而他们面对的“一机难寻”的困境是显而易见的。两人最终决定亲手打造一台发动机：四气缸12马力（9千瓦），重约90千克（198磅）。1903年12月12日，兄弟俩铺设好飞行器起飞所必需的轨道，准备进行首次试飞，但因当日一直无风而不得不推迟。12月14日，终于起风了，两人决定靠掷硬币决定谁担当第一次试飞的飞行员。威尔伯赢了，但他的试飞结果很糟糕，飞行器起飞不久就忽地一下坠向了地面。几天后，风更猛烈了，这次轮到奥维尔试飞了。飞行器沿着轨道滑行，威尔伯在一旁跑步跟进。奥维尔聚精会神地操纵着控制舵面的杠杆，起飞了！首次飞行距离达到了 36 米（120 英尺）。随后，他们又进行了几次试飞，其中一次飞行距离达到创纪录的 260 米（852 英尺），持续飞行时间接近一分钟。人类的飞天梦终于成真了！完成这一壮举的奥维尔日后写道：

"第一次飞行只持续了 12 秒……但毫无疑问，这是历史上第一次，一台载人机器凭着自身的动力自由地飞向空中，沿着直线飞行不减速，最终成功着陆，毫发无损。"

人类历史上第一架动力飞机："飞行者Ⅰ"号

在小鹰镇的沙滩上，奥维尔·莱特驾驶着"飞行者Ⅰ"号从轨道上滑跑起飞，时间定格在1903年12月17日上午10点35分。

致　谢

本书呈现了一个持续三年的研究过程。这三年中，我不知疲倦地在《飞行手稿》中寻找答案。我希望以最透彻的方式解读达·芬奇这卷最令人着迷且别具一格的手稿，以此作为送给读者们的“礼物”。我希望当你看到这里时，发出会心一笑，认为我已经达成了既定目标。当然，整个研究过程中，我并不是一个人在战斗，否则三年时间是根本不够用的。如果不是都灵皇家图书馆及各位项目负责人的通力协作，特别是莱蒂齐娅·塞巴斯蒂亚尼（Letizia Sebastiani）和克拉拉·维图洛（Clara Vitulo）的帮助，这本书是不可能面世的。在此要特别感谢哈苏相机（Hasselblad）的罗伯托·比加诺（Roberto Bigano）和安德烈亚·马里亚尼（Andrea Mariani）为本书拍摄照片。本书以意大利文写成，由米歇尔·塔尔诺波利斯基（Michelle Tarnopolski）负责译为英文，她以难能可贵的耐心圆满完成了翻译工作，并对意大利文进行了润色。另外，我还要感谢卡洛·佩德雷蒂（Carlo Pedretti），他为本书撰写了前言，并对一些达·芬奇红色铅笔插图的鉴定工作提出了宝贵建议。当然，我不会忘记曾经并肩作战的 Leonardo3 公司专家组，其成员包括：安德烈亚·德·米切利斯（Andrea de Michelis）、尼古拉·曼奇诺（Nicola Mancino）、弗朗切斯卡·贝尔托莱蒂（Francesca Bertolleti）、埃玛·莱奥内洛（Emma Leonello）、斯特凡诺·阿尔梅尼（Stefano Armeni）、安东尼奥·博纳罗塔（Antonio Buonarota）、马达莱娜·维斯马拉（Maddalena Vismara）和钦齐亚·贝利尼（Cinzia Beligni）等。在这些同仁中，我要特别感谢埃马努埃莱·德利·安东尼（Emanuele Degli Antoni），他对本书第 293 页提到的机械蜻蜓进行了大量有关结构和原理方面的研究，对整个项目而言，他所开展的工作都是弥足珍贵的。此外，我还要感谢朱塞佩·卡尼诺（Giuseppe Canino）和亚历山德罗·维瓦尔迪（Alessandro Vivaldi），前者在本书涉及的众多生物体数字建模工作，以及达·芬奇青年时期肖像画的复原工作中扮演了不可或缺的角色，后者帮助我复原了达·芬奇飞行器的实物模型。最后，我要特别感谢 Leonardo3 公司 CEO 马西米利亚诺·利萨（Massimiliano Lisa），他肩负着整个研究项目的组织、支持和监督工作，没有他的辛勤付出，这个研究项目甚至难以顺利启动。

幕后

这幅照片展现了我们翻拍达·芬奇《飞行手稿》原本的工作场景。拍摄场地位于都灵皇家图书馆的穹顶内。通过严谨的翻拍工作，我们得以一览《飞行手稿》的高清细节。

达·芬奇生平大事年表

1452 年

这一年的 4 月 15 日，达·芬奇降生在距芬奇（Vinci，归属于佛罗伦萨省）不远的安齐亚诺（Anchiano）。他是法律公证员瑟皮耶罗·达·芬奇（Ser Piero da Vinci）和一名农妇的私生子。达·芬奇在安齐亚诺和芬奇度过了自己的童年和青少年时光。其间，他的父亲与一名叫阿尔比耶拉·德利·阿马多里（Albiera degli Amadori）的女孩正式结婚。

1466 年

阿尔比耶拉去世后，达·芬奇随父亲移居佛罗伦萨。

1469 年

达·芬奇加入由安德烈亚·德尔韦罗基奥（Andrea del Verrochio）主办的工作室。这个工作室有许多知名的画家和有才华的年轻人。达·芬奇在这个工作室中掌握了绘画和雕塑技法。

1471 年

达·芬奇为德尔韦罗基奥主创的画作《耶稣受洗》（Baptism of Christ）绘制了一位天使。

1472 年

达·芬奇成为圣卢克会（St.Luke）的一员，圣卢克会是佛罗伦萨的画家协会，达·芬奇开始独立创作画作。

1481 年

受佛罗伦萨附近斯科皮托（Scopeto）的圣多纳托修道院（church of San Donato）修士的委托，达·芬奇为修道院绘制了一幅大型祭坛画——《三博士朝圣》（Adoration of the magi）。但最终达·芬奇并没有完成这幅画作。

1482 年

达·芬奇离开佛罗伦萨前往米兰，为绰号“摩尔人”（the Moor）的米兰公爵卢多维科·斯福尔扎（Ludovico Sforza）服务。达·芬奇在写给公爵的一封信里罗列了自己的许多“秘密”机械发明，并介绍了自己在机械工程、建筑、绘画、雕塑和音乐领域的才能。达·芬奇在米兰居住了大约 20 年，主要从事绘画、建筑和工程机械设计工作。

1483 年

达·芬奇受圣灵感孕会（Immaculate Conception）委托，开始为圣弗朗切斯科教堂的一间礼拜堂创作祭坛画《岩间圣母》（Virgin of the Rocks）。

1489 年

米兰公爵卢多维科·斯福尔扎（Ludovico Sforza）为纪念其父亲弗朗切斯科·斯福尔扎（Francesco Sforza），委托达·芬奇创作名为《马》的雕塑作品。该作品的设计高度达 7 米（23 英尺），重达 650 公担（71 吨）。但达·芬奇并没能完成创作，只是制成了巨大的黏土模型和浇铸青铜的模具。而这些仅存的遗迹也不幸在法国军队 1499 年占领米兰城期间被弓箭手所毁。

1490 年

达·芬奇为切奇利娅·加莱拉尼（Cecilia Gallerani，米兰公爵的情妇）绘制了一幅肖像画。这幅画就是如今举世闻名的《抱银鼠的女子》（Lady with an Ermine）。达·芬奇开始广泛研究各领域的科学技术，例如解剖学和水动力学。此外，他还作为导演编排了一些节日戏剧。

1495 年

达·芬奇在位于米兰的多明我会女修道院感恩圣母堂（Santa Maria delle Grazie）的食堂墙壁上绘制了壁画《最后的晚餐》（The Last Supper）。

1499 年

达·芬奇与《神圣比例学》（De Divina Proportione，此书的插图由达·芬奇绘制）一书的作者卢卡·帕乔利（Luca Pacioli）一道离开了米兰。几个月后，法国军队占领了米兰城。

1500 年

达·芬奇分别在曼图亚（Mantua）和威尼斯（其间，达·芬奇为威尼斯人设计了抵御土耳其人入侵的城防计划）短暂逗留后，回到了佛罗伦萨，居住在为圣母领报教堂（church of Santissima Annunziata）的修士准备的修道院中。

1503 年

达·芬奇在佛罗伦萨开始创作画作《蒙娜丽莎》（Mona Lisa），与此同时，佛罗伦萨的领主委托他创作画作《安吉亚里之战》（Battle of Anghiari）。达·芬奇创作这幅画时采用了许多新技法，遗憾的是这幅画并没有保存太久。同年，达·芬奇继续开展解剖学和飞行领域的研究。

1504 年

达·芬奇的父亲以 80 岁高龄辞世。达·芬奇继续创作《安吉亚里之战》，并着手设计阿尔诺河（Arno River）的运河工程。

1506 年

达·芬奇重返米兰，在时任米兰总督查理·德·安布瓦兹（Charles d'Amboise）的挽留下暂居了三个月。随后受聘成为法国国王路易十二（King Louis Ⅻ）的宫廷画师和工程师。

1508 年

达·芬奇定居米兰，正式开始为法国服务。

1513 年

这一年 9 月 24 日，达·芬奇前往罗马，住在梵蒂冈附近。他开始为朱利亚诺·德·梅迪奇（Giuliano dei Medici）服务，后者是教皇利奥十世（Pope Leo X）的兄弟。在罗马，达·芬奇继续自己的绘画和科学研究工作，并设计了奇维塔维基亚（Civitavecchia）的港口。

1516 年

在新晋法国国王弗朗索瓦一世（King Francois Ⅰ）的邀请下，达·芬奇前往法国。他居住在克鲁庄园（the manor of Cloux）中。这个庄园毗邻法国王室的昂布瓦斯城堡（castle of Amboise，Amboise 作姓氏时习惯译作安布瓦兹，而在作地名时习惯译作昂布瓦斯，译者注）。

1519 年

这一年的 4 月 23 日，达·芬奇立下了最后的遗嘱。他指定自己的学生弗朗切斯科·梅尔齐（Francesco Melzi）继承全部手稿和科学研究仪器。他将留在工作室中的画作，包括《蒙娜丽莎》、《圣哲罗姆》（Saint Jerome）和《圣安妮》（Saint Anne）在内，都赠予了学生萨莱（Salai）。同年 5 月 2 日，达·芬奇撒手人寰，遗体被安葬在昂布瓦斯的圣弗洛朗坦教堂（Saint Florentin）内，后改葬于昂布瓦斯城堡内部的圣于贝尔教堂内。不幸的是，我们今天已经无处寻觅达·芬奇的遗骸了，因为当地的许多墓地都在 16 世纪的宗教战争中被毁。

参考文献

AA.VV.
Achademia Leonardi Vinci - Journal of Leonardo Studies & Bibliography of Vinciana
Edited by Carlo Pedretti - Volume II
Giunti Editore, Firenze, 1989

AA.VV.
Il codice sul volo degli uccelli di Leonardo da Vinci
Alberto Tallone Editore, Alpignano, 1991

AA.VV.
Leonardo da Vinci e l'aviazione
Edizione a cura della Lega Aerea Nazionale
Tipografia Guerrini e Lanza, Milano, 1912

AA.VV.
Il codice sul volo degli uccelli, i codici multimediali di Leonardo da Vinci
Giunti Multimedia, Milano, 1999

Arrighi Vanna, Bellinazzi Anna, Villata Edoardo
Leonardo da Vinci, la vera immagine
Giunti Editore, Firenze, 2005

Beltrami Luca
Leonardo da Vinci e l'aviazione
Lega Aerea Nazionale, Milano, 1912

Batchelor John, Lowe Malcolm W.
Enciclopedia del Volo dal 1848 al 1939, White Star, Vercelli, 2006
The Complete Encyclopedia of Flight 1848-1939 (Vol. 1), Chartwell Books, Secaucus, N.J., 2005

Blais Philippe
Leonardo's Flight
Gates & Bridges, Québec, Canada, 2000

Bonifacio Ferdinando
Il velivolo moderno
Hoepli Editore, Milano, 1929

Cantile Andrea
Leonardo genio e cartografo, La rappresentazione del territorio tra scienza e arte
Istituto Geografico Militare, Firenze, 2003

Carlson Paolo
L'uomo vola, storia e tecnica del volo, Hoepli, Milano, 1943
Der Mensch Fliegt, Im Deutschen Verlag, Berlin, 1937

Gentile Rodolfo
Storia dell'aeronautica dalle origini ai giorni nostri
Ali Editrice, Roma, 1945

Chanute Octave
Progress in Flying Machines
Dover, Mineola, 1998

Crouch Tom D., Jakab Peter L.
I Fratelli Wright, Edizioni White Star, Vercelli, 2004
Wright Brothers and the Invention of the Aerial Age, National Geographic, Washington, D.C., 2003

Culick Fred E. C., Dunmore Spencer
On Great White Wings: The Wright Brothers and the Race for Flight
Airlife Publishing, London, 2001

Dalton Stephen
The Miracle of Flight
Merrell, London, 2001

Ghibaudi Bruno
Storia dell'aviazione
Editrice La Sorgente, Milano, 1958

Giacomelli Raffaele
Gli scritti di Leonardo da Vinci sul volo
G. Bardi Editore, Roma, 1936

Gibbs-Smith Charles H.
Leonardo da Vinci's Aeronautics
Her Majesty's Stationery Office, London, 1967

James Peter, Thorpe Nick
Il Libro delle Antiche Invenzioni, Un viaggio affascinante nel mondo delle invenzioni e dei popoli che le hanno generate, Armenia, Milano, 2001
Ancient Mysteries, Ballantine Books, New York, 2001

Josephy Alvin M., Jr, Gordon Arthur
The American Heritage History of Flight,
by American Heritage Publishing Co., 1962
Storia del volo, dal mito all'astronave
Feltrinelli, Milano, 1962

Lewellen John, Shapiro Irwin
La storia del volo, Principato Editore, Milano, 1959
The story of flight: from the ancient winged gods to the age of space, Golden Press, New York, 1959

Laurenza Domenico
Leonardo, Il volo
Giunti Editore, Firenze, 2004

Lilienthal Otto
Il volo degli uccelli, come base dell'arte del volo, LoGisma Editore, 2007
Der Vogelflug als Grundlage der Fliegekunstird, Berlin, 1889

Ludovico Domenico
L'aeroplano cosa è?
Associazione Culturale Aeronautica, Roma, 1951

Marinoni Augusto
Il codice sul volo degli uccelli, nella biblioteca reale di Torino

Giunti-Barbera, Firenze, 1976

Merezkowsky Demetrio
Il romanzo di Leonardo da Vinci
A. Barion Edizioni, Milano, 1933

Niccoli Riccardo
La storia del Volo, dalle macchine volanti di Leonardo da Vinci alla conquista dello spazio
White Star, Vercelli, 2002

Pedretti Carlo
Leonardo, Le macchine
Giunti Editore, Firenze, 1999

Petrini Enzo
Il volo del Nibbio, Leonardo e il suo mondo
Salani, Firenze, 1985

Prepositi Clemente
La storia dell'aviazione
Biblioteca Valecchi, Firenze, 1931

Ricci Ettore
Dal volo animale al volo muscolare umano
Hoepli Editore, Milano, 1946

Schneider Marianne
Leonardo da Vinci, Der Vögel Flug/Sul volo degli uccelli
Schirmer/Mosel, 2000

Taddei Mario, Zanon Edoardo
Leonardo's Machines, Secrets and Inventions in the Da Vinci's Codices
Giunti Editore, Firenze, 2005

Uccelli Arturo, Zammattio Carlo
I libri del volo di Leonardo da Vinci
Hoepli Editore, Milano, 1952

Valentin Antonietta
Leonardo e il suo tempo,
Cavallotti Editori, Milano, 1949

Weiller Guido
Dall'ala di Leonardo al reattore supersonico, breve storia dell'aeronautica
Universale Economica, Milano, 1954

Zanon Edoardo
Il Codice del Volo
Leonardo3, Milano, 2007